오해의
동물원

오해의 동물원
인간의 실수와 오해가 빚어낸 동물학의 역사

지은이 루시 쿡
옮긴이 조은영

1판 1쇄 펴냄 2018년 9월 27일
1판 5쇄 펴냄 2024년 5월 17일

펴낸곳 곰출판
출판신고 2014년 10월 13일 제2024-000011호
전자우편 book@gombooks.com
전화 070-8285-5829
팩스 02-6305-5829

ISBN 979-11-89327-01-9

이 도서의 국립중앙도서관 출판예정도서목록(CIP)은 서지정보유통지원시스템
홈페이지(http://seoji.nl.go.kr)와 국가자료공동목록시스템(http://www.nl.go.kr/kolisnet)에서
이용하실 수 있습니다.(CIP제어번호: CIP2018026946)

오해의
동물원

인간의 실수와 오해가 빚어낸 동물학의 역사

루시 쿡 지음 | 조은영 옮김

곰
출판

자연의 경이로움에 눈뜨게 해주신
아빠를 기억하며

"어떻게 나무늘보 같은 패자가 살아남을 수 있죠?"

동물학자이자 나무늘보협회 창시자인 나는 이 질문을 아주 많이 받는다. 여기서 '패자'란 단순히 시합에 진 사람이란 뜻을 넘어 게으르고, 멍청하고, 느려터진 존재라는 말로 풀이되기도 한다. 더구나 사람들은 가끔 저 질문 뒤에 영문을 모르겠다는 듯이, 아니 심하게 표현하면 우월한 종의 교만이 묻어나는 말투로 "진화란 결국 적자생존의 문제가 아닌가요"라고 덧붙인다.

그럴 때마다 나는 심호흡을 하고 최대한 침착하게 나무늘보는 결코 패자가 아니라고 말한다. 사실 나무늘보는 자연선택이 만들어낸 가장 별난 창조물이다. 그것도 아주 멋지게 성공한 생물이다. 온몸에 벌레가 들끓고 털은 이끼로 뒤덮인 채 온종일 나무 꼭대기에서 고작 달팽이보다 조금 빠르게 움직이고 일주일에 겨우 한 번 똥을 쌀까 말까 하는 생활이 우리가 열망하는 삶의 모습은 아니겠지만, 중앙아메리카와 남아메리카 정글의 혹독한 경쟁에서 살아남아야 하는 상황을 사람들이 몰라서 하는 말이다. 나무늘보야말로 정글에서 살아남은 고수다.

동물을 이해하고자 할 때 가장 핵심은 맥락을 파악하는 것이다. 나무늘보의 비범한 인내력은 무기력한 천성에 그 비밀이 있다. 이들은 저에너지 생활의 모범적인 예로 아주 오랜 세월 에너지를 절약하는 기발한 방법을 갈고 닦았다. 실로 가장 별나고 능력 있는 발명가라 부를 만하다. 아직 그 방법을 전부 풀어놓지는 않으련다. 나무늘보의 거꾸로 사는 창의적인 삶에 대해서는 이 책의 3장에서 읽게 될 것이다. 그저 지금은 내가 약자에게 약한 사람이라고만 해두자.

나무늘보에 대한 평판이 너무 더럽혀지는 게 안타까운 마음에 나는 "빠름의 미덕은 과대평가되었다"라는 모토 아래 나무늘보협회를 세웠다. 그리고 축제나 학교를 돌며 강연에서 이 억울한 생물의 알려지지 않은 진실을 전했다. 나무늘보의 이야기는 이 조용한 초식성 평화주의자를 "세상에서 가장 멍청한 동물"이라고 중상한 16세기 모험가 패거리로 거슬러 올라간다. 이 책은 나의 지난 강연을 바탕으로 나무늘보뿐 아니라 다른 여러 원통한 동물들의 기록을 바로잡을 필요에서 시작되었다.

우리는 동물의 세계를 인간의 좁은 프리즘을 통해 보는 습관이 있다. 나무늘보는 나무 위에서 생활하는 외계 생물 같은 방식 때문에 세상에서 가장 오해 받는 동물이 되었다. 그러나 나무늘보만이 아니다. 생명은 눈부시게 아름다울뿐더러 한없이 낯선 형태를 띤다. 심지어 가

⊙ 나는 나무늘보를 사랑한다. 끌어안길 좋아하고 얼굴에 늘 미소를 띤 동물을 싫어할 구석이 어디 있겠는가.

장 단순한 생명체조차 아주 복잡한 과정을 거쳐야만 이해할 수 있다.

진화는 논리도 없고 설명할 단서조차 없는, 말도 안 되게 이상한 생물을 빚어냄으로써 훌륭한 장난을 친다. 새가 되고 싶은 박쥐, 물고기가 되고 싶은 펭귄처럼 말이다. 수수께끼 같은 삶의 방식으로 인해 무려 2,000년 동안이나 사라진 고환(정소)을 찾아 헤매게 만든 뱀장어는 말할 것도 없다. 뱀장어 과학자들은 여전히 절벽 끝에 매달려 분투하고 있다. 동물은 자신의 비밀을 쉽게 드러내지 않는다.

○ ○ ○

타조의 예를 들어보자. 1681년 2월, 걸출한 영국의 만물박사 토머스 브라운Thomas Browne 경은 왕실 의사인 아들 에드워드에게 절대 평범하지 않은 부탁이 담긴 편지를 썼다. 에드워드는 모로코 왕이 찰스 2세에게 선사한 타조들 가운데 한 마리를 갖게 됐는데, 열정적인 자연과학자인 브라운 경이 이 이국적인 새에 대단히 큰 관심을 보인 것이다. 그는 아들에게 새의 행동과 습성에 관해 이모저모 물어보았다. 거위처럼 경계심이 강하더냐? 수영(마디풀과의 여러해살이풀_옮긴이)은 좋아하면서 월계수 잎을 보면 놀라더냐? 쇠를 먹느냐? 특히 마지막 질문에는 타조가 쇠를 먹는지 확인하기 위해 쇳덩어리를 페이스트리 반죽에 싸서 먹여보면 어떻겠느냐는 조언까지 덧붙였다. "쇳조각만 주면 안 먹을지도 모르니" 일종의 철분 소시지 롤을 만들어보라는 것이었다.

타조를 위해 수정한 이 맞춤 요리에는 분명 과학적 의도가 깔려 있었다. 예로부터 타조는 무엇이든, 심지어 쇠도 소화할 수 있다는 속설이 있었는데 브라운은 그것을 확인코자 한 것이다. 중세의 한 독일 학자는 타조가 딱딱한 물질을 좋아해 저녁 식사로 교회의 출입문 열쇠나 말굽을 먹는다고 했다. 아프리카의 왕이나 모험가가 유럽의 왕실에 종종 타조를 선물했는데, 열정 넘치는 자연철학자들은 외국에서 온 이 새에게 가위나 못, 그 밖의 철물을 과하게 먹이곤 했다.

겉으로는 미치광이 짓처럼 보이는 실험이지만, 조금만 깊이 들여다보면 이런 광기에도 과학이 숨어 있다. 당연히 타조는 쇠를 소화할 수 없다. 그러나 타조가 커다랗고 날카로운 돌을 삼키는 것을 본 사람들이 있다. 어찌 된 일일까?

세계에서 가장 큰 이 새는 다소 평범하지 않은 초식동물로 진화했다. 타조는 보통의 풀과 나뭇잎도 너무 질겨서 소화할 수 없다. 기린이

나 영양 같은 아프리카 초원의 다른 초식성 대식가들과 달리 타조에게는 되새김질하는 위가 없다. 심지어 타조는 이빨도 없다. 대신에 이들은 섬유질이 풍부한 풀을 바닥에 놓고 부리로 찢은 후 통째로 삼킨다. 그리고 나서 뾰족한 돌을 삼켜 근육질의 모래주머니에 넣고 소화하기 적당한 크기로 풀을 갈아버린다. 타조는 위 속에 과학자들이 위석이라고 부르는 무려 1킬로그램이나 하는 돌을 채우고 덜거덕거리며 사바나를 누빈다.

다시 말하지만 타조를 이해할 때도 앞뒤 맥락을 알아야 한다. 한편수 세기 동안 동물의 진실을 파헤치고 다닌 과학자들의 속사정 또한이해할 필요가 있다. 그런 의미에서 토머스 브라운은 이 책에 등장하는 수많은 강박적 기인 가운데 한 명에 불과하다. 여기에는 생명을 창조하는 고대 비법을 따라 똥 무더기 위에 오리를 올려놓고 두꺼비가자연히 탄생하길 기다린 17세기 의사도 있고, 과학의 이름으로 가위를 들고 동물용 작은 맞춤 속옷을 제작하거나 서슴없이 동물의 귀를잘라낸 라차로 스팔란차니Lazzaro Spallanzani라는 007 시리즈의 악당으로나 어울릴 법한 이름의 이탈리아 가톨릭 신부도 있다.

두 사람 모두 초기 계몽 시대의 산물이지만, 비교적 최근에도 과학자들이 진실을 추구하면서 괴이하고 (대개는) 잘못된 연구 방향을 선택한 경우가 종종 있다. 이를테면 호기심에 못 이겨 코끼리에게 술을 잔뜩 먹인 후 난동을 일으키게 한 20세기 미국의 정신약리학자처럼 말이다. 세기마다 유별난 동물실험을 한 사람들이 있었고 앞으로도 계속나타날 것이라는 사실에는 의심의 여지가 없다. 우리 인간은 원자를쪼개고 달을 정복하고 힉스 입자를 추적하는 데 성공했으나 동물의 세계를 진정으로 이해하기까지는 아직 갈 길이 먼 듯하다.

나는 인간이 이해와 지식의 공백을 메우려고 만들어낸 미신과 실수에 사로잡혔다. 그것이 과학적 발견이 일어나는 과정은 물론 인간이 진리에 도달하기까지 무엇을 해왔는지 보여주기 때문이다. 하마의 피부에서 분비된 진홍색 액체를 보고 대大플리니우스Pliny the Elder는 자신에게 익숙한 로마 의학을 바탕으로 이 동물이 건강을 유지하기 위해 일부러 피를 흘린다고 상상했다. 그 시대 사람으로서는 당연히 그럴 수 있지만, 아무튼 플리니우스의 해석은 옳지 않다. 하마의 붉은 피에 관한 진실은 오래된 미신만큼이나 독특하게도 자가 처방과 관련이 있다.

인간이 동물에 관해 지어낸 신화를 낱낱이 해부하면 그 뒤에 숨은 엄청난 논리가 드러날 것이다. 또한 이 과정은 아는 게 거의 없고 무엇이든 가능했던 경이와 무지의 시대로 우리를 데려갈 것이다. 새가 달까지 날아가고 하이에나가 계절에 따라 성별을 바꾸며 뱀장어가 진흙에서 생기지 못할 이유가 무엇이란 말인가. 곧 알게 되겠지만, 세상에는 더 믿기 힘든 진실도 많은데 말이다.

동물에 관한 가장 허황된 믿음은 로마제국이 멸망한 뒤 중세 시대에 막 싹트기 시작한 자연과학을 기독교가 장악하면서 가장 활발히 생산됐다. 그 시대는 동물 우화집의 전성기였다. 동물의 세계를 다룬 이 초기 개요서들은 참새낙타(타조)에서부터 낙타표범(기린)과 시 비숍Sea bishop(바다의 주교. 반은 물고기, 반은 성직자인 상상 속 생명체)에 이르는 이국적인 괴수에 대한 화려한 그림과 꼼꼼한 묘사로 가득했다.

그러나 이 우화집들은 동물의 생활을 깊이 연구하고 쓴 게 아니라 대부분《퓌시올로구스Physiologus(생리학)》라는 기원후 4세기 필사본 하나를 바탕으로 윤색한 것이다. 이 책은 떠도는 민화에 약간의 사실을 덧붙인 것에 불과했고 무엇보다 종교적 풍자가 강했다.《퓌시올로구스》는《성경》을 제외한 중세 시대 최고의 베스트셀러가 되었고 십여 개의 언어로 번역되어 에티오피아에서 아이슬란드까지 전 세계에 터무니없는 동물의 전설을 퍼뜨렸다.

중세 시대의 우화집은 성과 범죄가 대부분을 차지하는 매우 외설적인 책으로 교회 도서관에서 이 책을 필사하고 삽화를 그린 수도사들에게 큰 즐거움을 주었을 터이다. 이들은 입으로 잉태하고 귀로 출산하는 족제비라든지, (우리 모두 겪어봤겠지만) "지독한 방귀로 사냥꾼을 혼란에 빠뜨리고 도망친 들소"(당시에는 '보나콘bonnacon'으로 알려짐), 육욕에 탐닉한 후에는 음경을 떼어내는 수사슴 등 희한한 생물에 관해 썼다.

이러한 우화에는 교구민에게 전하는 단순한 교훈 이상의 것이 숨어 있었다. 신은 모든 동물을 창조했으나 그중 오직 인류만이 순수함을 잃었다. 필경사의 눈에 동물의 세계가 지닌 유일한 기능은 인간을 위해 적절한 본보기를 제공하는 것이었다. 그리하여 이들은《퓌시올로구스》에 묘사된 내용의 사실 여부에 집착하는 대신에 동물의 행동에서 인간의 속성을 발견하고 신이 그 뒤에 숨겨놓은 도덕적 가치를 찾으려고 애썼다.

따라서 우화집에 나오는 어떤 동물은 정체를 가늠할 수 없을 정도로 사실과 다르게 묘사된다. 이를테면 코끼리는 가장 도덕적이고 현명한 짐승으로 찬사 받았고 성격이 어찌나 "온화한지 성스럽게" 여겨질 정도였다. 생쥐에게는 "엄청난 적개심"을 보이지만 애향심은 한없이 깊어 고향을 떠올리기만 해도 눈물을 흘릴뿐더러 정절에 관해서도 가

⊙ 중세 시대에 사람들은 흔히 모든 육지 동물이 바다에 짝이 있다고 믿었다. 말은 해마와, 사자는 바다사자와, 교회의 대주교는… 시 비숍과 말이다. 1558년에 콘라트 게스너Konrad Gessner가 쓴 《동물지 Historiae Animalium》에 묘사된 이 비린내 나는 성직자는 분명 폴란드 앞바다에서 목격된 적이 있지만, 흡사 드라마 〈닥터후〉(영국의 유명한 SF 시리즈_옮긴이)의 세트장에서 마주칠 법한 모양을 하고 있다.

장 "지조 있는" 동물이라 평생을 한 배우자와 함께 보내며 수명이 길어 300년이나 산다고 했다. 심지어 외도를 금기시한 나머지 간통 장면이 발각되면 죄를 저지른 코끼리를 벌주기까지 한단다. 이 모든 믿음은 코끼리가 일부다처의 성생활을 즐기는 동물임을 아는 독자에게는 꽤나 충격적인 사실이다.

◦◦◦

동물의 세계에 인간의 속성을 비추어보고 여기에 도덕적 잣대를 들이대는 시도는 계몽된 시대에도 여전했다. 그중 가장 큰 죄인이자, 이 책에서 제일 자주 언급되는 스타는 유명한 프랑스 자연과학자인 조르주루이 르클레르 뷔퐁 백작Georges-Louis Leclerc, Comte de Buffon이다. 이 대단한 양반은 자연의 역사를 교회의 그늘에서 벗어나게 하려고 분투한, 다소 역설적 측면에서 과학혁명의 선두주자였다. 그러나 뷔퐁 백작이 쓴 44권짜리 백과사전은 독실함을 가장한 아주 우스꽝스러운 책이었다. 여기에는 당시 과학 저술가들이 분석적 말투보다 연애소설이나 다름없이 미사여구가 잔뜩 들어간 화려한 필체를 사용한 게 영향을 미쳤다. 흥미롭게도 백작 자신의 마음에 차지 않는 동물 ― 이를테면 우리 친구 나무늘보는 이 프랑스 귀족에 따르면 가장 하등한 형태의 존재인데 ―에 대한 비방과 무시는 자신이 찬양해 마지않는 생명체에 대한 과도한 흠모만큼이나 부정확했다. 백작은 애완동물로 비버를 키웠는데, 나중에 보겠지만 그는 비버의 근면함에 푹 빠진 나머지 위대한 자연과학자 뷔퐁이 아닌 '어릿광대Buffoon'가 되었다.

이처럼 동물을 인간과 동일시하려는 충동은 오늘날까지도 계속된다. 예를 들어 판다는 귀여운 외모 때문에 올바른 판단을 마비시키는 내적 충동을 유발한다. 그리하여 우리는 판다가 난폭하게 물어뜯고 소란스러운 집단 성교를 즐기는 생존 전문가라기보다 인간의 도움 없이는 살 수 없는, 갈팡질팡하고 성적으로 수줍은 동물이라고 믿고 싶어 한다.

나는 1990년대 초에 위대한 진화생물학자인 리처드 도킨스Richard Dawkins 박사 밑에서 동물학을 공부하며 종과 종의 유전적 관계를 바탕으로 세계를 이해하는 방식, 다시 말해 유전적 근친도가 어떻게 행동에 영향을 미치는지를 배웠다. 그러나 오늘날 과학과 기술이 발전하면서 내가 알고 배운 것을 넘어서는 진실이 밝혀지고 있다. 이는 게놈이 세포 수준에서 '어떻게' 읽히느냐가 게놈 자체의 내용 못지않게 중요하다는 뜻이기도 하다. 그래서 우리 인간이 반삭동물(척삭의 원시형에 해당하는 신경계를 가진 해양 무척추동물_옮긴이)과 70퍼센트의 DNA를 공유하면서도 저녁 파티에서 웃고 떠드는 것이겠지만 말이다. 우리 세대를 포함해 모든 사람은 언제나 자기 세대가 윗세대보다 동물을 더 잘 안다고 생각하지만 그럼에도 여전히 오류를 범할 수 있다는 사실을 짚어두고 싶다. 아직까지 동물학의 많은 영역은 교양 있는 추측에 불과하다.

현대 기술이 발달하면서 우리의 추측은 점차 나아지고 있다. 자연사 다큐멘터리 제작자이자 진행자로서 나는 세계를 여행하며 발견의 현장에서 가장 헌신적으로 진실을 파헤치는 과학자들을 만나는 특권을 누렸다. 마사이마라(아프리카 케냐의 야생동물 보호구역_옮긴이)에서는 하이에나의 지능 지수를 측정하는 연구자를, 중국에서는 판다 포르노 밀매자를, 그리고 (과학적 목적으로) 나무늘보의 엉덩이 속도계를 만들어 낸 영국인 발명가와 세계 최초로 침팬지 언어 사전을 편집한 스코틀랜드 작가도 만났다. 술 취한 말코손바닥사슴의 뒤를 좇고 비버의 고환을 맛보았을 뿐 아니라 양서류 정력제를 음미하고 독수리와 함께 절벽에서 뛰어내리고 하마의 말을 흉내 내기도 했다. 이러한 경험은 수없이 놀라운 진실과 동물학의 현주소에 눈뜨게 해주었다. 이 책은 이 모든 진실을 여러분과 함께 나누려는 노력이다. 우리가 동물의 세계에 대해 가졌던 편견과 오해, 실수와 미신을 모아 나만의 '오해의 동물원'을 만들었다. 오해의 기원이 위대한 철학자 아리스토텔레스든 월트 디즈니의 할리우드 후손이든 간에 말이다.

그러니까 이 믿을 수 없는 이야기들에 귀를 열어보자. 단 모두 다 사실일 거라는 기대는 하지 말고.

| 차례 |

 뱀장어

뱀장어속
Anguilla

그 기원과 존재에 관해 이처럼 그릇된 믿음과
터무니없는 이야기가 난무하는 동물도 없을 것이다.

• 레오폴트 자코비Leopold Jacoby, 《장어에 관한 질문The Eel Question》, 1879

아리스토텔레스는 뱀장어 때문에 꽤나 골치를 썩였다. 이 위대한 그리스 사상가가 아무리 철저히 해부해봐도 그 성별의 흔적을 찾을 수 없었기 때문이다. 레스보스섬의 실험실에서 아리스토텔레스가 조사한 다른 물고기에서는 하나같이 수월하게, 어떤 종에서는 너무나 쉽게 (설사 안쪽에 숨어 있더라도 뚜렷이 보이는) 알 또는 정소를 발견했지만, 뱀장어는 완벽히 무성 생물인 것처럼 보였다. 그래서 가장 체계적이고 꼼꼼하다는 이 자연철학자조차 기원전 4세기에 편찬한 선구적인 동물 연감에서 뱀장어는 "짝짓기를 통해 태어난 것도, 알에서 태어난 것도 아니라" 진흙에서 자연적으로 발생하며 "지구의 내장"에서 태어난다고 결론 내릴 수밖에 없었다. 그는 축축한 토양에서 볼 수 있는 지렁이 똥이야말로 땅에서 끓어 나오는 뱀장어의 배아라고 생각했다.

아리스토텔레스는 최초의 진정한 과학자이자 동물학의 아버지로 수백 종류의 동물을 과학적으로 정확히 관찰했다. 그런 그가 뱀장어에게 한 수 뒤진 것은 별로 놀랍지 않다. 이 미끈한 놈들은 자신의 비밀을 기가 막히게 잘 숨겨왔기 때문이다. 뱀장어가 땅에서 태어난다는 발상은 환상적이기는 해도 사실과는 거리가 멀다. 유럽뱀장어*Anguilla anguilla*는 사르가소해의 해저 숲에 떠다니는 알로 생을 시작한다. 사르가소해는 대서양에서도 깊이가 가장 깊고 염도가 높은 지역이다. 쌀알보다 작은 낱알에서 출발한 뱀장어의 알은 유럽의 하천을 향해 3년 동안 오디세이를 떠난다. 그동안 생쥐가 말코손바닥사슴으로 변하는 수준으로 환골탈태한 뱀장어는 강바닥 진흙 속에서 수십 년을 살면서 오로지 대양의 어두컴컴한 자궁으로 돌아가는 6,000킬로미터의 고된 여정을 준비하기 위해 살을 찌운다. 그리고 대륙붕 깊숙이 어두운 어느 구석에 알을 낳고 죽는다.

뱀장어는 유별난 인생의 마지막 네 번째 변태 후에야 성적으로 성숙한다. 덕분에 그 기원이 모호해지면서 신화적 지위에 올랐다. 수백 년 동안 풀리지 않은 이 미스터리로 인해 여러 나라가 서로 흠집을 내고, 인간은 바다의 극한 오지까지 내려갔으며, 동물학 역사상 가장 위대한 학자들이 고뇌했다. 모두가 뱀장어의 기원을 설명하기 위해 누가 가장 정신 나간 이론을 지어내는지 경쟁하는 것처럼 보였다. 그러나 아무리 허무맹랑한 이야기를 꾸며내도 뱀장어의 진실에는 부합하지 않았다. 나치에 의해 굶어 죽은 뱀장어 생식소에 집착한 사냥꾼, 총을 휴대하고 다니는 어부, 세계에서 가장 유명한 정신분석학자 그리고 나의 이 놀라운 이야기들은 하나같이 평범함과는 거리가 멀다.

○ ○ ○

어려서 나 또한 뱀장어에 집착한 적이 있다. 내가 일곱 살 때쯤이었을까. 아버지는 정원에 옛날 빅토리아 시대의 욕조를 파묻고 인간의 목욕탕을 완벽한 연못 생태계로 개조하려는 원대한 계획을 세웠다. 이는 곧 나에게도 중요한 일거리가 되었다. 나는 좀 엉뚱한 면이 있는 아이로 이 임무를 아주 심각하게 받아들였다. 일요일마다 아버지를 따라 롬니 습지의 배수로에 가서 아버지가 오래된 망사 커튼으로 만들어준 어망으로 온갖 수생 동물을 잡으며 즐겁게 지냈다. 하루를 마칠 무렵 우리는 아버지의 오래된 작은 픽업트럭 뒤에 흥건하게 전리품을 싣고 빅토리아 시대 탐험가들의 열정과 승리에 도취해 돌아왔다. 채집한 생물들은 종을 확인한 후 나만의 수상 세계로 들여보냈다.

동물들은 둘씩 짝지어 왔다. 습지에 사는 개구리, 매끄러운 도롱뇽, 큰가시고기, 물맴이, 소금쟁이들이 욕조에서 벌어지는 파티에 참석했다. 안타깝게도 뱀장어는 없었다. 믿음직한 그물이 뱀장어를 용케 잡아 올려도 그 미끄러운 몸뚱어리를 잡아 양동이에 넣는 것은 손으로 물을 잡겠다고 하는 것이나 다름없었다. 가까스로 붙잡아도 뱀장어는 어느 틈에 스르륵 빠져나가 안전한 땅으로 도망쳤다. 마치 물 밖에 나온 물고기, 아니 뱀 같았다. 아무리 애써도 잡을 수 없는 생명체였던 뱀장어 잡기는, 이렇게 어린 시절 나에게 숙원 사업이 되었다.

하지만 내가 몰랐던 게 있다. 뱀장어를 잡는 데 성공했다면 이 야수는 우리 집 즐거운 욕조 파티를 쑥대밭으로 만들어놓았을 것이라는 사실이다. 파티에 초대 받은 다른 손님을 모조리 잡아먹었을 테니 말이다. 뱀장어는 생활사 중 민물에서 보내는 시기를 마치 상금에 혈안이 된 프로 권투 선수처럼 보낸다. 번식을 위해 사르가소해로 돌아가는 긴 여정을 준비하기에 앞서 챔피언전이라도 치르려는 사람처럼 살을 찌우는데, 그러려고 움직이는 것은 뭐든지, 심지어 동족까지 먹어치운다.

뱀장어의 탐욕스러운 식성은 1930년대에 파리에서 두 프랑스 과학자가 행한 끔찍한 실험을 통해 알려졌다. 이들은 약 8센티미터 정도 크기의 뱀장어 새끼 1,000마리를 커다란 수조에 풀어놓았다. 매일 꼬박꼬박 밥을 주었는데도 일 년 뒤에는 길이가 세 배로 커진 뱀장어 71마리밖에 남지 않았다. 그리고 다시 3개월이 지나, 지역 신문이 "일상적인 식인의 현장"이라고 보고한 이후에는 오직 한 마리 승자만 남았다. 30센티미터쯤 되는 뱀장어 암컷이었다. 이 암컷 뱀장어는 혼자서 4년을 더 살고는, 파리를 점령한 나치가 아무 생각 없이 지렁이 공급을 중단하는 바람에 죽고 말았다.

이 잔혹한 이야기는 뱀장어가 콩을 좋아하는 순진한 채식주의자라고 믿었던 과거 자연과학자들에게 큰 충격을 주었을 것이다. 오죽하면 이들은 뱀장어가 그렇게 좋아하는 콩을 찾아 물을 떠나 뭍으로 올라온다고 생각했을까. 이 일화는 13세기 도미니크수도회 수사인 알베르투스 마그누스Albertus Magnus 덕분에 알려졌다. 알베르투스는 자신의 책 《동물론De Animalibus》에서 "뱀장어는 밤이면 물 밖으로 나와 완두콩이나 강낭콩, 렌틸콩 등을 찾아다녔다"라고 썼다.

뱀장어의 히피스런 식성은 1893년에도 변함없었다. 《스칸디나비아 어류사The History of Scandinavian Fishes》는 수도사의 '관찰'에 맛있는 음향 효과를 곁들였다. 해밀턴 백작부인의 영지에 뱀장어가 침입해 콩을 먹어치웠는데, "마치 끼니를 먹는 젖먹이 돼지가 입맛을 다시는 소리가 났다". 비록 적절한 예의는 갖추지 못했지만 미망인의 뱀장어는 "부드럽고 즙이 많은 껍질만 먹고 알맹이는 버리고 간" 매우 양심적인 동물이었다. 실제로 뱀장어는 가뭄에 물을 찾아 가까운 연못으로 튀어갈 수 있도록 적응한 덕분에 미끄러운 피부로 숨을 쉬면서 물 밖에서도 48시간이나 살 수 있다. 하지만 이들이 입맛을 다시며 콩을 훔쳐 먹었다는 얘기는 얼토당토않은 소리다.

뱀장어는 민물에서 보내는 탐욕의 시간을 거치며 크기가 놀랍도록 커진다. 물론 고대 자연과학자들이 믿었던 만큼은 아니지만. 이 물고기는 애석하게도 사라진 거짓말 같은 이야기를 낳았다. 로마의 위대한 자연과학자 대플리니우스는 서사시 《박물지Naturalis Historia》에서 인도 갠지스강에서 잡은 뱀장어의 길이가 무려 10미터나 된다고 썼다. 진부한 거짓말이라고 해도 과장이 너무 심하다. 17세기에 낚시꾼들의 경전으로 알려진 《조어대전Compleat Angler》의 저자 아이작 월턴Izaak Walton은 피터버러강에서 잡은 뱀장어가 약 160센티미터였다고 나름대로 절제해서 썼다. 월턴은 곧바로 다음과 같이 덧붙여 의심하는 이들의 입을 막았다. "정 못 믿겠다면 킹스트리트 웨스트민스터의 커피 전문점에 가서 확인해보시오." 분명 그곳은 기분 좋게 홀짝거릴 수 있는 카푸치노와 젊은 시절 바다에서 겪은 풍성한 모험담으로 손님의 입과 귀를 즐겁게 해주는 곳이지 않았을까.

코펜하겐 동물 박물관의 요르겐 닐센Jorgen Nielsen 박사가 좀 더 신중한 측정을 시도했다. 닐센 박사는 덴마크의 어느 시골 연못에서 나온 죽은 뱀장어를 조사한 후 《뱀장어전The Book of Eels》의 저자인 톰 포트Tom Fort에게 가장 큰 개체의 길이가 125센티미터였다고 말했다. 애석하게도 이 미끌미끌한 야수는 연못 주인이 사랑하는 장식용 물새를 위협하다가 발각되는 바람에 그만 삽에 맞아 때 이른 죽음을 맞았다.

내가 잡으려 했던 뱀장어는 꽤 작은 축에 속해서 길이와 굵기가 연필 정도밖에 안 됐다. 분명히 민물에서 살기 시작한 지 얼마 안 되는 놈으로 그 후로 6~30년은 더 살았을 것이다. 어떤 뱀장어는 그보다 훨씬

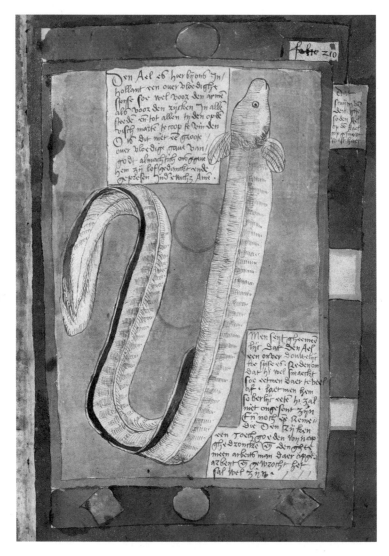

⊙ 아드리안 쿠넌Adriaen Coenen의 《어류 연감Almanac of Fish》(1577)에 나오는 뱀장어는 길이가 무려 12미터에 이르는 진짜 괴물로 로마의 자연과학자 대플리니우스가 묘사한 이후로 3미터나 더 길어졌다.

오래 산다고 알려졌다. 별명이 퍼트인 한 스웨덴 뱀장어는 1863년에 헬싱보리 근처에서 새끼일 때 잡힌 후 지역 수족관에서 자랐는데, 88년을 살고 죽었다. 퍼트의 죽음은 언론조차 대대적으로 보도하며 애도했고, 퍼트는 기록을 깨고 장수한 덕분에 길고 미끄러운 물고기에게는 잘 주어지지 않는 높은 지위를 하사 받았다.

고령의 뱀장어는 대개 애완동물로 사육되어 바다로 돌아가려는 본능이 억제되었다. 끌어안는 즐거움도 없는 뱀장어를 반려동물로 삼는 건 별로 평범하지 않은 선택이지만, 로마의 웅변가 퀸투스 호르텐시우스Quintus Hortensius는 "오래도록 극진한 사랑을 주었던" 뱀장어가 죽자 눈물을 흘렸다는 기록이 있다. 그러고 보면 어려서 뱀장어를 잡지 못한 것이 차라리 다행이다 싶다. 나라면 오늘까지도 눈물을 흘렸을 테니까.

뱀장어가 민물에서 지내는 시기는 기간도 길고 대식가의 면모가 엿보이지만, 수 세기 동안 나를 비롯한 수많은 자연과학자에게 유일한 모습으로 비친 이 단계는 사실 뱀장어의 여러 생애 중 하나에 불과하다. 민물에서 사는 모습만 보아서는 뱀장어가 태어나 번식하고 죽는 과정에 대해 짐작할 수 없다. 뱀장어의 나머지 생애는 바다에 둘러싸인 채 믿기 힘든 불가능한 겉모습을 하고 있다. 그로 인해 무려 2,000년 동안이나 세계적으로 뱀장어의 신비한 생식소를 찾기 위한 노력이 집중되었다.

○ ○ ○

아리스토텔레스는 누가 봐도 성별이 없는 게 분명한 이 물고기의 탄생 과정 때문에 처음 좌절을 경험한 사람이다. 그는 뱀장어 출생의 비밀을 자연발생설에 억지로 끼워 맞췄다. 아리스토텔레스는 이 이론을 하루살이에서 개구리까지 번식 과정을 설명하기 힘든 다양한 생물체에 자유롭게 적용했다. 몇 백 년 후에 대플리니우스는 그리스 조상을 표절하는 답습에서 벗어나 뱀장어 번식에 관해 상상의 나래를 펼쳤다. 그는 뱀장어가 바위에 몸을 비벼대 번식한다고 제안했다. 바위에 몸을 비벼서 나온 부스러기가 새로운 생명체로 탄생한다는 것이다. 자신의 이론이 마침내 이 문제에 종지부를 찍길 바라며 이 로마 자연과학자는 다음과 같은 권위적인 결론을 내렸다. "이것이야말로 뱀장어가 번식할 수 있는 유일한 방법이다." 그러나 플리니우스가 말한 무성의 마찰은 한낱 소설에 불과했다.

이후에도 뱀장어의 번식에 대해 말도 안 되는 소문이 끝없이 퍼졌다. 다른 물고기의 아가미에서 나온다든지, 달콤한 아침 이슬에서, 그것도 특정한 달에만 태어난다든지, 불가사의한 "전기적 혼란" 속에서 발생한다든지 하는 가설이 난무했다. 심지어 영국 왕립학회에서 한 대주교는 지붕의 짚더미에서 어린 장어가 태어나는 장면을 보았다고 증언했다. 그는 뱀장어의 알이 초가지붕의 갈대에 들러붙어 태양의 열기를 받아 부화했다고 주장했다.

교구의 모든 자연과학자가 이처럼 허무맹랑한 물고기 얘기를 받아들인 것은 아니다. 토머스 풀러Thomas Fuller는 《영국 명사들의 역사 History of the Worthies of England》에서 목사와 간통한 여인과 그 사생아가 뱀장어의 모습으로 환생함으로써 지옥살이를 면할 수 있다는 캠프리셔주에 널리 퍼진 믿음에 비난을 퍼부었다. 풀러는 이것이 명백한 거짓이라고 부르짖으며 문제의 심각성을 강조하기 위해 다음과 같이 저주했다. "이런 거짓 나부랭이를 처음 퍼트린 사람은 아주 오랫동안 그 대가를 치를 것이다." 아마 남은 생을 민달팽이로 사는 벌이 아니었을까?

계몽 시대의 과학 천재들은 덜 어리석지만 그렇다고 결코 옳다고 볼 수도 없는 이론을 내세워 이러한 황당무계한 일담에 맞섰다. 1692년 박테리아와 혈액 세포를 발견해 미생물계의 선구자가 된 네덜란드인 안톤 판 레이우엔훅Antonie van Leeuwenhoek은 뱀장어가 포유류처럼 태생, 즉 암컷의 몸속에서 알이 수정된 후 부화하여 어린 새끼를 낳는다는 가설로 오류를 범했다. 하지만 적어도 레이우엔훅은 실제 관찰에 근거한 가설을 펼침으로써 동시대의 과학 양식을 수용했다. 그는 직접 제작한 확대경을 들여다보고 물고기의 자궁이라고 생각한 부분에서 새끼 뱀장어처럼 보이는 것을 관찰했다. 안타깝게도 그가 새끼 뱀장어라고 확신한 것은 뱀장어의 방광에 웅크리고 있는 기생충이었다. 더군다나 이것은 이미 2,000년 전에 아리스토텔레스 같은 이들이 먼저 발견하고 내버린 가설이었다.

18세기 스웨덴 식물학자이자 동물학자인 칼 폰 린네Carl von Linné 또한 뱀장어가 태생이라고 말하며 성체 암컷의 몸에서 새끼 뱀장어로 추정되는 것을 관찰했다고 주장했다. 아무도 위대한 분류학의 아버지에게 어깃장을 놓을 수는 없었을 것이다. 그는 지나치게 규칙에 얽매인 나머지 자기 이름까지 '카롤루스 리나이우스Carolus Linaeus'라고 라틴어로 바꾼 사람이었으니까 말이다. 그러나 이 분류의 대가도 실수가 드러난 이상 다른 방도가 없었다. 불편한 진실은 다음과 같다. 린네가 실제로 해부한 것은 뱀장어가 아니라 뱀장어 행세를 하는 사기꾼으로 등가시치라고 알려진, 뱀장어와 매우 비슷하게 생긴 동물인데(영어로 뱀장어는 eel, 등가시치는 eelpout임_옮긴이), 뱀장어와는 전혀 연관성이 없고 실제로 드물게 태생인 어류다. 그를 비난한 이들이라고 해서 사실을 더 제대로 알고 있었던 건 아니다. 린네의 연구를 검토한 한 권위자가 종을 잘못 식별한 린네를 책망한 후 (아리스토텔레스의 영향을 받아) 이 스웨덴인이 발견한 어린 뱀장어가 기생충이라고 선언하는 바람에 뱀장어가 태생이라는 믿음은 혼돈에 빠지게 되었다.

이 치열한 학계의 싸움에 용감한 외부인이 끼어들었다. 1862년 데이비드 카엥크로스David Cairncross라는 스코틀랜드 사람이 세상에 놀라운 선언을 했다. 던디의 보잘것없는 공장 기술자인 그가 마침내 수 세대 동안 철학자와 자연과학자를 괴롭혀온 뱀장어의 비밀을 풀었다는 것이다. 카엥크로스는 진정 무지한 자의 허세를 드러내며 다음과 같이 말했다. "독자는 한 번쯤 은색 뱀장어의 조상이 작은 딱정벌레라는 말을 들은 적이 있을 것입니다." 오로지 어설픈 짐작만으로 60년이나 이어온 실험의 결과는 열정은 가상하나 과학적으로 받아들이기 힘든 이론이 되어《은뱀장어의 기원The Origin of the Silver Eel》이라는 짧은 책으로 발간되었다.

카엥크로스는 과학의 규칙과 정설을 배우는 데 관심이 없었던 것을 사과하며 논문을 시작했다. 카엥크로스는 다소 방어적인 자세로, "동물을 분류하는 데 있어 제가 다른 자연과학자들이 사용하는 이름과 용어에 익숙하리라고는 기대하지 마십시오. 그런 책에 대한 제 지식은 매우 미천합니다"라고 말했다. 관습에 얽매이지 않으면서도 편리하기 짝이 없는 그의 해결책은 그냥 "자기 마음대로 정한 이름과 용어를 사용하는" 것이었다. 카엥크로스는 동물의 분류 체계를 재구성하여 세 집단으로 나누었는데, 이는 린네가 무덤에서 벌떡 일어날 정도로 어처구니없었다. 카엥크로스의 분류 체계는 가뜩이나 황당한 그의 이론을 해독하려고 애쓰는 사람들에게 더한 도전만 남기고 말았다.

카엥크로스는 열 살이라는 어린 나이에 발견의 여정을 시작했다. 그는 구멍 뚫린 하수구에서 수많은 이른바 '머리카락뱀장어'를 관찰하고는 "이것들이 다 어디에서 왔을까?" 하고 몹시 궁금해했다. 한 친구가 그에게 어린 뱀장어는 말이 물을 마시는 동안 "말의 꼬리에서 떨어져 나오고" 그 물이 뱀장어에 생명을 불어넣는다는 항간에 떠도는 속설을 알려주었다. 어린 카엥크로스는 친구의 말에 코웃음 치며 자신이 직접 뱀장어의 기원을 구상하기 시작했는데 허무맹랑하기로는 별반 다르지 않았다. 그는 뱀장어를 발견했던 하수구 바닥에서 죽은 딱정벌레를 보고 영감을 받았다. 어쩌면 이 두 동물이 서로 연관되어 있는지도 몰라! 이 마법 같은 순간이 어린 카엥크로스의 뇌리에 무려 20년이나 똬리를 틀었다. "내 마음은 수시로 이 불가사의한 미스터리를 향해 달려갔다"라고 그는 회상했다.

그러던 어느 여름, 어른이 된 카엥크로스는 던디에 있는 자신의 정원에서 낯익은 딱정벌레를 보았다. 카엥크로스는 이 딱정벌레가 물가로 향하더니 결연한 몸짓으로 물속에 뛰어드는 걸 열심히 관찰하며 벌레의 생각을 읽어내려 애썼다. 그에 따르면 당시 딱정벌레는 목욕을 마치고 나와 매우 "혼란스러워" 보였다. 어떻게 카엥크로스가 딱정벌레의 정신 상태를 진단하게 되었는지는 알 수 없지만, 그가 쓴 책에 나

a The Beetle in the act of Parturition.　　*b* The Eel fully developed.

⊙ 딱정벌레가 뱀장어를 낳는 장면을 상상하기 어려운 독자를 위해 《은뱀장어의 기원》의 저자는 책에 자신의 무모한 주장을 입증하는 근사한 삽화를 그려 넣었다. 카엥크로스 씨, 시도는 좋았지만 그래도 당신을 믿지는 못하겠네요.

오는 유일한 삽화를 보면 이 곤충의 기괴한 행동을 이해하는 데 도움이 된다. 삽화의 제목은 "출산 중인 딱정벌레"이다. 이 삽화에는 카엥크로스의 비현실적 영웅이 등을 대고 누워 있고 끝에서 한 쌍의 올가미 같은 끈이 나오는 장면이 그려져 있다. 이 스코틀랜드 사나이의 말을 빌리면, 딱정벌레는 두 마리의 물고기를 낳는 중이다.

　이것이 카엥크로스에게는 유레카의 순간이었다. 그는 이제 완전히 뱀장어 연구에 매진했다. 그는 한 발 더 나아가 딱정벌레를 해부해 그 안에서 머리카락뱀장어를 꺼낸 후 각각 제한된 기간 동안 살려두었다. 카엥크로스는 본인의 이론이 "황당무계해 보일지도" 모른다고 흔쾌히 인정하면서도 "식물계의 어느 일원"의 행동을 지켜봄으로써 확신을 가질 수 있었다. 한 나무를 다른 나무에 접붙이는 게 가능하다면 "창조적인 위대한 정원사의 손으로 곤충에게도 똑같이 이질적인 습성을 접붙일 수 있지 않을까?"

오늘날 실험실에서는 온갖 프랑켄슈타인식 동물이 잉태되고 있다. 인간의 귀를 쥐에 이식하고 해파리 유전자를 적절히 조합해 어둠 속에서도 빛을 내는 물고기가 탄생한다. 그러나 여기에 "창조적인 위대한 정원사"가 관여한 적은 없다.

카엥크로스가 진작 학계에 이 문제를 제기했다면 그의 '머리카락뱀장어'가 발달 초기 단계의 물고기가 아니라 또 다른 성가신 기생충에 불과하다고 명확히 알려주었을 것이다. 그러나 이 공장 기술자는 학계에서 동료간에 이루어지는 상호 점검에 대해 아는 바가 없었다. 카엥크로스는 자신의 특별한 발견을 왕립학회에 발표해 철저한 심사를 받는 대신에 어느 날 길에서 마주친 농부 몇 명에게 설명했다. 그들은 때마침 자기 땅의 배수로에서 여러 마리 은뱀장어를 발견하고 당황한 참이었다. 카엥크로스는 이 많은 뱀장어가 모두 딱정벌레의 엉덩이에서 나왔다는 자신의 이론을 설명했다. 그는 농부의 반응을 보고 자신에 차 반색했다. "그들은 나를 믿었고 의문이 풀린 것을 기뻐했다."

지역 농부들의 열성적 지지에도 불구하고 카엥크로스의 이론은 뱀장어 연구의 큰 궤도를 바꾸지는 못했다. 무려 60년 동안 지적 고립 상태로 연구에 몰두했던 그는 세상 밖에서 뱀장어 생식소 찾기에 급진전이 일어났다는 소식을 듣지 못했다. 던디에서 멀리 떨어진 곳에서는 '뱀장어 문제'에 매달린 유럽 과학계의 지식인들이 정점에 도달하기 직전이었다.

○ ○ ○

선두에 선 것은 이탈리아인들이었다. 이들은 곤경에 처한 조국을 위해 시민들에게 자부심을 불어넣을 수단(과연?)으로 뱀장어의 잃어버린 생식기관을 찾기 위해 노력했다.

이탈리아인들은 뱀장어와 오랜 인연이 있는데 대부분 음식에 관한 것이다. 뱀장어는 특별히 지방이 풍부한 생선이다. 이는 짝짓기를 하기 위해 사르가소해의 깊은 해저로 돌아가는 6,000킬로미터의 힘겨운 오디세이에 필요한 연료를 마련하려는 진화적 적응이다. 뱀장어에게는 안타까운 일이지만, 이처럼 풍부한 지방 덕분에 뱀장어는 매우 맛이 좋아 사람들이 그냥 지나칠 수 없다. 로마의 미식가 마르쿠스 가비우스 아피키우스Marcus Gavius Apicius는 세계 최초의 요리책으로 알려진 책을 썼는데, 이 책에서 율리우스 카이사르의 승리를 축하하는 연회 때 6,000마리의 뱀장어를 사용했다고 했다. 아피키우스는 "뱀장어 요리에 말린 박하, 루타 열매, 삶은 노른자, 후추, 러비지, 벌꿀술, 식초, 기름이 들어간 소스를 곁들이면 더욱 맛이 있다"라고 추천했다. 별로 입맛이 돋지는 않지만 영국에서는 여전히 뱀장어를 그냥 푹 끓여 젤리처럼 굳혀 먹기를 좋아한다. 이는 영국인들이 장기간 처참하게 망가뜨려온 악명 높은 음식의 역사 중에서도 미식가들에게 저지른 가장 큰 범죄에 해당한다. 그러나 이처럼 조잡한 요리법으로도 장어는 오랫동안 대연회장에 등장했고 식탐의 대상이 되었다. 레오나르도 다 빈치는 명작 〈최후의 만찬〉에서 뱀장어를 즐기는 제자들을 그렸다. 한편 이 미끄러운 생선을 물리도록 먹은 것이 악명 높은 대식가였던 교황 마르티노 4세의 죽음에 책임이 있다고 전해진다.

가장 맛이 좋은 뱀장어는 이탈리아의 코마치오, 그리고 포강 삼각주의 광대한 회색 습지 근방에서 나온다고 알려져 있다. 이곳은 유럽 최대의 뱀장어 양식장이 세워진 곳으로 일 년 중 가장 바쁜 시기에는 하룻밤에 무려 300톤의 뱀장어들이 실려 나갔다. 또한 이곳은 뱀장어의 성을 둘러싼 가장 위대한 선언과 논란의 근원이 되기도 했다. 이 사건은 1707년에 이 지역 한 외과 의사가 그물에 걸린 수천 마리의 뱀장어 중에서 유난히 통통한 놈을 발견하면서 시작되었다. 그 뱀장어를 잘라 열어보니 마치 잘 익은 알로 채워진 난소를 보는 것 같았다. 그는 이 알밴 물고기를 친구인 저명한 자연과학자 안토니오 발리스네리 Antonio Vallisneri에게 보냈다. 발리스네리는 수 세기에 걸쳐 뱀장어의 은밀한 부분을 찾아 헤맨 노력이 마침내 결실을 보았다고 성급히 세상에 선언했다. 이 박식한 교수는 속칭 거머리말(영어로는 '뱀장어 풀'이라는 뜻의 eelgrass임_옮긴이)로 알려진 수생식물의 학명에 이미 자신의 이름을 빌려준 전력(거머리말의 속명이 발리스네리아Vallisneria임_옮긴이)이 있었으나 뱀장어 암컷의 생식기에는 자기 이름을 붙일 수 없었다. 조사 결과 알인 줄 알았던 것이 사실은 병에 걸려 부풀어 오른 부레였다고 판명 났기 때문이다.

발리스네리가 잠시나마 맛보았던 승리의 기쁨이 이탈리아 과학 마피아들에게 영감을 주었다. 그들은 이제 진짜 뱀장어 난소를 찾는 일을 "지극히 중요한 문제로" 여겼다. 당시 외세에 점유당한 이탈리아반도는 이제 막 출발한 국가로서 격동의 시기를 보내고 있었다. 많은 이탈리아인들이 국수주의적 혁명에 희망을 걸고 있었던 반면에, 이 소수의 지식인들은 뱀장어의 찾기 힘든 생식기관에 대한 소유권을 보유함으로써 국민들에게 힘을 실어줄 날을 꿈꿨다.

이들은 계획을 세웠다. 당시 코마치오 주변에서는 매일 수천 마리의 뱀장어가 잡혔다. 이들은 완벽한 어란을 가진 뱀장어를 가져오는 첫 번째 어부에게 현상금을 걸기만 하면 됐다. 독일에서도 경쟁적으로 이와 비슷한 시도를 한 자연과학자가 있었는데 도리어 역효과만 낳았다. 그는 우편으로 너무나 많은 뱀장어 내장을 받는 바람에 "울면서 자비를 구할" 정도였다. 그러나 이탈리아의 계획은 금세 긍정적 결과를 가져왔다. 아니, 그런 것 같았다. 어느 교활한 어부가 뱀장어에 다른 물고기의 알을 채워 가져온 것이 드러나자 잔치는 끝났다.

이 수치스러운 타격으로 이탈리아 교수들의 뱀장어에 대한 열정은 이후 50년간 사그라졌다. 그러나 1777년 미끌미끌하고 살진 한 신선한 용의자가 팔딱거리며 코마치오 해변에 등장했다. 현지 볼로냐대학교의 해부학과 교수 카를로 몬디니Carlo Mondini가 곧바로 이를 조사했고 획기적 발상을 제시했다. 이 물고기의 배에 든 주름진 리본은 지방조직의 가장자리가 아니었다. 예전에는 그런 줄 알았으나 실은 그토록 애를 먹인 뱀장어 암컷의 난소였던 것이다.

이탈리아 과학자들은 이번에도 마찬가지로 축배를 너무 일찍 들었다. 어쨌거나 뱀장어의 정소는 여전히 행방불명이었고, 이 수수께끼 같은 물고기가 어떻게 번식하는지는 아무도 확실히 알지 못했으니 말이다. 결국 뱀장어의 생식기 퍼즐을 완성하는 임무는 전혀 생각지도 못한 후보자의 손에 쥐어졌다. 훗날 뱀장어가 아닌 인간의 욕망이 자리한 곳을 밝혀냄으로써 명성을 얻은 야심 찬 젊은 의대생이었다. 그 학생의 이름은 바로 지그문트 프로이트였다.

○ ○ ○

이 정신분석학의 아버지는 열아홉 살에 빈대학교 학생으로서 1876년 이탈리아의 아드리아해 연안 도시인 트리에스테의 야외 동물 연구소에서 뱀장어 정소를 찾는 임무로 자신의 첫 연구를 시작했다.

프로이트가 친구에게 보낸 편지에 다소 냉소적으로 자신의 견해를 밝힌 바에 따르면, 뱀장어의 성별을 확인하는 유일한 방법은 배를 갈라 속을 열고 "뱀장어가 일지를 쓰지 않는다는 것을 확인하는" 것뿐으로 몇 주 동안 그는 매일 아침 8시부터 오후 5시까지 덥고 냄새나는 실험실에서 이 작업을 반복했다. 그에게 주어진 임무는 폴란드 교수 시몬 시르스키Szymon Syrski가 뱀장어 정소를 발견했다는 주장의 사실 여부를 조사하는 것이었다. 프로이트는 편지에 다음과 같이 불평했다. "그러나 그는 분명 현미경이 무엇인지도 몰랐을 테니 정확히 묘사할 수 없었을 것이네."

4주 동안 뱀장어 400마리의 내장을 꺼내 본 뒤에야 프로이트는 결국 포기했다. "뱀장어와 나 자신을 수없이 고문했으나 허탈하게도 내가 열어본 것은 모두 암컷이었네." 그는 몹시 한탄하며 편지에 엷게 비웃는 듯한 표정의 뱀장어를 낙서로 그려 보냈다. 이 연구 결과를 보고한 〈뱀장어의 고환으로 보이는 고리 모양 기관의 형태와 구조에 대한

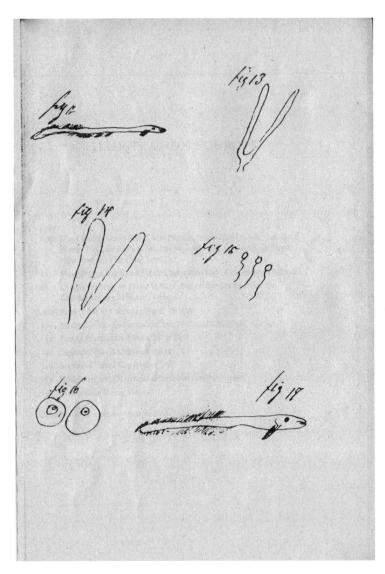

⊙ 친구에게 보낸 편지에 지그문트 프로이트가 그린 낙서는 뱀장어 정소를 찾는 헛짓거리에 대한 그의 생각을 고스란히 드러낸다. 자신을 고문하는 의뭉스러운 뱀장어와 뱀장어의 찾기 힘든 정자와 난자를 구불거리는 선으로 그려놓았다(정신분석학자가 보았다면 아마 한 쌍의 가슴을 그렸다고 말했을 터).

관찰〉은 프로이트가 맨 처음 발표한 논문이다. 프로이트는 시르스키가 옳지 않다고 의심했으나 결국 이 폴란드인의 주장을 확인도 부인도 할 수 없었다.

장기간 성기를 찾아 남근 중심적 물고기를 해부하며 부질없이 보낸 시간이, 이후 인간의 성 심리 발달 과정에서 남근기에 관한 프로이트의 이론에 어떤 영향을 미쳤을지는 누구라도 짐작할 수 있을 것이다. 어쨌거나 이후 프로이트는 덜 까다로운 연구 대상인 인간의 정신을 탐구했고 분명 더 성공했다.

20년이 지나 외로운 수컷 뱀장어 한 마리가 마침내 그 음부를 드러냈다. 뱀장어와 친분을 쌓게 된 운 좋은 젊은 생물학자는 또 다른 이탈리아 사람 조반니 그라시Giovanni Grassi였다. 그라시는 정자로 가득 찬 생식기가 부풀어 오른 채 시칠리아 해안에서 헤엄쳐 다니던 뱀장어 한 마리를 잡았다. 그라시는 (특별히 흥미롭진 않지만) 이미 흰개미 해부에 관해 영향력 있는 연구를 했고, (사랑의 표현으로) 아내의 이름을 따서 신종 거미의 이름을 지은 적이 있었다. 그러나 뱀장어에 관해서는 완전히 승승장구했다. 그라시는 이탈리아를 대표해 국제 뱀장어 고환 대회에서 우승했을 뿐 아니라 전해에는 뱀장어의 음흉한 생활사에서 핵심적 단계를 밝히는 중요한 일을 해냈다.

1850년대 이후 버들잎 모양에 두께도 비슷하고 둥글납작한 검은 눈과 무시무시한 뻐드렁니를 가진 작고 투명한 물고기가 떼 지어 이탈리아 해안가로 올라왔다는 기록이 있다. 이 초소형 괴물은 린네식 명명법에 따라 "가는 머리, 짧은 코"라는 뜻의 렙토세팔루스 브레비로스트리스Leptocephalus brevirostris라는 학명으로 분류되었는데, 탁한 바닷속 깊이 서식하는 그저 그런 해양 생물 중 하나로 보아 이내 버려졌다. 그라시는 이 작은 생명체에 매료되어, 이들이 성체와는 다른 모습을 한 뱀장어의 유생(자어)일지도 모른다고 의심했다. 그는 기발한 방법으로 이 문제에 접근했는데, 우선 배아 단계에 있는 척추뼈의 개수를 세어 평균 115개임을 확인했다. 다음으로 척추뼈의 개수가 동일한 종을 찾았는데 마침 유럽뱀장어와 일치했다. 뱀장어의 신비한 생활사에서 잃어버린 고리를 밝힌 실로 기념비적인 발견이었다.

몇몇 학자들이 이미 민물 뱀장어가 분명히 먼바다에서 번식한다고 제안한 적이 있었다. 이 발상이 색다른 것은, 연어처럼 평생 민물과 짠물을 넘나들며 장거리 이동을 하는 물고기는 모두 반대로 이동했기 때문이다. 하지만 뱀장어가 바다에서 번식하지 않는다면 왜 해마다 가을이면 그 많은 수가 그토록 결연하게 강 아래로 헤엄쳐 내려가겠는가? 그리고 왜 봄이면 크기가 작은 녀석들이 강 위로 거슬러 올라가겠는가? 지금까지 이런 논리적 가설을 뒷받침할 증거도, 바다에서 새끼 뱀장어가 발견된 적도 없었다. 그러나 이제 조반니 그라시가 잃어버린 유생 단계를 찾았을 뿐 아니라 뱀장어가 세계에서 손꼽히는 변신 동물임을 확인한 것이다.

그라시는 이 기적 같은 변태의 과정을 눈으로 직접 확인하기 위해 수족관을 설치했다. 이는 영리한 생각이었는데, 이렇게 하지 않으면 아무도 그를 믿지 않으리라는 것을 잘 알았기 때문이다. 몇 주가 지나자 잎처럼 생긴 가는 몸이 양쪽 끝에서부터 두꺼워지더니 누가 봐도 뱀장어의 형상을 갖춰 나갔다. 몸길이가 거의 3분의 1로 줄어들었고 들쭉날쭉한 이빨은 녹아 없어졌으며 소화관에서 일어난 알 수 없는 원인으로 항문의 위치가 이동했다. 며칠 후에는 실뱀장어glass eel라고 알려진, 완벽하게 투명하고 곤충의 눈이 달린 국수 가닥이 수족관 안에서 헤엄치며 돌아다녔다. 이 발견으로 들뜬 그라시는 시칠리아 앞바다의 메시나해협이 모든 유럽뱀장어가 번식하는 장소라고 선언하면서, 그러므로 이 군침 도는 생선과 그 특별한 생활사 모두 이제 막 통일한 이탈리아 왕국의 재산이라고 주장했다.

그러나 어디든 미꾸라지처럼 빠져나가는 뱀장어처럼, 성급하게 붙잡은 영예 역시 이 이탈리아인의 손아귀에서 순식간에 빠져나갔다. 그라시는 자신이 포획한 이 "가는 머리" 물고기의 길이가 7센티미터나 된다는 사실을 간과했다. 이들이 현실적으로 불가능한 크기의 대형 알에서 태어나지 않는 한 이 어린 물고기가 해협에 도달할 시점에 벌써 이렇게 성숙할 수는 없다. 그렇다면 이들이 정말 이탈리아 해안 가까운 곳에서 태어났다고 말할 수 있는 걸까?

뱀장어의 수수께끼가 그렇게 쉽게 풀릴 리 없다고 생각한 한 남자가 있었다.

○○○

이전의 많은 사람처럼 요하네스 슈미트Johannes Schmidt는 민물 뱀장어의 불가사의한 번식지를 밝히기 위해 편집증에 가까운 행동을 보였다. "병적 야심으로 가득 찬" 이 덴마크인은 솔잎 크기의 갓 부화한 뱀장어 치어를 찾아 드넓은 대서양을 샅샅이 뒤졌다. 슈미트의 원정은 규모가 크고 기술적으로도 쉽지 않았을뿐더러 기대하지 않은 엄청난 결과를 가져온 덕분에 마침내 그는 이탈리아가 손에 쥐었던 뱀장어의 영광을 낚아채 조국 덴마크에 전달할 수 있었다.

슈미트의 여정은 1903년에 시작되었다. 당시 어린 슈미트는 대구나 청어 같은 생선의 번식 습성을 연구하는 덴마크 연구 선박인 토르호에 승선하여 어류학자로 일했다. 그해 여름 어느 날 대서양 파로에 섬의 서쪽으로 향하는 도중, 대형 미세 저인망에 작은 물고기 유생이 걸려 나왔다. 슈미트는 이 보잘것없는 유생을 유럽뱀장어로 식별했는데, 지중해 바깥에서는 처음 발견된 것이었다. 슈미트는 뱀장어의 발생지가 이탈리아 해안이 아니라 북쪽으로 4,000킬로미터나 떨어진 곳임을 알려주는 "절호의 기회"를 잡았다. 이 가느다란 머리를 가진 물고기가 바다 한복판에서 길을 잃은 게 아니라면 말이다.

슈미트는 그보다 앞서 뱀장어에 사로잡혔던 아리스토텔레스, 카엥크로스, 프로이트, 몬디니, 그라시 같은 다른 뱀장어 광신도를 능가할 정도로 뱀장어의 진정한 태생을 찾는 데 집착했다. 이 집요한 과학자는 운 좋게도 한 해 전에 칼스버그 맥주 회사의 상속녀와 약혼했는데, 칼스버그는 해양 연구에 아낌없이 기부하는 회사라 야심 찬 치어 사냥꾼이 올라타기에는 최적의 라거(맥주) 제조사였다. 그러나 이 작은 물고기에 대한 집착으로 갓 결혼한 신랑을 20년 동안이나 빼앗겨야 했던 슈미트의 신부가 이 거래에 만족했을지는 모두의 판단에 맡긴다.

젊은이의 불타는 열정으로 요하네스 슈미트는 가능한 한 가장 작은 치어의 위치를 수색하는 대규모 탐사에 착수했다. 그에게는 이 치어가 자신을 뱀장어가 태어난 곳으로 안내하리라는 논리적 추론에서 비롯한 믿음이 있었다. 후에 슈미트가 기록한 것을 보면, "당시에 나는 우리에게 닥칠 어려움에 대해 생각해본 적이 없었다. 탐사는 매해 규모가 커졌고 우리가 꿈도 꾸지 못한 수준으로 성장했다." 슈미트는 촘촘한 그물망을 끌고 미국에서 이집트로, 아이슬란드에서 카나리아제도로 돌아다녔다. 그 과정에 대형 선박이 네 척 소실되었는데, 한번은 버진아일랜드에서 좌초되어 하마터면 소중한 치어 표본이 함께 수장될 뻔했다. 다음으로 제1차 세계대전이 벌어졌는데, 탐사를 돕기 위해 협력했던 많은 배들이 독일 잠수함에 격침당했다.

바다에서는 전투가 한창일 때, 요하네스 슈미트는 자신의 뼈를 깎는 노고를 인정하기는커녕 격분에 찬 학계의 공격에 포위되었다. 1912년에 슈미트는 탐사 결과를 처음 발표하면서 유럽 해안에서 멀리 항해할수록 뱀장어 유생의 크기가 작아졌고, 따라서 대서양이야말로 뱀장어가 태어난 장소임에 틀림없다고 주장했다. 그러나 왕립학회는 조반니 그라시의 연구만으로도 "충분하다"라며 이의를 제기했고, 슈미트는 어쩔 수 없이 배를 타고 도로 바다로 향해야 했다.

1921년 4월 12일 사르가소해 남쪽에서 마침내 슈미트가 가장 작은 소인국 유생을 포획하면서 돌파구가 열렸다. 이 유생은 부화한 지불과 하루 이틀밖에 안 돼 보였다. 20년의 수색 끝에 이 덴마크인은 임무를 완수할 순간과 마주한 것이다. 슈미트는 마침내 자신 있게 외쳤다. "여기가 뱀장어의 번식지다!"

이는 실로 놀라운 결과였다. 슈미트 자신도 이 발견의 중요성을 깨닫고 매우 놀라워했다. 1923년에 요하네스 슈미트는 "생애를 마치기 위해 지구 둘레를 4분의 1이나 돌아야 하는 어류는 달리 알려진 바가 없다"라고 썼다. 또한 "거리와 시간 두 가지 측면에서 모두 뱀장어 유생처럼 이렇게 먼 거리를, 또 이렇게 오래 이동하는 경우는 동물계에서도 극히 드물다"라고 말했다. 그라시와 이탈리아는 완패했고, 뱀장어 미신을 타파한 영광은 흡족한 요하네스 슈미트와 그의 조국 덴마크가 영원히 차지하게 되었다.

그러나 절대로 과학이나 인생에서 '영원히'라는 말을 함부로 써서는 안 되는 법이다.

이로부터 거의 100년이 지났건만 뱀장어의 생활사에 대한 우리의 이해는 값비싼 추측에 지나지 않는다. 수십억 달러의 연구비를 쏟아붓고 최첨단 기술을 동원해서도, 유럽뱀장어 성어가 유럽의 하천에서 사르가소해까지 돌아가는 길을 처음부터 끝까지 추적하는 데 성공한 사례가 없다. 또한 야생에서 짝짓기하는 뱀장어 암수가 관찰된 적도 없다. 물론 뱀장어의 알도 발견된 적이 없다.

나는 덴마크공과대학의 수석 연구원이자 세계적인 뱀장어 과학자인 킴 오레스트루프Kim Aarestrup에게, 유럽 민물 뱀장어가 정말 사르가소해에서 태어난다고 100퍼센트 확신할 수 있는지 물었다. 그는 멋쩍게 대답했다. "아니요."

과학자들의 노력이 부족해서가 아니다. 현대에 들어와 과학자들은 뱀장어 성어를 추적하기 위해 뱀장어의 몸에 수중 음파탐지기를 부착했다. 연구원들은 대서양을 가로질러 이 그림자 같은 심해 유령을 좇아갔지만 실제 누굴 좇고 있는지 알 길이 없었다. 그래서 여전히 많은 연구자가 수백 마리 뱀장어에 최첨단 위성 꼬리표를 달아야 했다. 안타까운 일이다. 뱀장어가 잡아먹히는 바람에 이 고가의 꼬리표 중 상당수가 상어나 고래 뱃속에 머무르면서 포식자를 따라 대양을 누비며 뱀장어의 일상적 서식처를 벗어나 과학자들을 당황케 하는 무자비한 데이터를 전송했다.

한 노련한 연구원은 사르가소해 깊숙이 함정을 매달아 매혹적인 암컷을 가둬놓고 뱀장어의 짝짓기 현장을 포착하고자 했다. 이 암컷 뱀장어들은 인공 호르몬을 맞고 한껏 성숙해져 교미하고자 하는 열망으로 폭발할 지경이었다. 그러나 뱀장어 요부조차 수컷을 불러들이는 데 실패했다. 세이렌의 상자는 육욕에 찬 뱀장어 수컷을 잡겠다는 희망과 함께 바다 깊은 곳으로 흔적도 없이 가라앉았다.

문제의 일부는 사르가소해의 특이한 성질에 있다. 숨이 막힐 정도로 깊은 이곳은 최대 깊이가 7킬로미터에 달할 뿐 아니라 대륙붕에 깊은 해저 협곡을 형성한다. 4,000만 년 이전에 진화한 고대 유럽뱀장어는 유럽 대륙과 아메리카 대륙이 '지질학적'으로 훨씬 가까웠을 때 이 해구에서 처음 번식을 시작했다고 여겨진다. 그러다 두 대륙이 서로 멀어짐에 따라 뱀장어 역시 태어난 곳으로 되돌아가기 위해 어쩔 수 없이 점점 더 멀리 이동하게 됐다는 것이다.

뱀장어를 현장에서 잡을 기회가 쉽지 않은 것은 바다의 깊이만이 아니라 위험한 해류에도 책임이 있다. 사르가소해는 해안선에서 멀리 떨어진 데다 북대서양 환류로 알려진, 시계 방향으로 돌아가는 500만 제곱킬로미터의 강력한 해류에 둘러싸여 있다. 오레스트루프가 내게 지적했듯이, 뱀장어의 산란기는 연간 사이클론이 발생하는 시기와 일치할 뿐 아니라 사르가소해는 버뮤다 삼각지대에 자리 잡고 있다.

내 머릿속에는 배리 매닐로Barry Manilow가 노래한 '버뮤다 삼각지'가 1970년대 이후 아직까지도 남아 있다. 셀 수 없이 많은 선박을 삼켜버린 악명 높은 재난 지역이 뱀장어의 기이한 스토리의 일부라는 사실은 바다의 신 포세이돈이 뱀장어의 성생활을 비밀리에 유지하고자 직접 음모를 꾸몄다는 미신을 조장하기에 충분하다. 그리고 1970년대 발라드 가수에게 짝짓기하는 뱀장어의 아슬아슬한 장거리 연애에 관한 후속 히트곡을 안겨주기에도 무리가 없다.

ooo

뱀장어의 수수께끼를 풀었을 때 돌아오는 보상에는 비단 눈에 보이지 않는 영예만이 아니라 상당한 부도 포함된다. 뱀장어는 사업성이 큰 종목이다. 중석기인을 먹여 살렸던 생선이 이제 대부분 나라의 식단에서는 사라졌지만 동양에서는 여전히 인기를 누리고 있다. 특히 일본에서는 이 별 볼 일 없는 뱀장어가 연간 10억 달러의 시장을 형성한다. 지방질이 풍부한 뱀장어의 살은 특히 뜨거운 여름철 전통 보양식으로 인기가 있는데, 뱀장어가 몸을 차게 하는 성질이 있고 뱀장어 요리를 먹으면 피로를 물리칠 수 있다고 널리 믿기 때문이다. 일본 사람들은 뱀장어 맛이 나는 콜라와 함께 뱀장어 아이스크림까지 먹는다고 하지만, 대개는 민물 뱀장어를 숯불에 구워 달콤한 소스를 곁들여 밥과 함께 먹는 것을 좋아한다. 매해 10만 톤 이상의 일본 우나기(장어)가 소비된다. 잡아야 할 뱀장어가 너무나 많다.

그러나 남획과 오염, 그 밖의 환경 문제(일례로 뱀장어가 좋아하는 강을 가로막는 대형 수력발전소와 댐의 건설)로 인해 뱀장어 개체 수가 세계적으로 최대 99퍼센트까지 곤두박질치고 있다. 이러한 지구적 위기로 과거에는 흔하던 이 민물 종이 국제자연보호연맹IUCN 적색 목록에 심각한 멸종위기종으로 등록되었고, 뱀장어를 먹는다는 것은 판다를 초밥 위에 올리는 것이나 마찬가지의 쟁점이 되었다. 미끌미끌하고 뱀처럼 생긴 물고기가 귀엽고 복슬복슬한 곰과 똑같은 동정을 사기는 힘들겠지만, 뱀장어를 사육 상태에서 교배하려는 노력이 집중적으로 이루어졌다(비록 언론이 덜 기꺼워하긴 했지만). 수십억 달러를 투자한 수십 년의 연구 끝에 일본은 태평양 한가운데의 깊은 해구에서 알을 낳는 일본 토종 뱀장어Anguilla japonica를 일부 번식하는 데 성공했다. 호르몬을 이용해 뱀장어 성어를 강제로 번식시키는 방법을 찾아냈는데, 심지어 상어의 알을 가루로 내어 만든 특별식을 먹임으로써 까다로운 유생 몇 마리를 가까스로 살려냈다. 노동 집약적 환경에서 한 멸종위기종에게 다른 멸종위기종의 알을 먹인다는 것은 그다지 현실적인 해결책은 아니다. 뱀장어 전문가 킴 오레스트루프는 일본 실험실에서 실뱀장어를 생산하는 비용이 마리당 평균 1,000달러 정도라고 했다. 감히 젓가락을 대지도 못할 만큼 비싼 초밥인 셈이다.

그래서 아직까지 일본에서 뱀장어 수요는 전적으로 야생 뱀장어에 의존한다. 민물 생활을 시작하러 강 상류로 올라가는 뱀장어를 붙잡아 양식장에서 인위적으로 살을 찌운다. 이들 뱀장어의 일부는 일본이나 유럽에서 오지만 대부분은 미국에서 태어난다. 미국에서는 상당히 최근까지도 사람들이 뱀장어에 별다른 관심이 없었다. 아메리카뱀장어 Anguilla rostrata는 유럽뱀장어와 근연 관계로 역시 사르가소해에서 번식하고 태어나지만, 유생은 유럽이 아닌 미국 동부 해안 지방에서 강으로 이동한다. 이 뱀장어는 굶주린 메이플라워호 순례자들을 먹여 살린

음식 가운데 하나였다고 여겨진다. 너그러운 아메리카 원주민들이 이들에게 뱀장어 잡는 기술을 알려준 후에 말이다. 그러나 기름진 생선이 지녔던 생명의 유산은 칠면조에게 넘어갔고(추수감사절에 속을 채운 뱀장어를 먹지는 않으니), 몇 백 년 후에 갓 취임한 조지 W. 부시 대통령은 푸른색 대통령 인장이 찍힌 뱀장어 가죽으로 만든 카우보이 부츠를 신는 패션을 선보였다. 부시 대통령은 대통령 인장 대신에 자신의 이니셜을 넣은(혹시 누가 준 것인지 잊어버릴 경우를 대비해) 부츠 몇 켤레를 지인들에게 나누어 주었다. 그러나 이처럼 높은 분의 지원조차 미국에서 뱀장어 시장을 활성화하지는 못했다.

이제 상황은 완전히 달라졌다. 뱀장어 낚시꾼은 강에 고작 25달러짜리 덫을 놓아 하룻밤에 10만 달러를 벌 수 있다. 4,000만 달러짜리 미국 내 뱀장어 시장이 메인주에서 진정한 골드러시를 불러왔다. 메인주는 미국에서 뱀장어 새끼 낚시가 허용된 몇 안 되는 지역 중 하나다. 이와 함께 뒤가 구린 사업이 등장했는데, 수상한 뱀장어 거래상들이 모텔 주차장에서 중간 거래상에게 수백만 달러를 현금으로 건네거나 최고의 뱀장어 낚시터에서 AK-47 소총으로 무장한 어부들이 목격되었다. 지역 언론은 여기에 중앙아메리카의 갱들까지 개입했다고 보도했다. 왜냐하면 어부들이 이처럼 횡재한 돈을 불법 약물에 쓰는 경우가 많기 때문이다. 물론 뱀장어로 큰돈을 번 한 여성이 가슴을 새로 하는 데 뱀장어 달러를 펑펑 쓰고 다녔다는 보도도 있었지만 말이다.

1879년 미국 어류 및 수산 위원회에 제출된 뱀장어 보고서에서 독일의 해양과학자 레오폴트 자코비Leopold Jacoby는 이렇게 인정했다.

과학계에 몸담은 사람들에겐 다소 굴욕적인 일임이 분명하다. 현대 과학의 막강한 후원에도 불구하고, 다른 어느 물고기보다 전 세계 여러 지역에서 흔하고 … 시장이나 식탁에서도 매일 볼 수 있는 이 물고기의 번식, 출생, 죽음의 과정이 암흑에 가려진 채로 현재까지 밝혀지지 않았다는 사실이 말이다. 자연과학이 존재한 이래로 뱀장어는 늘 골칫거리였다.

그동안 그 이상 달라진 것은 없다. 그러나 뱀장어의 수수께끼를 풀 시간이 마침내 다가오고 있다.

일부 전문가들은 이제 민물 뱀장어의 생존이 숫자 싸움이 될 것이라고 우려한다. 승패는 뱀장어가 특유의 해양 전선에서 짝짓기를 할 수 있도록 매해 얼마나 많은 수를 바다로 돌려보내는지에 달렸다. 수가 충분하지 않으면 암수는 서로를 만나지 못한 채 그저 바다의 거대한 물결에 휩쓸려버릴지도 모른다. 그렇게 되면 뱀장어는 그 관능적 비밀을 알 수 없는 무덤까지 가져가는 데 성공하는 셈이다.

뱀장어는 종잡을 수 없는 습성을 간직한 채 심해에 존재한다. 비밀스러운 삶은 신화를 창조한다. 적어도 어느 정도 여유롭게 관찰할 수 있는 동물이라야 이해의 폭도 넓어진다. 다음 장에서 만날 동물원 식구는 비버이다. 비버는 뱀장어보다 훨씬 뒤쫓기 쉬울 것 같지만, 그 습성이 쉽게 뚫을 수 없는 수중 저택 안에 꼭꼭 숨겨져 있어 수많은 억측을 불러왔다. 그리고 뱀장어와 마찬가지로 이 대형 수륙양용 설치류에 관해 가장 터무니없는 고대 전설을 불러온 것 역시 바로 그 은밀한 '음낭'이었다.

제2장

비버

비버속
Castor

비버라는 이름의 매우 순한 동물이 있다.
비버의 고환은 굉장히 유용한 약재로 쓰인다.《퓌시올로구스》에 따르면,
비버는 사냥꾼에게 쫓길 때면 이빨로 자기 고환을 끊어
사냥꾼 앞에 던져놓고 도망친다.

• 《중세 동물 이야기A Medieval Book of Beasts》, 12세기

이 책을 쓰면서 참 갖은 경험과 도전을 했지만 아마도 비버의 진실 앞에 바친 열정만큼 눈살이 찌푸려지는 일도 없을 것이다. 이 모험은 어느 가을 아침 도로변 임시 주차 구역에서 소음기까지 장착한 장전된 라이플총을 트렁크에 싣고 다니는 한 남자를 만나면서 시작되었다. 키 180센티미터의 빼빼마른 이 사람은 스톡홀름시에서 고용한 전문 비버 사냥꾼 미카엘 킹스타드Mikael Kingstad이다.

스웨덴의 수도 스톡홀름은 지금까지 방문한 수도 중에서 가장 깨끗하고 친환경적인 도시로 파스텔 색조의 역사적 도심에서 잠깐만 벗어나도 도시 생활을 꿈꾸며 숲에서 빠져나온 동물들이 우글거렸다. 미카엘은 이 침입자들을 저지하는 일을 했다. 그는 골칫덩어리 토끼, 최고의 강적 쥐, 똥싸개 기러기는 물론 술에 취한 말코손바닥사슴까지 처리했다. 그리고 가끔 눈코 뜰 새 없이 바쁜 비버도 시야에 두었다.

편하게 이름을 부르는 사이긴 해도, 전문적인 동물 사냥꾼과 같이 다닐 일이 많지는 않다. 미카엘을 만나 진짜 비버 사냥꾼에게 꼭 물어봐야 할 게 있었다. "비버가 자기 고환을 물어뜯어서 사냥꾼한테 던진다는데 진짜예요?"

미카엘은 피식 웃었지만 나는 농담이 아니었다. 비버의 자기 거세 행위야말로 내가 이 여행을 시작한 가장 큰 목적이었기 때문이다. 나는 이 조사를 통해 오해의 시발점이 된 비버 고환의 정체성, 부적합한 도덕성, 방황하는 자궁과, 유럽 하천에서 사실상 전멸된 비버에 관한 불경스러운 이야기를 풀어놓게 되리라고는 상상도 못 했다.

○ ○ ○

동물에 관한 미신 중에서도 허무맹랑하기로는 비버가 으뜸갈 것이다. 부지런하기로 소문난 이 설치류는 예상과 달리 끈기 있는 벌목 작업이나 뛰어난 건축술이 아닌 바로 고환 때문에 유명해졌다. 고대부터 의사들은 비버의 고환을 효능이 뛰어난 약재로 매우 귀하게 여겼다.

그러나 우화집에 등장하는 비버는 맹랑하기 짝이 없다. 비버는 사냥꾼에게 쫓길 때면 무시무시하게 크고 노란 이빨로 스스로 거세를 하고 상대에게 가문의 보석을 순순히 넘김으로써 목숨을 부지한다고 전해진다(배의 노처럼 생긴 꼬리로 고환을 야구공 때리듯 적에게 날려 보냈는지도 모른다). 실로 생존 전략의 정석이라 하지 않을 수 없다. 그러나 이 동물의 맹랑함은 거기서 끝나지 않는다. 12세기 성직자이자 연대기 작가인 기랄두스 캄브렌시스Giraldus Cambrensis(제럴드 오브 웨일스)는 비버가 알려진 이상으로 영리하다고 믿은 사람 중 하나였다. 그는 다음과 같이 썼다. "이미 거세한 비버가 또다시 사냥개에게 쫓기게 되면, 총명하게도 이 동물은 높은 곳으로 올라가 한쪽 다리를 번쩍 들어 올려 사냥꾼에게 그가 찾는 물건이 없음을 확인시켜주었다."

자기 거세라는 말도 안 되게 대담한 행동이 중세 우화집 작가들에게 거슬리지는 않았던 모양이다. 통렬한 종교적 풍자는 언제나 진실의 우위에 있었다. 이 설치류의 지혜가 담긴 이야기는 적절한 교훈을 주었다. 평화로운 삶을 원한다면 모든 악행을 끊어내 악마에게 줘버려야 한다는 것이다. 이 터무니없는 금욕주의적 메시지가 기독교 도덕주의자들을 흡족하게 했다. 비버의 우화가 유럽 전역에서 오래도록 널리 전해 내려온 것도 당연하다.

비버의 예술적인 자기 거세를 묘사한 것은 우화집만이 아니다. 이 전설은 오래전 고대 그리스에서 시작해 이 동물을 설명한 모든 책에서 다루고 있다. 백과사전 편찬자인 클라우디우스 아일리아누스Claudius Aelianus는 비버에게 묘수를 선사함으로써 이 말도 안 되는 얘기를 미화했는데, 유난히 여장 남성들에게 사랑을 받았다고 한다. 아일리아누스의 두꺼운 서사집에 따르면, "비버는 자신의 은밀한 부분을 꼭꼭 숨겨둔다". 이로써 똑똑한 비버는 "자기의 보물을 지키고" 멀리 떠날 수 있다는 것이다.

이후에 레오나르도 다 빈치는 비버가 자기 고환의 가치를 얼마나 잘 알고 있는지 기록했다. "추격을 당하는 비버는 이것이 약효가 뛰어난 자신의 고환 때문임을 알고, 도망갈 수 없다면 그 자리에 멈춰서 날카로운 이빨로 자신의 고환을 끊어 적들에게 넘겨줌으로써 평화를 얻는다는 글을 읽었다." 위대한 예술가의 손으로 이 장면을 그려낸 적이 없다는 것이 안타까울 따름이다. 우리는 신비로운 모나리자의 미소를 띤 레오나르도의 비버를 머릿속으로 상상하는 수밖에는 없다.

1670년에 스코틀랜드 지도 제작자 존 오길비John Ogilby는 《미국 : 신세계에 대한 정확한 묘사America : Being an Accurate Description of the New World》에서 여전히 어떻게 비버가 "자신의 음경을 끊어 사냥꾼에게 던

졌는지"에 관해 썼다. 이 이야기는 맛깔 나는 음탕함과 올바른 도덕성
이 완벽하게 조화를 이루어 도저히 회자되지 않을 수 없었다.

　이제는 비버의 거시기에 대한 진실을 밝혀 이 가없은 미물이 자신의
음경을 영원히 잃는 일이 없도록 구해줄 객관적 사고방식을 가진 사람
이 필요하다. 17세기 신화 파괴자 토머스 브라운 경은 비록 타조에게
쇳조각이 든 파이를 먹일 정도로 건강하지 않은 집착을 가졌지만, 이
혼돈의 시기에 유일하게 논리적인 목소리를 냈다. 옥스퍼드에서 교육
을 받은 의사이자 철학자인 토머스 브라운은 《전염성 유견Pseudodoxia
Epidemica》(1646)이라는 책에서 그가 "통속적 오류"라고 칭한 일반 대중
의 오해에 지적 맹비난을 퍼부었다. 여기서 브라운은 새롭게 떠오르는
자연과학의 원리를 감추느라 바쁜 동물우화집 저자들이 퍼트린 엄청
난 양의 근거 없는 믿음을 다루었다.

　토머스 브라운의 십자군 운동은 스스로 "진실을 결정하는 세 가지
요소"라고 정의한 "권위, 지각, 이성"을 굳건히 고수하여 근대 과학 양
식을 개척함으로써 과학혁명의 선봉에 섰다. 브라운은 다음과 같이 썼
다. "신뢰할 수 있는 깨끗한 진실을 구하고 싶다면 기존에 알고 있던 지
식의 상당 부분을 잊거나 버려야 한다." 브라운은 일련의 뿌리 깊은 거
짓 소문을 객관적으로 조사해 나갔다. 그 대상은 몸의 한쪽 다리가 다
른 쪽 다리보다 더 짧다고 알려진 오소리에서부터, 죽은 물총새로 훌
륭한 풍향계를 만들 수 있다는 뜬소문까지 다양했다. 오소리의 경우
브라운은 "자연의 섭리에 맞지 않는다"고 생각했으며, 물총새에 관해
서는 자신이 직접 한 쌍의 물총새로 실험해 보였다. 그는 죽은 물총새
를 명주실로 묶어 공중에 매달아놓고는 그것이 "규칙적으로 가슴에 순

⊙ 독일판《이솝우화》에 실린 목판화(1685). 고환을 잘라 사냥꾼에게 넘겨주는 비버의 모습이 잘 그려졌다.

응하지 않고” 도리어 바람의 반대 방향으로 쓸데없이 흔들리는 것을 관찰하여 풍향계로 적합하지 않음을 증명했다.

이처럼 허튼소리를 찾아내는 토머스 브라운의 뛰어난 후각이 비버의 고환 앞에서 구린내를 맡고야 말았다. 브라운은 비버에 대한 오류가 “매우 역사 깊은 것이므로 널리 전파되는 데 유리했다”라고 말했다. 그는 비버의 전설이 이집트 상형문자를 잘못 해독한 데서 시작됐다고 추론했는데, 이유는 알 수 없지만 “인간”의 간통에 대한 형벌을 비버가 고환을 물어뜯는 그림으로 대신 표현한 것으로 해석했다. 그런데 이 그림이 때마침 이솝의 눈에 띄어 유명한《이솝우화》를 통해 대중에 알려졌고, 차례로 초기 그리스 로마 과학 문헌에 흡수된 다음 사실처럼 자리 잡게 되었다는 것이다.

토머스 브라운은 비버의 이야기가 끈질기게 명맥을 이어온 이유를 이 설치류의 유별난 생물학적 특성 때문이라고 주장했다. 다른 포유류와 달리 비버의 고환은 몸 바깥에 매달린 게 아니라 안쪽에 숨어 있다. 토머스 브라운은 눈에 띄지 않는 "음낭" 때문에 사람들이 비버가 어떤 식으로든 거세된 게 틀림없다는 확신을 갖게 되었을지는 몰라도, 해부학적으로 볼 때 설사 비버가 원한다 해도 스스로 고환을 이빨로 뜯어낼 수는 없을 것이라고 올바르게 지적했다. 그는 "거세하는" 능력은 "소용없는 시도일 뿐 아니라 불가능한 행위"이며 설혹 "다른 이에 의해 행해진다면 위험할" 수도 있다고 말했다.

이 전설의 기원은 부분적으로 어원학에 있다. 어원학은 언어의 마술사인 토머스 브라운이 놀랄 만큼 예민한 눈과 귀를 가지고 있는 분야다. 브라운의 냉철하고 원시 과학적인 논리는 자신이 지어낸, 거세하다는 뜻의 "eunachate"와 같은 화려하고 장황한 미사여구와 뒤섞여 있었다. 브라운은 영어 사전에 800개에 이르는 새로운 단어를 추가한 사람으로 그가 만든 '환각hallucination', '전기electricity', '육식성carnivorous', '오해misconception'와 같은 신조어는 오늘날까지 널리 쓰이고 있다. 하지만 "거꾸로 소변을 보다"는 뜻의 'retromingent'와 같은 단어는 대중의 인기를 얻는 데 실패했다.

토머스 브라운은 날카로운 통찰력으로 비버의 라틴 이름인 캐스터Castor가 종종 거세하다는 뜻의 "캐스트레이트castrate"와 혼용된다고 언급했다. 세비야의 대주교 이시도루스Isidorus Hispalensis는 비버의 어원을 잘못 전파한 많은 필경사 중 하나다. 이시도루스는 7세기 백과사전인 《어원Etymologiae》에서 "캐스터(비버)는 거세하다는 뜻에서 이름이 지어졌다"라고 쓰는 오류를 범했다. 라틴어로 카스토르Castor는 거세에서 유래한 말이 아니라 산스크리트어로 '사향'을 뜻하는 '카스투리kasturi'와 연관이 있다. 이것이 비버의 불알에 관해 수 세기 동안 이어진 논란의 핵심으로 우리를 이끈다. 비버는 해리향(카스트레움castreum)이라고 부르는 기름진 진액 때문에 사냥됐는데, 이것은 전설이 말하듯 고환에서 생산되는 게 아니라 고환 가까이에 마치 도플갱어처럼 수상하게 도사린 한 쌍의 기관(향낭)에서 만들어진다.

이처럼 잘못 알려진 고환의 정체는 토머스 브라운보다 몇 년 전에 프랑스 의사이자 식도락가인 기욤 롱델레Guillaume Rondelet에 의해 처음 밝혀졌다. 1566년에 무화과를 과식한 탓에 세상을 떠난 이 해부의 대가는 죽기 얼마 전 비버의 몸에 칼을 댔고, 그 결과 암수 모두 귀중한 해리향을 생산한다는 사실을 알아냈다. 해리향은 비버의 항문 근처에 요도와 연결된 한 쌍의 배 모양을 한 주머니에 저장되어 있었다. 대부분 포유류는 한 쌍의 항문샘을 가지고 있는데, 여기에서 짝을 유혹하고 영역을 표시하는 데 사용되는 사향성 물질을 생산한다. 롱델레는 비버에게 혀를 내두를 만큼 고환을 똑같이 흉내 낸 거위 알 크기만 한 특유의 기관이 있다는 사실을 처음으로 발견했다.

속칭 비버의 향낭은 고환과 너무나 비슷하게 생겨서 둔한 해부학자들은 종종 비버 암컷을 자웅동체로 오인하거나 고환이 네 개 달린 돌연변이 수컷으로 보고하기도 했다. 그러나 토머스 브라운이 특유의 위트로 상기시킨 것처럼, 겉모습은 얼마든지 사람을 속일 수 있다. "고환은 위치나 장소로 결정되는 게 아니라 맡은 역할에 따라 정의된다. 맡은 역할이 한 가지라도 여러 자리에 있을 수 있다." 브라운은 "이러한 종양의 유사성과 위치가 오해의 근간이 되었다"라고 진단하면서 비버 신화의 진실을 밝혔다.

ㅇ ㅇ ㅇ

해리향은 그 특유의 자극적 냄새 때문에 고대 세계에서 약재로 숭배되었다. 당시에는 향이 강력한 치료제가 될 수 있다고 믿었고 냄새가 강할수록 치유력이 더 크다고 여겨졌다. 이러한 이유로 대변은 (환자들은 아닐지언정) 의사들이 아주 즐겨 찾는 재료였다. 의사를 찾아가면 "무려 30가지나 되는 약 성분에 (쥐나 심지어 사람의) 똥을 섞어 만든 자극적인 칵테일을" 들이켜야 할지도 몰랐다. 그러나 이것은 병자를 더욱 아프게 만들 뿐이었다. 아마도 비버의 '고환' 냄새를 맡는 것쯤은 장미 화단에 비유할 정도였을 것이다.

17세기 영국의 성직자이자 자연과학자인 에드워드 톱셀Edward Topsell은 유명한 우화집 《네발짐승의 역사The History of Four-Footed Beasts》에서 몇 페이지에 걸쳐 해리향의 자극적인 힘에 관해 설명했다. 톱셀은 "이 돌덩어리는 매우 강하고 구린 냄새가 난다"고 썼다. 이 분비물은 치통(단순히 따뜻하게 데운 해리향을 귀에 붓기만 하면 됨)에서 헛배부름(묻지 마시길)까지 온갖 병을 치료했다. 그러나 해리향은 여성의 부인과 질환을 치료하는 데 주로 사용되었다. 이는 놀랄 일이 아니다. 고대와 중세의 약전藥典에는 남근성 약재가 잔뜩 적혀 있었다. 박(식물), 뿔, 오이는 성적 불만에 주기적으로 처방되었다. 당시에는 아픈 여성

⊙ 에드워드 톱셀의 《네발짐승의 역사》(1607)에 나오는 비버. 조금 당황한 기색인데, 암컷으로 보이는 이 비버가 털이 깎여 유두뿐 아니라 "돌"까지 노출되었기 때문일 것이다. 톱셀은 이 돌이 치통에서 헛배부름까지 치료하는 만병통치약으로 수요가 많다고 적었다.

에게 필요한 것이 오직 남근이라는 믿음이 통용되었기 때문에 그와 비슷하게 생긴 채소를 처방하는 것으로도 효험이 있다고 생각했다. 비버의 "돌"은 여성을 치료하는 남근 중심적 처방법에 아주 자연스럽게 자리 잡았다.

해리향은 여성의 생식기관을 제압한다고 알려졌다. 로마인들은 임신한 여성의 유산을 유도하기 위해 램프에다 비버의 기름기 있는 갈색 분비물을 태웠다. 그리고 톱셀은 "해리향, 나귀의 똥, 돼지 기름으로 만든 향수가 닫힌 자궁을 열어준다"고 적었다. 사실 비버의 기만적인 가짜 고환이 지녔다는 살기殺氣가 얼마나 센지, 죽었건 살았건 이 동물을 밟고 가기만 해도 임신한 여성이 아기를 잃게 된다고 널리 믿었다.

그러나 해리향은 히스테리를 다스리는 강장제로 가장 인기가 있었다. 히스테리는 상상 속 여성 질환으로 그 증상을 적은 목록이 너무나 길어서 심기증, 감정 폭발, 불안증, 일반적 과민증 등 어디에나 적용할 수 있었다. 그리스어로 자궁을 뜻하는 히스테리hysteria는 독성이 있는 자궁이 여성의 몸속을 헤집고 다니며 다른 신체 기관을 황폐하게 할 때 일어난다고 생각했다. 그 "질병"의 모호한 본질로 인해 히스테리는 이집트 시대부터 몸이 불편한 여성에게 내리는 가장 흔하고 어디에나 적용되는 진단명이 되었다. 17세기 영국 의사 토머스 시드넘Thomas Sydenham은 히스테리가 인간의 모든 질병 중에서 여섯 번째로 흔한 병이라고 추정했다. "히스테리에서 완전히 자유로운 여성은 없다".

수 세기 동안 수많은 히스테리 치료법이 제시되었다. 골반 마사지는 기분 좋은 수준이었고 별로 즐겁게 들리지 않는 악령 퇴치술까지 있었다. 그러나 비버 음낭의 향을 깊이 들이마시게 하는 것은 19세기까지도 주요한 히스테리 치료법이었다. 1847년 미국 의사 존 에벌리John Eberle는 히스테리에 걸린 여성, 특히 "까다롭고 짜증을 잘 내는" 여성을 위한 궁극적 해결책으로 여전히 물에 사는 설치류의 항문샘을 고수했다.

이 책의 중간까지 썼을 무렵, 나 역시 약간의 히스테리를 경험하며 비버의 가짜 고환을 손에 넣어 직접 냄새를 맡아보기로 했다. 나는 온라인 검색에서 찾아낸 비버 사냥꾼들에게 이메일을 보내 정중히 나를 소개한 후 사냥한 비버의 분비샘 전리품을 보내줄 수 있는지 물었다. 이 황당한 이메일에 아무도 답신을 주지 않았다. 그래서 다음으로 "어둠의 경로"를 잘 아는 친구에게 도움을 청했는데, 우리는 어느 비 오는 토요일 오후 내내 해리향을 찾아 헤맸으나 결국 하나도 찾지 못했다. 그러다 마침내 이베이(일종의 소셜커머스 상점_옮긴이)에서 한 쌍이 돌아다니는 것을 발견했다. 54달러 99센트면 상당히 싸고 괜찮은 편이었다. 알고 보니 비버의 향낭은 여전히 사람들 사이에 수요가 있었는데, 히스테리 치료 약이 아니라 훨씬 엽기적인 용도로 쓰이고 있었다.

80년 동안 비버의 기름진 갈색 항문 분비물은 미니 케이크에서 아이스크림까지 각종 디저트에 바닐라 향을 내는 데 사용되었다(아이러니하게도 내가 혼자서 히스테리를 다스릴 때 주로 먹는 것들이다). 어떻게 디저트에 해리향을 사용할 생각을 했는지는 상상도 못 하겠지만, 오늘날 해리향은 미국 식약청에서 "일반적으로 안전하다고 인지되는" 식품 첨가물이다. 비버에게는 다행히도 그렇게 자주 쓰이지는 않는다. 해리향을 사용하는 제조사는 식품 영양성분표에 "천연 바닐라 향"이라고만 기재하면 된다. 왜냐하면 비버 사타구니에서 "자연적"으로 생산된 "천연" 생산물임에 틀림없기 때문이다. 이쯤 되면 아이스크림을 향한 가장 지독한 사랑도 차갑게 식기 충분하지 않을까.

해리향은 또한 지방시 III, 살리마를 비롯한 여러 고급 향수의 필수 재료로 깜짝 등장한다. 이는 향수 산업이 이국적인 동물의 에센스와 오랜 애정 관계를 맺고 있다는 점을 고려하면 덜 충격적이다. 고래의 토사물(용연향)과 시벳고양이나 사향노루의 생식샘 분비물 등은 별로 끌리는 재료가 아니지만 분명 매력의 정수로 사용된다.

향기 전문가 케이티 퍼크릭Katie Puckrik은 이렇게 설명했다. "향수를 뿌린다는 것은 지금 자신이 영업 중이라는 큰 메시지를 보내는 것이죠. 이것이 짐승의 아랫도리에서 풍기는 미묘한 냄새가 여러분을 위해

하는 일입니다." 같은 이치로 향은 우리가 잘 씻지 않았던 관능적 과거를 상기시킨다.

동물의 분비샘은 기술적 측면에서도 가치가 있다. 즉 불안정한 재료를 위한 접착제 역할도 하기 때문이다. "혼합액에 섹시한 '그르릉'을 추가하는 거죠." 케이티가 업계의 전문 용어를 써가며 말했다. "'생크 Shank'(우리 향수 중독자들이 쓰는 말)는 꽃과 사람의 피부 사이에 다리를 놓아줘요. 향수에 동물성 기운이 없다면 방향제를 뒤집어쓴 거와 뭐가 다르겠어요."

나의 비버 생크는 일주일 뒤에 도착했다. 종이봉투를 열자마자 자기거세의 전설이 어떻게 생겨났는지가 곧바로 분명해졌다. 한 쌍의 쭈글쭈글한 갈색 고환으로 보이는 것이 굴러 나왔다. 그 냄새는 사람을 꽤 취하게 할뿐더러 닿는 것은 무엇이건 들러붙어 이상한 목재, 가죽 냄새가 나게 했다. 크리스털이 물결치는 뉴에이지 상점을 압도하는 강렬한 향내와 크게 다르지 않았다. 에드워드 톱셀은 냄새의 강도로 가짜 해리향을 구분할 수 있다고 주장했다. 진품을 흡입하면 "코에서 피를 뽑아내는" 것 같은 강렬함이 느껴진다는 것이다. 내가 구입한 해리향에서 뿜어 나오는 냄새는 가히 압도적이었으나 다행히 코피가 날 정도는 아니었다. 동물의 항문 가까이 돌아다니는 분비샘에서 기대한 정도의 역겨움은 아니었다. 그러나 비버 향낭의 특이한 향에서는 훨씬 독특한 식물성 물질까지 찾을 수 있다.

○ ○ ○

자연계에서는 언제나 진화적 군비 경쟁이 진행 중이다. 그중 하나가 식물과 그 식물을 탐하는 동물이 벌이는 싸움이다. 식물은 자신을 방어하기 위한 화학전의 고수가 되어 단순히 쓴맛 나는 물질부터 극도로 치명적인 독성 물질까지 넓은 범위의 화합물을 생산하는 능력을 발휘한다. 초식동물은 이 해로운 화학물질을 분해, 해독 또는 재활용하는 방향으로 진화하여 식물의 방어막을 무너뜨린다. 그러면 식물은 훨씬 지독한 독극물을 합성함으로써 경쟁을 심화시킨다. 그렇게 싸움이 계속된다.

비버는 집을 짓고 나무껍질과 뿌리, 잎사귀를 먹기 위해 적어도 2,300만 년 동안 나무를 갉아온 길고 성공적인 수생 설치류의 계보를 타고났다. 그동안 비버의 몸에서는 나무의 화학 무기에 맞서 가장 창의적인 방식으로 독성 물질을 격리하고 자기방어 시스템으로 재활용하는 기술이 진화했다. 해리향에는 알칼로이드, 페놀, 테르펜, 알코올, 산 등 아주 많은 식물성 화합물이 들어 있다. 모두 비버가 자신이 먹는 식물에서 빼낸 것이고 이를 조합하여 냄새로 작동하는 고유한 신분증을 만든다. 비버는 이 화학성 지문의 냄새로 이웃과 가족을 인지한다. 비버는 해리향을 사용해 자신이 식물에게 훔쳐온 바로 그 화학 메시지로 영역을 표시함으로써 이방인에게 경고를 보낸다. "꺼져!"라고.

이 화합물 중에는 인간에게 매우 유용한 물질도 많다. 해리향의 바닐라 에센스에는 카테콜이라는 화합물이 들어 있는데, 미루나무에서 유래한 일종의 알코올로 향신료만이 아니라 살충제로도 사용된다. 향신료와 살충제라니 다소 겁나는 조합이지만, 해리향에 들어 있다고 밝혀진 45가지 화합물 대다수가 놀라운 성질을 가지고 있다. 구주소나무에서 온 페놀은 마취 성분이 있고, 블랙베리에서 온 벤조산(안식향산)은 곰팡이성 피부 질환을 치료하는 데 쓰인다. 그리고 제일 중요한 것은 비버가 가장 좋아하는 버드나무에서 온 살리실산으로 아스피린의 주요 활성 성분이다.

그러면 고대의 의사들이 비버의 "음경"을 약으로 처방한 것은 옳았다고 볼 수 있을까? 아마 그렇지는 않을 것이다. 우리가 아는 한 아스피린을 복용하는 게 "악마"와의 싸움과 무관하고 또 실재하든 상상 속의 병이든 해리향이 치료한다고 알려진 다른 어떤 질병에도 전혀 도움이 되지 않기 때문이다. 설사 해리향이 특효약이라고 해도 효능을 보기엔 환자에게 주는 양이 턱없이 적었다. 나는 비버 항문샘 전문가에게 이메일을 보내 단순한 두통을 치료하는 데 해리향이 얼마나 많이 필요한지 물었다. 그의 대답은 "아주 많이"였다.

어쨌든 나는 토머스 브라운의 정신으로 한번 도전해보기로 했다. 나는 적당히 흥분된 시간을 기다렸다가 우편으로 도착한 향낭 중 하나를 아주 조심스럽게 살짝 맛보았다. 특유의 쓴맛이 입안에 남아 아무리 치약을 많이 짜서 혀를 문질러도 없어지지 않았다. 한 시간 뒤 트림이 시작되면서 입에서 엄청난 가죽 냄새가 뿜어 나오기 시작했다. 그 냄새가 피부의 모든 땀구멍으로 퍼지는 것 같았고 견딜 수 있는 이상으로 오래 남았다. 그날따라 저녁에 BBC 촬영장에서 셜리 배시Shirley Bassey 여사(영화 007 시리즈의 주제가를 부른 영국 가수_옮긴이)를 만나기로 되어 있었는데 정말이지 꿈이었으면 싶었다. 나는 나한테서 비버 궁둥이에서나 나는 냄새가 난다는 사실을 의식하지 않을 수 없었다.

미리 잘 알아봤어야 했는데……. 이미 18세기에 영국 에든버러의

윌리엄 알렉산더William Alexander라는 의사가 해리향의 효험을 확인코
자 직접 복용을 시도하여 비슷한 경험을 한 적이 있었다(여사와의 약속
은 빼고). 알렉산더는 처음에 내가 먹은 정도로 적은 양에서 시작해 점
차 양을 늘려 8그램까지 복용했다. 이는 엄청나게 많은 양이지만 알렉
산더는 그 주 내내 "별로 유쾌하지 못한 트림"(그저 별로 정도라고?)을 하
는 것 외에 별다른 생리적 효과를 느끼지 못했다. 알렉산더는 이 냄새
나는 만병통치약이 "현재 약물 목록에 올리기엔 마땅치 않다"는 결론
을 내렸다.

○ ○ ○

비버의 가짜 분비샘이 진짜로 쓸모 있는 데가 있다면 바로 다른 비
버를 잡을 때이다. 스웨덴 사냥꾼 미카엘에 따르면 비버는 텃세가 심
한 동물이라 한 비버의 해리향을 다른 비버의 냄새가 나는 진흙 더미
에 바르면 거기에 거주하던 비버가 더 강한 냄새로 이를 덮어버리려
고 한다. 사냥꾼은 그저 꼼짝하지 않고 기다리기만 하면 된다. 이 사실
은 비버의 총명함을 자랑한 옛 전설에 암울한 반전을 가져온다. 비버
의 "음경"이 적으로부터 자신을 구하는 도구가 아니라 사냥꾼의 함정
으로 유인하는 수단이 되었기 때문이다.

이것은 비버에게는 나쁜 뉴스였다. 수백 년 동안 히스테리를 일으킨
여성들이 엄청난 해리향 수요를 창출해왔다. 이 고약한 영약을 수집하
기 위해 유럽 전역에서 비버 개체군이 몰살되었다. 영국과 이탈리아에
서는 16세기에 최후의 비버가 살해당했다. 다른 지역에서도 수가 급

격히 감소했다. 그러나 유럽에서 비버가 자취를 감출 무렵 비버로 가득 찬 새로운 대륙이 발견되었고, 이 야심 찬 짐승에 대해 새롭고 더욱 황당무계한 이야기들이 예고되었다.

프랜시스 터틀 제이미슨Frances Thurtle Jamieson은 1820년에 펴낸《아시아, 아프리카, 아메리카 대륙과 제도의 항해와 여행Popular Voyages and Travels Throughout the Continents and Islands of Asia, Africa and America》에서 "더는 절반만 이성적인 코끼리에 대해 듣지 않게 해달라. 이 동물은 미국의 비버에 비하면 멍청이일 뿐이다"라고 썼다. 이 보잘것없는 설치류의 지능이 그보다 적어도 100배는 큰 뇌를 가진 코끼리 수준으로 격상되어야 한다는 주장은, 미국 탐험가들이 비버의 정신력에 완전히 마음을 빼앗겼다는 증거다. 아메리카 원주민들의 민속 설화에 영향을 받은 동시에 비버의 현란한 건축술에 매우 깊은 감명을 받은 이들은 동물계의 아인슈타인에 대한 환상적 일화를 고향으로 가져갔다. 비버는 영리한 머리로 경찰이나 법, 정부 시스템이 없이도 인간에 필적하는 교양 있는 사회를 조직하는 동물이 됐다.

아마도 비버에 관해 이렇게 낭만적으로 묘사한 사람은 니콜라 드니Nicolas Denys가 처음일 것이다. 드니는 프랑스 귀족 출신 탐험가로 1632년에 신대륙으로 건너가 유망한 대지주이자 정치가가 되었다. 그는 또한 사람들에게 대륙의 자연사를 상세히 알린 초기 미국인이다. 드니는 "근면성을 치켜세운 모든 동물 중에서, 심지어 사람이 전부 다 가르칠 수 있는 유인원을 예외로 하지 않더라도" 비버에 비하면 그저 모두 한낱 짐승일 뿐이라고 했다. 참고로 드니 자신도 이런 사실을 무척 놀라워했는데, 왜냐하면 그는 이 열등한 동물이 "물고기로 통한다"

고 생각했기 때문이다.

니콜라 드니가 구대륙에서 정확히 어떤 유인원과 물고기를 알았는지는 알려지지 않았다. 그러나 드니가 대단히 구체적으로 묘사한 바에 따르면, 여름이 시작할 무렵이면 400마리에 달하는 신대륙 비버들이 하나로 힘을 합쳐 댐을 건설했다. 이들은 고도의 기술을 가진 집단으로 서서 걸을 뿐 아니라 이빨은 톱으로, 꼬리는 모르타르를 운반하는 통이나 벽에 회반죽을 바르는 흙손으로 사용했다. 집단 내에는 비버 "석공", 비버 "목수", 비버 "채굴자" 그리고 비버 "벽돌 인부"가 있는데, 각자 "다른 일에 간섭하지 않고" 자신의 임무를 수행했다. 이 솜씨 좋은 노동자 부대를 지휘하는 것은 8~10마리로 구성된 "사령관" 무리로서, 전체를 감독하는 한 마리 비버 "설계사"에게 어디에 어떻게 댐을 지을지 지시를 받았다.

이처럼 하나로 통합된 건설 조직은 참으로 감탄할 만하지만, 동시에 드니는 이것이 목가적인 비버의 이상향은 아님을 지적했다. 만약 태만한 비버가 있다면 상급자가 그 비버를 "꾸짖고 때리고 덤비고 물어뜯어 임무를 게을리하지 않도록 관리했다". 이 프랑스 모험가는 진정한 비버 굴라크(구소련의 강제 노동 수용소_옮긴이)에 대한 묘사를 사실로 받아들이기 힘들어하는 이들에게 "두 눈으로 직접 목격하지 않았다면 나 역시 믿기 어려웠을 것이다"라고 덧붙임으로써 그 진실성을 최대한 성의껏 보증했다.

어쩌면 니콜라 드니는 새 안경이 필요했거나 아니면 정치인으로서 미래의 역할을 준비하며 거짓말하는 실력을 키워 나가는 중이었는지도 모른다. 누가 알겠는가. 어쨌든 드니가 말한 것은 진실과 거리가 멀었다. 내가 미카엘과 함께 스웨덴의 비버 댐을 찾아갔을 때 그는 드니가 한 묘사를 듣고는 크게 웃었다. 비버는 꿀벌이 아니다. 비버는 무리지어 일하지 않는다. 쉽게 말해 비버는 자신의 개인적 영역을 매우 중시한다. 각 댐은 비버 한 가족의 재산이다. 비버는 물의 수위를 높여 집으로 들어가는 입구가 영구적으로 물속에 잠기게 하기 위해 댐을 짓는다. 그러면 포식자에게 최소한으로 노출되면서 먹이를 찾을 때도 안전하게 물속에 머무를 수 있기 때문이다. 만약 이름 모를 비버 가족이 자기들 영역으로 들어와 말없이 돕는 걸 발견한다면 집주인은 고마워하기는커녕 아마 (미카엘의 말을 빌리면) 화가 나서 길길이 날뛸 것이다. 심지어 길이가 1킬로미터에 달하고 너비가 후버댐의 두 배에 이르는 가장 인상적인 대형 댐도 비버 한 가족(최대 6마리)이 세대에 세대를 거쳐 만든 작품이다. 또한 비버가 뒷다리로 서서 걷거나 새끼나 나뭇가지를 앞발과 볼 사이에 끼고 옮기는 모습을 관찰한 사람은 있어도 자기 꼬리를 미장이의 흙손처럼 사용하는 것을 본 사람은 없다.

고향에 있는 유럽인들은 신세계 이야기를 열심히 탐독했고, 부지런한 비버에 대한 니콜라 드니의 창의적 묘사는 17세기에 입소문처럼 떠돌았다. 그리고 프랑스 식민지 여행 작가에 의해 끊임없이 반복되어 일부 상징적인 초기 지도에 실린 매우 그럴듯한 일련의 그림에 영감을 주었다. 한 그림에서는 비버 52마리가 나이아가라폭포의 발치에 댐을 건설하기 위해 질서 정연하게 열을 지어 언덕을 올라가는데 팔에는 나뭇가지를, 꼬리에는 진흙 덩어리를 들었다. 이것은 바람직한 건설 현장을 보여주는 훌륭한 장면 같지만, 단 그림에 깨알 같은 글씨로 적힌 설명을 읽기 전까지만이다. 각 비버의 역할을 적어놓은 이 그림 설명에는 "너무 열심히 일한 나머지 꼬리를 쓸 수 없게 된 비버"와, 불구가 된 비버들의 뒤를 캐고 다니며 꾀병을 부리는 비버를 다시 일터로 복귀시키는 위협적인 감독관이 묘사되어 있다.

이런 이야기들이 퍼지면서 비버 사회는 더욱 환상적인 조직을 자랑하게 되었다. 올리버 골드스미스Oliver Goldsmith는 1774년에 출간한 그 유명한《지구와 생물의 역사History of the Earth and Animated Nature》에서 "멀리 혼자 떨어진 비버는 건축가처럼 짓고 시민처럼 지배한다"고 썼다. 프랑스 예수회 사제인 피에르 드 샤를부아Pierre de Charlevoix는 비버를 "일종의 이성적인 동물로 법과 정부 그리고 특별한 언어를 가졌다"고 묘사했다.

비버 집단은 언제나 홀수로 모여 한 마리가 민주적 의사 결정 과정에서 캐스팅보트를 맡았다. 그러나 권위주의적 규율의 조짐이 이 설치류 공화국과 결코 동떨어진 것은 아니었다. "정의는 비버 세계의 전부다"라고 디에르빌Dièreville이라는 또 다른 프랑스 탐험가는 경고했다. 시민의 의무를 회피하는 "게으르거나 나태한" 비버는 "꿀벌에게 쫓겨나는 말벌처럼 … 다른 비버에 의해 축출되어 부랑자로 전락했다". 프랑스 낭만주의의 대표적 인물인 프랑수아 르네 드 샤토브리앙 자작Romantic François-René, vicomte de Chateaubriand(유명한 샤토브리앙 스테이크의 그 샤토브리앙)에 따르면 그렇게 추방된 비버는 털이 벗겨진 후 땅속 더러운 구멍에 들어가 홀로 수모의 나날을 보내야 했다. 그들을 테리어terrer라고 부르는데, 이 이름은 "땅"을 뜻하는 프랑스어 "terre"에서 온 것이다.

비버의 삶은 다시 한 번 허구화되어 도덕적 길잡이로 수고하였다.

그러나 이번에는 다소 비뚤어진 방식으로 진행되어 도덕성은 이 동물의 등가죽을 벗겨 세운 신생 국가를 위해 맞춤 제작되었다. 비버의 털은 값어치 있는 상품이 되어 당시 유럽에서 제일 유행하는 챙 넓은 모자를 만드는 데 사용되었다. 매해 수십만 개의 생가죽이 수출되었다. 1763년에 허드슨베이 회사는 단 한 차례의 판매로 가죽 5만 4,760장을 팔았다. 심지어 비버 가죽은 신대륙에서 공식적 통화 단위가 되어 한 마리 가죽당 한 개의 "비버 동전made beaver"과 교환할 수 있었는데, 그걸로 지역 장터에서 신발 한 켤레, 주전자 한 개 또는 칼 여덟 자루를 살 수 있었다. 비버 열풍은 미국인들이 서부 야생 지역까지 정착하도록 이끌었다. 비버는 식민주의자들의 이상적 분신이 되고 비버의 삶은 도덕적으로 올바른 삶을 가르치는 우화가 되기에 그만이었다. 중노동을 마다하지 않는 성향, 독립적이지만 공공 작업을 위해 기꺼이 협력하는 자세 등은 청교도 윤리에 잘 맞아떨어졌다. 비버가 인도하는 도덕적 사슬에 묶인 이들은 많은 업적을 달성했다. 그러나 일확천금을 노리고 문명화된 사회를 떠나 홀로 독립한 이들은 화를 당했다.

구세계 자연과학자들은 아메리카 비버 이야기를 앞다투어 해석했다. 유럽에 있는 비버 사촌들이 거의 전멸한 상황에서 비버의 경이로운 건축술과 조직화한 사회를 직접 목격할 수 있는 곳이 달리 없었다. 또 사실은 과거에 비버가 많았을 때도 실제 목격한 사람이 없는 듯했다. 고대 철학자들은 이 동물의 고환에 대해서만 말했기 때문이다. 그렇다면 비버가 보이는 극도의 근면함은 절대적으로 신대륙의 특징임이 틀림없었다. 프랑스 자연과학자 조르주루이 르클레르 뷔퐁 백작은 터무니없는 발상에 결코 낯설지 않은 사람으로서, 이 현상을 좀 더 심

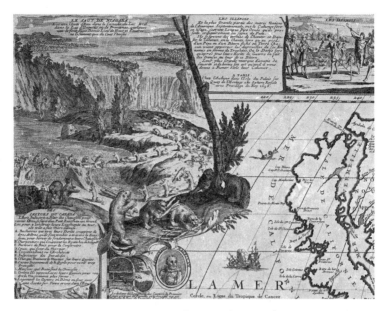

⊙ 니콜라 드 페르Nicolas de Fer의 미국 지도(1698~1705)는 비버의 건설 현장을 독창적으로 재현해놓았다. 이 새로운 유토피아에서 각 설치류가 맡은 역할을 구분해 알기 쉽게 설명해놓았다. 그러나 바닥에 드러누워 다리를 쳐든 비버에 대해서는 부러워할 게 없다. 확인된 바로 이 비버는 "과로로 불구가 된" 것이다.

오한 사실에 대한 증거로 받아들였다. 뷔퐁 백작은 동물 사회가 타락한 인간의 영향을 받지 않는 곳에서 번성한다면 어떤 영광을 누리게 될지 제시하면서 비버를 중심으로 한 과장된 이론을 펼쳤다.

18세기에 출판된 백과사전에서 뷔퐁은 "인간이 자연 그대로의 상태에서 상승하는 만큼 다른 동물들은 그 기준 아래로 가라앉는다. 노예로 전락하거나 반역자 취급을 받거나 강제로 해산될 때, 이들이 이루어낸 사회는 자취를 감추고 근면성은 황폐해지고 예술은 사라진다"라고 비버에 대한 서사시의 도입을 시작했다. 비버가 인간에게 탄압 받았던 이 유럽에서 "비버의 특별한 재능은 공포로 시들어버려 다시 피어나지 못했다"라고 백작은 선언했다. "그들이 소심하고 홀로 생활하는 것도" 당연했다. 그러나 뷔퐁은 인간이 이방인 취급을 받는 신대륙의 야생에서는 비버 사회가 "유일하게 지속된 야수들의 지능을 보여주는 태곳적 기념비"를 제공한다고 믿었다.

백작은 단지 여행가들의 이야기뿐 아니라 1758년에 캐나다에서 공수한 비버를 직접 경험하고 그것을 바탕으로 공들여 이론을 세웠다. 이 비버는 백작이 늘 지켜보는 가운데 파리의 왕립 동물원에서 여러 해를 살았다. 백작과 비버가 서로를 알아가며 1년을 보냈지만, 이 프랑스 귀족은 자신의 애완동물로부터 전혀 감명을 받지 못했다. 백작의 비버는 "수시로 우울해졌고 의지박약해" 보였다. 감옥의 문을 갉느라 시간을 보냈고(누가 뭐라 할 수 있겠는가), 집을 지을 생각은 눈곱만큼도 없는 것 같았다. 백작은 대단히 실망했다. 그는 신대륙 비버가 최대 30마리까지 수용 가능한, 크고 창문 달린 다층 구조에 "신선한 공기를 마시고 목욕할 수 있는 발코니"까지 갖춘 복잡하고 정교한 집을 지을 것이라 기대했기 때문이다. 그러나 이 비버가 하는 일이라고는 오직 침울한 표정으로 서성대고 가끔씩 정원의 지하 납골당에서 헤엄치는 것뿐이었다.

백작은 또한 비버의 반수생 습성에 경악했다. 그는 비버가 "꼬리와 볼기"를 늘 물속에 담가두는 습성이 있다고 생각했다. 이 모습이 뷔퐁에게 영감을 주어 엉터리 이론에 군살이 붙었다. 즉 비버가 "살flesh의 습성"을 "물고기fish" 습성으로 바꾸고 그에 걸맞은 맛과 냄새, 몸을 뒤

덮는 비늘로 완성했다는 것이다. 이처럼 뒤죽박죽된 신체 부위 때문에 백작은 이 생물을 "네발짐승과 물고기를 연결하는" 한 종으로 강등시켰다. 이처럼 보잘것없고 나무나 자르는 짐승은 비버 공동체의 놀라운 조직력이 아니었으면 하마터면 해부학적 기형에 지나지 않을 뻔한 것이다. 그러나 뷔퐁의 눈에 비버 공동체는 인간에 의해 때 묻지 않고 인간이 오직 꿈속에서만 이룰 수 있는 유토피아의 희망을 주었다.

이 사회에서는 개체 수가 아무리 많아도 보편적 평화가 유지된다. 조직은 공동 노동으로 군건해진다. 그리고 상호 편의와 모두가 함께 모으고 함께 소비하는 충분한 양식으로 영원히 지속된다. 적당한 식욕, 단순한 취향, 피와 살육에 대한 혐오가 약탈과 전쟁에 대한 생각을 앗아간다. 비버는 가능한 모든 선을 즐긴다. 반면에 인간은 (선을) 갈망할 줄만 한다.

○ ○ ○

낭만적이지 않은 진실은, 비버는 혼자서도 완벽하게 집을 잘 짓는다는 것이다. 뷔퐁 백작이 자기 비버의 재주를 보고 싶었다면, 비버를 흐르는 물소리가 나는 곳에 데려가 근면성을 자극하기만 하면 되었다. 흐르는 물을 막아야 한다는 본능적 충동이 너무나 강해 시냇물 소리가 나는 테이프만 틀어놓아도 이들은 시끄러운 스피커 위에 맹목적으로 나뭇가지를 쌓았을 것이다. 근처에 물이 있건 없건 간에 말이다.

이 놀라운 사실은 스웨덴 동물학자 라르스 빌손Lars Wilsson에 의해 밝혀졌다. 빌손은 1960년대에 과학이라는 미명 아래 비버에게 온갖 짓궂은 장난을 쳤다. 그는 비버 새끼 몇 마리를 부모에게서 떼어놓고 인간이 만든 환경에서 기르면서, 댐을 건설하는 비버의 기술이 본능에서 비롯한 것인지 아니면 학습된 것인지를 알아내려고 했다. 비버 우리의 벽 뒤에 스피커를 감춰두고 실험한 결과, 빌손은 이 의욕 넘치는 비버들이 집을 짓는 데 필요한 것은 아주 미세한 청각 자극이라는 사실을 알아냈다. 반드시 흐르는 물소리일 필요도 없었다. 물소리와 비슷한 그 어떤 것도 효과가 있었다. 심지어 전기면도기의 모터 돌아가는 소리로도 비버가 흐르는 물을 막기 위해 헛되이 시도하도록 분노에 찬 나뭇가지 쌓기를 선동했을 것이다.

이런 기계적 행동은 공화국을 설립한 비버에 대한 뷔퐁의 견해를 단연코 어리석게 만들었다. 그러나 또 다른 프랑스 과학자 프레데리크 퀴비에Frédéric Cuvier, 그러니까 유명한 동물학자 조르주 퀴비에Georges Cuvier의 동생이 라르스 빌손의 실험을 보았다면 아마도 잔뜩 거들먹거리며 "내가 그렇다고 했잖아"라고 중얼거렸을지도 모른다. 프레데리크 퀴비에는 1804년에 몇 십 년 전 뷔퐁 백작이 우울한 비버를 관찰했던 바로 그 파리 동물원의 수석 사육사가 되었다. 그러나 퀴비에가 본 비버의 모습은 백작이 본 것과는 매우 달랐다. 새로운 비버는 활력이 넘쳤고, 퀴비에의 견해에 따르면 어미의 가르침이 없이도 본능이라는 보이지 않는 힘에 의해 독려되어 바쁘게 댐을 지었다.

퀴비에는 또 다른 프랑스 과학자 르네 데카르트René Descartes의 추종자였다. 데카르트는 17세기에 "동물이란 자동 장치에 불과하고 오직 인간만이 이성에 따라 움직인다"라고 주장했다. 당시에 이처럼 감정이 배제된 사고가 엄청나게 유행하여, 사람들은 우화집이나 그 아류작의 공공연한 의인화에 무릎반사처럼 즉각적으로 반응했다. 퀴비에는 동물의 지능이 설치류에서 후피동물과 육식동물을 거쳐 반추동물까지 점차 증가하다가 영장류 그리고 무엇보다 자신과 같은 인간의 뇌에 이르러 놀랄 만큼 치솟아 동물계의 정점을 이룬다고 생각했다. 결과적으로 퀴비에는 일말의 독창성도 없는 단순한 설치류에 불과하다며 비버를 부정했다. 그러나 이미 10년 전부터 발견된, 도구를 사용하는 문어, 문제를 해결하는 비둘기, 수를 세는 까마귀, 의사소통이 가능한 앵무새 등은―특히 수다스러운 회색앵무새의 경우는 자신이 직접 나서서―퀴비에에게 동물의 지능에 대한 그의 견해가 전혀 타당하지 않다고 말할지도 모르겠다.

나는 세계적인 비버 전문가인 디에틀란트 뮐러슈바르츠Dietland Müller-Schwarze 박사와 이야기를 나누며 이 동물의 지적 능력에 대한 진실을 밝히고자 했다. 교수는 뉴욕주에 있는 자택에서 전화로(독일 영화감독 베르너 헤어초크Werner Herzog를 연상시키는 독일인의 건조하고 느린 말투로) 나에게 아직 우리는 알아야 할 게 많다고 설명했다.

뮐러슈바르츠 박사는 내게 비버의 범상치 않은 공학 기술이 대개는 "물소리가 들리면 거기에 댐을 지어라"와 같이 단순한 몇 가지 규칙에 따라 본능적으로 진행된다고 말했다. 우리는 이 규칙을 이제 막 해독하기 시작했다. 뮐러슈바르츠 박사는 생각해볼 흥미로운 사례를 들려주었다. 사람들은 나무가 쓰러질 때 숲의 다른 나무에 걸리지 않고 반드시 물 쪽으로 넘어지도록 조절하는 훌륭한 능력이 비버에게 있다고들 한다. "그러나 비버가 하는 일은 그저 나무를 V자 모양으로 쏠아내는 것뿐이고 이후에는 나무가 알아서 제멋대로 쓰러지는 것이지요"라

⊙ 나무! 작업장에서 이 비버의 운 나쁜 하루는 아무리 똑똑한 사람이라도 실수를 통해 배울 점이 있다는 사실을 상기시킨다.

고 뮐러슈바르츠 박사는 말했다. "어차피 나무는 탁 트인 물가로 넘어질 가능성이 큽니다. 왜냐하면 나무는 빛을 향해 자라기 때문에 빛이 잘 드는 물가 쪽에 가지가 더 많고, 그래서 그쪽이 더 무겁고, 그래서 어쨌거나 그쪽으로 쓰러질 테니까요."

본능은 완벽하지 않다. 최근 영국의 한 타블로이드지는 노르웨이에서 방금 쓰러진 나무에 깔린 불운한 비버의 사진을 싣고는 다음과 같은 제목을 달았다. "믿을 수 있겠습니까?Wood you believe it?" 이 기사는 타인의 불행에 쾌감을 느끼는 우리 종의 무한한 능력을 보여줄뿐더러 비버가 언제나 완벽하게 일을 해내는 것은 아니라는 사실을 일러준다.

그러나 많은 경우 비버의 실수는 상대적으로 무해하며 행동을 학습하고 적응하는 계기를 제공한다. 비버는 특히 댐을 건설하고 보수할 때 매우 슬기롭게 행동하는 것이 관찰되었다. 이들의 학습 능력 그리고 생존에 필요한 솜씨의 정교함을 보면 왜 어린 비버가 일 년 이상 상대적으로 오랜 시간을 부모의 그늘 아래에서 보내야 하는지 알 수 있다.

최근 몇 년간 비버의 인지 능력을 가장 옹호한 사람은 또 다른 프랑스 과학자인 P. B. 리샤르P. B. Richard였다. 리샤르는 퍼즐 상자를 이용해 이 수생 설치류의 지능을 검사(고전적인 동물 지능 검사)했는데, 그 결과 비버는 복잡한 자물쇠를 푸는 데 필요한 빠른 두뇌 회전과 민첩한 손가락이 마법과 같은 조합을 이루고 또한 문제를 쉽게 해결할 수 있다는 것을 알게 됐다.

학습하고 혁신하는 비버의 힘은 건설 충동을 제어하려는 과정에서 이 열정적인 건축가와 두뇌 싸움에 말려든 많은 사람들에 의해 때맞춰 언급되었다. 어느 작은 연못에 서식하는 비버를 연구하던 한 과학자는, 이 연구 대상이 자기의 아름다운 관상용 나무를 갉아먹지 못하도록 높은 철조망 울타리를 세웠다. 그는 철조망을 땅속 깊이 파묻고 위쪽에는 나뭇가지를 묶어놓고는 비버가 넘어가지 못할 거라고 자신만만해했다. 그러나 얼마지 않아 비버가 한 수 앞선 것으로 판명되었다. 한 비버가 진흙과 나뭇가지로 경사로를 짓고 유유히 위쪽으로 올라가더니 가뿐히 철조망을 넘어 신속하게 나무 줄기를 절단했다. 그리고 매일 밤 다른 비버들이 리더의 천재적인 발자취를 따랐고, 결국 공원의 모든 그늘이 사라졌다.

빗물 배수관과 지하 배수로는 도시에서 비행을 즐기는 비버들이 제일 즐겨 노리는 공공 기물 파괴 대상이 됐다. 이들의 미친 듯한 문제 해결 능력 때문에 미국 정부는 매년 수십억 달러를 쏟아부어야 했다.

그러나 비버의 인지 능력에 관해서는 논란의 여지가 있다. 지능을 평가하는 것은 언제나 어려운 일이다. 특히 삶의 대부분을 물속 또는 뚫을 수 없는 통나무집에 숨어 지내는 야행성 동물의 경우는 더욱 그러하다. 차라리 비버의 신체적 특징은 훨씬 평가하기가 쉽다. 수백만 년의 진화가 이 수생 건축가에게 제 일에 걸맞은 완벽한 도구를 장착시켜준 것이다. 끊임없이 자라고 저절로 날카로워지는 이빨, 투명해 물속에서도 물안경처럼 보이는 눈꺼풀, 물속에서는 자동으로 완전히 밀폐되는 귀와 콧구멍, 앞니 '뒤'에서 닫히는 입술(비버가 물속에서 나무를 갉다가 익사하지 않도록, 그리고 나무를 쏠 때 성가신 나뭇조각이 입안에 들어가지 않도록) 등 말이다. 다른 신체 기관처럼 비버의 뇌 역시 완벽히 조율되었겠지만 이 '인지적 연장통' 안을 들여다본다는 것은 무척 어려운 일이다.

우리가 비버의 행동에서 알게 된 사실로 본능과 학습의 경계 그리고 설치류의 이성적 능력에 관해 흥미로운 의문을 제기할 수 있다. 비버는 목숨을 구하고자 자기 고환을 끊어버릴 만큼 선견지명이 있지도 않고 민주공화국을 건설한 능력도 없을 것이다. 그러나 가장 보수적인 생태학자조차 위대한 동물행동학자 도널드 그리핀Donald Griffin이 조심스럽게 선택한 단어에는 동의할 것이다. "비버는 자신의 상황 그리고 자신의 행동이 환경에 어떻게 바람직한 변화를 불러올 것인지 단순하지만 의식적으로 생각한다."

분명 데카르트의 시계태엽 장치 생명체와는 거리가 먼 생물이다.

○ ○ ○ ○

마지막으로 비버 이야기를 하나 더 하고 이 장을 마치련다. 이 이야기는 어쩌면 인간 자신의 지능에 대해 의문을 제기할지도 모르겠다. 20세기에 들어 인간은 실질적으로 대부분의 서식지에서 비버를 박멸시켰다. 유럽과 아시아 전역에서 비버 개체군이 1,200개체 미만으로 감소하였고 그나마도 8개 소규모 영역권에 한정돼 있다. 사람들은 비버의 개체 수를 늘리고 유라시아 비버를 구하려는 목적에서 미국에서 비행기로 비버를 모셔 왔다.

비버의 도입은 굉장히 성공적이었다. 새로운 비버들은 수를 불려 나갔다. 그러나 미국의 비버(아메리카비버)와 유럽의 비버(유럽비버)가 실은 서로 다른 종이라는 사실이 밝혀졌다. 겉으로는 똑같아 보이지만 아메리카비버가 유럽의 사촌보다 더 공격적이었다. 양키 비버의 위협적 행동은 유럽비버를 더욱 빨리 멸종으로 몰아가는 불운한 결과를 낳았다. 사람들은 아메리카비버를 제거해야 할 침입종으로 서둘러 지정했다. 하지만 정부 관료나 환경운동가, 사냥꾼들이 어떻게 이들을 구분하겠는가? 두 종은 염색체 수를 세지 않는 한 구별하기가 거의 불가능했다.

1999년 센트럴워싱턴대학교의 두 과학자가 양쪽 비버의 해리향이 서로 색조가 다르다는 사실을 이용해 색깔을 부호화한 뒤 종을 구별하는 빠르고 간단한 방법을 생각해냈다. 이들은 심지어 간편한 야외용 식별표까지 개발했다(패로앤볼Farrow & Ball사의 페인트 색상표에 나오는 색 중에서 가장 유행하는 초록색과 노란색 주택용 페인트 색과 묘하게 닮았다).

최후의 반전은 비버의 '고환'이 마침내 사냥꾼의 총으로부터 자신을 구하게 되었다는 것이다. 하지만 거기에서 "짜낸" 내용물의 색깔을 신중하게 부호화하여 죽이면 안 되는 비버임이 확인될 때만 그러하다. 비버 전설의 원작 스토리보다 훨씬 황당한 결말인지도 모르겠다.

이제 동물의 세계에서 가장 존경 받았고 그 근면함으로 인해 높이도 낮게도 칭송 받았던 동물에서 그 반대쪽 극단으로 옮아가 게으름으로 인해 영원한 형벌을 받고 있는 생물에게로 갈 것이다. 다음 장에서 우리는 나무늘보, 이 오해의 동물원의 원년 멤버를 만나 세상에서 가장 느긋한 포유류의 장기적 성공 비결이 무엇인지 알아볼 것이다.

제3장

나무늘보

나무늘보아목
Suborder Folivora

나무늘보라는 퇴화한 종은 아마도
자연이 유일하게 친절을 베풀지 않은 생물일 것이다.

• 뷔퐁 백작, 《박물지Histoire Naturelle》, 1749

사람들은 말한다. 이름이 뭐 중요하느냐고. 하지만 그 이름이 기독교의 일곱 가지 대죄 중 하나를 뜻할 때는 그냥 넘길 수가 없다(영어로 나무늘보를 뜻하는 sloth에는 '나태'라는 뜻도 있다_옮긴이)

불쌍한 나무늘보는 세상에서 가장 사악한 죄악의 낙인이 찍힌 순간부터 비판의 대상이 되었다. 어떤 기준으로 보더라도 대외 홍보적 측면에서 상당히 불리한 것이다. 그러나 이 파렴치한 죄를 뒤집어쓰기 전에도 이미 나무늘보의 불가해한 습성은 지금까지 개별 동물에게 쏟아진 비난 중에서 가장 험한 말을 불러왔다. 이는 그다지 인간에게 해를 끼치지 않는 초식성 평화주의자이자 최초의 급진적 환경운동가 tree-hugger(tree-hugger에는 '나무를 껴안는 사람'과 '급진적 환경 운동가'라는 뜻이 둘 다 있다_옮긴이)로서 중앙아메리카와 남아메리카의 숲속에서 평온한 삶을 살려고 애쓰는 동물에게는 특히 더 비열한 공격이 아닐 수 없다.

맨 처음 나무늘보에게 적의를 드러낸 사람 중에서도 대장 격은 스페인 기사 곤살로 페르난데스 데 오비에도 이 발데스Gonzalo Fernández de Oviedo y Valdés였다. 오비에도는 여러 해 동안 신대륙을 탐험한 후 1526년에 자신의 발견을 기록한 50권짜리 백과사전을 출간했다. 당시 자연과학은 여전히 과학적 사실과 종교, 신화가 복잡하게 뒤엉킨 상태였다. 그러나 동물의 세계를 탐험하는 오비에도의 관심은 오로지 배를 채우는 데 있었던 것 같다.

오비에도는 테이퍼(맥)가 먹기 좋다고 말하며 별로 설득력 없는 미식가의 수식어를 덧붙였다. "그 발은 24시간 동안 푹 끓였을 때 제 맛이 난다." 나무늘보는 오비에도의 호의를 받지 못했거나 어쩌면 맛이 덜했을지도 모르겠다. 왜냐하면 나무늘보를 "세상에서 가장 멍청한 동물"이라고 묘사했기 때문이다. 돌려 말하는 법을 모르는 (또는 이 문제에 관한 한 진실을 말할 줄 모르는) 오비에도는 나무늘보의 태만한 습성을 공들여 과장해, "움직임이 매우 어색하고 굼떠서 겨우 50보를 가는 데 하루 종일 걸린다"라고 말했다. 또한 여기에 다음과 같이 기분 나쁘게 덧붙였다. "협박하고 때리고 재촉해도 저에게 익숙한 속도 이상으로 빨리 움직이지 않았다."

오비에도의 둔감한 거짓말은 수많은 여행가의 입을 거치며 중국인의 속삭임(여러 사람의 입을 거칠수록 말의 내용이 달라지는 것_옮긴이)처럼 걷잡을 수 없이 부풀려졌다. 그래서 위대한 해적이자 명문장가인 윌리엄 댐피어William Dampier가 1676년에 나무늘보에 관해서 쓸 무렵에 이 동물의 속도는 사실상 정지 상태에 이르렀다. 댐피어는 나름대로 정확도를 강조하여, "나무늘보가 8센티미터 앞으로 나아가는 데 8~9분이 걸렸다"라고 말했다. "매질로도 이들의 속도를 높일 수 없었다. 채찍질을 시도했지만 전혀 개의치 않았다. 아무리 겁을 주고 자극해도 빨리 움직이게 할 수 없었다." 댐피어와 오비에도, 참으로 잘 어울리는 한 쌍이 아닐 수 없다.

나는 나무늘보를 관찰하며 수없이 즐거운 시간을 보냈다. 그래서 이

⊙ 스페인 정복자 오비에도는 남아메리카에서 나무늘보를 발견하자마자 악담부터 했다. 그렇다면 나는 여기서 오비에도의 그림 실력에 대해 한마디하겠다. 오늘날에도 성의 없이 그린 나무늘보 그림을 많이 보아왔지만, 명색이 16세기 백과사전에 걸쳐놓은 이 그림은 오비에도 자신의 말을 빌리면 "세상에서 가장 멍청하다!"

들이 발에 풀이라도 붙은 듯 천천히, 최면에 걸린 것처럼 움직인다는 사실을 확인시켜줄 수 있다. 나무늘보의 평균 속도는 한 시간에 300미터 정도로 느긋하기 짝이 없는데, 거북한테 도전할 정도는 아니지만 오비에도나 댐피어가 제시한 것처럼 그렇게 느려터지지는 않았다. 실제 나는 나무늘보가 그럴 만한 이유가 있을 때는 놀랄 만한 속도로 나무 위로 올라가는 것을 본 적이 있다. 그러나 나무늘보는 애초에 신체구조상 시속 1.5킬로미터보다 빨리 움직일 수 없는 동물이다. 왜냐하면 이들의 근육은 집고양이만 한 크기의 다른 포유류보다 무려 15배나 느리게 움직일 수밖에 없게끔 만들어졌기 때문이다.

나무 위에 있을 때 나무늘보의 움직임은 발레극 〈백조의 호수〉를 슬로모션으로 보는 것에 비유할 수 있다. 태극권 고수와 같은 우아함과 절제된 동작으로 피루엣(한 자리에서 회전하는 발레 기법_옮긴이)을 하고, 흔들고, 매달린다. 그러나 나무늘보를 '똑바로' 뒤집어놓으면 이내 중력이 이들의 품위를 해친다. 사지를 땅바닥에 아무렇게나 쭉 펴고 널브러져 마치 평평한 바닥에서 등산이라도 하듯 팔에 달린 갈고리를 이용해 억지로 앞으로 잡아끌면서 움직인다. 이처럼 힘겨워 보이는 동작이야말로 초기 자연과학자들이 나무늘보에 대해 그처럼 못마땅한 견해를 가지게 된 주된 이유였다. 그들은 이 동물이 올바르지 않은 자세로 있는 것을 보았던 것이다.

오비에도는 드물게 과학적인 문체로 다음과 같이 적었다. "나무늘보는 네발짐승이다. 그리고 각각의 작은 발에는 새의 발톱처럼 물갈퀴가 있는 4개의 긴 발톱이 있다." 참고로 물갈퀴 같은 발톱은 고사하고 발톱이 네 개인 나무늘보도 없다. 그러나 이런 자질구레한 문제를 빌미로 이 대담한 기사의 마지막 문장을 읽지 않을 수는 없다. "그러나 발톱이건 발이건 이 동물을 지탱하지는 못할 것이다. 다리는 너무나 작고 몸은 너무나 무거워서 배를 땅에다 거의 질질 끌고 다닌다."

나무늘보가 네발짐승인 것은 맞다. 단 세계에서 유일하게 다리가 거꾸로 달린 네발짐승이다. 이들은 나무에 고리를 걸고 늘어져 있도록 진화했다. 마치 털 많은 동물로 변신하는 그물침대처럼 말이다. 그 결과 나무늘보는 무게를 지탱하는 폄근이 필요 없게 되었다. 팔다리를 뻣뻣하게 내뻗을 수 있게 하는 인체의 세갈래근 같은 근육 말이다. 대신에 나무늘보는 두갈래근처럼 나뭇가지를 따라 몸을 끌어주는 굽힘

근으로만 동작한다. 이 흔치 않은 운동 방식 때문에 나무늘보는 땅을 밟고 수직으로 설 때 몸을 지지하는 데 필요한 근육이 절반 정도밖에 안 된다. 다시 말해 에너지를 거의 쓰지 않고도 장시간 나무에 매달려 있을 수 있다는 뜻이다. 또한 이런 방식은 나무늘보에게 놀라운 힘과 민첩성을 준다. 나무늘보는 수직인 나무줄기에 뒷다리만 이용해 움켜잡고 매달릴 수 있다. 또한 그 상태에서 자유로운 앞다리로 몸을 90도까지 뒤로 젖힐 수 있다. 한 나무늘보 연구자가 말했듯이, 사람이라면 "서커스에 나가도 될 만큼 특출한" 재주다.

오비에도는 아마 한 번도 나무 위에 있는 나무늘보를 직접 본 적이 없을 것이다. 대신에 이 스페인 기사가 관찰할 수 있도록 지역 원주민들이 나무늘보를 잡아 마을로 데려왔을 것이다. 이처럼 완벽하게 부자연스러운 상황에서 나무늘보는 물웅덩이를 바로 옆에 두고 목말라 죽어가는 사람처럼 땅바닥을 안쓰럽게 기어 다녔을 텐데, 이게 바로 오비에도가 다음과 같이 결론지은 이유일 것이다. "나는 살면서 이렇게 못나고 쓸모없는 동물은 본 적이 없다."

정말 야만적인 말이 아닐 수 없다. 그러나 적어도 이때는 빈정대긴 했어도 나무늘보가 저주 받은 이름으로 불리지는 않았다. 오비에도는 비아냥거리며 "페리코 리게로perico ligero"라고 부르길 좋아했는데, "날랜 아무개"라는 뜻이다. 17세기 동물 해설집에서 영국 성직자 에드워드 톱셀 같은 이들은 나무늘보를 "유인원 곰"처럼 매우 "기형적인 짐승"으로 언급했다.

당시 기독교 교회는 이미 "일곱 가지 대죄(칠죄종)"의 개념을 퍼트리기 시작했다. 칠죄종이란 종교적으로 치명적인 악덕을 모아놓은 것으로 공동체를 억압하기 위해 고안됐는데, 이때만 해도 정신적·육체적 게으름을 나타내는 "나태(나무늘보)"는 아직 순위에 오르지 않았다. 그러다 마침내 17세기에 들어서 거룩한 힘의 관계자들은 수년간의 논의 끝에 일곱 가지 죄를 결정했다. 나태는 네 번째를 차지했는데, 가톨릭 모험가들에게는 이 외계 생물을 기억하기 쉬운 새로운 가명으로 부르는 계기가 되었다. 일단 나무늘보가 죄악과 연계되자 이 동물의 기이한 생물학적 특성에 대한 공감과 이해는 완전히 물거품이 돼버렸다.

걷잡을 수 없이 밀어닥친 학대와 모욕은 다름 아닌 프랑스 귀족 조르주루이 르클레르 뷔퐁 백작에서 과장의 정점에 달했다. 백작은 백과사전《박물지》에서 처음 나무늘보에 관해 기술할 때부터 가차 없었다. 그는 다음과 같이 조롱했다. "유인원 앞에서 자연은 활기차고 적극적이고 행복하지만, 나무늘보 안에서는 느리고 부자연스럽고 갑갑하다." "굼뜸, 어리석음, 심지어 습관적 통증까지도 이 동물의 보기 흉한 형태에서 비롯한다." 백작이 보기에 나무늘보는 동물 중에서도 가장 하등한 형태를 갖췄다. "결함이 하나만 더 있었어도 이들은 존재하지 못했을 것이다."

뷔퐁은 찰스 다윈의《종의 기원Origin of Species》이 급진적 자연선택의 개념으로 세계를 뒤흔들기 100년 전에 이 글을 썼다. 그럼에도 불구하고 뷔퐁 백작은 다윈의 전신으로 여겨지며 저명한 진화생물학자인 에른스트 마이어Ernst Mayr를 비롯한 많은 이들로부터 진화의 개념을 과학적 사고로 인도한 사람으로 인정받는다. 뷔퐁이 가장 혐오스럽게 바라본 나무늘보는 어떤 이유에서인지는 모르겠지만 다른 모든 동물을 완벽한 단일체로 빚은 긍정적인 자연의 힘에서 밀려났다. "이것들은 모두 나무늘보가 형편없는 짐승임을 알려준다. 스스로 존재할 힘조차 없어 세상에 찰나를 머무르다 존재의 목록에서 지워진 불완전한 스케치가 떠오른다."

뷔퐁은 당대 가장 존경 받는 자연과학자였고 그의 백과사전은 세계적 베스트셀러였다. 주사위는 던져졌다. 진화의 일탈로서 나무늘보의 운명이 정해진 것이다.

○ ○ ○

내가 나무늘보 앞에서 마음이 약해지는 것은 사실이다. 나는 이들의 특이한 생활방식에 완전히 사로잡혔다. 나는 나무늘보협회의 창시자로서 종종 어떻게 이렇게 겉보기에도 부족함투성이인 생물이 약자를 무자비하게 솎아내는 철저한 자연선택에서 살아남을 수 있었는지 설명해 달라는 요청을 받곤 한다. 그럴 때마다 침착하게 마음을 가다듬고 나무늘보는 결코 결함투성이가 떨거지가 아니라고 설명한다. 이들은 적절히 활기 넘치는 동물이다. 나무늘보는 두 속에 총 여섯 종이 현존하는데, 두 속의 이름이 아주 달라서 하나는 절름발이라는 뜻의 콜로에푸스*Choloepus*이고 다른 하나는 느림보라는 뜻의 브라디푸스*Bradypus*이다.

절름발이와 느림보는 실제로 유전적으로도 고양이와 개만큼이나 다르다. 이들은 3,000~4,000만 년 전쯤에 진화 계통수에서 서로 다른 가지로 갈라져 나왔지만, 위아래가 바뀐 채 느리게 살아가는 생활을 계속 공유했다. 이와 같은 적응이 두 번이나 진화한 걸 보면 나름대로 이점이 있는 생활 방식임에 틀림없다.

콜로에푸스 나무늘보는 두발가락나무늘보로 더 잘 알려져 있다. 사실 이것은 부적절한 명칭인데, 왜냐하면 손가락이 두 개이고 발가락은 세 개이기 때문이다. 이들은 마치 영화 〈스타워즈〉에 나오는 우키와 돼지를 섞어놓은 모습으로 등과 배가 뒤집힌 상태로 지내며 손에 갈고리가 있다. 길고 덥수룩한 털은 금발에서 갈색까지 다양하다. 그러나 털의 색깔이 어떻든 꼭 껴안아주고 싶은 외모에도 불구하고 나무늘보는 놀랍도록 성질이 사납다. 혼자 지내는 걸 좋아하는 천성 때문에 다른 사람이 어루만지는 걸 싫어해서 손처럼 낯선 물체가 접근하면 입을 벌려 상당히 위협적인 이빨을 드러내고 쉭쉭 소리를 낸다. 갈고리가 달린 손 못지않게 그들의 더럽고 큰 송곳니는 끔찍한 상처를 낼 수 있다. 느리게 휘두르는 팔을 피하기 쉽지 않다면 말이다.

브라디푸스 또는 세발가락나무늘보는 손가락과 발가락이 모두 세 개씩이다. 이 나무늘보는 중세 시대 헤어스타일에 얼굴엔 늘 (심지어 화가 났을 때도) 미소를 머금고 있다. 이들은 두 손가락 사촌보다 몸집이 작아 크기가 집에서 키우는 고양이만 하고 복슬복슬한 털은 얼룩진 회색과 갈색이다. 그리고 성격은 덜 까칠하지만 훨씬 속내를 알 수 없다.

세발가락나무늘보의 4종 중에서 가장 몸집이 큰 종은 기막히게 멋진 갈기가 달린 갈기세발가락나무늘보Bradypus torquatus로 앞머리는 짧고 옆과 뒤는 긴 머리 모양을 한 코코넛 열매와 기분 나쁠 정도로 닮았다. 제일 작고 또 가장 희한하게 생긴 놈은 피그미세발가락나무늘보Bradypus pygmaeus인데, 다른 세발가락나무늘보의 절반 크기에도 못 미치며 파마나 해안에서 떨어진 어느 섬의 맹그로브 늪지에서만 발견된다. 이 난쟁이 나무늘보는 자연계에 포식자가 거의 없어서 신경 안정제 성분이 든 알칼로이드를 포함한 나뭇잎을 먹으며 대단히 사치스럽게 지낸다. 따라서 이 나무늘보는 겉으로만 취한 듯 몽롱해 보이는 게 아니라 실제로 취해 있다. 덕분에 피그미세발가락나무늘보는 진화의 막다른 길에 들어선 생물이 되었다. 그런 것이 있기는 하다면 말이다.

모든 나무늘보는 빈치상목Xenarthra의 일원이다. 빈치상목은 아주 오래된 포유류의 분류 체계로 이름만 들으면 〈스타트렉〉에서 방금 나온 것 같고, 생김을 보면 공상과학 소설에나 나올 법하다. 놀랄 만큼 폭넓은 생물을 아우르는 이 분류군에는 지구에서 가장 외계 생명체처럼 보이는 괴짜들이 포함돼 있다. 아르마딜로, 개미핥기 그리고 물론 나무늘보까지 말이다. 겉으로 보면 현대사회의 부적응자들이 모인 떨거지 집단처럼 서로 공통점이 없는 것 같지만 자세히 들여다보면 하나같이 뇌가 작고 이빨이 모자라고 겉으로 드러나는 고환이 없다는 특징이 있다. 다행히 이 무리의 이름은 이런 달갑지 않은 형질이 아니라 이들이 공유하는 또 다른 특징인 유난히 유연한 척추(Xenarthra는 "희한한 관절"을 뜻한다)를 본떠 붙여졌다.

이 집단이 이처럼 유별나게 된 이유는 이들이 약 8,000만 년 전 남아메리카가 막 아프리카에서 떨어져 나와 하나의 섬처럼 존재했던 시절에 공통 조상에서 분리되어 진화했기 때문이다. 아주 오랫동안 나무늘보의 조상은 원시적인 숲으로 가득 찬 땅에서 번성하면서 100종 이상으로 분화했고 각각은 고유의 생태적 지위를 차지했다. 거대한 수생 늘보는 해안가에 느긋하게 자리를 잡고(아주 다른 모습을 한 현대판 나무늘보인 해수욕장의 인파처럼) 해초를 뜯어 먹었고(이건 사람과 별로 비슷하지 않다), 땅굴을 파는 대형 늘보는 너비가 2미터나 되는 지하 땅굴을 팠다. 무리 중에 가장 성공한 종은 대형 땅늘보*Megatherium*로 몸집이 코끼리만 했다.

약 1만 년 전에 이 대형 늘보들이 모두 사라지고 오늘날 우리가 보듯 나무에서 생활하는 소수의 작은 사촌들만 남았다. 이 대형 초식동물을 쓸어버린 원인을 두고 오랫동안 고생물학자들이 곤혹스러워했다. 이들은 단서를 찾아 뼈와 화석화된 늘보의 똥이 가득한 동굴을 샅샅이 뒤졌다.

한동안 학자들은 최후의 빙하기가 늘보를 끝장냈다는 데 합의했다. 그러나 이는 사실이 아니다. 좀 곤란한 말이지만 아마도 우리 인간이 이들을 먹어치웠을 가능성이 크다. 약 300만 년 전에 마침내 남아메리카가 북아메리카와 충돌하여 두 대륙 사이에 육교가 형성되자 일부 땅늘보들이 북쪽으로 천천히 걸어가 매력적인 새 땅에 군집을 형성했다. 반면에 허기진 인간들은 남쪽으로 밀려 내려와 이 걸어 다니는 엄청난 고깃덩어리를 보고 입맛을 다시며 창을 들고 덤볐다. 천적이 없이 오랜 기간 살아온 무방비 상태의 거인들은 결국 바비큐 신세가 되고 말았다.

다른 가능성은 대륙이 서로 만난 후 인간이 끌고 온 질병에 대형 늘보들이 항복했다는 것이다. 어느 쪽이든 책임은 인간에게 있는 것 같다. 그렇다면 살아남은 유일한 나무늘보는 크기가 작아 나무 꼭대기에 숨어 지낼 수 있었기에 살아남았다는 말도 일리가 있다.

위풍당당했던 짐승들이 사라진 것을 애도하는 나 같은 사람들에게도 실낱같은 희망이 있다. 아마존 부족의 민속 설화에 나오는 마핑과

⊙ 거꾸로 사는 방식 때문에 나무늘보는 사지를 버티는 펌근이 필요 없다. 그래서 반대로 뒤집어 놓으면 중력이 오히려 이들의 품위를 손상시킨다. 코스타리카에서 도로를 건너는 이 나무늘보가 이미 차에 치여 납작해진 것처럼 보이는 것은 이 때문이다.

리mapinguari라는 괴물은 사람보다 크고 두꺼운 털이 엉겨 붙어 악취가 진동하며 정글의 가장 깊은 구석을 활보한다고 한다.

이 전설에서 말하는 것이 아마존의 가장 먼 구석을 배회하는 잃어버린 대형 땅늘보는 아닐까? 그렇다고 믿고 싶다.

◦ ◦ ◦

한 집단으로서 나무늘보는 이 행성에서 약 6,400만 년 동안 이런저런 모습으로 살아오면서 그 은밀한 생활 방식 덕분에 검치호랑이나 털 매머드보다 오래 살아남았다. 오늘날까지 살아 있는 대여섯 종 중에서 오직 피그미세발나무늘보와 갈기세발나무늘보만 멸종위기에 처했다고 알려졌다. 게으른 패자치고는 꽤 훌륭한 생존자이며 오실롯이나 거미원숭이처럼 비슷한 크기의 화려한 포유류보다 훨씬 잘하고 있다고 보아도 좋다. 실제로 1970년대에 진행된 한 조사에 따르면, 나무늘보는 포유류 생물량의 거의 4분의 1을 차지하는 "가장 수적으로 풍부한 대형 포유류"이다. 이 말은 나무늘보가 다른 동물들을 보고 거들먹거리며 "내가 너희를 지휘할 수도 있어"라고 할 수도 있다는 말을 생물학적으로 교양 있게 표현한 것이다.

"나무늘보는 생존자예요." 영국의 나무늘보 학자 베키 클리프Becky Cliffe가 내게 말했다. 그리고 그 생존의 비밀은 바로 이들의 나태한 천성에 있다.

나는 코스타리카의 나무늘보 보호구역에서 다큐멘터리를 제작하는 동안 그곳에서 일하는 베키 클리프를 만났다. 나무늘보는 생존자일지 모르나 정글 보금자리를 종횡무진 가로지르는 도로나 전선과는 잘 어울리지 못한다. 다친 성체와 어미 잃은 새끼들은 보호구역으로 옮겨져 자칭 나무늘보 조련사인 주디 애비애로요Judy Avey-Arroyo의 보살핌을 받는데, 주디는 자기만의 독특한 방식으로 야생동물을 돌본다. 아픈 새끼 나무늘보에게 스포츠 양말로 만든 맞춤 잠옷을 입히기도 하고, 주디가 "딸"이라고 부르며 특별한 애정을 가진 버터컵이라는 나무늘보는 고리버들 그네 의자에서 지낸다. 가치 있는 감상주의에 학문적 연구를 추가하는 것은 클리프의 몫이다.

"사람들은 나무늘보의 진실에 대해 아예 알고 싶어 하지 않는 것 같아요. 나무늘보가 게으르고 바보 같다고 생각하는 게 더 좋은가 봐요." 클리프가 말했다. "과학자로서 사람들이 나무늘보를 묘사하는 방식이 불만스러워요. 왜냐하면 우리는 그게 사실이 아니라는 걸 아니까요."

클리프는 건전한 과학과 실험 관찰을 통해 나무늘보를 둘러싼 많은 미신을 타파하고자 한다. 클리프는 나무늘보의 나태함을 이해하려면 이들의 뱃속부터 들여다봐야 한다고 생각한다.

정복자 오비에도는 나무늘보가 "공기를 먹고 산다"고 생각했을지도 모르지만, 나무늘보는 거의 전적으로 나뭇잎을 먹고 산다. 그중에는 동물에게 먹히지 않으려고 질기게 혹은 독성을 포함하도록 진화한 것이 많다. 잎과 그 잎을 먹고 사는 동물 사이에 벌어지는 싸움에서 나무늘보의 비밀 병기는 바로 부처님 같은 커다란 배이다. 나무늘보의 뱃속에는 소의 위에서나 볼 수 있는 비슷한 방이 여러 개 있다. 그러나 나무늘보는 반추동물이 아닐뿐더러 되새김질을 하지도 않는다(나무에 거꾸로 매달린 채로 되새김질하는 것은 애써 부풀려 말하지 않아도 힘들 게 뻔하다). 씹기 역시 나무늘보의 전문 분야는 아니다. 왜냐하면 세발가락나무늘보는 앞니가 없고 입 안쪽에 있는 이빨들은 그저 튀어나온 작은 못에 불과하기 때문이다. 따라서 나무늘보의 위장은 거의 씹지 않은 나뭇잎을 받아들인 후 친절한 장내세균의 도움으로만 분해할 수 있다. 틀림없이 많은 시간을 필요로 하는 과정일 것이다.

나무늘보의 몸속에서 소화의 마라톤에 걸리는 정확한 시간은 1970년대에 진 몽고메리Gene Montgomery라는 미국의 과학자가 측정했다. 몽고메리는 나무늘보에게 절대 소화할 수 없는 유리구슬을 먹이고 이 구슬이 소화관을 거쳐 다시 한 번 햇빛을 볼 때까지의 시간을 쟀다. 몽고메리는 기다리고 기다렸다. 그리고 또 기다렸다. 분명 구슬을 놓쳤을 것이라 단념할 무렵, 드디어 유리구슬이 섞인 똥이 나왔다. 구슬이 여행을 시작한 지 장장 50일 후였다.

베키 클리프는 몽고메리의 연구를 반복하면서 유리구슬 대신 붉은 식용 색소를 사용했다. 자칫 구슬이 나무늘보의 소화계에 틀어박혀 실험 결과를 왜곡할 가능성, 그러니까 "뱃속에 머무르는 시간이 더 늘어날까 봐(절대 안 돼!)" 겁이 났기 때문이다. 그럼에도 클리프는 몽고메리와 똑같은 결과를 얻었다. 나무늘보는 어떤 포유류보다도 소화 속도가 느렸다.

클리프는 나무늘보의 소화 과정에 대해 다음과 같이 설명했다. "대부분 포유류의 경우 소화 시간은 몸집의 크기에 비례합니다. 그래서 큰 동물일수록 먹이를 소화하는 데 시간이 오래 걸리죠. 놀랍게도 나무늘보가 이 법칙을 깬 것 같습니다." 클리프는 나무늘보의 위장이 나뭇잎의 셀룰로스와 독성을 분해하는 데 평균 2주 이상이 걸린다고 추정했다. 만약 훨씬 빨리 소화된다면 간이 독성을 제대로 처리하지 못해 중독될 위험이 있는 것이다.

나무늘보의 식단을 구성하는 나뭇잎은 대체로 열량 가치가 매우 적어 하루에 감자칩 한 봉지 정도 분량인 160칼로리에 불과하다. 그래서 나무늘보는 되도록 적은 에너지를 쓰면서 살도록 진화했다. 나무늘보는 소위 자연계의 백수건달couch potatoes(소파에 앉아 텔레비전을 보며 종일 감자 칩만 먹는 사람_옮긴이)로 나무에 매달려 시간을 때우면서 나뭇잎을 아주 천천히 소화하고 불필요한 노력은 최선을 다해 피한다.

나무늘보의 몸은 거꾸로 매달려 에너지를 아끼면서 살아갈 수 있도록 솜씨 있게 개조된 부분들로 조합돼 있다. 나무늘보의 혈관과 목구멍은 중력을 거슬러 음식을 삼키고 혈액을 순환시키기에 알맞게 조정되었다. 또한 이들의 털은 다른 동물과 달리 반대 방향으로 자라고 배한가운데에 틈이 있어서 빗물을 쉽게 흘려보낼 수 있다. 열대의 폭우가 쏟아진 후에도 그저 나뭇가지에 매달려 물기를 말리면 된다. 클리프는 최근에 나무늘보의 갈비뼈에서 점착성 부분을 발견했는데, 몸무게의 3분의 1을 받치며 나뭇잎을 천천히 소화해야 하는 위가 폐를 짓누르지 않도록 도와주는 역할을 한다고 한다.

또한 나무늘보는 말도 안 되게 낮은 신진대사율을 유지하는데, 같은 크기의 포유류에서 예상되는 수치의 절반 정도다. 대부분의 포유류가 항시 훈훈한 36도의 내부 환경을 유지하는 반면에 나무늘보의 심부 체온은 28~35도에 불과하다. 이들은 신체 내부의 연소 기관에 불을 지펴 몸을 따뜻하게 유지하는 데 열량을 사용하는 대신에, 따뜻한 열대 지방에 살면서도 극지 동물에게나 어울릴 법한 두꺼운 코트를 입고 있다. 태양이 주는 에너지는 독이 든 이파리에서 애써 얻어야 하는 에너지와는 달리 공짜다. 나무늘보는 햇빛을 흡수하고 활용하기 위해 나무 꼭대기에서 생활하고 도마뱀처럼 일광욕을 한다. 그리고 변온동물처럼 하루 중에 몇 도 정도의 체온 변화는 견딜 수 있다. 클리프는 나무늘보의 신진대사에 관해 다음과 같이 말했다. "나무늘보는 매우 경제적인 동물이고 사용할 수 있는 모든 자원을 최대한 활용합니다. 극한 상황이 닥치거나 혹은 꼭 그래야 하는 상황에서는 누구보다 끝까지 버티지요. 또 까다롭게 한 가지 조건만 고집하는 대신에 필요하다면 대안을 따르기도 합니다. 대사율만 해도, 꼭 필요하다면… 스스로 대사율이나 체온을 올릴 수 있습니다. 하지만 대부분의 경우 그럴 필요가 없는 것뿐이지요."

나무늘보에게 체온을 조절하는 능력이 전혀 없다는 주장은 나무늘보가 다른 온혈 포유류보다 덜 진화되었다는 생각에 오랫동안 기여했다. 그러나 당시 나무늘보는 다른 어떤 동물보다도 과학계에서 유언비어의 대상이 되기 쉬웠다. 이런 소문은 대부분 20세기 전반부에 시행된 조잡한 연구나 풍문에서 시작했다. 베키 클리프는 현대적 기술과 장비를 결합해 나무늘보 연구를 발전시켰다. 예를 들어 나무늘보의 신진대사를 연구하기 위해 클리프는 대사 측정 시설을 맞춤 제작하고 실험의 일환으로 "엉덩이 속도계"를 만들어 "윤활유를 발라 실험에 협조적인" 나무늘보 몸속에 삽입했다. 나무늘보의 비밀을 밝히는 일이 마냥 우아한 과정은 아니다.

클리프는 의기롭게 말했다. "새로운 데이터를 얻을 때마다 예상과 달리 나무늘보가 생존에 무능하지 않다는 사실이 점점 더 확실해집니다. 이들은 무려 6,400만 년을 버텨온 동물입니다……. 이들에게 체온을 높이는 능력이 전혀 없었다면 아주 오래전에 모두 죽어 나갔을 테지요."

클리프는 나무늘보의 느린 신진대사야말로 생존을 향한 궁극적 초능력이라고 생각한다. 그렇다면 나무늘보에게 죽음을 모면하는 뛰어난 재주가 있다는 오랜 소문에는 일말의 진실이 담겨 있는지도 모른다.

끈질기게 삶에 매달리는 나무늘보의 능력은 수 세기 동안 많은 추측의 대상이 되었다. 1828년으로 돌아가 찰스 워터턴Charles Waterton이라는 영국 자연과학자가 이 능력에 주목했다. 워터턴은 "모든 동물 중에서 가장 잘못 설계된 생물이면서 제일 삶에 집착한다"라고 썼다. "어떤 동물이라도 죽을 수밖에 없는 상처를 입고도 오랫동안 살아 있다."30

Das Faulthier oder der Ai.

Tab.C.

g.Edwards ad riv.delin.

J.M.Seligmann excudit.
Cum Priv.Sac.Caes.Majestatis.

Joh.Sebastzeitner sculps.

Ignavus.

N.100.VIII.ter Theil.

Le Paresseux.

⊙ 초기 자연과학 서적의 삽화는 황당할 정도로 엉터리 같은 나무늘보 그림을 찍어냈는데, 그림 속 나무늘보는 종종 인간의 형상을 하고 있었다. 이 그림은 1770년대에 조지 에드워즈George Edwards와 마크 케이츠비Mark Catesby가 그린 것으로 히피 같은 느낌 이상의 기운이 감돈다 (게임 〈모탈 컴뱃〉에 나오는 프레디 크루거Freddy Krueger의 끔찍한 발톱은 별개로).

미터 높이에서 숲의 바닥으로 떨어졌는데 하나도 다친 곳이 없는 나무늘보, 40분을 물속에서 나오지 않고도 죽지 않은 나무늘보, 냉장고에서 24시간 동안 갇혀 있었던 나무늘보 등이 보고되었다. 심지어 한 나무늘보는 뇌를 제거하고도 30시간이나 살아 있었다고 전해진다. 실로 도저히 이해할 수 없는 주장이 아닐 수 없다.

나무늘보에 대한 속설 대부분이 과장이겠지만, 베키 클리프는 나무늘보가 유난히 강인한 동물이라는 데 동의했다. 몇 해 동안 코스타리카의 나무늘보 보호구역 팀원들은 나무늘보가 전선에 걸리고 개에게 공격당하고 자동차에 치인 후에도 기적처럼 소생하는 것을 지켜봤다.

베키 클리프는 나무늘보가 끔찍한 상처를 입은 후에 어떻게 회복하는지는 여전히 의문이라고 말했다. 클리프는 게코 도마뱀의 유전자 발현과 사지 재생에 대해 전공한 맨체스터대학교의 엔리케 아마야Enrique Amaya 교수와 나눈 대화에서 매우 흥미로운 단서를 얻었다. "게코 도마뱀이 꼬리를 재생할 때는 '배아 상태'에 들어갑니다. 기본적으로 모든 에너지를 치유에 쏟아붓기 위해 신진대사율을 최소화하는 것이지요." 클리프는 나무늘보의 낮은 신진대사율이 비슷한 방식으로 작용할지도 모른다고 의심했지만 아직 이 가설을 뒷받침할 실험적 증거는 얻지 못했다.

다른 이들은 나무늘보의 느린 신진대사가 암으로부터 몸을 보호하거나, 또는 선천적 결손을 계속 지닌 상태로 이로운 구조를 새로 개발하도록 진화를 촉진한 원동력인지도 모른다고 가정했다. 그 새로운 구조에는 비정상적으로 긴 목도 포함되었다. 나무늘보의 목에는 기린을 비롯해 어떤 포유류보다도 많은 척추뼈가 있다. 이 기다란 목 덕분에 자연계의 백수건달은 머리를 270도나 돌릴 수 있어 몸의 다른 부분을 불필요하게 움직여 귀중한 에너지를 낭비하지 않고도 주위에 있는 나뭇잎을 모두 뜯어 먹을 수 있다. 또한 나무늘보의 몸에는 목뼈와 함께 움직이는 갈비뼈가 추가로 진화했는데, 일반적으로는 포유류의 면역계에 의해 없어져야 할 기형 형질이지만 나무늘보에서는 적응된 형질로 살아남았다.

○ ○ ○

나무늘보의 신진대사가 느리다는 사실은 얼마든지 증명할 수 있다. 그렇다고 해서 이들이 늘 잠을 잔다는 뜻은 아니다. 이른바 세상에서 가장 게으름뱅이인 이 동물은 하루에 20시간씩 잠을 잔다고 오랫동안 알려졌지만, 최근 연구에 따르면 실제로 야생에서는 그에 절반도 안되는 하루 평균 9.6시간을 잔다.

"움직이지 않는다고 해서 잠을 자는 것은 아닙니다." 베키 클리프는 나무늘보와 함께 오랜 시간을 보낸 사람만이 가질 수 있는 권위를 가지고 내게 말했다. "특히 세발가락나무늘보는 다른 동물처럼 한 번에 9~10시간씩 자지 않습니다." 이들은 낮(그리고 밤) 시간 대부분을 마치 명상하듯이 나무에 조용히 매달려 허공을 공허한 눈빛으로 바라보며 움직이지 않고 지낸다. 이처럼 깨어 있으면서도 휴면 상태로 있는 것은 에너지 보전과 생존에 매우 중요하다.

지금까지는 참선하는 중이었다고 치자. 그러나 발효 중인 나뭇잎 주머니에 불과한 이 짐승이 상습적으로 낮잠을 자면서 어떻게 잡아먹히지 않을 수 있는 것일까?

　나무늘보의 주요 천적은 부채머리수리Harpy eagle인데 얼마나 위협적인 존재였으면 이름조차 망자를 하데스에게 인도하는 고대 그리스 신화의 바람의 정령, 하르피이아의 이름을 따서 지어졌다. 부채머리수리는 세계에서 가장 크고 빠른 맹금류의 하나로 발톱의 크기가 회색곰만 하고 날개를 펼친 길이가 2미터에 달한다. 또 최대 시속 130킬로미터의 속도로 날 수 있다. 극도로 예민한 시력을 갖고 있을 뿐 아니라 얼굴 주위에 있는 고리 모양의 깃털이 소리를 모아주기 때문에 나뭇잎 한 장 바스락대는 소리까지 감지할 수 있다.

　나무늘보는 이 최고 포식자와는 정반대인 것 같다. 귀와 눈이 잘 발달하지 않았기 때문에 나무늘보는 늘 먹먹하고 흐릿한 세상에 산다. 이처럼 심하게 무딘 감각은 날개 달린 사나운 습격자에 대해 미리 경고해주지 못한다. 어차피 시속 1.5킬로미터도 안 되는 최고 속도로는 위험이 닥쳐도 줄행랑을 칠 수 없다.

　나무늘보의 미흡한 자기방어는 뷔퐁 백작이 이 종에 대해 가졌던 큰 불만 가운데 하나였다. 뷔퐁은 "나무늘보에게는 공격용이건 방어용이건 쓸 만한 무기가 하나도 없다. 앞니도 없고 눈은 털이 앞을 가려 잘 보이지 않는다"라고 하면서 털은 "시든 초본을 닮았다"고 신랄하게 비판했다. 만일 뷔퐁이 박물관에 앉아 오래전에 죽은 개체의 거죽이나 들여다보는 대신에 정글에 살아 있는 나무늘보를 연구했다면, 이들의 헤어스타일에 대해 좀 더 너그럽지 않았을까.

　보시다시피 나무늘보는 착시의 달인으로 투명 망토를 뒤집어쓰고 열대 우림 속으로 홀연히 사라질 수 있다. 나무늘보의 털가죽은 에드워드 레어Edward Lear(영국의 예술가_옮긴이)의 수염 난 노인과 겨뤄도 좋을 만큼 작은 생태계를 형성한다. 털 속에 난 특별한 홈이 빗물을 모아 80종의 다양한 조류와 균류를 수경재배하는 정원이 된다. 덕분에 나무늘보는 녹색 빛이 감돌며 또 많은 곤충을 먹여 살린다. 한 조사에 따르면 나무늘보 한 마리는 나방 9종, 진드기 6종, 응애 7종, 딱정벌레 4종을 거느린다. 그중 딱정벌레 한 종의 개체 수만도 980마리나 된다(트집을 잡으려는 과학자들을 위해 참고로 알려주면, 엄밀히 말해 응애 3종은 항문에 산다. 그러니 찾느라고 너무 털을 들추고 그러지 마시라).

벌레가 기어 다니고 누운 채로 생울타리에서 질질 끌려 나온 것 같은 모습으로는 어떤 미인대회에서도 수상하지 못할 것이다. 그러나 이것은 나무늘보가 나무처럼 보이고 나무처럼 냄새가 난다는 뜻이다. 그리고 나무처럼 움직이지 않는다는 뜻이기도 하다. 움직이는 나무늘보는 원숭이처럼 요란을 떨지 않는다. 이들이 춤추는 나무 위 발레는 봄바람처럼 감미롭고 조용하고 느리다. 그래서 괴물 같은 부채머리수리가 먹잇감의 움직임을 포착하려고 숲 위를 맴돌며 레이더를 바짝 작동시켜도 유유히 빠져나간다.

생존하기 위한 나무늘보의 은밀한 전략을 처음으로 알아챈 사람은 미국의 자연과학자 윌리엄 비브William Beebe였다. 비브는 동물을 자연 상태 그대로 연구해야 한다고 주장하여 야외 생태학의 아버지로 널리 인정받았다. 평생 탐험에 몸 바친 그의 일생은 위험하기 짝이 없는 모험의 연속이었다. 전 세계를 일주하며 세계의 꿩을 기록하는 연구는 그로 하여금 짧게는 분별력을, 그리고 좀 더 영구적으로는 결혼 생활을 대가로 치르게 했다. 또한 그는 스스로 배티스피어Bathysphere라고 이름 지은 불안해 보이는 금속 안구(잠수정)를 타고 심해를 35번 이상 탐험해 바닷속 5,000미터 이하로 내려간 최초의 인간이 되기도 했다. 비브는 심지어 80세가 넘어서도 새의 둥지를 보기 위해 열대림의 나무를 타고 올라갔다.

윌리엄 비브는 1920년대의 상당 시간을 남아메리카 기아나의 야생에서 나무늘보를 관찰하며 보냈다. 그러면서 이 생물에 대한 호기심을 비난하는 대신 깊이 음미했다. 비브는 뷔퐁 백작의 고루하고 편협한 견해를 비웃으며 다음과 같이 썼다. "파리에 있던 나무늘보는 분명히 프랑스 과학자의 예언을 실천했을 테지만, 반대로 뷔퐁 자신이 정글의 나뭇가지에 거꾸로 매달려 있었다면 그는 훨씬 더 빨리 끝장났을 것이다."

비브가 나무늘보에 관해 밝혀낸 사실 중에는 오늘날에도 여전히 인용되는 것이 많다. 비록 그것을 알아내는 방식이 일반적 방법과는 좀 달랐지만. 예를 들어 비브는 나무늘보가 헤엄을 친다고 처음 보고한 사람인데, 나무늘보 한 마리를 수도 없이 강에다 던진 끝에 알아낸 사실이었다.

비브는 "나무늘보의 생활사에서 가장 놀라운 단계를 말하자면, 바로 이들이 물에 뛰어들 준비가 되어 있다는 사실이다"라고 했다. 특히 인간의 손으로 던져질 때 말이다. 비브는 옳았다. 나무늘보는 훌륭한 수영 선수였다. 나무늘보는 독특한 소화 체계로 인해 가스를 과하게 생산하는데, (아마 신의 마음에도 쏙 들었겠지만) 진화는 나무늘보의 뱃속에 갇혀 남아도는 기체를 적절한 도구로 써먹게 했다. 뱃속의 가스가 생체 부표로 작용하는 것이다. 실제로 나무늘보는 땅보다 물속에서 3배

⊙ 야외 생물학의 아버지, 윌리엄 비브가 여기 계시다. 나무늘보가 배영을 할 수 있는지 확인하기 위해 연구 대상자를 내던질 준비를 하고 있다.

나 더 빨리 움직인다. 긴 팔을 사용해 적당히 품위 있는 개헤엄을 치고, 한 과학자에 따르면 몸을 뒤집어놓으면 그런 대로 괜찮은 배영까지 한다고 한다.

　나무늘보를 강에 던지지 않는 날이면 비브는 그들을 향해 총을 쏘았다. "느리게 걷는 중인 놈과 식사 중인 놈 가까이에서 총을 발사했는데, 별로 주의를 끌지 못했다." 비브는 나무늘보의 귀에 문제가 있다기보다 그저 "평소 소음에 무관심한" 것이라는 결론을 내렸다. 이들은 심지어 근처에서 매와 같은 포식자가 울부짖을 때도 크게 반응하지 않았다. "시각적, 청각적 자극은 이 포유류의 감각을 둘러싼 불투명한 정신이 만들어낸 무딘 기운을 뚫고 들어가지 못한다."

나 역시 경험을 통해 이 사실을 알게 되었다. 총이 아니라 나무늘보옆에서 "부!"라고 크게 고함을 질러보는 정도였지만 말이다. 그래도 꽤여러 번 소리를 질렀는데, 유일한 반응이라면—그것도 반응이라고 할수 있다면, 그리고 그나마도 한참 후에나 있었는데—고개를 돌린 것이었다. 그러나 이 여유만만한 고수를 놀라게 하는 게 불가능하다는것조차 어쩌면 교활한 위장술인지도 모른다. 부채머리수리가 나타날때마다 화들짝 놀라 펄쩍 뛰고 호들갑을 떤다면 숨어 지내고 싶은 생물에게는 별로 유용하지 못한 반사 반응일 테니까 말이다.

나무늘보는 대개 혼자 있기를 좋아하는 편이다. 그래서 귀가 잘 안들리는 것처럼 보이는 것도 평소에 음성으로 의사소통을 할 일이 없기때문이라고 생각할 수 있다. 단 하나를 제외하고 말이다. 바로 세발가락나무늘보의 암컷이 짝짓기를 갈구하며 내지르는 비명이다. 욕정에찬 암컷은 나무 꼭대기로 올라가 자신의 번식력을 널리 알리기 위해귀청이 떨어지도록 수 킬로미터나 울려 퍼지는 날카로운 비명을 지른다. 우리는 비브가 이 요들의 정확한 음을 찾아낸 것에 고마워해야 한다. 그 음은 정확히 올림라이고 다른 음은, 심지어 내림라조차 수컷 나무늘보에게 효과가 없었다. "나무늘보는 올림라, 오직 이 음에만 맞춰졌다. 휘파람으로 다와 마, 그리고 나 음을 내봤지만 전혀 반응이 없었다. 그러나 다시 올림라 음을 불자 나무늘보가 보여줄 수 있는 가장 빠른 반응을 보였다." 비브는 암컷이 내는 날카로운 소리가 노란배딱새

*Pitangus Sulphuratus*의 울음소리를 완벽하게 흉내 낸 것이라며, 수컷 나무늘보더러 들으라고 목청이 떠나가도록 자신의 위치를 방송하는 와중에도 적에게 몸을 들키지 않도록 진화한 또 다른 영리한 적응 방식이라고 지적했다.

비브는 나무늘보의 사랑 노래를 들은 적이 있을지는 몰라도 나무늘보가 교미하는 장면은 한 번도 본 적이 없다고 했다. 고음의 짝짓기 요들송에도 불구하고 나무늘보는 성생활을 아주 은밀히 진행하기 때문에 거짓 소문의 대상이 되기 쉽다. 인터넷에 끈질기게 올라오는 유언비어가 있는데, 바로 나무늘보가 너무 느려서 교미하는 데도 24시간이 걸린다는 것이다. 이것은 사실이 아니다. 야생 나무늘보가 짝짓기하는 과정을 처음 영상에 담아낸 사람으로서 나는 나무늘보의 교미가 육상 경기처럼 순식간에 일어난다고 말해줄 수 있다. 수컷이 암컷에게 다가간다. 둘이 잠시 어색한 자세를 취하는가 싶은데 몇 초 후면 이미 일을 치르고 난 뒤다. 짝짓기야말로 나무늘보가 빨리 할 수 있는 유일한 일인 것 같다.

이 사실은 그리 낭만적으로 들리지는 않는다. 그러나 이해는 할 수 있다. 교미할 때의 움직임은 은밀한 나무늘보의 위치를 포식자에게 노출할 위험이 있기 때문이다. 그래서 빨리 해치우는 게 나을지도 모른다. 행위가 길어져 봐야 쓸데없이 귀중한 에너지만 낭비할 뿐이다. 그렇긴 한데 사실 내가 관찰한 나무늘보는 오후 내내 30분마다 반복적으로 교미를 했고 쉬는 동안 수컷은 뒤로 물러나 케크로피아 이파리를 간식으로 먹고 짧고 굵게 낮잠을 잤다.

○ ○ ○

나무늘보 생물학에서 가장 커다란 논쟁 거리는 이보다 훨씬 사적이
다. 바로 나무늘보의 흥미로운 배변 습관이다. 평소에는 게으르기 짝
이 없는 이 초식동물이 변을 볼 때면 굳이 나무에서 내려와 땅바닥까
지 갔다 오는 다소 황당한 습관을 갖고 있다. 이것은 오랜 시간이 소요
되는 예식과 같은 행동으로, 나무늘보는 나무의 밑동을 껴안은 채 작
고 통통한 꼬리로 구멍이라도 팔 기세로 땅에 엉덩이를 대고 씰룩거리
며 일을 본다. 그러고는 냄새를 맡고 얌전히 나뭇잎으로 덮은 후 또 한
참을 걸려 집으로 돌아간다. 다시 5~8일이 지나면 이 전체 과정을 다
시 반복한다.

이 사치스러운 의식은 나무늘보의 행동에서 매우 중요한 영역을 차
지하므로 코스타리카의 나무늘보 보호구역에서는 앞마당에 "똥 누는
기둥"을 정하고 부모를 잃은 어린 나무늘보가 거기에 배변하도록 훈련
한다. 이들을 가르치는 일을 담당한 클레어라는 미국 여성은 전혀 나
무늘보 같지 않은 성격의 소유자인데 평생 보안이 철저한 감옥에서 죄
수들과 일하며 긴장 속에 살아왔다. 그러고 나서 이른 은퇴를 한 이후
에는 나무늘보와 함께하는 자기만의 안식처를 찾았다. 클레어는 교정
시설처럼 스트레스가 심한 환경에 적응한 이에게 기대할 수 있는 집
중력을 가지고 자기 일에 임했다. 클레어의 임무는 아기 나무늘보에게
"응가 춤"을 가르치는 것이다. 그녀는 내게 나무늘보가 실제로 일 보는
중이라는 걸 확인시켜주는 "황홀한" 얼굴을 보여주었다. 그 유명한 나
무늘보의 미소가 "조금 더 환해지고 넋이 나간 표정을 한다"고 클레어

는 말했다. 어쩌면 우리가 모두 공감하는 느낌일지도.

나무늘보의 화장실 의례는 만족스러울지는 몰라도 굉장한 비용이 든다. 숲의 바닥까지 내려가는 힘든 원정은 많은 에너지를 필요로 하는 값비싼 과정일뿐더러 위험하기까지 하다. 숲의 우거진 덮개에서 벗어나는 것은 투명 망토를 벗고 재규어처럼 땅에서 활동하는 포식자들 앞에 버젓이 모습을 드러내겠다는 뜻이다. 죽은 나무늘보의 절반이 볼일을 보는 도중에 목숨을 잃은 것으로 추정된다. 평생 눈에 띄지 않도록 나무 위에 매달려, 거기에서 태어나고 거기에서 짝짓기하고 심지어 거기에서 죽는 삶에 완벽하게 적응한 이들이 원숭이처럼 거기에서 간단히 똥을 싸지 않는 것은 쉬 납득이 가지 않는다.

나무늘보가 똥을 싸는 문제는 격렬한 논쟁 거리가 되어 나무늘보 학자들을 확고한 견해를 가진 몇 개의 그룹으로 갈라놓았다. 나무늘보 보호구역의 연구원은 내게 나무늘보가 숲 바닥으로 내려오는 것은 자신이 가장 애착을 가지는 나무에 양분을 주기 위해서라고 말했다. 그것은 히피 성향의 사랑스러운 동물이 취할 법한 이상적 행동이긴 하지만, 몸을 통과하는 데 한 달이나 걸리는 나무늘보의 똥은 퇴비로 쓰기에는 형편없는 매우 압축된 셀룰로스 벽돌 형태로 숲에 돌아온다. 어떤 이들은 나무늘보가 잎을 먹는 식성 때문에 부족해지기 쉬운 무기질을 섭취하기 위해 흙을 먹으러 아래로 내려온다고 주장했다. 대형 땅늘보 시절의 유산이라는 것이다. 이 이론은 지금까지 별다른 관심을 끌지 못했다.

2014년에 미국 생태학자들이 이 지저분한 배설물의 수수께끼를 풀었다고 주장해 큰 파문을 일으켰다. 이들이 제시한 답은 나무늘보와

나무늘보의 털에 사는 한 나방과의 은밀한 관계에 있었다. 야생 나무
늘보는 이 생기 없는 작은 곤충과 함께 배변 활동을 개시한다. 나방은
나무늘보의 얼굴 위를 소름 끼치게 기어 다니다 방해를 받으면 은회색
의 날개를 퍼덕거리며 올라간다. 이 나방의 생활사는 나무늘보의 괴이
한 화장실 습관에 복잡하게 연루된 것으로 보인다. 나방의 유충은 식
분성, 직설적으로 말하면 똥을 먹는 생물이다. 그래서 성체 나방은 나
무늘보의 배설물에 알을 낳는다. 그러고 나서 유충이 변태하면 나무
위로 날아올라 변소로 내려가는 중인 또 다른 나무늘보를 만나 탑승한
다. 그렇게 나방의 생활사가 끝없이 반복된다.

이 독특하고 부러울 것 없는 나무늘보 나방의 생활사는 알려진 지
오래다. 미국 생태학자들이 새로 제시한 가설은 비교적 난해한 측면이
있지만 일단 끝까지 참고 들어주기 바란다. 이 과학자들은 자비롭게도
이 나방을 "날아다니는 생식기에 불과하다고" 묘사했다. 왜냐하면 이
들이 성체로 지내는 짧은 삶이 모두 성과 번식과 관련이 있기 때문이
다. 나방은 짝짓기를 끝내자마자 죽는다. 그 결과 나무늘보의 털 속에
는 살아 있는 나방과 썩어가는 나방이 가득하다. 미국 생태학자들은
죽은 나방이 나무늘보의 털에서 자라는 이끼의 양분이 된다고 믿는다.
이것은 사실일 수 있으나 가설은 여기에서 멈추지 않는다.

생태학자들은 두발가락나무늘보와 세발가락나무늘보의 위장을 펌
프질하여 내용물을 확인한 결과 그 안에서 이끼를 발견했다. 이것을
증거로 이들은 결론을 내렸다. 나무늘보가 자신의 털을 뜯어 먹음으로
써 열량이 낮고 무기질이 부족한 식단을 보충한다는 것이다. 이제 여
기에서 엄청난 상상의 도약이 일어난다. 나무늘보는 위험을 무릅쓰고

나방의 생활사를 지속시켜야 하는데, 그래야 털 속의 "이끼 정원"이 비옥해지기 때문이다. 이 가설대로라면 나무늘보는 자신이 경작하는 곡식의 안녕을 위해 목숨을 걸고 모험하는 동물계 전체에서 가장 헌신적인 농부가 된다. 아직 누구도 나무늘보가 자신의 털을 핥거나 먹는 것을 본 적이 없다는 사실로도 생태학자들의 열정을 멈출 수는 없었다. 그들은 그저 나무늘보가 밤중이나 남이 보지 않는 곳에서 몰래 털을 먹는다고 생각했다.

생태학자들의 논문은 언론의 시선을 크게 끌었다. 나무늘보와 독특한 배변 습관이라는 주제는 별다른 큰 뉴스가 없는 날에 꼭 어울리는 기삿거리였다. 과학계는 나무늘보가 한밤에 비밀스럽게 연다는 연회에 회의적인 편이었다. 베키 클리프는 "매우 안타까운 결론이에요"라고 말했다. "나무늘보를 야생에서 어느 정도 지켜본 사람이라면 누구든지 이건 아니라는 걸 알 수 있습니다. 저들의 가설은 야생 나무늘보를 직접 관찰하면서 야외에서 지내본 적이 없는 사람의 그림이에요. 저에게는 나무늘보의 위장에 이끼가 있다는 사실이 그저 단순히 자연계에 이끼가 존재하고 나무늘보가 어떤 식으로든 그걸 섭취한다는 것을 말해줄 뿐입니다."

클리프는 생태학자들의 이론에 또 다른 문제점이 있음을 제기했다. 만약 나무늘보가 단순히 나방에게 번식할 장소를 제공하는 것이라면, 그들은 왜 소수의 특정한 나무 밑으로 되돌아가는 걸까? "야생 나무늘보는 늘 같은 자리에서 변을 봅니다. 어떤 나무 밑동에는 변이 계속 쌓여 똥 무더기가 되기도 하지요"라고 클리프가 말했다. 클리프는 심지어 이들의 배변 장면을 포착하기 위해 몰래카메라를 설치했다. "이들이 변을 보는 한 장소에 카메라를 설치했는데, 나무늘보들이 빈번하게 왔다 갔다 하는 것을 확인했습니다(솔직히 말하면 나무늘보가 어쩌나 느린지 동작 감지 카메라를 작동시키는 데도 애를 먹었답니다!). 왜 나무늘보는 아무 나무 밑으로나 내려가지 않는 걸까요? 왜 굳이 그곳으로 가는 걸까요?"

베키 클리프는 나무늘보의 위험한 화장실 달리기에 대해 자기만의 이론이 있다. 그녀는 이 모두가 성에 관련된 일이라고 생각한다.

베키 클리프는 붉은 색소로 나무늘보의 소화 연구를 수행하는 동안 빈털터리가 되었다. 그녀는 나무늘보 보호구역에서 여러 나무늘보의 똥을 수집하고 있었다. 참고로 이런 작업은 현장에서 연구하는 과학자에게는 평범한 일상에 불과하다. 그러나 과학자의 삶이 지니는 매력은 나무늘보의 똥을 거두는 것에 그치지 않는다. 클리프는 이 똥을 침실에 보관한다. 왜냐하면 클리프가 임시로 지은 정글 연구실은 그녀가 밤을 보내는 오두막이기도 하기 때문이다. 클리프를 만나려면 십수 개의 똥 무더기가 흩어진 바닥을 조심히 지나가야 한다. 각 대변 더미에는 A4 용지에 예를 들면 "브렌다, 4일째"라는 식으로 갈겨쓴 종이가 붙어 있다.

하루는 밤에 클리프가 똥 무더기 옆에서 잠을 자는데 누가 창문을 "똑똑똑" 두드리는 소리에 잠을 깼다. 커튼을 젖히자 한 수컷 나무늘보가 자기를 빤히 쳐다보고 있었다. 클리프는 심장이 떨어지는 줄 알았다고 했다. 아침에 오두막을 나와 보니 이 수컷은 여전히 거기에 있었다. 그리고 그다음 날에도 또 왔다. 심지어 문을 열자 천천히 오두막 안으로 들어오려고 했다. 이 끈질긴 나무늘보에게 며칠이나 스토킹을 당하고 나서야 클리프는 이 수컷이 무엇을 찾는지 알았다. 바로 브렌다의 똥이었다.

브렌다는 클리프가 대변을 수집할 즈음 여러 날 동안 비명을 질러댔다. 이것은 클리프로 하여금 나무늘보의 똥에는 페로몬이 들어 있고 이들의 화장실은 다른 많은 포유류에서 그러하듯이 알림판 역할을 한다는 결론을 내리게 했다. 그러므로 거대한 섬유질의 똥 덩어리를 쌓아두는 것은 개인 홍보물을 남기는 것과 같은 일이다. 암컷은 자신의 위치를 선전하기 위해 땅으로 내려온다. 경쟁자를 확인할 뿐 아니라 자신이 교미할 준비가 되었음을 알리고 그 밖에 자세한 개인 정보를 남기기 위해 땅으로 내려온다. 수컷도 마찬가지이다. 화장실까지 가는 여행이 나무늘보에게는 일종의 스피드 데이트(스피드는 빼고)인 셈이다.

클리프가 말했다. "충분히 일리가 있는 말입니다. 나무에서 내려오는 것처럼 위험 부담이 큰 일은 그에 합당한 보상이 있어야 합니다. 무엇보다 가장 큰 보상은 바로 번식이지요."

클리프가 옳다면, 이 비밀리에 진행되는 의사소통은 나무늘보가 없는 듯이 살아가기 위해 열대림의 보금자리와 뒤섞여 지내는 또 한 가지 방법일 것이다. 자신의 존재를 비밀에 부치는 것이야말로 나무늘보의 삶이 본연의 서식처에서 그토록 성공적일 수 있었던 이유이며, 또한 인간의 이해를 구하기 어렵게 만드는 요인이기도 하다. 자연이 의도한 것보다 더 빨리 움직이려고 바쁘게 돌아다니는 두 발 유인원으로서 우리 인간은 수백 년 동안이나 나무늘보의 숨겨진 성공담에 담긴 천재성을 성급히 지나쳐왔다. 우리가 아주 조금만 더 천천히 간다면 에너지 절약에 재주가 있는 나무늘보가 우리에게 더 많은 것을 가르쳐

주리라 믿어 의심치 않는다.

　나의 다음 동물원 식구도 마찬가지이다. 하이에나는 훗날에는 공유할 만한 교훈이 있었으나 자신이 '선택'한 생활양식 때문에 나무늘보와 비슷하게 비판의 대상이 되었다. 곧 알게 되겠지만, 하이에나는 굉장히 효율적인 괴짜이면서 전형적인 남근 중심주의에 지배되는 동물의 세계에서 페미니스트적 사고방식을 불어넣은 동물이다.

제4장

하이에나

점박이하이에나
Crocuta crocuta

하이에나. 죽은 자를 파먹는 자웅동체, 새끼 낳은 암소의 뒤를 쫓는,
훼방을 놓는, 한밤중 모두가 잠든 사이 얼굴을 물어뜯을지도 모르는,
구슬프게 울부짖는, 들러붙는, 고약한 냄새를 풍기는,
역겨운, 사자가 남기고 간 뼈를 으스러뜨리는 턱뼈를 가진,
배를 질질 끌고 다니는, 갈색 들판에서 성큼성큼 뛰어가는,
뒤를 돌아보는, 얼굴에 똥개의 영리함이 있는.

• 어니스트 헤밍웨이Ernest Hemingway, 《아프리카의 푸른 언덕Green Hills of Africa》, 1935

하이에나는 나무늘보보다 훨씬 가증스럽고 거짓된 진실로 난도질 당했다. 야생의 소문난 폭력배이자 역사, 문화, 대륙에 걸쳐 동물의 왕국 뒷골목에 숨어 고귀하신 동물로부터 저녁거리 빼앗을 궁리나 하는 비겁한 겁쟁이라는 소리를 들어왔다.

하이에나는 총 4종이 있고 각기 매우 다른 방식으로 살아가지만, 무리 중에서 가장 널리 알려지고 가장 많은 오해를 사는 것은 점박이하이에나Crocuta crocuta이다. 허접스러운 털, 꼽추 같은 등, 침을 질질 흘리며 웃는 얼굴을 보면 나도 이 "웃는 하이에나laughing hyena"가 세상에서 제일 예쁘다고 말하지는 못하겠다. 그러나 하이에나에 대한 경멸은 피상적 수준을 넘어선다. 이것은 더욱 사적인 문제로서, 자세히 해부해 들어가면 남성 우월주의에 대항하는 놀라운 해부학적 비밀 병기를 자랑하는 영리한 포식성 불한당과 인류 사이의 오랜 경쟁이 드러난다.

하이에나는 생물학자를 헷갈리게 하는 데 일가견이 있는 동물이다. 개처럼 생기고 개처럼 사냥하지만 실은 고양이와 더 가까운 몽구스과의 일원이다. 하이에나는 동물의 세계에 질서를 부여하려는 인간의 충동 앞에서 기분 나쁘게 키득거리며 분류학자들을 들었다 놨다 했다. 심지어 분류학계의 대부인 위대한 칼 폰 린네조차 점박이하이에나속 Crocuta을 분류할 때는 양다리를 걸쳐야 했다. 유난히 체계를 중시한 이

스웨덴인은《자연의 체계Systema Naturae》판본을 여러 번 찍어내면서 처음에는 하이에나를 고양이로, 나중에는 개로 분류했다. 어느 쪽이든 그는 틀렸다.

다른 이들은 하이에나에 잡종이라는 딱지를 붙였다. 이것은 매우 치명적인 중상이었다. 월터 롤리Walter Raleigh 경의 분석을 보면 하이에나가 잡종으로 취급 받는 바람에 노아의 방주에서조차 쫓겨나게 생겼기 때문이다. 월터 롤리는 17세기 고전《세계의 역사Historie of the World》에서 주님의 구명보트에 온 세상 동물과 노아의 가족 그리고 모두를 먹여 살릴 양식을 실을 방법을 찾아 오랫동안 고심했다. 방주는 매우 비좁았을 것이다. 그리하여 공간을 절약하는 "합리적" 방법은 여우와 늑대의 불경한 자식인 하이에나를 익사시키는 것이었다. 롤리는 이렇게 읊조렸다. "여러 성질이 섞여 있는 짐승은 굳이 데려갈 필요가 없다. 어차피 다른 짐승으로부터 또 만들 수 있으니."

하이에나가 어떤 종류의 동물인가 하는 것보다 더 당황스러운 것은 하이에나의 성 정체성에 대한 근본적 의문이다. 대플리니우스는 동물백과사전에서 "하이에나가 몸 안에 두 개의 성을 지녀 한 해는 수컷, 다음 해는 암컷이 되는 것은 저속하다"라고 썼다.

하이에나가 자웅동체로서 계절에 따라 성을 바꾼다고 제시한 것은 로마 자연과학자들이 처음도 아니고 끝도 아니다. 이 소문은 이미 아프리카 민속에 널리 퍼져 있었고, 아리스토텔레스도 논의한 적이 있다. 게다가 자연계에서 자웅동체는 완전히 생소한 개념도 아니었다. 주변에서 흔히 보는 지렁이, 민달팽이, 달팽이가 수컷이자 암컷이다. 또 경골어류의 한 분류 강에 해당하는 생물 전체가 성별을 자유자재로

⊙ 톱셀의 백과사전은 하이에나를 매우 헷갈리게 그려놓았다. 곰 같기도 하고 개 같기도 하다. 짧은 꼬리를 보면 유인원 지도자가 떠오른다. 그리고 다리는 여성의 것이다. 또한 톱셀은 하이에나가 계속해서 짧은 꼬리를 들어 올리는 이유가 엉덩이를 드러내 자신이 자웅동체임을 과시하기 위해서라고 주장했다.

바꿀 수 있다. 근대 과학은 성을 넘나드는 종이 6만 5,000종이 넘는다고 추정한다. 하지만 하이에나는 그중 하나가 아니다.

　대플리니우스가 하이에나의 성적 신화를 창조하도록 자극한 것은 아마 점박이하이에나 암컷의 매우 색다른 생식기였을 것이다. 이 암컷의 생식기는 거의 완벽하게 남성의 생식기를 복제했다. 점박이하이에나 암컷의 음핵은 20센티미터나 늘어나고 모양이나 위치 면에서 음경과 똑같이 생겼다. 그래서 점잖은 생물학 집단에서는 "의사擬似 음경 pseudo-penis"이라고 부른다. 이 가짜 음경을 가진 암컷은 심지어 발기까지 한다. 암컷 점박이하이에나의 성전환 사기극은 한 쌍의 고환으로 완성된다. 음순이 접합하여 형성된 가짜 음낭은 지방 조직이 잔뜩 부어올라 과연 수컷의 고환으로 오인할 만하다. 암컷 하이에나가 그렇게 웃는 것도 놀랍지 않다.

점박이하이에나의 성적 모방을 다룬 논문의 저자들은 수컷과 암컷의 외형이 너무나 비슷해서 음낭을 직접 만져봐야만 성별을 정확히 결정할 수 있다고 썼다. 다만 그 시도는 내가 아닌 타인의 몫. 점박이하이에나의 부드러운 그것을 만지는 행위는 손을 잃고 싶지 않은 사람에게는 다소 무모한 취미일 테니 말이다. 하지만 그렇게라도 해야 대플리니우스의 착오를 명확히 설명할 수 있다. 이 다작의 표절자는 점박이하이에나의 생식기를 쓰다듬기는커녕 한 번 본 적도 없었을 것이다. 19세기 후반에 들어서 영국의 해부학자 모리슨 왓슨Morrison Watson이 하이에나의 아랫도리에 직접 손을 대보고 나서야 자웅동체 풍문이 끝이 났다. 다행히 왓슨은 그 은밀한 만남에서 살아 돌아왔다.

오늘날 점박이하이에나 암컷은 포유류 중에서 유일하게 외부에 질구膣口가 없다. 대신 멀티 기능성의 가짜 음경으로 소변도 보고 교미도 하고 그리고 새끼도 낳아야 한다. 이 눈물 나는 마지막 기능은 고무호스에서 칸탈롭(멜론과 비슷한 과일_옮긴이)을 뽑아내려는 것이나 마찬가지라 초산인 하이에나 어미 중 열에 하나는 목숨을 잃는다. 새끼의 운명은 더욱 위태롭다. 비슷한 몸집의 다른 포유류보다 산도(아기를 낳을 때 태아가 지나가는 통로_옮긴이)의 길이가 두 배나 더 길뿐더러 중간에

급하게 구부러지는 구간이 있어 짧은 탯줄로는 산도 안에서 제대로 길을 찾기가 어렵기 때문이다. 최대 60퍼센트의 하이에나 새끼가 세상 밖으로 나오는 도중에 질식사한다.

'수컷' 하이에나가 음경으로 새끼를 낳는 장면이 어떻게 자웅동체의 신화를 만들게 되었는지 쉽게 짐작할 수 있다(잊을 수 없는 악몽은 덤). 그러나 출산 도중 그렇게 많은 새끼를 잃는데도 하이에나의 외음부가 이처럼 기이하게 진화한 이유를 이해하기는 쉽지 않다.

암컷의 성별이 오락가락하는 것은 가짜 남근에서 끝나지 않는다. 다른 포유류와 달리 점박이하이에나는 암컷이 수컷보다 훨씬 크고 더 공격적이다.

케이 홀캠프Kay Holekamp는 내게 아마 점박이하이에나 수컷으로 태어나고 싶지는 않을 거라고 말했다. 분명 뭔가 알고 하는 말이었다. 미시간주립대학교의 진화생물학 및 행동학과 교수인 홀캠프는 30년이 넘게 야생에서 점박이하이에나를 연구했다. 홀캠프는 배역이 잘못 지정된 이 동물의 생생한 초상화를 그린 덕에 하이에나 세계의 제인 구달Jane Goodall이라는 명성을 얻었다.

모든 하이에나 씨족 집단은 알파(우두머리) 암컷이 지배하는 모계 사회다. 집단의 엄격한 권력 구조 속에서 지배권은 알파 암컷에서 그 새끼에게 승계된다. 이 서열 구조에서 수컷 성체의 계급은 동의, 먹이, 교미를 구걸하는 순종적인 낙오자로 추락한다. 30마리 정도의 하이에나가 공동의 사체 앞에서 살점을 두고 경쟁할 때 수컷 성체는—혹여 남은 게 조금이라도 있다면—제일 마지막에 차례가 돌아온다. 순서를 지키지 않고 덤벼들었다가는 누이로부터 무시무시한 응징을 받아야 한다.

홀캠프는 점박이하이에나 암컷의 공격성과 지배의 원동력이 사체를 두고 벌어지는 극심한 경쟁에 있다고 믿는다. 하이에나가 만드는 광란의 스크럼은 250킬로그램짜리 얼룩말 성체를 30분 안에 깡그리 해치우고 풀밭에 피로 범벅된 흔적만 남긴다. 하이에나 성체는 한 번에 자기 몸무게의 3분의 1에 해당하는 15~20킬로그램을 먹어치운다. 광기 어린, 광란의 그리고 매우 공포스러운 장면이다. 더 크고 더 비열한 암컷의 새끼일수록 밥상에 수저를 얹을 가능성과 그 과정에 다치지 않을 확률이 더 크다.

지배권을 가진 암컷이 새끼에게 상당한 공격적 이점을 물려줄 수 있는 또 다른 비결이 있다. 최근 연구에 따르면, 권력이 센 암컷의 태아일수록 임신 마지막 단계에서 테스토스테론에 더 많이 노출된다. 이 남성호르몬은 어미의 난소에서 보기 드물게 넉넉한 양이 생산된다. 그렇지만 홀캠프는 새끼 암컷이 수컷보다 테스토스테론의 효과에 더 민감하다고 생각한다. 점박이하이에나는 유난히 임신 기간이 길다. 태아기에 남성호르몬에 절여지는 것이 새끼의 신경계 발달에 영향을 미쳐, 새끼는 태어나는 순간부터 싸움에 휘말린다. 어차피 이들은 이미 필요한 무기를 모두 갖췄다. 다른 포유류와 달리 하이에나는 눈을 뜨고 태어난다. 근육은 이미 조정이 끝났고 이빨은 벌써 잇몸을 뚫고 나와 물고 싶어 안달이 난 지경이다. 이 호전적인 신생아는 저녁 식사를 두고 싸우다 죽기도 하고 형제 살해도 빈번하다.

어떤 과학자들은 점박이하이에나의 암컷이 태아기에 테스토스테론에 과도하게 노출되는 바람에 암컷의 음핵이 급격히 커졌다는 가설을 주장했다. 이들은 사육 중인 임신한 점박이하이에나에게 남성호르몬을 억제하는 항안드로젠제가 잔뜩 든 식단을 주었다. 그러나 새끼 암컷이 여전히 "덜렁거리는 거대한 남근"과 "정상적인 가짜 음낭"을 드러내며 산도를 빠져나오는 모습을 보고는 경악했다.

홀캠프에 따르면, 점박이하이에나의 놀랍기 짝이 없는 성性 장비는 "생물학에서 가장 흥미로운 문제"이다. 어떤 과학자들은 하이에나가 가짜 음경을 진화시킨 이유가 서열이 아래인 하이에나에게 핥게 하기 위해서라는 가설을 내놓았다. 이 행위는 점박이하이에나 암컷들이 서로 인사하거나 피차 우위를 따질 때 하는 행동이다. 비록 끌리는 가설이기는 하지만 홀캠프는 이것이 가짜 음경처럼 번식에 해로운 신체 구조를 진화시킬 만큼 중요한 의미가 있는지는 모르겠다고 말했다. "지금까지 문헌에 제시된 모든 가설을 배제해도 상관없다고 확신합니다. 하이에나의 가짜 음경은 단순히 남성호르몬에 과하게 노출된 '부작용'도 아니고 인사 의례를 허락하기 위해 그 자리에 있는 것도 아닙니다."

여전히 추측에 불과하지만 그래도 홀캠프가 자신의 경험을 바탕으로 추론한 바에 따르면, 하이에나 암컷의 남녀 구분 없는 행동은 수컷과 암컷 사이에 벌어진 해묵은 전쟁의 결과이다. 수컷끼리 서로 끝까지 겨룬 결과 승자가 암컷을 취하는 다른 동물과 달리 점박이하이에나는 암컷이 누가 언제 어디에서 교미할지를 결정한다. 이들에게 짝짓기는 수컷이 암컷 뒤에 쪼그리고 서서 발기한 진짜 음경을 암컷의 늘어진 15센티미터짜리 가짜 음경 속에 제대로 보지도 못한 채 찔러 넣어야 하는 매우 품위 없는 행위이다. 이는 마치 남성이 양말과 성관계를 하려고 애쓰는 꼴과 같아 암컷이 전적으로 협조하지 않는 한 완전히

⊙ 점박이하이에나 수컷에게 교미는 결코 즐거운 행위가 아니다. 암컷의 축 늘어진 가짜 음경 안으로 발기한 음경을 넣는 것은 절대 성공할 수 없는 마을 축제 게임에 도전하는 것과 비슷하다. 이 용감한 수컷이 호기심에 가득 찬 관중을 끌어모으는 것도 당연하다.

불가능한 매우 까다로운 작업이다. 따라서 돌고래를 비롯한 다른 포유류에서는 수컷에 의한 합의되지 않은 강제 성관계가 놀랄 만큼 흔한 것과 달리 하이에나들은 폭력을 써봐야 소용이 없다. 그렇다면 하이에나 암컷의 가짜 음경은 "강간 방지" 장치나 다름이 없다. 그래서 누가 자신과 짝지을 것인지 선택권을 행사하도록 말이다.

이것은 암컷에게 매우 유리한 조건이다. 왜냐하면 점박이하이에나는 불안한 산도에 도사린 위험 말고도 다른 번식의 어려움을 겪기 때문이다. 점박이하이에나 암컷의 난소 여포 조직은 크기가 작은 편이라 상대적으로 난자를 거의 생산하지 않는다. 그래서 암컷은 더 까다로워질 수밖에 없다. 그러나 암컷의 행동만 보아서는 이들이 까다롭다는 생각은 들지 않을 것이다. 왜냐하면 점박이하이에나 암컷은 매우 문란하기 때문이다. 홀캠프에 따르면, 가짜 음경 덕분에 암컷은 짝짓기 상대를 스스로 선택할 수 있을 뿐 아니라 좀 더 인상적으로 표현하면 점박이하이에나 암컷의 가짜 음경은 체내에 장착된 일종의 피임 기구로 실제 귀중한 난자를 수정시킬 정자를 가려 받을 수 있게 해준다. 유난히 긴 생식관은 곳곳에 다양한 굴곡이 있어서 정자가 목적지를 향해 헤엄쳐 가는 속도가 느려질 수밖에 없다. 만일 암컷이 짝짓기한 다음 수컷에 대한 마음이 변할 경우 그저 간단히 소변으로 그 수컷의 정액을 씻어내 버리면 그만이다. 언니, 참 대단해요!

홀캠프는 다음과 같이 말했다. "수컷이 물리적 완력으로 부권을 지킬 수 없는 경우에 그리고 암컷이 반드시 최고 또는 최상의 배우자의 정자가 자신의 귀중한 난자와 수정하기를 원하는 경우에 맞도록 적응한 진화적 군비경쟁을 상상할 수 있습니다. 이 군비경쟁이 암컷의 음핵을 길게 늘이고 앞쪽에 자리 잡게 했는지도 모릅니다. 암컷에서 일제히 진화한 이 길고 구불구불한 유별난 생식관의 일부는 많은 정자에게는 가망 없는 막다른 길목일 뿐인 것이지요."

○ ○ ○

나는 가짜 양물을 달고 사바나를 으스대며, 복종하는 수컷을 때리고 성적 운명을 통제하는 선구적 페미니스트로서 하이에나의 새로운 이미지가 과연 남성 우화집 작가들에게 원래의 자웅동체 미신보다 심한 신성모독으로 느껴졌을지 궁금하다. 하이에나의 의심스러운 성적 취향은 신앙심 깊은 필경사의 손에 "더러운 짐승"으로 그려졌고 종종 동성애라는 악마에 경고하기 위해 이용되었다.

무덤을 파헤치는 흉악한 동물의 이야기를 포함해 하이에나를 모함하는 그림을 그리기 위한 무대가 설치되었다. 하이에나의 엽기적 습성은 아리스토텔레스가 처음 제시했으나 이후에 우화집 작가들이 도덕적 필요를 이유로 대담하게 각색한다. 결국 하이에나는 "망자의 묘에서 송장을 파먹고 산다"는 소문이 돌 지경에 이르렀다. "산 자에게는 연민을 느끼지 못하고 죽은 자에게는 불길한" 무서운 악마가 된 것이다.

하이에나가 무덤을 도굴한다는 미신은 19세기까지도 계속 이어졌다. 빅토리아 시대의 자연과학자 필립 헨리 고스Philip Henry Gosse는 하이에나에게서 영감을 받아 진실과는 상관없이 메리 셸리Mary Shelley(《프랑켄슈타인》의 작가_옮긴이)나 빅토리아 시대 고딕 호러물의 유행에 빚을 진 매우 장황하고 화려한 미사여구가 난무하는 글을 썼다. 당시 매우 인기 있던 《자연사와의 연애The Romance of Natural Hisotry》에서 고스는 "무덤이 있는 곳에서 두 개의 사나운 눈이 희미하게 빛나더니, 뻣뻣한 갈기와 미소 짓는 이빨을 드러낸 음란한 괴수가 나타났다. 그리고 빤히 쳐다보며 더 늦기 전에 물러나라고 경고했다"라고 썼다. 같은 시대의 다른 한 자연과학자는 좀 더 절제된 모습을 보여주었으나 여전히 하이에나를 "가장 불가사의하고 끔찍한 동물", "혐오스러운 버릇"이 있고 "악취가 나고 음탕하다"라고 묘사했다. 이들은 하이에나가 "죽었건 살았건, 신선하건 썩었건 간에 가장 역겨운 동물성 물질을 먹어치우도록 적응한" 동물이라고 낙인찍었고, "모든 나라에서 토착민들로부터 진심 어린 혐오를 받는 대상"이라고 말했다.

케이 홀캠프에 따르면, 동아프리카의 점박이하이에나는 정말로 사람의 시체를 파먹는다. 수단의 누에르족에는 "천국으로 가는 유일한 방법은 하이에나의 뱃속을 통해서"라는 격언이 있다. 어떤 부족은 하이에나가 망자의 몸을 먹게 하려고 시체 위에 지방 덩어리를 바르고 하이에나가 쉽게 찾을 수 있도록 바깥에 두는 등 적극적으로 노력했다. 서구에서 온 선교사들은 이런 전통을 없애기 위해 애를 썼다. 그러나 홀캠프는 하이에나가 오직 "먹고살기 힘든 시절"에만 그런 행동을 보인다고 주장했다. 따라서 이런 섬뜩한 전설이 계속 이어지는 것은 사체를 먹고 사는 동물에 대한 사람들의 내재한 경멸이 드러난 것으로 봐야 한다.

서구 사회는 비버처럼 힘든 노동으로 하루를 보내는 동물, 사냥이나 채집으로 살아가는 동물을 더 좋게 보는 경향이 있다. 그러나 다음에 독수리의 삶을 통해 더 자세히 탐구하겠지만, 사체 청소는 에너지를 재순환하고 질병이 퍼지는 것을 막는 명예로운 직업이다. 그리고 하이에나는 그 일에 "매우" 능하다. 하이에나는 강력한 턱과, 대부분 동물이 소화하지 못하는 것을 분해하는 위산의 소유자로 아프리카 평원의 쓰레기 수거 차량이나 다름없다. 탄저병으로 벌집처럼 썩어가는 시체를 게걸스럽게 먹고도 병들지 않는다는 사실은 많은 문화에서 하이에나가 마법의 힘을 소유했다고 믿는 이유를 설명한다.

소비하는 고기의 근수를 따졌을 때, 하이에나는 지구상에서 가장 중요한 육상 육식동물이다. 그러나 일차적 시체 청소부는 갈색하이에나와 줄무늬하이에나이다. 점박이하이에나는 고도로 효율적인 포식자로 소비하는 먹이의 95퍼센트를 직접 사냥한다. 무리를 지어 사냥하면 물소처럼 자기 몸집보다 몇 배나 큰 위험한 동물을 쓰러뜨릴 수 있다. 그러나 심지어 혼자 다니는 하이에나조차 굉장히 큰 먹잇감을 잡는 것으로 알려졌다. 이들이 구사하는 한 가지 대담한 전략은 사냥감의 고환을 노린 후 상대가 피를 흘리고 쓰러질 때까지 발굽의 강타를 피해 매달려 있는 것이다.

이러한 전략은 반드시 소심한 동물의 행동이라고 볼 수 없음에도, 어찌 된 일인지 하이에나 뒤에는 "겁쟁이 무리"라는 불명예스러운 수식어가 늘 따라다녔다. 1886년 한 자연과학자는 "작가들이 모두 하이에나가 용기가 부족한 동물이라고 생각한다"고 말했다. 이 헛소문의 기원은 아리스토텔레스까지 거슬러 올라간다. 그는 동물의 심장 크기로 용기를 측정할 수 있다는 불가사의한 이론을 내놓았다. 아리스토텔레스의 공식에 따르면 용맹성은 피의 열기에 비례하고, 피를 온몸에 펌프질하는 기관의 크기와도 상관관계가 있다. "심장의 크기가 큰 동물은 소심한 반면, 작거나 중간 크기라면 더욱 용감하다." 동물학의 할아버지는 권위 있는 작품 《동물의 부분들에 관하여De Partibus Animalium》에서 이처럼 말했다. 아리스토텔레스는 어울리지 않게 하이에나를 토끼, 사슴, 쥐 그리고 그 밖에 "누가 봐도 소심한 동물, 또는 불균형한… 큰 심장을 가졌음에도 악의에 의해 비겁함을 드러내는 동물"과 함께 묶었다.

아리스토텔레스가 말한 이론의 자세한 내용은 시간이 지나면서 잊혔지만, 하이에나가 겁쟁이라는 편견은 근대에도 지속되었다. 심지어

⊙ 중세 우화집 대부분이 시체를 파먹으려고 무덤에 침입한, 등이 굽고 이빨이 드러난 하이에나의 그림을 실었다. 부정적 이미지를 확실히 각인시키는 충격적인 그림이다.

에른스트 워커Ernest P. Walker는 1960년대에 출간한 20세기 생물학자들의 경전 《세계의 포유류Mammals of the World》에서조차 권위적 문체로 점박이하이에나는 "겁이 많아 상대가 방어하면 더 싸우려 들지 않는다"라고 말했다.

케냐의 나쿠루호 근처에서 사파리 여행을 하던 어느 안개 낀 아침에, 나는 점박이하이에나 무리가 자신들이 제일 선호하는 얼룩말을 사냥하는 장면을 목격했다. 정말 가혹한 장면이었다. 내가 도착했을 때

하이에나는 이미 얼룩말의 오른쪽 옆구리에서 가죽을 뜯어내고 있었다. 얼룩말의 가죽이 반쯤 벗겨진 옷 조각처럼 짐승의 뒤로 끌리며 속내를 드러냈다. 마치 살아 숨 쉬는 군터 폰 하겐스Gunther von Hagens(독일 의사이자 〈인체의 신비〉라는 전시회의 기획자_옮긴이)의 해부 작품처럼 보였다. 하이에나는 별다른 움직임 없이 반쯤 내장이 제거된 이 짐승이 피할 수 없는 죽음을 맞이할 때까지 기다리고 있었다. 나는 눈앞에 펼쳐진 무대 위의 배우들을 보며 감정이입이 되지 않을 수 없었다. 얼룩말은 죽음을 대면하면서도 품위가 있었고, 하이에나는 그저 잔인하고 비겁해 보였다. 그러나 생존이란 감정 없는 스포츠이고 하이에나의 사냥 전략은 기본적으로 인내에 기반을 둔다. 여기엔 종종 싸움이 종결될 시간을 가늠하기 위해 먹잇감을 '테스트'하는 과정이 포함된다. 이것을 비겁하다고 생각할 수도 있겠지만, 그보다는 승리를 앞둔 장기전의 핵심 단계로 이해하는 게 옳다. 기다리기만 하면 되는데 굳이 발길에 차이거나 발톱에 긁히는 치명적 상처를 입을 위험을 감수할 이유가 없기 때문이다.

그러므로 하이에나가 몰래 돌아다니면서 '높으신' 동물인 사자로부터 전리품을 훔치는 데 시간을 보낸다는 생각은 또 다른 오해다. 실제로 현장 연구에 따르면 사자가 점박이하이에나에게서 죽은 고기를 더 많이 훔친다. 그 반대가 아니라 말이다. 그러나 두 동물 사이의 적대감은 사실이다. 두 종은 서로 지독한 원수지간으로 영역과 먹이를 두고 벌이는 싸움에서 헤어나지 못한다. 사자는 몸집에서 유리한 반면에 하이에나는 이를 지능으로 보완한다. "이 구역에서 가장 날카로운 연장은 사자가 아닙니다"라고 케이 홀캠프가 말했다. 디즈니에는 말하지 마시라. 이들은 애니메이션 〈라이언 킹〉에서 하이에나를 한심한 바보로 그렸으니까. 그러나 이 괴짜 페미니스트야말로 사바나의 두뇌이며 당신이 알고 있는 평균적인 육식동물보다 훨씬 똑똑하다.

○ ○ ○

　몇 년 전에 나는 하이에나 지능 전문가인 세라 벤슨암람Sarah Benson-Amram 박사와 함께 마사이마라에서 며칠간 하이에나를 관찰한 적이 있다. 박사는 내게 하이에나가 멍청하다는 인식은 걸음걸이와도 연관이 있다고 말했다. "하이에나는 에너지 측면에서 장거리 선수에게 아주 효율적인 주법으로 달립니다. 하이에나는 정말로 먼 거리를 달릴 수 있습니다. 대신에 성큼성큼 달리는 모습이 영 어색하고 바보처럼 보이지요."

　진실을 밝히려고 벤슨암람은 세계 최초로 육식동물 IQ 테스트를 개발했다. 일종의 금속 퍼즐 상자인데, 그 안에는 고기 간식이 들어 있고 힘이 아닌 머리를 써야만 고기를 꺼낼 수 있다. 벤슨암람은 이 퍼즐 상자를 북극곰에서 표범까지 다양한 포식자 앞에 던져놓고 그들의 문제 해결 능력을 측정했다. 벤슨암람은 문제를 잘 해결하는 동물의 사회성이 높다는 공통점을 발견했다. 그리고 사회성이야말로 하이에나의 우월한 지능을 설명하는 진화적 힘이라고 믿었다.

　점박이하이에나는 어느 육식동물보다 규모가 큰 사회적 무리를 이룬다. 이 무리 안에는 최대 130개체가 살면서 1,000제곱킬로미터에 이르는 영역을 지키는 것으로 관찰되었다. 하이에나가 미식축구 팬들보다 좀 더 집단적이라고 할 만하다. 하이에나 무리는 씨족 집단인데, 이들이 하는 모든 일은 자신들을 뒷받침하는 암컷 지배 계층과 관계가 있다. 그러나 이들이 늘 함께 머무는 것은 아니다. 대체로 소규모 집단으로 나뉘어 지내다가 싸움이 벌어지거나 사냥을 하거나 먹이를 먹을 때 함께 모인다. 이러한 조직 사회를 분열-융합 사회fission-fusion society라고 하는데, 이러한 사회를 유지하려면 정교한 의사소통 기술이 필요하다.

위대한 조르주루이 르클레르 뷔퐁 백작은 하이에나의 울음소리를 단순히 "구토를 심하게 한 남성의 흐느낌" 같다며 무시했지만, 점박이 하이에나는 영장류를 포함해 육상 포유류 중에서도 가장 풍부한 음성 레퍼토리를 구사한다. 이들은 그 유명한 킬킬대는 웃음소리(실제로는 항복의 신호지만)를 포함해 넓은 영역대의 소리를 낸다. 그러나 사바나를 상징하는 포효야말로 하이에나의 가장 특징적인 울음소리다. 이 귀신 같은 메아리는 바람에 실려 5킬로미터나 이동하면서 소리 내는 이의 신원과 성별, 연령 등의 풍부한 정보를 전달한다.

하이에나의 커다란 뇌는 무리에서 함께 지내는 동지의 신원과 계급을 기억하기 위해 진화했다. 그리고 이들은 각 구성원의 목소리와 지위를 평생 기억하는 듯하다. 이는 대단한 인지 능력으로, 단 한 번의 외침으로 친구와 적을 구분하고 철저한 계급사회에서 크게 충돌하지 않고도 협상을 끌어내기 위한 정치적 요령을 보여준다.

세라 벤슨암람은 하이에나들이 공동으로 사용하는 동굴 근처에서 내게 직접 보여주었다. 이 동굴에는 대여섯 마리의 암컷과 새끼들이 한낮의 열기를 피하고 있었다. 어미들은 아카시아 그늘에서 졸고 있었고 새끼들은 놀랄 만큼 귀여운 모습으로 뒹굴며 놀았다. 벤슨암람이 자신의 아이폰에서 재생 버튼을 누르자 무리에 속하지 않은 낯선 하이에나의 포효가 휴대용 스피커에서 울려 퍼졌다. 녹음된 소리가 살짝 변조되었는데도 두뇌 변연계 깊은 곳에 잠겨 있던 원초적 공포가 되살아나는 듯 닭살이 돋았다. 하이에나 무리는 순식간에 우리를 묵사발로 만들 것이었다. 이들의 경쟁 상대를 흉내 내는 것은 화를 자초하는 일이다.

그러나 다행히 벤슨암람은 모험을 하지 않았다. 우리는 무리에서 100미터 정도 떨어진 안전한 구역에 세워둔 대형 랜드로버 안에서 이 실험을 했다.

아니나 다를까 하이에나들은 벤슨암람이 녹음한 소리를 듣자마자 귀를 쫑긋 세우더니 순식간에 경계하는 눈빛으로 우리 쪽을 쳐다보았다. 이들은 일어나 바람의 냄새를 맡으며 정보를 수집했다. 하이에나의 후각은 인간보다 1,000배 이상 강하다. 그리고 무리마다 고유한 냄새를 발산한다. 바람에 흔들리는 향기의 깃발처럼. 유독 체격이 좋은 하이에나 한 마리가 우리 쪽으로 돌진하면서 포효하기 시작했다. 심장 박동수가 빨라졌다. 그러나 하이에나는 우리를 보지 못한 것처럼 옆을 바로 스쳐 지나갔다. 생김이나 냄새가 하이에나와 같은 존재를 찾는 것이리라. 사파리 차량 위로 튀어나온, 땀에 젖은 내 머리는 그들이 찾는 것이 아니었다.

벤슨암람은 하이에나가 몇 마리의 포효를 들었는지에 따라 다르게 반응한다고 했다. 이 말은 점박이하이에나 자매들이 어떤 의미에서 수를 셀 수 있다는 뜻이기도 하다. 이는 경쟁 상대와의 전투 여부를 판단하는 데 유용한 수단이 된다. 또한 벤슨암람은 서로 경쟁하는 무리라도 사자와 같은 공동의 적을 물리쳐야 할 때는 숫자 감각과 의사소통 기술을 이용해 함께 뭉친다는 것을 보여주었다.

공격성이 강한 동물임에도 불구하고 점박이하이에나는 지능을 이용해 평화를 유지하고 서로 협력한다. 벤슨암람은 하이에나가 씨족 무리 내 구성원이나 가까운 친척끼리 매우 협력적으로 생활한다고 설명했다. "이 자매들을 보면 다 같이 먹고 사냥하고 휴식을 취하며 많은 시간을 함께 보낸다는 걸 알 수 있습니다. 이들은 장기적으로 매우 밀접한 관계를 유지하지요. 많은 점에서 서로 경쟁하는 한편 또한 매우 협조적입니다."

하이에나가 대형 먹잇감을 쓰러뜨리고 사자를 위협하고 적대적 환경에서도 놀랄 만큼 성공적으로 새끼를 키워내는 것은 궁극적으로 팀워크를 형성하는 능력에 달렸다. 최근 현장 연구에 따르면, 점박이하이에나의 사회구조는 개코원숭이 사회만큼이나 복잡하다. 또한 CT 스캔을 통해 하이에나의 뇌는 영장류와 비슷하게 앞쪽이 진화했음이 확인되었는데, 이 영역은 특별히 복잡한 의사 결정과 연관되어 확장된 부분이다. 심지어 하이에나는 무리가 협동하여 문제를 해결하는 시험에서 침팬지를 능가하기도 했다. 이는 돌고래나 다른 유인원, 인간은 물론이고 침팬지와 하이에나처럼 분열과 융합이 복합적으로 일어나는 사회에서 사는 것이 뇌가 크게 진화하는 핵심적 요소라는 개념을 뒷받침해준다. 이를 통해 어쩌면 왜 인간의 뇌가 다른 동물보다 7배나 크게 진화했는지 설명할 수 있을지도 모른다.

인간과 하이에나가 진화의 경로를 공유한다는 사실은 수를 셀 줄 아는 생물에 대한 변함없는 경멸의 근원을 밝히는 단서를 제공한다. 인간과 하이에나는 오래도록 적대 관계였다. 오스트레일리아 인류학자 마커스 베인스록Marcus Baynes-Rock은 여러 해 동안 에티오피아에 살면서 인간과 하이에나의 관계를 연구한 끝에 그 이유를 알게 되었다.

베인스록에 따르면, 인간과 하이에나는 둘 다 지능이 매우 높은 사회적 포식자로 아프리카 사바나에서 기원했다. 그러나 하이에나가 먼저 사바나에 자리 잡았고 우리의 먼 호미닌(사람과에 속하는 인류와 그 조상) 친척이 나무에서 내려오면서 점박이하이에나의 영역에 끼어들었다. "둘 사이에 엄청난 적대감이 형성되었을 겁니다." 베인스록은 말했다. "하이에나와 사자가 서로 극도의 혐오감을 표출하는 것을 보면, 인간과 하이에나 역시 처음부터 서로를 뼛속 깊이 싫어했을 거라고 쉽게 상상할 수 있습니다." 초기 호미닌은 하이에나에게 잡아먹힐 위험이 있었다. "느리고 기름지고 먹음직스러운 영장류가 자신을 방어하는 유일한 방법은 커다란 집단을 형성하는 것뿐입니다. 무리에서 혼자 너무 멀리 떨어져 나온 호모 하빌리스를 발견할 경우 하이에나는 사냥할 기회를 놓치지 않았을 겁니다."

베인스록은 뼈를 으스러뜨릴 정도로 강력한 하이에나의 턱 힘이 어쩌면 초기 인간 진화의 증거가 희박한 이유일지도 모른다고 생각한다. "발견된 호미닌 유해는 대체로 이빨이나 턱뼈에 불과합니다. 만일 이빨을 발견했다면, 그건 하이에나에게 잡아먹힌 사람의 것이라고 확신할 수 있습니다. 왜냐하면 그게 하이에나의 소화관을 거쳐 나올 수 있는 전부니까요."

우리의 초기 선조들은 아주 간단한 석기 도구만 가지고 있었고, 아마도 사냥보다는 사체 청소에 더 몰두했을 것이다. 이들은 배고픈 하이에나 무리에 맞서 자신에게 포상으로 주어진 고기를 지키지 못했을 것이다. 이 시기에 발굴된 뼈에 초기 석기 도구 자국과 더불어 하이에나의 이빨 자국이 섞인 절단흔이 남아 있는 것으로 보아 하이에나가 우리를 비웃으며 무려 250만 년 동안이나 인간의 저녁을 훔쳐왔다는 이론이 제시되었다. 우리가 그들을 좋아하지 않는 것도 당연하다.

오명에서 구해야 할 청소 동물은 하이에나만이 아니다. 다음 장에서 우리는 죽음과의 연관성이 수백 년 동안 사람들의 의혹을 사고, 결과적으로 여러 시대에 걸쳐 천리안의 소유자, 탐정, 심지어 아주 최근에는 국제 스파이라는 혐의까지 받게 된 독수리를 만날 것이다.

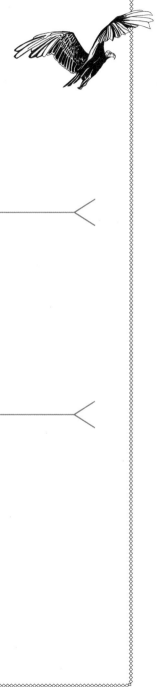

제5장

독수리

수리목
Order Accipitriformes

수리eagle는 적과 먹잇감을 상대할 때 일대일로 맞선다. …
반면에 독수리vulture는 비겁한 암살자 집단처럼 여럿이 모여 무리를 짓는다.
전사가 아닌 강도나 다름없고, 맹금류가 아닌 대학살의 새다. …
반면에 수리는 사자의 용기와 고귀함, 담대함과 관대함을 지녔다.

• 뷔퐁 백작, 《박물지》, 1793

박물학의 대가 조르주루이 르클레르 뷔퐁 백작은 독수리를 묘사할 때 유독 과장이 심했다. 백작은 "이 동물은 게걸스럽고 비열하고 역겹고 혐오스럽다. 늑대처럼, 죽은 후에는 쓸모없고 살아 있을 때는 해롭다"라며 전혀 호의적이지 않은 형용사를 남발했다. 백작이 이 새의 애호가가 아닌 것은 분명하지만, 사실 그런 사람은 별로 없을 것이다. 일반적으로 청소 동물은 인류의 존경을 받기엔 너무나 거친 일을 한다. 생김새마저 죽음의 신에 가까울뿐더러 죽은 자 위에서 식사하는 모습은 이 대단한 맹금류에 대한 편견 없는 이해를 북돋는 데 별로 도움이 되지 않는다. 독수리는 혐오와 불신의 아슬아슬한 조합 사이에서 오랫동안 온갖 음해에 시달렸다.

인간과 죽음의 편치 않은 관계는 이 새의 굽은 어깨 위로 전염되어 그 자체로 죽음을 상징하게 되었다. 시체에 손을 대는 것이 금기였던 초기 기독교인들은 독수리를 기괴하다는 단일 범주로 묶어버렸다. 《구약성경》은 이 새를 정결하지 않고 "새들 가운데 혐오스러운" 것으로 낙인찍었다. 이들은 신비한 힘을 지닌 다른 세계의 생명체로 간주되었다. 12세기 어느 동물우화집에서는 "독수리는 특별한 징조를 통해 인간의 죽음을 예언하는 데 익숙하다"라고 경고하기도 했다. "개탄스럽기 짝이 없는 전쟁에서 전투 중인 양편이 서로 힘을 겨룰 때 … 이 새가 길게 줄지어 서 있으면 그 줄의 길이를 보고 얼마나 많은 병사들이 목숨을 잃을지 알 수 있다." 연대기 편찬자에 따르면, 독수리의 이러한 신통력은 자기 잇속을 챙기는 행위에 불과하다. "사실 이들은 얼마나 많은 병사가 자신의 전리품이 될 운명인지 보여주려는 것이다."

독수리가 무엇을 — 혹은 누구를 — 먹는다는 것은 감정이 배제된 행위다. 독수리에게 중세 유럽의 전장은 쓰러진 병사와 말이 곳곳에 차려진 뷔페 식당이나 다름없었다. 전투는 보통 몇 주씩 이어졌고, 때마침 대륙에서 독수리가 둥지를 만들고 알을 품는 여름철과 시기가 맞아떨어졌다. 틀림없이 앨프리드 히치콕의 영화 〈새〉가 연상될 만큼 많은 수가 진영을 세우고 자신과 새끼의 배를 불리기 위해 죽은 이 위에 올라앉아 매몰차게 쪼아 먹었을 것이다. 멀리서 전투를 지켜보던 사람은 공중에서 원을 그리는 독수리의 수를 헤아려 전장의 상황을 예측할 수 있었을 것이다. 그러나 이렇게 잘 알려진 속설에도 불구하고 독수리는 살아 있는 먹잇감은 쫓지 않는다. 그러므로 그들은 죽음을 예견할 수 없다.

독수리들이 어떻게 알고 먹이가 있는 장소로 모여드는지 참으로 신기하다. 죽음의 현장에 어김없이 떼로 나타나는 기이한 능력은 독수리의 감각에 초자연적 힘이 있다는 오랜 믿음을 불러왔다. 그러나 그것이 정확히 어떤 감각인지를 두고 조류학 역사상 가장 지루하고 격렬한 논쟁이 벌어졌다.

독수리의 저녁 식사가 갖는 특성을 정의하자면 높은 하늘까지 지독한 냄새를 풍기는 것이다. 그래서 사람들은 독수리의 후각이야말로 망자를 추적하는 신비한 힘의 원천이라고 믿었다. 13세기 프란체스코회 수도사 바르톨로메오 앙글리쿠스Bartholomeus Anglicus는 자신이 쓴 영향력 있는 우화집에서 다음과 같이 기록했다. "냄새를 맡는 이 새의 능력은 가히 최고다. 바다 건너 멀리 있는 살점의 냄새도 맡을 수 있을 정도니."

이 시체 청소부의 경탄할 만한 후각은 이미 널리 알려져 있었고 이후에도 여러 자연사 서적에 보고되었다. 예를 들어 올리버 골드스미스Oliver Goldsmith는 1816년에 출간한 《지구의 역사History of the Earth》에서 독수리는 천성이 "잔인하고 불결하고 나태하기 짝이 없지만 냄새 맡는 감각만큼은 놀랄 만큼 탁월하다"라고 마지못해 인정했다. 골드스미스는 생리학적 증거까지 들이밀며 재차 확인했다. "이러한 목적에서 자연은 독수리에게 두 개의 커다란 콧구멍과 그 안에 넓게 퍼진 후각 점막을 주었다."

그러나 불과 10년 후에 독수리는 야심 찬 미국의 자연과학자 존 제임스 오듀본John James Audubon에게 후각을 빼앗겨버렸다. 오늘날 오듀본은 조류학사에서 가장 인정받는 이름으로 실제에 가까운 정교한 새 그림으로 유명하다. 그러나 1820년대 당시로 돌아가면 오듀본은 야망이 넘치고 유명세에 굶주려 그림이나 팔러 다니는 사람에 불과했다. 오듀본은 1826년 신성한 에든버러 자연사학회의 어느 모임에서 논란을 일으켜 마침내 원하는 것을 얻었다. 뒤이어 발표한 논문의 장황하지만 도발적인 제목에는 당시의 고루한 과학자 집단 안에서 인기몰이를 하고 싶어하는 오듀본의 열망이 고스란히 드러났다. 〈칠면조독수리 Vulture aura의 습성에 관한 이야기. 특히 놀라운 후각에 대한 통념을 타파하는 관점의 제시〉.

이 대담한 논문에서 존 오듀본은 자신이 1700년대 후반 프랑스에서 어린 시절을 보내는 동안 어떻게 독수리가 후각을 이용해 죽은 동물을 찾아내 먹는지 배웠다고 했다. 이것은 어린 조류학자에게는 전혀 납득이 가지 않았다. 왜냐하면 오듀본은 "비록 자연은 놀랄 만큼 풍요로울지라도 필요한 것 이상을 허락하지 않고 또 누구도 완벽한 두 가지 감각을 소유할 수 없기 때문에 훌륭한 후각을 가진 동물이라면 예리한 시각이 필요 없다"라는 스파르타식 신념하에 일했기 때문이다. 몇 년 후 미국으로 건너오면서 오듀본은 자신의 가설을 시험해보았다. 하루는 야생 칠면조독수리 근처에 슬금슬금 다가갔는데, 새들은 오듀본의 갑작스러운 출현에 기겁했을 뿐 그의 체취에는 영향을 받지 않았다. 오듀본은 이 문제를 깊이 파헤쳐보기로 하고 독수리의 후각이 얼마나 예민한지, 또 과연 후각이 존재하기는 하는지 증명하기 위해 열심히 실험했다.

야심만만한 오듀본의 실험은 기본적으로 죽은 동물과 야생 독수리 사이의 냄새 나는 숨바꼭질에 다름 아니었다. 우선 그는 사슴 가죽을 짚으로 대충 채워 꿰맨 후 다리가 공중에 들린 채로 들판에 던져놓았다. 오듀본의 박제 기술은 그다지 섬세하지 않았으나, 이 기형적인 가짜 짐승조차 독수리 한 마리를 불러왔다. 독수리는 진흙으로 만든 사슴의 가짜 눈을 덧없이 쪼아대더니 그 위에 마음껏 배설한 후, 죽은 사슴의 엉덩이에서 실밥을 뜯어 안에 들어 있는 건초를 죄다 꺼내놓았다. 환상이 깨진 새는 근처로 날아가 작은 가터뱀 한 마리를 죽여 자신의 헛된 수고를 위로했다. 결국 이 새는 오듀본에게 독수리는 시각을 이용해 사냥한다는 만족스러운 결과를 보여주었다.

⊙ 존 오듀본이 유명한 새 백과사전 《미국의 새들》(1827~1838)에 그린 칠면조독수리의 삽화는
매우 사실적이다. 그래서 이 위대한 조류학자가 검은대머리수리를 칠면조독수리와 헷갈린 것은
참으로 불운한 일이 아닐 수 없다. 오듀본의 착각은 조류학 역사상 가장 큰 논쟁에 불씨를 붙였다.

다음으로 더운 7월 어느 날 오듀본은 관심을 돌려 독수리의 후각을 시험했다. 그는 지독한 냄새를 풍기는 썩은 돼지를 힘겹게 숲으로 끌고 갔다. 그리고 나서 얼핏 보아서는 찾을 수 없도록 산골짜기에 숨겨 놓았다. 독수리들이 머리 위에서 맴돌았지만 아무도 내려와 악취의 원인을 찾으려 하지 않았다. 오듀본의 의혹이 재차 확인되었다. 독수리들은 후각으로 사체를 찾지 않았다.

실험 결과만으로 결론을 내기는 일렀지만, 오듀본은 자신의 책《미국의 새들The Birds of America》이 엄청난 상업적 성공을 거둔 후 인기가 정점에 달했고 그 자신도 쇼맨십이 강한 사람이었다. 조류학계의 여러 존경 받는 학자들이 오듀본의 놀라운 제안을 지지하기 위해 몰려들었다. 그러나 거기에도 요란스러운 예외가 있었다. "스콰이어Squire(시골 신사, 대지주)"라는 별명으로 더 잘 알려진 귀족 모험가 찰스 워터턴 Charles Waterton이었다.

괴짜라는 한 단어로 부르기에는 워터턴은 복잡한 자기만의 어떤 틀 속에 있는 사람이었다. 악어의 등에 올라타 봤다거나 보아뱀의 얼굴에 주먹을 날린 적이 있다는 등 이국적이고 엉뚱한 행각으로 가득 찬 허무맹랑한 얘기들은 워터턴에게 오명을 안겨주었다. 저택인 월턴 홀에서의 행동 역시 평범하지 않았다. 워터턴은 저녁 만찬 자리에서 탁자 밑에 숨어 있다가 손님의 다리를 개처럼 문다든지 정교한 박제를 제작해 장난치는 것을 좋아했다. 그중에서도 가장 기발한 장난은 고함원숭이의 엉덩이로 자신의 (많은) 적 가운데 한 사람의 형상을 제작한 것이다.

이처럼 기이한 행각에도 불구하고 찰스 워터턴은 타고난 자연과학자이자 독창적 사상가였고 곁눈질로 세상을 본 덕분인지 자연을 편견

⊙ '시골 신사'를 짜증 나게 해봐야 득 될 게 없다. 감히 찰스 워터턴에게 외국에서 수집한 이국적인 표본에 세금을 물린 한 융통성 없는 정부 관계자는 고함원숭이의 엉덩이로 만든 '신원불명'이라는 제목의 작품이 자신을 닮았음을 깨달았다. 이 박제 제작자의 장난은 워터턴이 쓴 《남아메리카에서의 방랑》(1825)에 조각 동판화로 영원히 남게 됐다.

없이 이해했다. 예를 들어 워터턴은 맨 처음으로 나무늘보를 옹호한 사람 가운데 하나로 그가 느낀 나무늘보의 "기이한 생김새와 특이한 습성"은 실제로 우리가 "전능하신 분의 경이로운 작품에 감탄해 마지않는" 이유가 되었다.

워터턴은 칠면조독수리의 고유한 후각에 대해 자신의 베스트셀러 《남아메리카에서의 방랑Wanderings in South America》에서 언급했고, 자만심 가득한 미국인의 반격에 대해서는 (본인도 인정하기로) 다소 불안한 신뢰성에 대한 인신공격으로 받아들였다. 시골 신사는 이에 자극을 받아 장기간에 걸쳐 오듀본을 깎아내리고 때로는 재기 넘치는 말로 공격하여 싸움을 걸었다. 존 오듀본을 빈정대는 워터턴의 편지는 《자연사 잡지Magazine of Natural History》에 실렸는데, 이는 공개적인 트위터 논쟁의 19세기 판이라 할 만하다.

찰스 워터턴은 이렇게 썼다. "독수리의 코가 이렇게 엄청난 공격을 받는다는 사실에 마음속 깊이 비통함을 느낀다. 온 세상이 이렇게 급작스럽고 예상치 못한 공격에 엄청난 손실을 볼 것이기 때문이다." "게다가 이런 말을 해도 될지 모르겠지만, 이처럼 고귀한 새에게 일종의 동료 의식을 느끼는 바이다." 훗날 조류학계에서 "노사리안Nosarian(코의 크기에 한계가 없다고 주장하는 사람_옮긴이)"으로 알려질 이들의 자칭 리더로서, 워터턴은 "산산이 부서진 독수리들의 코를 조심스럽게 모아 최선을 다해 원래의 모양과 아름다운 비율 그대로 복원하겠노라"고 제안했다.

독수리의 비강을 보호하려는 시도의 하나로 찰스 워터턴은 존 오듀본의 실험 감각, 명성, 심지어 과학 논문을 쓰는 문체에까지 칼을 들이댔다. 워터턴은 이렇게 불평했다. "문법도 맞지 않고 작문 역시 형편없으며 문장 또한 못마땅하다." "내 생각에, 적당히 관심 있게 이 논문을 읽은 사람이라면 누구나 신부와 이발사가 돈키호테의 도서관을 보고 비난한 것과 동일한 운명(불태워버리는 것을 의미함_옮긴이)을 선고하고 싶어질 것이다." 워터턴은 오듀본을 베스트셀러를 쓸 능력이 눈곱만치도 없는 거짓말쟁이에 사기꾼이라고 불렀다. "거대한 미국 청설모를 꼬리부터 집어삼킨 방울뱀에 관한 오듀본 씨의 이야기가 가시처럼 목에 걸려, 사람들이 가까스로 빼내줄 때까지 아무것도 삼킬 수가 없다."

존 오듀본은 시종 초연한 자세로 위엄을 잃지 않았고 침묵으로 일관했다. 한편 점차 세력이 확장되던 "반反노사리안" 무리가 그를 대신해 워터턴의 공격에 대응하도록 독려했다. 루터교 목사인 존 바크먼John Bachman은 오듀본의 대표적 지지자로 자신의 고향인 사우스캐롤라이나의 찰스턴에서 학식 있는 신사들로 엄선된 위원회를 소집해 그 앞에서 오듀본의 실험을 반복함으로써 이 분쟁을 해결하려고 했다.

목사의 실험은 똑같이 잔인하고 괴기스러웠다. 그 예로 바크먼은 "가죽이 벗겨진 채 배를 갈라놓은 양"을 그린 유화를 주문했다. 그리고 그림을 정원에 두고 거기에서 약 3미터 떨어진 곳에 썩어가는 내장 더미를 숨겨놨다. 그림은 오듀본의 기준에 전혀 미치지 못하는 조잡한 수준이었으나 분별 없는 새들은 여전히 이 작품을 대단히 열정적으로 공격했다. 바크먼은 배를 채우지 못한 독수리들이 매우 실망하고 놀란 것 같다고 말했다. 그러나 새들은 단 한 번도 근처에서 심하게 썩어가는 고기를 향해 움직이지 않았다. 바크먼은 이 장난 같은 실험을 무려 50번이나 반복했다. 바크먼은 오듀본의 실험을 완벽히 재현한 이 사건을 보고, 참석한 학자들이 ─ 별로 많은 수는 아니었겠지만 ─ "아주 흥미로워했다"고 보고했다.

추가로 바크먼은 눈에 상처가 난 독수리가 머리를 한쪽 날개 밑에 집어넣기만 하면 회복할 수 있다는 뜬소문을 확인하기 위해, 이번에는 "의학계의 신사"들을 불러 독수리의 눈을 멀게 했다. 이 불쌍한 새가 끝내 시력을 회복하지 못하자 다른 감각까지 조사했다. 바크먼은 독수리를 죽은 토끼가 있는 큰 헛간에 들여보내고 이 가련한 눈먼 새가 토끼의 냄새를 맡을 수 있는지 관찰했다. 독수리는 토끼의 냄새를 맡지 못했다. 목사는 평소답지 않게 이를 불쌍히 여겨, "독수리가 수술로 인한 통증에서 완전히 회복하지 못했을 수도 있다"라고 마지못해 인정했다. 정말 그랬다. 그러나 바크먼은 일체 후회하는 기색이 없었다. 유일하게 걱정한 것이라고는 냄새나는 실험 때문에 이웃들이 불쾌해하지는 않을까 하는 것이었다. 결국 이웃의 시선에 부담을 느낀 바크먼은 그 정도로 보복에 성공한 데 만족하고 실험을 중단했다. 바크먼은 연구 결과를 발표하기에 앞서 실험에 참여한 의료진에게 독수리가 "후각이 아닌 시각을 통해" 죽은 고기를 찾는다는 결정적 증거를 목격했다는 내용의 각서에 서명하도록 압박하여 끝까지 유난을 떨었다. 바크먼의 선동 기술이 과학적 진실에 대한 탐구심 못지않게 극단적이고 유별났음을 보여주는 일례다.

존 바크먼에 대한 찰스 워터턴의 반응은 당연히 경멸 그 자체였다. "진실로 미국 독수리의 운명은 참으로 가련하다! 코는 아무짝에도 쓸모없는 기관임이 만천하에 알려졌고, 시력 역시 심각한 결함이 있음이 증명되었으니." 워터턴은 빈정거렸다. "이제 찰스턴에서 독수리들이 거리의 모든 양고깃집 간판을 부수고, 가게 문에 걸린 소시지 그림을 먹어치우고, 침침한 눈으로 불멸의 프랭클린 박사의 썩어가는 초상화를 죽일 듯이 잡아당긴다는 소식이나 즐겨야겠군." 워터턴이 보기에 바크먼의 실험은 과학적 시도와는 거리가 멀었다.

5년 동안 찰스 워터턴은 자그마치 19통의 편지를 《자연사 잡지》에 보내 존 오듀본과 그의 영향권에 있는 모든 이를 공격했다. 소문에 따르면 마침내 잡지사가 더 이상 편지를 실어주지 않자 워터턴은 자신이 직접 편지를 인쇄하고 배포까지 했다고 한다. 하지만 모두 헛수고였다. 워터턴의 난해하고 두서없는 비판은 냉소적인 인신공격과 모호한 라틴어 문구까지 합세하는 바람에 원군을 얻지 못했다. 오듀본의 반노사리안들은 워터턴을 "제정신이 아닌" 자로 낙인찍었고, 이 요란스런 미국인에 대한 견해를 조금도 바꾸지 않았다. 워터턴이 크게 소리칠수록 더 무시될 뿐이었다. 마침내 워터턴은 포기할 수밖에 없었다.

부끄러운 일이다. 왜냐하면 그가 옳았기 때문이다.

○ ○ ○

과학이 찰스 워터턴을 따라잡기까지 150년이 걸렸다. 그사이에 존 오듀본이 일으킨 파장은 점차 커지는 해부학자, 자연과학자, 조류학자 집단을 집어삼켰다. 이들은 실험 대상을 확대하여 더욱 믿을 수 없는 실험을 자행했다. 한 터무니없는 실험에서 연구자는 칠면조독수리를 칠면조로 교체해 접시에 황산과 청산가리가 들어 있는 먹이를 담아 숨겨놓았다. 칠면조는 저녁거리 냄새를 맡을 수 있다는 능력을 보여주기도 전에 독성 가스에 질식해버렸다.

독수리의 다른 감각 ─ 실제이기도 하고 상상이기도 한 ─ 역시 검증의 장에 끌려 나왔다. 20세기 초에 P. J. 달링턴Darlington이라는 사람은 독수리가 멀리서 수백 마리의 파리가 윙윙대는 소리를 듣고 먹이를 찾는다고 주장했다. 허버트 벡Herbert Beck이라는 또 다른 이론가는 〈신비로운 새의 감각The Occult Senses in Birds〉이라는 제목의 논문에서 중세 신화적 사고로 되돌아가, 독수리가 "먹이를 찾는 신비한 감각"을 소유했다고 주장하면서 인간은 그 감각을 소유하지 않았기 때문에 이해하지 못할 것이라고 둘러댔다.

칠면조독수리의 후각은 1964년에 마침내 복원되었다. 미국의 개성 강한 야외 생물학자 케네스 스테이저Kenneth Stager는 수년간의 신중하고 영리한 실험을 통해 뜻밖의 재미와 함께 결정적 증거를 내놓았다. 이 중요한 발견은 유니언오일이라는 회사에서 한 직원을 임의로 교체하는 과정에서 드러났다. 이 직원은 1930년대부터 이 회사가 칠면조독수리의 예리한 후각을 이용해 공장의 가스 파이프라인에서 누수가 발생한 지점을 찾아왔다고 발설했다. 이들은 악취탄에 사용되는 에틸메르캅탄이라는 화학물질을 가스에 첨가했다. 이 화학물질의 양배추 썩은 냄새에 이끌린 칠면조독수리가 인간보다 훨씬 빨리 날아가 누수를 탐지했다. 스테이저는 부패하는 사체에서도 같은 화학물질이 발산된다는 사실을 알아냈다. 그리고 캘리포니아 상공에서 메르캅탄을 뿌렸더니 칠면조독수리들이 곧바로 날아와 둥근 대형을 이루는 것을 확인했다.

독수리의 후각을 두고 수십 년간 이어진 혼란은 몇 가지 기본적 오해에서 비롯했다. 우선 가장 존경 받는 이 미국 조류학자는 사람들이 생각한 것만큼 새에 주의를 기울이지 않은 것 같다. 존 오듀본이 기술한 독수리 중에는 죽은 고기뿐 아니라 살아 있는 동물을 사냥하는 데에도 관심을 보이는 개체가 있었는데, 그렇다면 오듀본이 말한 새는 칠면조독수리Cathartes aura가 아니라 검은대머리수리Coragyps atratus였을 가능성이 크다(칠면조독수리는 머리가 붉은색, 검은대머리수리는 머리가 검은색임_옮긴이).

둘째로 오듀본은 모든 독수리가 비슷한 후각 능력을 보인다고 가정했으나 그 역시 사실이 아니다. 총 23종의 독수리는 아프리카, 아시아, 유럽에 사는 구대륙 독수리와 미대륙에 서식하는 신대륙 독수리로 뚜렷이 나뉜다. 구대륙 독수리와 신대륙 독수리는 서로 생김이나 행동이 비슷하지만 서로 먼 친척 관계로 분류 체계상 같은 속은커녕 같은 과에도 속하지 않는다. 모든 독수리가 시각을 통해 사냥하지만, 칠면조독수리를 포함한 소수의 신대륙 독수리는 후각을 이용해 먹이를 찾는다. 중요한 점은 오듀본이 착각한 검은대머리수리는 후각을 사용하지 '않는' 무리에 속한다는 사실이다.

셋째로 일반적 통념에도 불구하고 독수리는 먹이를 가려서 먹는 날짐승이다. 인간처럼 독수리도 육식동물보다는 죽은 초식동물을 선호한다. 그리고 무엇보다 지나치게 부패한 사체는 좋아하지 않는다. 1980년대에 있었던 한 재밌는 실험에서 과학자들은 파나마 정글에 닭고기 74마리를 숨겨두었는데, 칠면조독수리들이 생각하는 "완벽한" 부패는 반드시 사후 이틀째의 알단테(적당히 씹히는 맛이 있는) 상태로 더도 덜도 안 된 것이어야 했다. 그러니 아메리카 칠면조독수리가 존 오듀본의 상한 돼지고기나 존 바크먼의 오래된 내장을 보고 콧방귀를 뀐 것도 당연한 일이다. 냄새를 맡지 못해서가 아니라 단지 그 고기가 너무 심하게 맛이 갔기 때문이었다.

최근에 칠면조독수리의 후각 탐지 능력에 대한 뉴스가 독일 정부 범죄 수사과의 관심을 끌었다. 이곳에서는 독수리를 훈련하여 마약 탐지견을 대체하려는 시도가 최초로 진행되었다. 경찰관 라이너 헤르만 Rainer Herrmann은 독수리의 냄새 맡는 재주를 좀 과하게 부풀려 방송한 야생동물 다큐멘터리를 시청한 후 이 기상천외한 발상을 떠올렸다. 헤르만은 GPS 추적기를 장착한 독수리가 뒤로는 랜드크루저 함대를 이끌고 개보다 더 넓은 지역을 신속하게 탐색할 수 있게 되길 바랐다.

현지의 조류 공원에서 데려온 칠면조독수리 한 마리가 시범 동물로 선정되어 셜록이라는 이름을 얻었다. 이 새는 극히 독일인다운 이름을 가진 게르만 알론조German Alonso라는 헌신적인 조련사에게 훈련을 받았다. 이처럼 기발한 동물 기용이 많은 언론의 관심을 끌어 전국 40개 경찰서에서 독수리 서비스를 요청했다고 한다.

알론조는 독수리를 길들이는 임무에 일말의 의구심을 가졌다. 알론조는 독수리가 죽은 인간과 죽은 동물을 잘 구별하지 못한다고 생각했다. 실제로 이로 인해 꽤 여러 번 가짜 경보가 울렸다. 그러나 이 훈련사는 독수리들이 자기가 발견한 증거를 먹어치울 가능성에 대해서는 놀랄 만큼 태연했다. 알론조는 전국 언론사에 다음과 같이 발표했다. "어차피 일어날 일이고 막을 수 없습니다." 그리고 이해를 돕기 위해 이렇게 덧붙였다. "그러나 시체를 전부 먹어치우지는 않을 겁니다. 어차피 그만큼 먹지도 못해요. 설사 새들이 조금 먹는 게 뭐 어떻습니까. 어차피 피해자를 구하기엔 이미 늦었는데요." 이런 태도는 행방불명된 피해자의 어머니를 위로하는 태도라 볼 수 없고, 훼손되지 않은 단서를 필요로 하는 법의학자와 과학 수사팀에도 마찬가지였다.

그러나 누구보다 셜록 자신이 새로운 직업에 열의가 없었다. 셜록은 훈련 중에 특정 물건, 이를테면 사체를 둘렀던 천 조각을 찾아 하늘을 나는 걸 싫어했다. 대신에 좁은 지역을 직접 발로 뛰며 조사하고 초조하게 돌아다녔다. 어떨 땐 불안한 나머지 숲속에 숨어버리거나 수색

⊙ 게르만 알론조가 훈련 중인 탐정 셜록에게 행방불명된 사람의 냄새를 맡으라고 독려하고 있다 (물론 눈이나 항문을 공격하는 일이 없길 바라며).

명령이 떨어지자 줄행랑을 치기도 했다. 미스마플과 콜롬보라는 이름의 어린 독수리 두 마리가 독수리 탐정 가족의 일원이 되어 현장에 합류했으나, 이들이 하는 짓이라고는 싸움박질뿐이었다.

야생 칠면조독수리가 가스 누수를 잡는 특출한 재주가 있는지는 모르지만, 사육된 소수의 독수리들은 당대 최고 탐정들의 이름을 물려받았음에도 이들의 후각만 믿고 범죄 해결을 맡길 수는 없는 지경이었다. 이는 오늘날에도 독수리의 감각이 쉽게 과장될 수 있음을 보여주는 예다. 헤르만 경관은 이 새가 1킬로미터나 떨어진 곳에서도 죽은 생쥐의 냄새를 맡을 수 있다고 철석같이 믿었다. 이것은 사실이 아닐 가능성이 크다. 최근 연구 결과에 따르면, 독수리가 시체 냄새를 맡기 위해서는 저공비행을 해야 한다는 것이 밝혀졌기 때문이다. 따라서 찰스 워터턴이 주장한 대로 칠면조독수리가 후각을 이용해 사체를 찾을 수 있다 하더라도 실제 이들의 후각은 마약 탐지견 수준에도 미치지 못할뿐더러 사실 인간보다 낫다고 볼 수도 없는 정도다.

독수리의 시력 역시 신화의 경지에 올랐다. 남아프리카에서는 독수리가 시력이 매우 뛰어나 미래를 내다보는 "투명한 시야"를 소유했다고 믿었다. 몇 년 전 나는 조사차 남아프리카공화국의 요하네스버그에 전통 의약품 시장인 무티muti를 방문했다. 상인들이 좌판에 온갖 동물의 부위를 늘어놓고 팔았다. 나는 수십 명의 사람들이 줄지어 독수리의 뇌가 담긴 작은 병을 사는 걸 보았다. 이들은 천리안을 얻기 위해 독수리의 뇌를 태워 연기를 마신다고 했다. 복권이 출시된 이후로 독수리의 뇌가 시장에서 가장 잘 팔리는 상품이 되었다고 한다. 독수리 보호 단체 회원들이 아무리 연기를 많이 들이마신다고 한들 어떻게 이런 예상 밖의 사회현상을 예측할 수 있을까 싶다.

독수리가 무려 4킬로미터 밖에 있는 죽은 동물도 찾아낼 수 있다는 사실은, 온라인상에서 독수리에 대한 과학 정보를 제공하는 사이트에서도 자주 인용되는데 그나마 신뢰할 만하다. 그러나 독수리의 눈을 절개한 해부학자들은 독수리의 시력이 인간보다 2배 정도 나은 데 불과하다는 사실에 놀랐다. 또한 독수리는 두 눈을 동시에 사용해 사물을 보는 쌍안시가 없다. 더군다나 눈부신 태양 빛으로부터 눈을 보호하기 위해(또한 새가 특유의 포악한 시선을 보낼 수 있도록) 안구의 융기가 발달한 덕분에 심각한 맹점(망막에 상이 맺히지 않는 지점_옮긴이)을 갖고 있다.

죽음의 현장에 그토록 신속하게 떼 지어 나타나는 섬뜩한 능력은 고도로 발달한 또 다른 기관 때문이다. 바로 뇌다. 독수리는 서로를 관찰하면서 배우는 영리한 생명체다. 대부분 혼자서는 죽은 동물을 발견할 수 없다. 대신에 여러 마리가 원형을 그리며 날고 있는 장소를 보고 그쪽을 향한다. 이런 대형은 수 킬로미터 밖에서도 쉽게 눈에 띄기 때문이다. 어린 독수리는 부모에게 꽤 오랫동안 시체 청소부로 적합한 기술을 배운다. 그리고 핏줄을 나눈 새들이 함께 모여 씨족을 이루고 가족이 가깝게 붙어 지낸다. 종이 다른 독수리들도 많은 수가 함께 모여 쉬기도 한다. 과학자들은 청소 동물의 사교 모임이야말로 새들이 순식간에 사라지는 먹이원의 위치 정보를 얻는 방법이라고 제안한다.

○ ○ ○

대규모 독수리 집단이 정말로 저녁거리에 대한 정보를 서로 나누는지는 아직 증명되지 않았다. 그러나 한 가지는 확실하다. 독수리의 출현이 인간 사회에서 대체로 반갑게 받아들여지지 않는다는 사실이다. 한 예로, 지구온난화 현상 때문에 북쪽 지방으로 떠밀려 간 약 500마리의 칠면조독수리가 겨울철 이동 경로 중에 미국 버지니아주의 스톤턴을 경유지로 결정하자 그림엽서에나 나올 법한 이 역사 도시의 주민들은 별로 달가워하지 않았다.

"혐오스럽잖아요." 한 지역 주민은 《워싱턴 포스트》에 새 이웃을 묘사하며 이렇게 말했다. 새들은 그녀의 깨끗하게 정돈된 집 앞 진입로에 마치 잭슨 폴록(물감을 뿌리는 듯한 화법으로 유명한 추상표현주의 화가_

옮긴이)이라도 된 듯 배설물을 여기저기 뿌려놓았다. 그 정도는 예상한 것이었다. 독수리는 이른바 똥싸개 어른이기 때문이다. 이들은 일종의 소변 발한urohidrosis이라는 걸 하는데, 체온을 시원하게 유지하기 위해 다리에 변을 지리는 행동을 완곡하게 표현한 것이다. 결코 우아한 방식은 아니지만 땀으로 체온 조절을 할 수 없는 새들에게는 나름의 묘책이다.

이 독특한 발한법이 가져오는 결과는 눈에만 거슬리는 게 아니다. "암모니아나 쓰레기 냄새가 나요"라고 또 다른 버지니아 주민이 말했다. 그러나 지린내가 전부가 아니었다. "놈들은 XX처럼 추하기 짝이 없어요. 한번은 길을 걷다 모퉁이를 돌았는데, 묘비 위에 한 50마리가 앉아 쉭쉭거리는 거예요. 공포 영화를 보는 줄 알았다니까요. 나한테 다가오기라도 했으면 다 죽여버렸을 겁니다."

총을 사랑하는 스톤턴 주민들에게는 안된 말이지만, 미국에서 칠면조독수리는 보호종이라 함부로 죽이면 엄청난 벌금을 물어야 한다. 이에 좌절한 한 지역 주민이 임시방편으로 독수리에게 페인트볼(두 팀으로 나누어 페인트가 든 탄환을 쏘는 게임_옮긴이)을 쏘았는데, 이에 독수리들은 매우 불쾌한 방식으로 대응했다. 그는 《워싱턴 포스트》에 다음과 같이 인터뷰했다. "글쎄, 이놈들이 아들한테 토를 하는 게 아니겠어요? 어깨에 간 쇠고기 한 덩어리가 올려진 거 같았다고요. 정말 역겨웠어요. 애 윗도리를 벗겨 토사물을 치우고 울고불고 난리 치는 애를 달래느라 죽을 뻔했다고요."

독수리의 일차 방어는 대개 뱃속에 들어간 저녁 식사를 상대에게 던지는 것으로 시작한다. 물론 독수리의 배가 부를 때 얘기지만, 칠면조독수리의 저녁밥이 — 버지니아에서라면 아마 대부분 차에 치여 죽은 동물이나 동물의 배설물을 먹었을 텐데 — 사람이 먹을 만한 음식이 아니라는 전제하에 이 방어용 구토를 맞고 스톤턴 이웃들이 얼마나 돌아버릴 지경이었을지 불을 보듯 뻔하다. 조류 무법자들을 도시 밖으로 쫓아내 달라는 요청을 받고 미국 농무부의 '환경 경찰'이 출동했다. 죽은 독수리를 새들의 쉼터에 매달아놓고 폭죽을 설치한 끝에 극적인 마지막 결전에서 여러 마리가 영원히 지구에서 추방됐다.

버지니아의 선한 시민들이 느꼈듯이, 독수리는 오랫동안 인간의 감각을 거슬러온 반갑지 않은 습성들만 모아서 자랑한다. "이 새의 나태와 불결, 탐욕은 정도를 넘어섰다"라고 뷔퐁 백작은 독수리에 대한 비난을 또 한 번 장황하게 늘어놓았다. 뷔퐁과 달리 감정에 흔들리는 법이 별로 없는 찰스 다윈 역시 이 새의 사적인 버릇을 참을 수 없었던 모양이다.《비글호 항해기The Voyage of the Beagle》에서 다윈은 칠면조독수리를 "벗어진 주홍색 머리를 하고 썩은 것들 사이에서 뒹구는 역겨운 새"로 묘사했다. 다윈의 묘사는 편견으로 덧칠돼 있는 데다 명백히 틀린 것이었다. 큰풀마갈매기를 비롯한 다른 조류 청소 동물들은 머리에 깃털을 달고도 얼마든지 피투성이에 괴기스럽다. 독수리의 벗어진 머리는 새가 시원한 온도를 유지하는 데 도움이 될 수 있다. 체온을 조절하기 위해 다리에 배설하는 것처럼 미모를 포기해야 하는 적응이 또 하나 추가된 셈이다.

겉모습은 얼마든지 사람을 속일 수 있다. 이 대형 시체 청소부가 다리에 자기 똥을 묻히고 다닌다고 해서 함부로 더럽다고 말해선 안 된다. 그리고 시체를 뜯어 먹고 사는 모습이 상류 파리지앵 자연과학자의 눈에 차지는 않겠지만 그렇다고 결코 굴욕을 당할 만큼 퇴화한 식사법은 아니다. 사실은 정반대다. 나는 남아프리카 독수리 보호구역에서 자연보호론자 케리 월터Kerri Wolter와 함께 지내며 이 사실을 배웠다. 케리는 이곳에서 14년이 넘도록 이 새와 함께 지내며 연구했다.

○ ○ ○

케리는 너무 늦기 전에 억울하게 음해를 받아온 이 생물에 대한 대중의 인식을 바꾸기 위해 십자군 운동을 하는 중이다. 전 세계적으로 독수리는 가장 빠르게 감소하는 범주에 속하는 새다. 남아프리카에서 발견되는 9종 중에서 한 종을 제외한 나머지가 모두 멸종 위협을 받고 있다.

요하네스버그 공항에서 보호구역까지는 자동차로 가까운 거리다. 보호구역은 상자 모양의 단조로운 콘크리트 건물이 들어찬 수도 프리토리아의 외곽에 별로 조화롭지 못하게 자리해 있다. 케리는 전선에 감전됐거나 독극물에 중독되었다가 구조된 새를 돌보는데, 총 130마리 가운데 대부분이 멸종 위기 상태에 있는 구대륙 케이프독수리*Gyps coprotheres*이다. 나는 마침 새들의 점심시간에 맞춰 도착했는데, 곧바로 작업에 투입되어 약 10여 마리의 번식 집단이 머무는 가장 큰 우리에 방금 도살한 소고기를 가져다주는 일을 도왔다.

맨 처음 눈에 띈 것은 독수리의 크기였다. 몸무게 약 10킬로그램에서 있을 때 키가 1미터 정도인 케이프독수리는 남아프리카에서 몸집이 제일 큰 구대륙 독수리이고 날아다니는 새 중에서 가장 덩치가 크기도 하다. 여기저기 흩어져 있는, 자주 발견할 수도 없는 드문 먹이원에 의존해야 하는 육식동물에게 몸집의 크기는 중요한 문제다. 배가 고파도 밖에 나가 사냥할 수 없는 환경에서는 먹을 수 있을 때 양껏 먹고 이후에 저장해놓은 지방으로 살아가는 게 도움이 된다. 몸의 크기는 또한 모두가 나눠 먹어야 하는 사체 앞에서 작은 살점을 두고 경쟁해야 하는 동료 청소부를 위협하는 데도 도움이 된다. 분명 이 새들은 위협적이었다. 우리에 들어가기 전 케리가 내게 독수리가 내 눈을 좋아할지도 모르니 꼭 선글라스를 쓰라고 조언할 때부터 나는 이미 겁을 먹었다.

시체를 청소하는 행위는 고도로 분화된 전문적인 행동이라 독수리 종은 부리의 생김에 따라 다양한 "길드"로 나뉜다고 케리는 설명했다. 찢는 놈, 쪼는 놈, 뜯는 놈이 서로 서로 쉽지 않은 적대적 팀워크를 형성하고 공동의 사체 앞에서 함께 작업한다. 나는 '뜯는 놈'이 가장 내 눈에 눈독을 들일 것으로 생각했는데, 바로 맞았다.

"남아프리카에서 주름얼굴대머리수리*Torgos tracheliotos*는 칼잡이입니다"라고 케리가 말했다. 이 '찢는 놈'들은 짧은 목과, 좁고 강력한 부리로 제곱센티미터당 1.4톤에 해당하는 압력을 가해 질긴 살가죽을 찢는다. 한편 케이프독수리는 진정한 '뜯는 놈'으로, 근육질의 긴 목에 부리가 날카로워 사체 속 깊이 머리를 들이밀고 부드러운 살과 내장을 먹어치운다. 그러나 인상적인 몸 크기에도 불구하고 케이프독수리는 스스로 사체를 찢어 열지는 못한다. 그래서 주위에 주름얼굴대머리수리가 없으면 끼니를 구할 수 있는 유일한 방법이 눈이나 항문 같은 자연 개구부를 이용하는 것이다. 케리가 설명해주었다. "이 독수리들은 처음부터 부드러운 부분을 공략할 거예요." 나는 선글라스를 다시 한 번 확인하고 울타리 쪽으로 물러났다.

케리는 이 병동 식구들을 매우 자랑스러워한다. "독수리들은 가장 효율적인 청소 동물이에요. 특별히 적응된 갈고리발톱으로 뼈에서 살을 깨끗이 발라내지요. 발과 다리가 튼튼해서 사체를 단단히 누르고서 있을 수 있어요. 목이 길고 깃털이 달리지 않은 놈들은 사체 깊숙이 머리를 박고 내용물을 꺼내 먹습니다"라고 케리는 열변을 토했다. 케리는 쪼는 종과 뜯는 종이 살을 다 발라내고 나면 남은 뼈를 먹도록 진화한 종도 있다고 했다.

이처럼 독수리 사회의 분업 체계를 이해하고 나면, 왜 갓 죽은 동물 주위에서 어떤 독수리들은 멀뚱멀뚱하니 서서 바보처럼 지켜만 보는지 알 수 있다. 이런 행동이야말로 이들이 신선한 살코기보다 썩은 고깃덩어리를 더 좋아한다는 속설을 만드는 데 기여했을 것이다. "코끼리 시체가 며칠째 제자리에 있는데 아무도 건드리지 않은 적이 있어요. 그건 독수리가 썩은 고기를 좋아해서가 아니라 가죽을 잘라내지 못하기 때문입니다. 단지 부드러워질 때까지 기다렸다가 찢어서 몸을 열려고 하는 것뿐이지요."

일단 사체로 진입하자 그때부터는 이런 야단법석이 또 없었다. 뷔퐁은 먹이를 먹는 독수리들을 "이유 없는 분노의 쓴맛을 보여준다"라고 묘사했다. 나는 이것이 쿠엔틴 타란티노Quentin Tarantino가 감독하고 아메리카 핫도그 먹기 대회에서나 볼 법한, 토할 것 같은 속도로 음식을 꾸역꾸역 넣고 있는 원조 '앵그리버드'가 주연하는 일종의 블랙코미디 같다고 생각했다. 스파게티처럼 얽힌 새들의 모가지와 벗어진 머리에 엉겨 붙은 핏덩어리, 여기저기 들러붙은 파리 뒤로 소 한 마리가 순식간에 사라지자 그제야 놈들은 날개를 펴고 걷는 놈부터 쉭쉭거리는 소리를 내는 놈, 침 흘리는 놈, 조는 놈, 이리저리 자세를 취하는 놈, 쪼는 놈으로 흩어졌다.

우리는 독수리의 먹이 습관에 대해 본능적 혐오감을 느낀다. 그리고 그럴 만한 충분한 이유도 있다. 인간은 썩은 고기를 먹으면 보툴리눔 식중독균이나 탄저병처럼 치명적 감염병을 포함해 각종 질병에 걸려 아주 빨리, 아주 심하게 앓을 것이다. 그러나 독수리는 배터리 산에 맞먹는 산도를 가진 동물계 최강의 위산으로 병원균을 제거함으로써 살아남는다. 그리고 보너스로 독수리의 배설물 역시 부식성이라 식사 후 발에 변을 보기만 해도 저절로 소독된다. 케리는 내게 독수리의 배설물은 살균력이 뛰어나 점심 먹기 전에 손을 씻는 데 사용해도 될 정도라고 말했다. 나는 케리의 말을 믿어보기로 했다.

사회적으로 사용하기 곤란한 형태의 손 세정제임에도, 이 악취 나는 분비물은 새를 청결히 해줄 뿐 아니라 질병이 확산되는 것을 막아준다. 역병을 빨아들이고 동시에 청결을 배설함으로써 독수리는 매우 효과적인, 두 배로 빠른 범죄 현장 청소 팀이 되는 것이다. 전염병이 발생하거나 멀리 퍼질 시간도 없이 약 100마리의 독수리가 20분 만에 사체 해체 작업을 마친다. 몸에 들러붙은 얼마 안 되는 찌꺼기조차 새똥 세정액이 흐르면서 싹 씻겨 내려간다.

자연과학자들은 독수리들이 먹이를 해치우는 속도를 보고 "이기적인 탐욕의 혐오스러운 광경"이라고 비난했다. 그러나 케리는 이를 영웅의 배포가 드러난 행동으로 다시 정의해야 한다고 말한다. 최근 연구에 따르면, 독수리가 없는 지역에서는 사체가 분해되는 시간이 3~4배나 더 걸린다. 바로 병원균들이 좋아하는 환경이 조성되는 것이다. 죽은 동물을 청소하는 독수리 덕분에 우리는 궁극적으로 의료 및 보건 그리고 쓰레기 수거에 들어가는 어마어마한 비용을 절감한다.

우리는 독수리가 급격히 감소하는 지역에서 이 비용의 가치를 생생히 느낄 수 있다. 케리는 다음과 같이 지적했다. "인도와 파키스탄을 봅시다. 이 지역에서는 독수리가 거의 전멸하는 바람에 정부가 국민의 건강과 관련된 사안에 340억 달러 이상을 썼습니다." 인도의 독수리는 디클로페낙이라는 항염증제를 처리한 죽은 소를 먹은 후 중독되어 실질적으로 멸종 상태가 되었다. 인도의 주요 독수리 3종의 최대 99퍼센트가 대량 살상된 것으로 추정된다. 이렇게 많은 독수리가 사라지자 썩은 고기가 넘쳐났다. 그 연쇄반응으로 유기견과 광견병이 대폭 증가했다.

케리는 다음과 같이 말했다. "코뿔소 밀렵을 방지하는 데 들어가는 돈은 독수리 보전 비용과 비교하면 천문학적 차이가 납니다. 청소 동물을 위한 지원금은 한정적입니다. 사람들이 이들을 좋아하지 않기 때문이지요. 하지만 말도 안 된다고 생각합니다. 우리가 코뿔소를 잃는다면 물론 슬픈 일이지만 — 저도 코뿔소를 정말 좋아합니다 — 그래도 세상은 계속 돌아갈 겁니다. 하지만 우리가 독수리를 잃는다면 아프리카 전체가 붕괴하고 결국 개개인에게 모두 영향을 미칠 겁니다." 케리는 계속 말을 이었다. "사람들은 바로 이 점을 이해하지 못하고 있습니다. 고정관념이 바뀌어야 해요. 미인 대회를 생각해볼까요? 사람들은 미스 월드가 있다는 걸 알고 또 모두가 가장 아름다운 여성을 응원합니다. 하지만 가장 아름다운 여성이 세상을 바꾸는 건 아닙니다. 그건 그 뒤에 있는 사람들일지도 몰라요."

미스 월드 — 이 경우에는 코뿔소 — 가 어린아이에게 토를 하거나 자기 다리에 똥을 싸지 않는 것만으로도 도움이 된다고 할지 모른다. 그러나 어느 것도 케리에게서 자신의 임무에 대한 열의와, 사실은 독수리가 아주 아름다운 새라는 믿음을 빼앗지 못한다. 케리는 독수리에게 "카리스마"가 있다고 생각한다. "이 새들은 자유의 완벽한 본보기입니다." 그리고 케리는 독수리의 아름다움을 진정으로 느낄 수 있으려면 이들이 하늘을 나는 모습을 봐야 한다고 했다.

케이프독수리가 끼니를 찾아 장거리 탐색에 나설 때는 되도록 경제적으로 움직여야 한다. 어린아이 몸무게라고 해서 비행 시 에너지가 더 절약되는 건 아니다. 힘들게 날개를 퍼덕이지 않고 몇 시간씩 수천 킬로미터를 여행하는 것은 고사하고 단순히 하늘에 떠 있는 것도 무척 어려운 일이다. 독수리는 이 문제를 해결하도록 진화했다. 이들은 에너지를 거의 쓰지 않고도 시속 80킬로미터로 날 수 있다.

독수리가 어떻게 공기역학적 경이로움을 달성하는지 파악하기 위해 나는 산에서 뛰어내릴 용기를 냈다. 케리의 공동연구자 월터Walter 는 열렬한 패러글라이딩 선수다. 월터는 내게 독수리의 사교성을 비롯해 다른 성격은 물론이고 이 새의 아름다움을 가장 가까이서 경험하게 될 것이라는 확신을 주었다. 나는 일리 있는 말이라고 생각했다. 마할리스버그산맥의 산마루에 있는 출발점에 도달할 때까지는 말이다. 이 산은 에베레스트보다 100배는 오래되고 높이가 900미터 가까이 되는 거의 수직에 가까운 아주 오래된 절벽 층이다.

케이프독수리처럼 이렇게 오래된 절벽의 험준한 바위틈에 둥지를 트는 대형 독수리 종은 최소한의 힘만으로 공중에 몸을 띄우기 위해 고도를 이용한다. 그다음에 인상적인 2.5미터 너비의 날개를 펴고 상승기류나 열 기류에 올라타 마치 보이지 않는 엘리베이터에 탑승한 것처럼 하늘을 향해 수천 미터를 날아오른다. 오늘 나는 월터의 믿음직한 2인용 패러글라이드를 타고 그에게 몸이 묶인 채 독수리와 비슷한 경험을 할 것이다.

나는 절벽 끄트머리 너머 아래로 멀리 아른거리는 계곡을 보았다. 순간 나는 새가 아닌데… 하는 생각이 뒤늦게 들었다. 월터가 플라스틱으로 된 헬멧을 주었고, 그걸 머리에 성실히 묶으며 이런 허술한 안전모가 오늘 아침 '부리 달린 잠재적 강도'에 대항한 내 면바지만큼의 보호라도 제공할 수 있을까 하는 생각이 들었다.

패러글라이딩은 반反직관적인 스포츠다. 만화에서처럼 문자 그대로 허공을 향해 절벽에서 뛰어내리면 된다. 이 절대적 믿음의 도약 뒤에는 무게를 느낄 수 없는 끔찍한 순간이 뒤따라왔다. 그때 글라이더의 날개가 위로 상승하는 공기를 붙잡았고 우리는 동그라미를 그리며 위로 치솟기 시작했다.

처음엔 우리뿐이었다. 그러나 난데없이 상승기류 주변으로 소용돌이처럼 돌아가는 독수리들이 하나둘 합류했다. 케리가 말했듯이 새들은 공중에서 매우 달라 보였다. 호기심과 장난기가 넘쳤다. 그리고 정말 아름다웠다. 월터의 고도계에서 계속해서 삑삑대는 소리가 아니면 열 기류는 보이지 않는 롤러코스터처럼 이리저리 부딪혀 예측할 수 없었다. 변덕스러운 기류에 몸이 거칠게 흔들리고 앞으로 쏠렸다. 그러나 독수리는 바람과 한 몸이 된 듯했다. 힘들지 않게 눈이 돌아갈 정도의 급강하를 시도하더니 마치 완벽한 비행을 과시하듯 대형에서 떨어져 나가 위로 솟구쳐 올라가면서도 그 거대한 날개를 단 한 번도 움찔거리지 않았다.

○ ○ ○

독수리 날개는 활공 비행에 완벽하게 적응되었다. 그래서 윌버 라이트Wilbur Wright는 몇 시간 동안 칠면조독수리의 비행을 관찰한 뒤 이를 모델로 삼아 처음으로 비행에 성공한 비행기 날개의 안정 장치를 개발했다. 안타깝게도 오늘날 라이트 형제가 만든 첫 번째 비행기의 개념적 후손들은 지나치게 복잡한 하늘에서 자신에게 영감을 준 존재와 충돌하고 있다.

항공업계에서는 잘 알려진 일이지만, 버드 스트라이크(조류 충돌)는 위험한 사건이다. 미국 정부는 한 해에 9억 달러 이상의 비용을 들이고, 1985년 이후로 비행기 30대를 파손한 새는 테러리스트보다 더 치명적인 존재가 되었다. 이런 이유로 미군은 최신 제트 엔진 비행기를 대상으로 직사거리에서 대포로 닭을 쏘아 조류 저항력을 테스트한다. 죽은 닭들이라면 알고 있겠지만.

"적"의 움직임을 파악하고 예측하기 위한 시도에서 워싱턴 DC 스미스소니언연구소의 깃털 식별 실험실에서는 법의학적 측면에서 조류학을 매우 심각하게 받아들인다. 연구원들은 항공기에 가장 흔한 위협이 되는 새를 식별하기 위해 DNA 염기서열을 분석한다. 연구소는 '스나지snarge', 다시 말해 새가 비행기에 부딪혔을 때 묻은 혈흔이 담긴 봉투를 매주 수백 개씩 받는다. 칠면조독수리는 미국에서 비행기를 가장 많이 손상하는 새 1위에 등극하여 조종사들 사이에서 별로 인기가 없다.

몇몇 영문 모를 스나지의 사례는 드라마 〈엑스파일The X-Files〉에 등장해도 좋을 것 같다. 스미스소니언의 스컬리(〈엑스파일〉의 여주인공_옮긴이)는 잡지 《와이어드Wired》에서 다음과 같이 말했다. "우리는 개구리, 거북이, 뱀을 식별했습니다. 한번은 꽤 높은 고도에서 고양이가 부딪힌 적도 있지요." 어떻게 전형적인 육상 생물이 1킬로미터가 넘는 고도에서 비행기에 부딪힐 수 있는지 황당해하던 연구원들은 마침내 이 스나지 피해자들은 맹금류가 비행 중에 발톱이 느슨해지는 바람에 놓친 사냥감이라는 결론을 내렸다. 따라서 뷔퐁 백작의 도량이 넓은 수리eagle(여기서는 청소 동물인 독수리와 다르게 주로 사냥을 하는 매와 같은 맹금류를 뜻함. 이 장의 맨 첫 페이지 참조_옮긴이) 역시 미국 비행기를 추락하게 만든 것에 대해 똑같이 비난 받아 마땅하다. 물건을 잘 떨어뜨린다는 이유로 말이다.

여러 해 동안 스미스소니언의 스나지 형사들은 약 500종의 조류와 40종의 육상동물(고도 500미터에서 비행기에 충돌한 토끼를 비롯해)을 식별했다. 그러나 아마도 가장 믿을 수 없는 것은 한 상업용 비행기를 코트디부아르에 긴급 착륙시킨 1만 1,000미터 상공에서의 충돌이었을 것이다. 이것은 지금까지 기록된 것 중에서 가장 높이 난 새였다. 비행기에 묻은 깃털 잔여물을 조사한 결과 대대적인 팡파르를 울리며 루펠그리폰독수리Gyps rueppelli로 판명 났다. 이 새가 왕관을 쓰게(그리고 처참한 최후를 맞게) 된 것은 혈액 속 헤모글로빈 때문이다. 이 독수리의 헤모글로빈은 웬만한 동물들이 기절해버리는 저기압에서도 산소를 흡수할 수 있도록 특별히 적응되었다.

이 그리폰독수리(흰목대머리수리)는 아마 유독 높이 날았던 실력자였을 것이다. 보통 독수리는 보수적으로 비행한다고 알려졌다. 그렇지만 6,000미터 역시 머리가 돌아가는 높이다. 한 열 기류에서 다른 열 기류를 타고 활공함으로써 이들은 아프리카 대륙을 가로질러 건기를 좇아가면서 병약한 동물들을 잡아먹는다.

한 최근 연구에서 루펠그리폰독수리가 먹이를 찾아 탄자니아에 있는 둥지에서 케냐를 거쳐 북쪽으로 수단과 에티오피아까지 이동하는 것이 관찰되었다. 이처럼 국경을 넘나드는 행위로 인해 이 새와 그들의 인간 구세주는 때로 정치적 곤경에 빠지곤 한다. 멸종 위기에 처한 그리폰독수리를 원 보금자리인 이스라엘에 다시 도입하려는 장기 프로젝트가 피해망상과 정치적 이유로 좌절되었다. 이스라엘의 텔아비브대학교 연구원들은 독수리에게 꼬리표를 붙여 뒤를 추적했다. 그런데 장거리를 오가는 생활 방식 때문에 독수리들은 빈번하게 이스라엘의 국경을 넘어갔다. 중동 지방의 아슬아슬한 국제 관계 속에서 이 독수리들은 정부에 포획되어 이스라엘 정보기관인 모사드의 스파이라는 혐의를 받았다. 2011년 사우디아라비아 정부는 시온주의자들의 음모에 가담했다고 의심되는 한 새를 체포했다. 그로부터 3년 뒤에는 또 다른 독수리가 수단에서 억류되었다. 2016년에는 UN이 개입하여, 새에 달린 GPS 추적기를 몰래카메라라고 의심한 레바논 마을 주민들이 포획한 독수리를 돌려보냈다.

독수리 복원 프로젝트를 주도한 환경운동가 오하드 하초프Ohad

Hatzofe는 이에 격분하여 다리에 이메일 주소를 남기고 다니는 간첩이 어디 있겠느냐며 의심할 만한 일이 아니라고 지적했다. 프로젝트에 관해 묻는 중동 신문의 질문에는, 만일 정말로 비밀 요원을 기용할 생각이었다면 죽은 낙타나 염소에 관심을 "덜" 보이는 동물로 골랐을 것이라고 냉소적으로 답했다.

인간은 독수리가 우리의 의혹을 살 만한 아무 짓도 하지 않았음에도 늘 의심해왔다. 독수리가 비밀 요원으로 활동했다는 발상은 판테온에 추가되어 마땅한 우스운 현대판 유언비어라고 생각되지만, 사실 인간이 자신들의 전쟁놀이에 동물을 기용한 적이 없는 것은 아니다. 다음으로 우리 인간이 미워하고 싶어 하는 또 다른 동물, 박쥐를 만나보자. 제2차 세계대전 때 미군은 실제로 박쥐를 징집하여 방화를 기도했다.

제6장

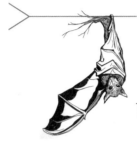

박쥐

박쥐목
Chiroptera

한 선원이 악마를 보았노라고 떠들어대면서 묘사하기를,
"… 뿔과 날개가 있으나 잔디 사이를 어찌나 느리게 기어 오는지
내가 겁을 먹지 않았다면 만져볼 수도 있었을 것이다."
후에 생각하니 이 불쌍한 친구가 박쥐를 본 것 같다.
박쥐는 색이 검정에 가깝고 크기는 자고새만 하다.
선원의 두려움이 이 악마에게 뿔을 달아놓았다.

• 제임스 쿡James Cook 선장, 《발견의 항해Voyages of Discovery》, 1770

세계에서 유일하게 날개 달린 포유류가 팔자에 없는 유튜브 스타가 되었다. 털이 보송한 귀여운 얼굴이나 이빨을 드러낸 미소 때문이 아니다. 초대 받지 않은 집에 등장했을 때의 순간을 담은 음침한 영상 때문이다. 온라인에서 인간 대 날개 달린 침입자의 대결을 담은 동영상은 하위 장르로 따로 분리될 만큼 수가 많다. 겁에 질린 가족을 진정시키기 위해 어쩔 수 없이 필사적인 방어 모드로 태세를 갖췄지만 정작 본인도 어찌할 바를 모르는 아버지가 대개 주연을 맡는다. 히스테리 상태가 된 엄마는 아이들을 안전하게 화장실에 가두고 자신은 머리카락을 덮어쓴 채 흐느끼며 바닥을 기어 다닌다. 모두가 슬래셔 영화 속 저주 받은 10대처럼 비명을 질러댄다. 아버지는 대부분 손에 맞지 않는 오븐 장갑이나 빗자루, 담요 등 도움이 안 되는 무기로 무장한다. 물론 헐크처럼 체격 좋은 한 텍사스 남성이 너무나 겁에 질린 나머지 자기 엄지손가락만 한 동물을 잡아넣지 못해 아이가 부엌에서 아기용 식탁 의자에 앉아 "안 돼" 하고 울어 젖히는 가운데 라이플총으로 박쥐를 근거리 사격하는 지경에 이른 적도 있긴 하지만 말이다.

이것들은 현대판 쓰레기 비디오다. 사실 현실의 평범한 일상에 공포를 불러온 이 끔찍한 괴물은 그저 길 잃은 작은 식충 동물에 불과하다.

박쥐는 인간이 처음 집을 지은 순간부터 사람의 집에 날아들었을 것이다. 아마도 인간이 처음으로 아늑한 동굴에 은신처를 찾았을 때부터 말이다. 엄밀히 따지면 우리가 박쥐의 집에 침입한 셈이다. 박쥐는 단순히 보금자리를 찾아 헤매거나 곤충을 쫓아다닐 뿐 우리에겐 눈곱만큼도 관심이 없다. 그러나 수 세기 동안 고대 민간 설화는 이와 같은 예기치 않은 침입을 죽음의 징조로 해석했다. 비명을 지르는 것도 당연하다.

오늘날 박쥐에 대해 지속적으로 공포를 느끼는 사람은 진짜로 공포증을 앓고 있다. 바로 박쥐 공포증이다. 박쥐목Chiroptera은 그리스어로 "날개 달린 손翼手"이라는 뜻으로 총 1,100종 정도로 알려진 박쥐 분류군 전체를 정의하는 특징이다. 온라인에 넘쳐나는 박쥐 공포증 치료사들은 대부분 미국에 기반을 두고 있는데, 박쥐가 있는 폐쇄된 방에서 의도적으로 박쥐에 노출되는 방식으로 비이성적 공포와 혐오를 없애주겠다고 제안한다. 헌터 S. 톰슨Hunter S. Thompson(미국 저널리스트.《라스베이거스의 공포와 혐오》라는 책을 씀_옮긴이)의 위협적인 환각 체험 가운데 하나가 될 만한 악몽이 아닐까.

박쥐 공포증은 심리적 장애가 있는 소수의 미국인에게만 나타나는 증상이 아니다. 박쥐 보존 단체가 최근 조사한 바에 따르면, 정신적으로 완벽하게 건강한 영국인 5명 중 1명이 박쥐를 싫어한다. 사람들이 공통으로 인식하는 박쥐는 날아다니는 해로운 야생 동물이거나 또는 박쥐를 혐오하는 코미디언 루이스Louis C. K.가 말한 것처럼 "가죽 날개 달린 쥐새끼"에 불과하다. 조사에 참여한 영국인들은 박쥐가 앞을 보지 못한다고 믿었고, 사람의 머리에 의도적으로 들러붙어 피를 빨아먹고 광견병을 옮기는 사악한 생물이라고 생각했다. 대부분이 말도 안

되는 헛소리다. 박쥐는 실제로 쥐보다 사람과 더 근연 관계에 있다. 그리고 미안하지만 박쥐는 완벽하게 앞을 잘 볼 수 있다. 어떤 과일박쥐는 인간보다 세 배나 더 뛰어난 색채 감각을 갖고 있다. 그리고 가장 과하게 부풀린 올림머리라도 털끝 하나 건드리지 않도록 알아서 피하는 정밀한 반향 위치 측정 시스템을 갖추고 있다. 마지막으로 전체 박쥐 중에서 불과 3종만이 뱀파이어의 피를 타고났으며, 실제로 사람은 개나 너구리에게 광견병을 옮을 가능성이 더 크다(광견병을 옮기는 박쥐는 0.05퍼센트도 안 된다).

박쥐의 이미지는 벌써 오래전에 쇄신되었어야 한다. 그동안 크게 시달려온 흡혈박쥐는 사실상 마귀가 아닌 부처에 더 가깝다. 동물계에서 가장 아량 있는 이웃이자 자비심 많은 친구, 너그러운 연인이다. 박쥐는 치명적 질병을 일으키고 곡식을 망치는 해충을 잡아먹음으로써 매해 수십억 달러를 절감해준다. 또한 박쥐는 바나나, 아보카도, 용설란을 비롯한 수많은 열대 식물의 주요 꽃가루의 전달자다. 박쥐가 없다면 (용설란으로 만드는) 테킬라도 없을 것이다(인류를 위해 있어도 좋고 없어도 좋은 것이지만). 아주 솔직히 말하면, 인간에게 박쥐는 개보다 좋은 단짝이다.

그렇다면 박쥐의 이야기가, 날카로운 가위를 휘두르는 가톨릭 신부나 악마의 계획을 품은 안하무인 치과 의사를 주인공으로 하고 거기에 유난히 거시기가 크고 자애롭고 피를 나누어주는 박쥐가 무고한 희생자로 나오는, 문자 그대로 눈알이 튀어나올 것 같은 공포 소설이나 다름없다는 사실은 얼마나 부당한가.

○○○

박쥐에게 인간과의 대외 관계가 순탄하게 진행된 적은 한 번도 없었다. 독수리와 마찬가지로 박쥐는 《성경》에서 불결한 동물로 나열한 몇 안 되는 동물이다. 하루의 5분의 1을 털을 고르며 지내고 어쩌면 신성한 성경 필경사 본인보다 훨씬 더 깨끗할지도 모르는 동물에게는 가혹한 처사가 아닐 수 없다.

어느 초기 로마 작가는 한 발 더 나아갔다. "박쥐는 악마와 피로 연결된 속성을 가졌다." 이는 부분적으로 박쥐의 신체적 특징 때문이다. 박쥐의 몸, 사지, 얼굴(앞을 향한 눈과 이빨이 드러나는 웃음)은 불편할 정도로 인간을 닮았지만 분명 인간의 것이 아니다. 단테Alighieri Dante의 《신곡Divina Commedia》 중 지옥 편에 나오는 유명한 묘사처럼, 예술가들이 악마를 박쥐의 날개를 가진 인물로 표현하기 시작하면서 비로소 박쥐의 부정적 이미지가 완성됐다.

중세 시대에 자연과학 서적이 박쥐의 이도 저도 아닌 속성을 의혹의 눈초리로 바라본 종교인들의 손으로 쓰였다는 사실이 박쥐의 처지에는 전혀 도움이 되지 않았다. 17세기 영국의 성직자이자 자연과학자인 에드워드 톱셀은 자신이 새에 관해 쓴 책 《천국의 새The Fowles of Heaven》(1613년경)에 이 비정상적인 날개 달린 생물을 포함해야 한다는 일종의 의무감을 느낀 모양이다. 천사 같은 조류 사촌의 모델을 따르지 않는 박쥐의 거절은 신의 종복에게 상당한 실망을 안겨주었다. 톱셀은 이 작은 포유류가 새와는 다른 점, 그러니까 가슴, 이빨, 어둠을 좋아하는 습성에 유독 신경을 썼다. 이것은 어떤 식으로든 사탄과

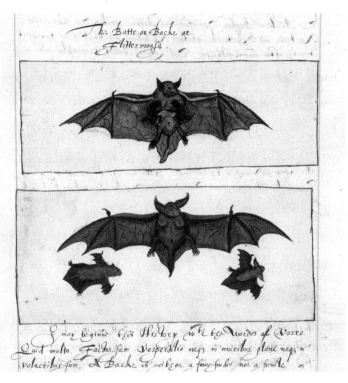

⊙ 에드워드 톱셀의 《천국의 새》에 실린 박쥐는 새와 다르게 생긴 가슴과 이빨을 과감히 드러내며 의심의 여지 없이 악마적인 모습을 하고 있다.

의 비교를 부추겼다. 톱셀은 입을 크게 벌리고 사악한 미소를 짓는 괴상한 가슴을 가진 그림으로 자신의 우려를 표현했다. 그리고 마지막으로, 이 책의 환각적 후기에서 톱셀은 이 요상한 새가 교회 등불의 기름을 먹어치운다는 황당한 혐의를 제기했다.

과학이 계몽 시대로 나아갈 무렵, 박쥐의 비정상적인 해부 구조가 계속해서 마음에 걸린 생물학자들은 박쥐를 마땅히 분류할 방법이 없었다. 오만한 조르주루이 르클레르 뷔퐁 백작은 당연히 자신의 백과 사전에서 박쥐를 욕하는 글을 썼다. "박쥐처럼 절반은 네발짐승, 절반 은 새인, 그래서 결국 이것도 저것도 아닌 동물은 그저 괴물임에 틀림 없다." "박쥐는 불완전한 네발짐승이다. 새라고 보기엔 더 불완전하다. 네발짐승이라면 다리가 네 개여야 하고 새라면 깃털과 날개가 있어야 하기 때문이다." 뷔퐁은 또한 박쥐의 사타구니에 대해서도 불쾌한 심 경을 드러냈는데 그게 다른 종, 그러니까 우려컨대 인간에게서 빌려온 것처럼 보였기 때문이다. 백작은 "박쥐의 음경은 축 늘어져 덜렁거리 는 것이 인간이나 원숭이에게 고유한 특징을 나타낸다"고 단언했다.

백작처럼 나 역시 맨 처음 박쥐의 음경을 봤을 때 아주 깜짝 놀랐다. 한 10년 전쯤 페루의 아마존 오지에서 쿠바 출신 박쥐목 전문가 아드 리안 테제도르Adrian Tejedor 박사 팀에 합류했을 때였다. 박사는 열대림 한복판에 박쥐 잡는 안개 그물을 설치했는데, 입구가 있는 배드민턴 네트처럼 생긴 이 그물은 아주 크고 망이 고와 박쥐가 감지하지 못한 다고 했다. 우리는 마치 거미라도 된 양 박쥐가 덫에 날아와 걸려들기 를 기다렸다. 박쥐를 놀라게 하지 않으려고 횃불을 끈 채 어둡고 끈적 한 밤의 침울함 속에서 여러 시간 앉아 있었다. 나무늘보처럼 따분함 을 다스리려고 수련하는 것 같았다. 비록 어릴 적 방에 붙여놓았던 야 광 스티커처럼, 초현실적 어둠 속에서 빛나는 곰팡이 때문에 즐거웠던 기억도 분명히 나긴 했지만 말이다.

그물로 날아든 첫 번째 손님은 작은창코박쥐Phyllostomus elongatus였 다. 테제도르는 몹시 흥분했는데, 무려 9년 만에 처음으로 놈을 다시 보았기 때문이다. 나 역시 흥분했는데, 거의 무릎까지 내려와 덜렁거

⊙ 이보다 활짝 웃을 수 있을까? 페루의 아마존, 어느 안개 그물 친 밤에 나와 포상품인 대물 박쥐
(부당한 노출로 인해 박쥐의 심기가 그다지 편해 보이지는 않는다).

리는 음경의 크기 때문이었다. 박쥐가 공기역학을 이용하는 것만큼이
나 충격적이었다. 아드리안은 촐랑거리며 내게 포유류 음경의 길이는
암컷이 문란한 정도와 상관관계가 있는 것처럼 보인다고 알려줬다. 그
렇다면 작은창코박쥐의 부인네들은 매춘부나 다름없다는 말인가. 왜
냐하면 작은창코박쥐 수컷은 유난히 길게 늘어진 부속물로 유명하기
때문이다. 음경이 길수록 정자를 암컷의 몸속으로 더 깊숙이 밀어 넣
어 사랑의 경쟁자보다 자신의 씨앗이 더 앞서 나갈 수 있게 하기 위함
이다.

　박쥐와의 첫 데이트가 실질적으로 박쥐계의 덕 디글러Dirk Diggler(미

국의 포르노 스타_옮긴이)와의 만남이었기 때문에 어쩌면 내가 박쥐의 거기에 대해 일말의 비뚤어진 견해를 가졌을지도 모른다는 생각이 들었다. 그러나 내가 아는 또 다른 박쥐 전문가인 유니버시티칼리지런던의 생태학 및 생물다양성 교수인 케이트 존스Kate Jones 박사의 연구에 따르면, 어떤 박쥐는 대롱거리는 음경은 물론 부풀어 오른 고환까지 가지고 있다. 성의 전쟁에서 정자 생산량을 높이는 것은 바람둥이 암컷보다 한 수 앞서 나가야 하는 수컷에게는 또 다른 유용한 전략이 될 수 있다. 특히 많은 박쥐에서 그렇듯이 수컷의 정자를 저장하는 엉큼한 능력을 갖춘 암컷을 상대해야 한다면 말이다.

케이트 존스 박사는 박쥐 생식기 전문가다. 그녀는 박쥐 344종의 생식샘과 뇌의 크기를 체계적으로 측정한 연구팀에서 일했다. 살기 위해 날아야 하는 온혈동물로서 박쥐는 아슬아슬하게 에너지 줄타기를 해야 한다. 그런데 생식샘과 뇌는 둘 다 신진대사 측면에서 매우 비용이 많이 드는 신체 기관이다. 존스 팀은 두 기관이 균형을 이룰 것이라 짐작했고 실제 그랬다. 일부일처인 종은 고환이 작고 뇌가 큰 반면에 난혼을 하는 종은 그 반대였다. 유난히 자유분방한 성생활을 즐기는 한 박쥐 종은 몸무게의 8.4퍼센트를 차지하는 한 쌍의 고환을 드러냈다. 라피네스쿠큰귀박쥐('또 다른' 커다란 기관을 본떠 지은 예술적 이름)는 허벅지 사이에 인간으로 따지면 한 쌍의 커다란 둥근 호박을 매달고 다니면서, 반대로 그만큼 저하된 지능이 이끄는 대로 날아다닌다.

뇌와 고환 사이의 줄다리기 결과를 결정하는 것은 수컷의 지조가 아니다. 수컷 박쥐의 뇌와 고환이 서로 다른 크기로 진화하는 과정은 암컷의 외도 여부에 달렸다. 이것이 인간 진화와는 어떤 연관이 있는지 예측하기 어렵다. 그러나 여성들이여, '새겨들으시라'.

포르노 스타로서 박쥐의 자격 요건은 여기서 끝나지 않는다. 박쥐는 포유류 가운데 구강성교를 한다고 알려진 분류군의 하나로 밝혀졌다. 배우자에게 펠라치오를 하는 것이 처음 목격된 박쥐는 짧은코과일박쥐Cynopterus sphinx의 암컷이다. 몇 년 후에는 수컷이 행동에 들어갔다. 또 다른 과일박쥐인 인도날여우박쥐Pteropus giganteus에서는 쿤닐링구스 행위가 기록되었다. 과학자들은 놀랐다. 이런 방식의 성행위에 탐닉한다고 확인된 포유류는 영장류가 유일하기 때문이다. 학자들은 "이러한 성행위 뒤에 숨겨진 기능을 논의하기 위해 수차례 회의를 했다".

이처럼 외설적인 브레인스토밍 시간을 보낸 뒤에 과학자들이 내린 최종 결론은 다음과 같다. 구강성교가 교미 시간을 연장해 수정의 가능성을 높인다는 것이다. 특히 인도날여우박쥐의 예를 보면 구강성교는 수컷이 자신의 정자를 집어넣기 전에 이미 암컷의 몸에 들어가 있는 경쟁자의 정자를 빨아 내버리는 방법이기도 했다. 이 결과를 실은 논문(연달아 교구 목사의 얼굴을 붉히게 만들 만한 여러 장의 박쥐 구강성교 사진과 함께)은 박쥐의 사생활을 좀 더 분명히 훔쳐볼 필요가 있다는 결론을 내렸다. "수컷의 혀가 암컷의 질 안으로 들어가는지를 보려면 가까이서 관찰할 필요가 있다." 네, 참도 그렇겠네요.

박쥐의 충격적 성생활은 자신들의 고귀한 판단을 요하는 외설적인 금수의 행동을 찾아 헤매던 중세 기독교 우화집 작가들에게 상당한 자극이 되었을 것이다. 이를테면 에드워드 톱셀은 날개에 털이 없이 벌거벗었다는 이유만으로 박쥐가 욕정에 가득 찼다고 생각했다. 지나치게 큰 생식기와 구강성교를 즐기는 성향은 교훈을 끌어내는 데 아주 적합한 소재를 제공했을 것이다.

○○○

박쥐의 거슬리는 식성 역시 생리적 특성 못지않은 비난을 불러왔다. 박쥐에 대한 뜬소문 중에는 박쥐가 베이컨을 쫓아다닌다는 혐의가 있었다. 널리 퍼진 이 중세의 속설은 자연계를 주제로 한 최초의 백과사전 가운데 하나인 《호르투스 사니타티스Hortus Sanitatis》, 즉 《건강의 정원The Garden of Health》에 묘사되었다. 1491년 독일에서 편찬된 이 책에는 심지어 대여섯 마리의 박쥐가 줄에 매달아놓은 햄 주위를 탐욕스럽게 배회하는 모습을 그린 목판화가 실렸다(용에 관한 진지한 설명과 병을 진단하는 도구로서 소변의 장점 사이에 버젓이). 훈제한 고기를 향한 거짓된 갈망은 박쥐의 독일 이름에도 반영되었다. 슈페크마우스Speckmaus, 문자 그대로 "햄 마우스(햄을 먹는 쥐)"라는 뜻이다.

이름이 불러온 오해의 파장이 얼마나 컸는지 결국 두 명의 독일 과학자가 이를 확인하겠다고 나섰다. 19세기 초반 다른 연구자들이 종의 기원이나 원소의 순서 같은 거창한 문제와 씨름할 때 이 진지한 신사들은 우리에 갇힌 베이컨 도둑 용의자에게 매일 얇게 저민 베이컨을 제공함으로써 과학의 진보에 기여했다. 투옥된 괴수들은 베이컨을 결연히 거부했고 결국 일주일 후에 굶어 죽었다. 그러나 비극으로 끝난 박쥐의 단식투쟁은 소중한 햄이 도둑으로부터 안전하다는 것을 확인한 독일인들을 흡족하게 했다.

박쥐에 대한 인식은 훈제한 고기보다 더 사악한 것을 먹고 산다는

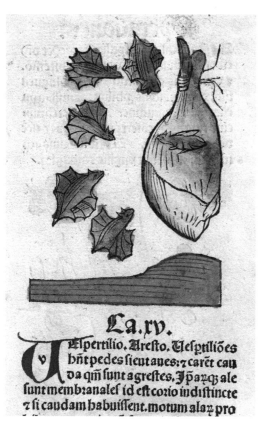

ⓞ 독일의 초기 백과사전인 《호르투스 사니타티스》에 나오는 여섯 마리의 박쥐는 절인 고기 주위를 탐욕스럽게 맴도는 모습 때문에 "햄 마우스"라는 이름이 붙었다. 이로 인해 박쥐가 베이컨을 쫓아다닌다는 망상이 심어졌다.

새로운 소식이 전파되면서 더욱 나빠졌다. 바로 동물의 피다. 한 트란실바니아 백작과 박쥐의 관계는 인간과 박쥐 사이를 갈라놓는 치명타가 되었다.

첫 보고는 신세계 탐험에 나섰다가 피에 목마른 야수에 대한 생생한 얘기와 함께 유럽으로 돌아온 16세기 탐험가가 전한 것이었다. 1526년 스페인 작가이자 역사가인 곤살로 페르난데스 데 오비에도 이 발데스, 그러니까 우리 친구 나무늘보를 집요하게 비방했던 이 사람이 박쥐는 "보지 않은 자는 믿기 힘들 정도로 엄청난 양의 피를 상처에서 빨아들인다"라고 묘사했다. 이듬해에 스페인 정복자 프란시스코 몬테호 이 알바레스Francisco Montejo y Álvarez와 그의 군대는 "짐을 나르는 짐승은 물론 사람까지 공격하는 역병 같은 박쥐 떼가 자는 사이에 피를 빨아 먹는 바람에 희생되었다"라고 전해진다.

이런 초기의 묘사는 과장된 멜로드라마로 손색이 없다. 물론 개연성은 꽝이지만. 우선 뱀파이어는 피를 '빨아 먹지' 않는다. 고양이가 우유를 마시듯 상처가 드러난 부위에서 피를 '핥아 먹는다'. 그리고 풍문에는 한 번에 30분씩 자기 몸무게만큼이나 흡혈한다고 하지만, 그래 봤자 겨우 쥐새끼만 한 동물이 마시는 액상 식사량은 기껏해야 한 숟가락 정도로 사람 크기의 포유류 몸속을 순환하는 몇 리터의 혈액량에 비하면 별거 아니다. 더구나 박쥐는 거의 인간을 공격하지 않는다. 대신에 소나 닭처럼 가축화된 동물의 피를 먹고 산다. 신대륙 정복자들은 분명히 동물을 정확히 묘사하는 것보다 금과 토지를 수탈하는 데 더 관심이 있었을 것이다. 이 기괴한 야수는 섬뜩한 이야기로 사람들의 시선을 끌었으나, 정작 악명 높은 흡혈귀의 딱지를 달게 된 것은 그 이후의 일이다.

'뱀파이어vampire'라는 단어의 의미는 '피에 취한다'라는 뜻으로 슬라브어에 기원을 두고 있다. 피를 빨아 먹는 괴수에 관한 신화는 바빌론에서 발칸 그리고 인도와 중국까지 여러 고대 문화에서 등장해 인간

정신에 뿌리 깊이 박힌 공포를 상징한다. 그러나 이들 고대 신화에서 밤마다 방황하며 생명이 다할 때까지 인간의 피를 빨아 먹는 초자연적인 악귀가 박쥐의 모습을 한 적은 없었다. 당시 뱀파이어(흡혈귀)의 분신은 예상 밖의 존재로 말이나 개, 벼룩이 흔했고 그 외에도 수박으로 변신한다거나(별로 깨물어 먹고 싶지는 않겠지만), 가재도구(도와줘요, 모종삽이 공격해요!)의 형태였다고 전해진다.

그럼에도 불구하고 17세기 말과 18세기 사이에 동유럽 사람들은 흡혈귀에 사로잡혔다. 이때는 대역병이나 천연두 같은 치명적 질병의 원인이 "산송장"이 활동한 결과라고까지 믿어지는 불가사의한 재앙의 시대였다. 신문들은 흡혈귀가 사실인 양 보도했다. 군주는 특사를 보내 헝가리, 프로이센, 세르비아, 러시아에서 확산되는 "뱀파이어 전염병"에 대해 조사하게 했다. 신화 속 흡혈귀와 실제로 피를 좋아하는 존재가 만나는 것은 시간문제였다. 일단 이들이 충돌하자 세상은 온통 피범벅이 되었다.

위대한 분류학자 칼 폰 린네는 1758년에 공식적으로 박쥐에게 악명 높은 타이틀을 부여했다. 그는 분류학계의 경전《자연의 체계》열 번째 판본에서 베스페르틸로 밤피루스*Vespertilio vampyrus*라는 종을 "한밤중에 잠든 이에게서 피를 뽑아 먹는" 종으로 묘사했다. 그 이후로 전 세계에서 비슷한 이름을 가진 박쥐들이 난무했다. 밤피레사Vampyressa(1843), 밤피롭스Vampyrops(1865), 밤피로데스Vampyrodes(1889), 모두 같은 의미를 가진 단어의 변형이다. 바이에른대학교의 동물학과 큐레이터인 요한 밥티스트 폰 슈피흐Johann Baptist von Spix는 자신이 브라질에서 채집한 신종 박쥐에 "가장 잔인한 흡혈귀"라는 뜻의 산구이수가 크루델

리시마*Sanguisuga crudelissima*라는 이름을 붙여 창의력을 뽐냈다. 일반명으로는 "긴 혀 뱀파이어"라고 불린다. 슈피흐는 이 박쥐가 "밤의 짙은 어둠 속에 유령처럼 떠돌아다니는 것을 보았다"고 주장했다.

억울한 것은 이들 박쥐 중 아무도 피 한 모금 마셔본 적이 없다는 사실이다. 이들은 모두 순진한 과일박쥐지만 과학의 세계가 부여한 흡혈성이라는 잘못된 이름 때문에 영원히 저주를 짊어져야 했다.

흡혈귀에게 공격 받은 현장을 가리는 것은 어렵지 않다. 박쥐의 침에 있는 항응혈제가 상처의 피를 멎지 못하게 해 아침이면 커다란 핏자국을 단서로 남길 테니까 말이다. 그러나 용의자가 밤새 피를 폭음하는 동안 손을 내밀고 있는 것은 훨씬 힘든 일이다. 유럽의 분류학자들은 진정한 흡혈귀를 가려내겠답시고 말라비틀어진 박쥐의 표본을 늘어놓고 믿음직스럽지 못한 '목격자'인 신대륙 탐험가의 증언을 듣는 과정에서 치명적 실수를 저질렀다. 몸집이 가장 큰 박쥐가 흡혈귀라고 가정해버린 것이다. 사실 이 박쥐들은 온순한 채식주의자일 뿐이었다. 이런 피비린내 나는 혼돈 가운데 마침내 한 자연과학자가 진짜 흡혈박쥐에 손을 내밀었지만 박쥐가 그의 피를 마셨다는 말을 아무도 믿지 않았다.

1801년 파라과이에서 실제 흡혈박쥐로 알려진 생물을 채집하는 데 성공한 것은 스페인 지도 제작자이자 군사령관인 펠릭스 데 아사라Félix de Azara였다. 아사라는 수백 종의 신종을 발견한 재능 있는 아마추어 자연과학자였다. 그러나 아사라는 겁도 없이 위대한 뷔퐁 백작에게 대들고 말았다. 이 프랑스 귀족의 서사적 《박물지》가 "저속하고 거짓된 오류투성이"라고 말이다. 이런 무례함은 뷔퐁이 자칭 왕족으로 대접 받는 오만한 유럽 박물학계에 어울려지 않았다. 아사라가 마침내 신출귀몰한 악당을 찾아내 이 "무는 짐승"을 손 위에 직접 올려놓고 실험하는 데 성공했다고 주장했을 때도 학계는 곧바로 무시했다. 문제의 동물은 그 접합된 앞니를 본떠 데스모두스 로툰두스*Desmodus rotundus*라고 명명됐을 뿐 유혈 습성에 대해서는 전혀 언급되지 않았다.

낭만파 고딕 문학이 서서히 유행하면서 흡혈귀는 19세기 초반까지 대중의 의식 속에 파고들었다. 박쥐 같은 날개, 박쥐 같은 동작 그리고 마침내 실제 박쥐가 모두 등장하는 이 이야기는 피를 빨아 먹는 수박보다 훨씬 공포스러운 괴물을 창조하여 오래된 전설에 새로운 생명을 불어넣었다. 브램 스토커Bram Stoker가 쓴 《드라큘라Dracula》의 엄청난 인기에 힘입어 박쥐에 대한 과학적 사실과 흡혈귀에 대한 허구가 영원히 얽히는 바람에 죄 없는 과일박쥐는 사악한 악당으로 출연하게 되었다. 그리고 이것은 사람들을 실망으로 몰고 간 신원 오인의 사례로 이어졌다.

1839년 7월 서레이동물원은 "영국에서 최초로 발견된 살아 있는 표본"이라고 자랑스럽게 선전한 "뱀피레Vampypre"를 입수함으로써 대단한 성공을 거두었다. 이 동물원에는 과거 에드워드 크로스Edward Cross 단장이 소유했던 야생동물이 살고 있었다. 크로스는 치통을 앓던 코끼리가 사육사를 죽인 이후로 동물들을 런던의 스트랜드에서 이 동물원으로 옮겼다. 불미스러운 사건 이후 크로스는 새 출발을 원했고 동물원은 악명 높은 박쥐를 전시하여 손님을 끌어모으려 했다. 그러나 언론은 이 전설적 괴수의 행동에 별다른 감명을 받지 못했던 모양이다. 한 기사는 "이 동물이 비록 피에 굶주린 특성이 있는 흡혈박쥐이기는 하나 외형은 절대 사납지 않다"라고 보도했다. 이 박쥐는 "온순하고" "사람들의 시선을 즐기는 것처럼 보인다". 가장 실망스러운 점은 이 동물이 "체리를 걸신들린 듯이 먹을 뿐" 다른 것에는 관심이 없어 보였다는 점이다. 동물원의 뱀파이어는 결국 과일박쥐였던 것이다.

피에 굶주린 흡혈귀를 "과학적으로" 기술한 책들이 한밤중에 침실로 날아들어 아무것도 모르는 방 주인을 공격하는 "무시무시한 생물"의 존재를 보장했다. 당시 유명한 어느 동물 백과사전에서는 "박쥐가 몸의 어디든 노출된 부위를 찾으면 어김없이 세게 깨물고는 숙련된 외과 의사의 솜씨로 뾰족한 혀를 정맥에 밀어 넣은 채 만족할 때까지 피를 빨아 먹는다"라고 설명했다. 그다음 이 백과사전의 저자는 흡혈귀 이야기의 세부 사항으로 날카로운 시선을 돌렸다. "흡혈박쥐에 물린 사람이 피를 다량으로 잃고 잠에서 깰 때면 이빨 자국을 동여맬 힘조차 남지 않는 일이 빈번하게 일어났다. 피해자들이 상처를 느끼지 못한 이유는 흡혈박쥐가 피를 빨면서 날개로는 계속 부채질을 해 신선한 미풍이 더 깊은 잠으로 이끌었기 때문이다." 이것이야말로 대중이 기대하고 원하는 것이었다.

서레이동물원이 진짜 흡혈박쥐를 전시했더라면 사기꾼 과일박쥐는 물론 백과사전의 공포스러운 환상에도 넘어가지 않았을 것이다. 그러나 사실 알고 보면 흡혈박쥐의 실제 행동은 훨씬 으스스하다.

흡혈박쥐는 공중이 아니라 땅에서부터 희생자를 따라붙어 접근하는 경향이 있다. 발육이 덜 된 한 쌍의 뒷다리를 이용해 공중으로 뛰어오르면서 날개 달린 손을 사용해 몸을 앞쪽으로 끌어당긴다. 이런 행동은 부자연스러울 것 같지만 실제 흡혈박쥐는 놀랄 만큼 빨리 달린다. 일례로 한 과학자는 흡혈박쥐를 헬스장 트레드밀 위에 올려놓았는데 — 아마 누군가는 눈살을 찌푸렸겠지만 — 최고 속도가 초당 2미터를 넘는 기록을 세웠다. 이 기록은 전속력으로 움직이는 나무늘보보다 5배나 빠른 속도다. 이 소형 박쥐는 내가 제일 좋아하는 초식동물보다 빨리 달릴뿐더러 해리어 전투기(수직 이착륙이 가능한 군용 제트기_옮긴이)처럼 땅에서 수직으로 곧장 날아오를 수 있어서 재빨리 도망칠 수 있다.

다음으로 흡혈박쥐를 상징하는 액체 식단에 관해 말해보자. 박쥐들은 이것저것 가리지 않고 잘 먹는 편이 아니다. 코에 장착된 특별한 적외선 감지기를 이용해, 피부층 가까이 있어 접근하기 쉽고 맥박이 느껴지는 피의 따뜻한 기운을 감지한다. 흡혈박쥐가 제일 선호하는 부위는 털이나 깃털이 없는 발(간지럽고), 귀(짜증나고) 그리고 항문(맙소사)이다. 이 정도로 놀라서는 안 된다. 박쥐는 자신이 점찍은 이의 숨소리를 듣고 기억하는 특별한 능력이 있어서 며칠 동안 같은 곳을 연달아 방문한다.

피에 굶주린 채 숨소리로 먹잇감을 뒤쫓아가는 존재는 드라큘라보다 더 사악하게 들린다. 그러나 실제로 흡혈박쥐는 동물계에서 가장 아량이 넓은 동물 가운데 하나다.

날아다니는 포유류로 산다는 것은 에너지 효율 면에서 아주 값비싼 방식이다. 그중에서도 전적으로 흡혈에 의존하는 식단은 이상적인 연료 공급과는 아주 거리가 멀다. 피는 80퍼센트가 물이고 지방이 아예 없다. 흡혈박쥐는 특별히 적응된 소화 체계를 이용해 먹는 도중에 곧바로 소변으로 신속하게 나머지 수분을 배출한다. 인간의 기준으로는 별로 좋아 보이는 모양새가 아니지만 덕분에 박쥐는 앉은 자리에서 위장이 터지지 않는 선까지 최대한 혈액 단백질을 소비할 수 있다. 그러나 체지방이 없고 지방을 저장할 기회도 없는 흡혈박쥐들은 적어도 70시간마다 먹지 않으면 죽는다. 그런데 먹잇감의 드러난 발이나 항문을 찾기가 생각만큼 쉬운 일은 아니다(왜 발굽이나 꼬리가 발명되었을지 생각해보라). 사냥을 나선 박쥐는 많게는 30퍼센트가 배를 채우지 못하고 위가 텅 빈 채로 돌아온다. 이틀 연속으로 먹지 않으면 굶어 죽을 수밖에 없다.

세계적인 박쥐 전문가인 메릴랜드대학교의 제럴드 윌킨슨Gerald Wilkinson 교수는 생존 기회를 증가시키는 방향으로 적응한 흡혈박쥐의 습성을 발견했다. 박쥐는 먹이를 공유하는 체계를 진화시켰는데, 공격에 성공한 흡혈박쥐들이 배고픈 이웃을 위해 핏덩어리를 토하는 것이다. 영화 〈엑소시스트〉에서처럼 토사물이 발사되는 장면을 떠올리면 속이 메스껍지만, 굶어 죽어가는 박쥐에게는 생명의 동아줄이나 다름없다. 윌킨슨은 박쥐들이 서로 피를 주려고 '경쟁하는' 것 같다고까지 표현했다. 더욱 흥미로운 점은 박쥐가 심지어 가족이 아닌 동료를 위해서도 피를 게워낸다는 사실이다. 오히려 친척 관계를 따지기보다 한 번이라도 자신을 위해 피를 토한 적이 있는 동반자와 공유할 가능성이 더 크다. "이들에게 혈연관계는 아무런 의미가 없습니다"라고 윌킨슨은 설명했다. "어떤 박쥐가 누구와 피를 나눌지 예측하려면 예전에 피를 받은 적이 있는지를 확인하면 됩니다." 이러한 돌봄과 나눔, 피를 토하는 공동체에서 박쥐는 끈끈하고 의미 있는 관계를 형성한다. "거의 친구나 마찬가지죠."

그래서 흡혈박쥐에게 피는… 피보다 진하다. 박쥐의 상호이타주의는 생물학자들이 혈연선택kin selection이라고 부르는 기존 모형에 맞아떨어지지 않는다. 이 이론에서는 자신과 유전자를 공유하는 개체에만 호의를 베푼다고 예측하기 때문이다. 상호이타성의 예는 동물의 세계에서 극히 귀하다. 윌킨슨은 "개코원숭이나 침팬지 같은 영장류 외에는 상호이타적인 동물을 찾아보기가 매우 어렵습니다"라고 지적했다. 그렇다면 우리가 박쥐와 공유하는 것은 단지 음경만이 아니다. 윌킨슨은 이렇게 말했다. "흡혈박쥐는 사회적 유대 관계를 공고히 하기 위해 털고르기를 하고, 그것이 누가 누구를 돕고 누구와 연합을 결성하느냐에 영향을 준다는 면에서 영장류와 비슷합니다."

그러나 내가 흡혈박쥐가 된다고 해도 털 좀 잠깐 다듬어줬다고 해서 피를 토하는 파티에 바로 초대 받는 것은 아니다. 윌킨슨의 박사과정 학생이 최근에 발견한 바와 같이 한 박쥐가 다른 박쥐와 유대 관계를 형성하기까지는 상당히 오랜 시간이 걸린다. 울타리 안에 갇힌 상태에서 생판 처음 보는 박쥐와 강제로 보금자리를 공유하게 된 경우라도 최소한 2년 동안은 서로 먹이를 공유하지 않았다. "박쥐들은 아무나 덥석 믿지 않습니다." 윌킨슨의 말이다. 흡혈박쥐는 크기에 비해 이례적으로 오래 산다. 비슷한 크기의 생쥐가 고작 2~3년 사는 것에 비해 이들은 30년까지 산다. 박쥐는 살면서 오래 이어질 수 있는 좋은 교우 관계를 넓히는 데 시간을 들이는 것 같다. 이것은 박쥐가 사악하고 반사회적이라는 통념을 단번에 날려버린다.

○ ○ ○

박쥐가 흡혈귀 전설에 그토록 쉽게 녹아 들어간 이유는 박쥐가 불가사의한 힘을 소유한 것처럼 보였기 때문이다. 적어도 인간의 시각에서 보았을 때 말이다. 깜깜한 밤에도 자유롭게 날아다니는 능력은 박쥐가 마녀와 친숙하다는 인상을 주었다. 중세 시대에 박쥐의 방문은 특히 독신 여성에게 진실로 두려운 일이었다. 1332년 프랑스 바욘의 자코메Lady Jacaume of Bayonne는 공개적으로 화형을 당해 죽었는데, 이 여인의 거처에 "박쥐 무리"가 펄럭거리며 드나든다고 이웃이 밀고했기 때문이었다.

온갖 박쥐들이 마법에 사용되었다. 셰익스피어William Shakespeare의 《맥베스Macbeth》에 나오는 마녀들은 독약을 만드는 그 유명한 주문에 박쥐 털을 넣었지만 그게 일반적인 제조법은 아니었다. 박쥐의 피야말로 진정한 마법사가 되고자 하는 모든 이들이 가장 오랫동안 선호한 재료였다. 박쥐의 피는 또한 "하늘을 나는 연고"의 핵심 재료였다. 이 연고는 마녀가 빗자루를 타고 어둠 속에서도 여기저기 부딪히지 않고 날아다니게 해준다고 알려졌다. 이런 마법의 약물이 15세기에서 18세기까지 성행했지만 박쥐처럼 밤하늘을 나는 것은 고사하고 땅에서 두 발을 떼는 데 성공한 여성도 없었다. 연고에 들어간 벨라도나풀(가짓과의 초본으로 독성이 강함_옮긴이) 같은 재료의 환각 효과 때문에 자신이 나는 듯한 느낌을 받았을는지는 모르겠다.

초자연적인 것처럼 보이는 기술의 근원을 찾기까지 과학은 오랜 시간을 지체했다. 모든 박쥐가 음파를 탐지하는 것은 아니다. 과일을 먹고 사는 대부분의 대형 박쥐는 다른 평범한 포유류처럼 눈으로 방향을 잡는다. 음파를 탐지하는 박쥐는 자신이 보낸 소리의 울림을 듣고 반사되어 나오는 음파로 거리를 판단해 주변의 복잡한 소리 지도를 그린다. 이 자체로도 충분히 넋이 나갈 만하지만, 과학자들이 이 개념을 더 이해하기 힘들 수밖에 없었던 까닭은 정작 박쥐 자신이 매우 조용해 보였기 때문이다. 그러나 사실 하늘을 나는 박쥐는 블랙사바스(영국의 록밴드_옮긴이)의 콘서트장 스피커에서 나오는 소리보다 20데시벨이나 높은 비명을 질러, 박쥐 먹는 리더 오지 오스본Ozzy Osbourne의 고음을 무색하게 만든다. 다만 박쥐가 끽끽대는 소리가 인간이 들을 수 있는 소리의 영역을 완전히 벗어난 고주파이기 때문에 들리지 않는 것뿐이다.

1930년대 하버드 생물학자 도널드 그리핀Donald Griffin이 엔지니어와 함께 특별한 음파 탐지기를 제작한 이후에야 침묵의 비명을 엿듣게 되었고, 박쥐가 초자연적인 "육감"을 소유했다는 생각을 떨쳐낼 수 있었다. 늦은 감이 없지 않지만 박쥐에게는 잘된 일이었다. 왜냐하면 이 수수께끼 같은 익수류翼手類(앞다리가 날개가 되기 때문에 붙은 이름_옮긴이)는 몸에 장착된 음파 탐지의 비밀 때문에 100년이 넘게 모진 고문을 당했기 때문이다.

이러한 시도는 18세기에 채울 수 없는 호기심과 날카로운 가위를 소유한 한 이탈리아 가톨릭 신부에서 시작됐다. 라차로 스팔란차니는 감히 생물학계의 사디스트라고 부를 만한 전력을 가졌다. 그는 달팽이가 회생하는지 보려고(그럴 수 있다고 주장함) 무려 700마리가 넘는 달팽이의 머리를 절단했고, 모래주머니의 분쇄 기능을 확인하려고 거위에게 억지로 유리구슬을 삼키게 했다. 또한 불멸의 소생 능력을 소유한 미생물을 처음으로 확인하기도 했다. 완보류緩步類로 알려진 이 미생물은 냉동, 방사선, 진공 그리고 덧붙여 스팔란차니의 호기심으로부터 살아남은 유일한 생물이었다. 생명을 해부하고 부활시키는 데 남다른 열정을 가진 그가 교회의 후원이라는 성소를 찾은 것은 놀랍지 않다. 교회는 스팔란차니의 실험에 필요한 재정을 댔고 일정 수준의 면죄부까지 제공했다.

1793년 64세의 나이로 스팔란차니는 주체할 수 없는 호기심을 어둠 속에서도 방향 감각을 잃지 않는 박쥐의 재주로 돌렸다. 스팔란차니는 방에 촛불을 껐을 때 애완조 올빼미가 방향 감각을 잃고 여기저기 부딪히는 것을 눈여겨보았다. 그는 궁금했다. 왜 박쥐는 그렇지 않을까? 이를 알아내기 위해 신부는 대단히 고통스러운 실험을 준비하며 가위의 날을 갈았다.

시작은 비교적 무난했다. 스팔란차니는 박쥐에게 입힐 작은 망토를 제작했다. 박쥐의 시야를 여러 각도에서 가리기 위해 다양한 옷감과 디자인을 사용했다. 망토를 뒤집어쓴 박쥐의 도전 수위를 높이려고 긴 나뭇가지와 비단 실을 천장에서 길게 늘여뜨려 맞춤형 장애물 코스를 설치하고 박쥐를 풀어놓았다. 망토를 쓴 박쥐는 올빼미처럼 갈팡질팡하는 듯 보였으나 스팔란차니는 그게 눈이 안 보여서 그런 건지, 아니면 망토가 너무 꽉 끼어서 그런 것인지 확신할 수 없었다. 그래서 스팔란차니는 다음 단계로 넘어가 박쥐의 눈을 멀게 했다.

"박쥐의 눈을 멀게 하는 방법에는 두 가지가 있습니다." 스팔란차니는 스위스 공동 연구자인 유린Jurine 교수(애석하게도 J가 묵음으로 발음되어 '소변(유린)'이라고 부를 수밖에 없는)에게 보내는 길고 잔인한 서신에서 쾌활하게 말했다. 그러고는 자신이 개발한 중세 고문법의 목록을 이어 나갔다. "붉게 달군 가느다란 철사로 각막을 태우든지 아니면⋯ 안구를 끄집어낸 후 자르면 됩니다."

유린에게 보내는 신부의 생생한 편지에는 일말의 도덕적 딜레마도 느껴지지 않는다. 어쩌면 박쥐에게 주어진 사이비 사탄이라는 지위가 가져온 부작용이었는지도 모른다. 아니면 전혀 다른 무엇일 수도 있고. 스팔란차니의 행위는 경악할 만한 수준이었다. 그러나 이 학자는 소화액의 작용을 알아보겠다고 긴 끈이 달린 천 주머니에 음식물을 넣고 직접 삼킨 후 적당히 소화가 진행되었다고 생각될 무렵 도로 끌어올려 확인한 사람이다. 지식을 탐구하기 위해 몇 마리 박쥐 눈알쯤이야 무엇이 중요하겠는가? 특히 이처럼 흥분된 결과가 나오는 마당에 말이다.

나는 가위로 박쥐의 안구를 완전히 제거했다. ⋯ 그리고 박쥐를 공중에 날려 보냈다. ⋯ 이 동물은 재빨리 날아올랐다. ⋯ 눈에 전혀 손상을 입지 않은 것처럼 빠르고 정확하게 ⋯ 눈이 없어 앞을 전혀 볼 수 없는 이 박쥐에 대한 놀라움은 표현할 길이 없다.

실험 결과는 실로 기적과 같았다. 특히 스팔란차니가 박쥐의 안구를 빼낸 자리를 뜨거운 밀랍으로 채우고 그것도 모자라 작은 가죽 고글을 덮어씌웠다는 것을 고려하면 말이다.

앞을 보지 못하는 박쥐가 눈으로 방향을 잡을 리는 없다는 추론하에 스팔란차니와 유린 교수는 독창적 방법으로 이 동물의 나머지 감각을 차례차례 제거해 나갔다.

처음에 이들은 촉각과 씨름했다. 촉각은 박쥐의 경이로운 육감으로 가장 강력한 후보였다. 당시 맹인이 피부 변화를 감지하는 방식으로 도시의 거리에서도 문제없이 길을 찾아간다는 소문이 있었기 때문이다. 스팔란차니는 가구 도료 한 냄비를 준비해 주둥이와 날개를 포함해 박쥐의 온몸을 코팅했다. 도료를 뒤집어쓴 눈먼 박쥐는 처음에 잠시 애를 먹는 듯했지만 이내 활력을 되찾고 문제없이 날아다녔다. 이에 그치지 않고 신부는 도료를 한 번 더 칠해서 실험을 반복했다. 스팔란차니는 지인에게 쓰기를, "도료를 두 번 세 번 칠해도 이 동물의 정상적인 비행을 막을 수 없었다".

스팔란차니는 박쥐의 후각을 제거하는 과정에서 처음으로 난항을 겪었다. 스팔란차니는 유린에게 이렇게 설명했다. "박쥐의 콧구멍을 막았습니다. 그랬더니 곧장 땅으로 추락해 호흡곤란을 겪었습니다." 적어도 박쥐가 숨은 쉴 수 있어야 한다는 난제를 해결하기 위해 이 이탈리아인은 임시방책을 마련해야 했다. 스팔란차니는 강한 냄새를 풍기는 염류를 작은 스펀지 조각에 적신 후 박쥐의 콧구멍 앞에 묶었다. 하지만 결과는 "더할 나위 없이 자유롭게 날았다"라고 보고되었다.

미각을 테스트한 결과는 더욱 엉성했다. "혀를 뽑았지만 별다른 결과는 없었다."

그러나 박쥐의 비행에 영향을 미친 것이 한 가지 있었다. 청각이었다. 스팔란차니는 청각을 제거하기 위해 스페인 이단 심문(종교재판)에 준하는 다양한 방식을 사용했다. 박쥐의 귀를 자르거나 불로 지졌고, 귀를 꿰매어버리거나 귓속을 뜨거운 밀랍으로 채우기도 하고 빨갛게 달궈진 구두 못으로 구멍을 뚫기도 했다. 마지막 방법이 너무나 가혹했는지 공중으로 날려 보내자마자 박쥐는 수직으로 추락했다. 이 박쥐는 다음 날 숨이 끊어졌고, 시술로 인한 불편이 박쥐가 비행에서 실수한 진짜 원인일지도 모른다는 찜찜한 의문을 남겼다. 이에 굴하지 않고 스팔란차니는 또 다른 기발한 해결책을 내놓았다. 놋쇠로 수제 소형 보청기를 제작한 것이다. 스팔란차니는 소리를 제거하기 위해 보청기 안을 밀랍으로 채우거나 빈 채로 남겨 서로 비교했다.

박쥐를 괴롭히던 무모한 자들이, 박쥐가 어둠 속에서 볼 수 있으려면 들을 수 있어야 한다고 자신 있게 선언할 수 있었던 건 바로 이 작은 보청기 때문이었다. 유일한 문제는 비행 시 박쥐가 아무 소리도 내지 않는다는 사실인데, 이것이 신부를 끝없이 괴롭혔다. "주님, 당신이 나를 사랑하신다면 도대체 이걸 어떻게 설명하면, 아니 상상이라도 하면 좋겠습니까?" 스팔란차니는 마침내 박쥐의 날갯짓 소리가 어떤 식으로든 물체에 반사되어 박쥐가 이 소리의 음질로 거리를 판단한다고 가정했다. 스팔란차니의 가설은 틀렸지만, 무슨 수로 박쥐가 실은 인간이 인지할 수 있는 영역 밖의 주파수로 화재 경보음보다 큰 소리를 내는 것을 알겠는가? 당시 소리에 대한 연구는 여전히 유아기 수준이었다. 비록 엄청난 도약이 눈앞에 있었지만 말이다.

박쥐의 대단한 희생정신은 말할 것도 없고 이 실험이 철저히 독창적으로 진행되었다는 점을 고려하면, 이들의 성과가 학계에서 대체로 무시되었다는 사실이 안타깝다. 이후 120년 동안 사람들은 박쥐가 소리나 시각이 아닌 촉각에 의지해 비행한다고 생각했다.

그 책임은 한 남성에게 있다. 저명한 프랑스 동물학자이자 해부학자인 조르주 퀴비에이다. 그는 앞서 파리 동물원에서 비버를 길렀던 프레데리크 퀴비에와 형제지간이다. 남들이 모르는 이유로 퀴비에는 스팔란차니와 유린이 체계적으로 박쥐의 감각을 훼손시켜 얻은 결과에 대해 확신하지 못했다. 1800년 다섯 권짜리 첫 비교해부학 보고서에서 이 프랑스인은 스스로 단 한 번도 실험한 적도 없이 당당히 선언했다. "촉각이야말로 박쥐가 장애물을 피하는 현상을 충분히 설명하는 것으로 보인다."

당시 조르주 퀴비에의 명성은 하늘 높은 줄을 몰랐고 그의 말은 곧 진리였다. 혁명 이후 파리의 혼돈 속에서 이 야심 찬 과학자는 국립 과학 프로그램을 개발하라는 임무를 맡긴 나폴레옹 1세의 지지를 등에 업고 있었다. 직접 실험한 결과 박쥐는 극도로 정밀한 청각을 이용해 장애물을 피한다는 결론을 내린 앤서니 칼라일Anthony Carlisle 경처럼 퀴비에에 동조하지 않는 외로운 목소리는 조용히 묻혔다. 1809년에 조지 몬태규George Montagu는 평소처럼 냉소적인 질문을 던졌다. "박쥐가 귀로 볼 수 있다니, 그럼 눈으로 소리를 듣는단 말이오?"

이 같은 학계의 조롱이 헌신적인 '배트 맨'을 좌절하게 했겠지만, 박쥐들은 훨씬 끔찍한 치욕과 수모를 겪었고 다음 세기에도 세대를 거듭해 고문과 상처를 받아야 했다. 전 세계 과학자들이 앞서 역동적인 한 쌍의 과학자가 했던 실험을 반복했다. 셀 수 없이 많은 박쥐가 털이 깎인 채 바셀린으로 범벅이 되었고 눈이 감긴 채 풀로 붙여지거나 파내졌다. 과학자들은 박쥐의 귀를 도려내거나 귓속에 시멘트를 들이부었다. 하지만 어떤 실험도 결론을 내릴 만한 확실한 결과를 주지 못했다. 박쥐와 좌절한 과학자 모두를 위한 구원은 뜻밖의 곳에서 왔다. 바로 타이태닉호의 침몰이다.

하이럼 스티븐스 맥심Hiram Stevens Maxim 경은 영국으로 귀화한 미국 출신의 기술자로 획기적 장치를 발명하는 재주가 있었다. 맥심의 왼쪽 뇌는 만인을 위한 도구를 생각해냈다. 남성들을 위해서는 세계 최초로 휴대용 자동 기관총을, 여성들을 위해서는 고대기, 성실한 이들을 위해서는 자동 화재 스프링클러, 게으른 이들을 위해서는 자동으로 복귀되는 쥐덫을 개발했다. 맥심이 가장 공들인 프로젝트는 증기로 움직이는 비행 장치로 1894년에 잠시 "날았다가" 추락했다. 그 이후로 재난에 대한 생각이 맥심의 마음을 짓눌렀던 것 같다. 1912년에 타이태닉호가 보이지 않는 빙산과 충돌하는 비극적 사건이 일어났을 때 자극을 받은 맥심은 이런 재난을 막을 수 있는 장치를 만들어야겠다고 생각했다. 맥심은 전적으로 박쥐에게서 영감을 받았다.

당시 맥심은 이렇게 썼다. "타이태닉호의 침몰은 우리 모두에게 가혹하고 고통스러운 충격이었다." 그는 자신에게 물었다. "과학이 한계에 도달했는가? 생명과 재산의 소실이라는 애통한 일을 피할 방법은 정녕 없는 것인가?" 이 발명가는 그리 오래 생각하지 않았다. "4시간을 숙고한 끝에, 모든 선박에 육감에 해당하는 장치를 장착하면 탐조등이 없이도 근방의 거대한 물체를 감지할 수 있으리라는 생각이 들었다."

맥심은 오랫동안 묻혀 있던 스팔란차니의 연구를 세심히 읽고 육감의 발상을 빌렸다. 이 발명가는 박쥐가 청각을 이용해 방향을 조절한다는 결론 뒤에 숨은 탄탄한 실험적 배경에 감명 받았다. 맥심은 박쥐가 날갯소리의 반사된 메아리를 듣는 게 틀림없으나 박쥐가 침묵하는 것처럼 보이는 이유는 박쥐가 만들어내는 소리가 인간이 들을 수 있는 주파수를 벗어나기 때문이라고 생각했다. 여기서 맥심은 결정적 오류를 범했다. 그는 박쥐의 주파수가 인간의 청력 범위 위쪽이 아니라 '아래쪽'에 있다고 본 것이다. 또한 맥심은 박쥐의 음원이 입이나 코가 아니라 날개라고 잘못 가정했다. 그러나 박쥐의 소리가 인간의 가청 범위를 벗어난다는 점에서 옳았다. 이것은 잃어버린 가장 중요한 퍼즐 조각이었고, 앞으로 이어질 생각의 물결에 징검다리가 되었다. 몇 년 후 영국 생리학자 해밀턴 해트리지Hamilton Hartridge는 박쥐가 인간이 들을 수 없는 고주파 음을 낸다고 제시했다. 이들의 비밀스러운 음파 탐지기가 밝혀지는 것은 시간문제였다.

그러나 사람이 만든 음파 탐지기도 제대로 작동했다. 맥심이 공개적으로 제안한 지 얼마 안 되어 두 발명가가 음향 항법 장치에 대한 특허를 신청했다. 이 장치는 박쥐처럼 물체에 맞고 튀어나온 소리를 감지해 그 물체의 크기나 상대적 거리를 추정했다. 1914년에 있었던 현장 실험에서 이 장치는 3킬로미터 거리에 있는 빙하를 성공적으로 탐지했다. 만일 조르주 퀴비에가 라차로 스팔란차니의 잔혹한 연구를 사장시키지만 않았더라도 해상 수중 음파 탐지기가 10년은 먼저 발명되어 저주 받은 여객선과 함께 익사한 1,500명의 목숨을 구할 수 있었을지도 모른다. 우리는 역사가 어떻게 바뀌었을지 절대 알지 못할 것이다.

그러나 과거가 우리에게 가르쳐준 것이 있다. 박쥐가 생명을 파괴하는 것이 아닌 구하는 방법을 알아내는 데 영감을 주었다는 것이다.

○ ○ ○

박쥐를 보고 상상력에 불을 지핀 발명가는 하이럼 맥심 외에도 많았다. 이런 말을 하긴 좀 뭣하지만 아마 그중에서 그나마 맥심이 제일 정신이 온전한 축이었을 것이다. 제2차 세계대전 당시 박쥐 수천 마리를 방화 장치로 사용해 일본을 날려버리겠다는 망상은 결국 성공하지 못했다.

라이틀 S. 애덤스Lytle S. Adams 박사는 미국 펜실베이니아에 거주하는 60세 치과의사로 1941년 12월 7일 뉴멕시코에서 휴일을 보내고 집으로 돌아오는 길에 일본이 진주만에 정박한 미군 함대를 공격했다는 뉴스를 들었다. 충격에 휩싸인 치과의사는 분연히 일어나 조국을 위해 복수할 계획을 세웠다. 애덤스는 휴가 때 뉴멕시코의 유명한 칼스배드 동굴에서 쏟아져 나오던 구름 같은 박쥐 떼를 떠올렸다. 수천 마리의 박쥐 몸에 작은 폭탄을 묶어 일본의 도시로 날려 보내면 어떨까? 박쥐는 천성적으로 집 안의 틈새나 구멍을 찾아 숨는 버릇이 있으므로, 그 안에서 폭탄이 터진다면 미처 의심하지 못한 일본인들이 잠을 자다가 그대로 죽을 것이다.

뭐가 문제겠어?

물론 문제는 당연히 많다. 그 시대의 기술로는 아직 강낭콩 통조림 캔보다 가벼운 폭탄을 만들지 못했다. 그래서 폭탄을 지고 그 먼 거리를 비행하는 것은 고사하고 이 생쥐만 한 동물이 땅에서 몸을 떠우기조차 힘들었을 것이다. 원격 폭발 장치 역시 개발 초기 단계였다. 그리고 비둘기, 돌고래, 개처럼 군용으로 징집된 다른 동물과 달리 박쥐는 사람의 지시를 따르도록 훈련할 수 없다는 난처한 문제가 있었다. 이 생물 탄도 장치에게는 자유의지가 있으니 말이다.

그러나 이런 치명적 문제에도 불구하고 치과의사의 발상은 미군으로부터 재정 지원을 받을 가능성이 컸다. 애덤스는 고위직에 친구들이 있었다. 취미 삼아 발명을 하던 이 치과의사는 영부인 엘리너 루스벨트Eleanor Roosevelt를 설득해 착륙할 필요 없이 비행기에서 직접 우편물을 배달하고 수거하는 자신의 예전 발명 아이디어를 시연했고 영부인에게 좋은 인상을 주었다. 그래서 애덤스가 프랭클린 루스벨트Franklin D. Roosevelt 대통령에게 박쥐 폭탄에 대한 상세한 계획서를 보냈을 때 이 계획서는 마땅히 들어가야 할 (휴지)통에 들어가는 대신, 이후 맨해튼 프로젝트(핵 폭탄 개발 프로그램_옮긴이)가 파생된 국방 연구 위원회에 대통령의 개인 추천 서신과 함께 전달되었다. 대통령은 결론에 앞서 서둘러 이렇게 언급했다. "이 사람은 미치광이가 아니오. 엉뚱해 보이지만 고려해볼 가치가 있다고 생각합니다."

라이틀 애덤스의 '일본 급습에 대한 제안서'는 단순히 괴짜 발명가가 만들어낸 것 이상이었다. 애덤스는 "일본 제국 시민을 겁주고 사기를 떨어뜨리고 초조하게 만들겠다"면서 광적으로 맹세했다. 동시에 "경멸해 마땅한" 날개 달린 포유류의 쓸모를 제시했다. "동물계에서 가장 하등한 형태가 바로 박쥐로 지하 세계와 어둠, 악마의 영역에서 일어난 역사와 연관된다. 지금까지 박쥐가 창조된 목적은 알려진 바가 없다. 교회의 종탑, 터널과 동굴에 오랫동안 서식해온 수백만 마리의 박쥐를 보았을 때, 이들이 바로 오늘을 기다리며 신이 내어준 자리를 지키고 있었음을 알았다." 애덤스는 적절한 판타지를 섞어 제안서를 끝맺었다. "여러분은 이 제안을 망상이라고 생각하겠지만 저는 이것이 성공할 것이라고 확신합니다."

애덤스는 백악관으로 보내는 편지에 한 가지 우려를 적었다. "벌레

같은 일본인을 쳐부수기 위한 현실적이고 경제적인 이 계획을 비밀리에 실행하지 않는다면 도리어 아군에게 매우 불리하게 작용할 수 있다는 점을 염두에 두어야 합니다." 결국 적합한 절차에 따라 이 정신 나간 계획에 '일급비밀'이라는 도장이 찍혔고, 〈프로젝트 엑스레이〉라는 겉만 번드르르한 공상과학 영화식의 암호명이 부여됐다. 1930년대에 박쥐의 반향 수수께끼를 해독했던 하버드대학의 과학자 도널드 그리핀을 비롯해 생물학자, 군 고위층, 무기 전문가, 기술자 등이 모여 특수팀을 결성했다. 이들은 생각만 해도 골치 아픈 장애물을 뛰어넘기 위해 본격적으로 프로젝트에 착수했다.

첫 단계는 박쥐 수천 마리를 생포하는 것이었다. 연구 팀은 미국 남서부 어느 동굴에 수천만 마리가 서식하는 멕시코꼬리박쥐를 선택했다. 다음으로 몸무게 12그램짜리 박쥐가 들고 갈 수 있을 만큼 가벼운 폭탄이 개발됐는데, 폭탄의 일부는 유명한 발라드 가수 빙 크로스비 Bing Crosby가 소유한 공장에서 제조되어 미국인들을 당황하게 했다.

이 방대한 동굴망을 가진 박쥐가 과거에 실제로 전쟁에 기용된 적이 있다. 엄밀히 말하면 박쥐의 똥이지만. 북적대는 박쥐 동굴에 한 번이라도 들어가봤다면 입구에서부터 매캐하게 목을 찌르는 암모니아의 강렬한 냄새 때문에 고통스러웠던 기억이 있을 것이다. 이는 박쥐의 배설물에 들어 있는 다량의 질소 때문이다. 남북전쟁 당시 남부연합은 보급품이 부족해지자 급한 대로 박쥐의 똥에서 질소를 추출해 폭발물을 제조하는 데 사용했다. 빙 크로스비의 폭탄이 폭발성 있는 박쥐의 똥으로 만들어진 것은 아니지만, 그랬더라도 꽤 괜찮은 조합이었을 것이다.

⊙ 12그램짜리 박쥐가 운반할 수 있을 만큼 작은 폭탄을 개발하는 것은 제2차 세계대전 중 하늘을 나는 화염 방사기로 박쥐를 징집한 데서 파생한 많은 문제점 가운데 하나에 불과했다. 명령에 복종하는 능력이 부족한 것은 말할 것도 없다.

박쥐와 폭탄이 준비되었다면 이제 이 둘을 결합할 시간이다. 축소판 폭발물은 단순히 노끈을 이용해 박쥐에 매달았다. 이 저차원적 기술이야말로 최선이었다. 박쥐가 주거지나 다른 건물 안으로 숨어 들어간 뒤 끈을 갉아내고 폭탄을 남겨두리라는 생각에서였다. 이것은 —평소에 노끈을 끼니로 먹지 않는 — 날아다니는 작은 식충 생물의 군사 명령 복종 능력을 바탕으로 마련한 여러 가지 위험한 시나리오 가운데 하나였다. 똑똑한 과학자들은 생물학 지식을 이용해 다른 방식으로 이 동물을 통제할 수 있을 것이라 판단했다. 연구진은 박쥐를 쉽게 다루고 운반하기 위해 냉장고에 넣어 강제 동면 상태로 만들려 했으나 해

동시키는 적절한 시기를 찾기가 까다로웠다. 가짜 폭탄으로 여러 차례 시험한 결과 박쥐가 너무 늦게 깨거나(수치스럽게도 박쥐가 짐을 실은 채로 땅바닥에 곤두박질쳤다), 너무 일찍 깨면(기지에서 도망감) 폭탄은 불발했다.

연구진은 좌절하지 않았다. 마침내 1943년 6월에 진짜 소이탄(목표물을 불태우는 폭탄_옮긴이)을 사용한 가상훈련이 시행되었다. 라이틀 애덤스가 처음 계획을 세운 지 2년이 채 되지 않아서였다. 훈련은 계획대로 진행되지 않았다. 카Carr 대위는 훈련 결과 보고서에 얼버무리듯이 "훈련 결과 폭발로 인해 실험 대상의 상당 부분이 파괴됐다고 … 결론지었다"라고 썼다. 대위가 언급하지 않은 것은, 무더기로 탈출한 폭탄 박쥐로 인해 칼스배드 기지에 있는 막사와 관제탑 그리고 수도 없이 많은 기지 건물에 불이 붙어 장관을 이루었다는 사실이다. 군사 기밀을 유지한다는 미명 아래 민간 소방관들이 화재 현장으로 들어가지 못하게 하는 바람에 불을 더욱 부채질하는 꼴이 되었다. 사람들은 안전거리 뒤로 물러나 화염이 이 건물 저 건물로 옮아가며 기지 전체를 박살 내는 것을 속수무책으로 지켜볼 수밖에 없었다. 최후의 굴욕은 날개 달린 몇 마리 미사일이 탈영하여 장군의 차량 밑으로 들어간 뒤 적절한 타이밍에 폭파한 순간에 찾아왔다.

나는 이날을 박쥐가 자신의 운명을 스스로 개척하고 라이틀 애덤스의 사악하기 짝이 없는 죽음의 망상을 폭파한 날로 기억하고 싶다. 프로젝트는 불명예스럽게 퇴진하여 다시 복귀하지 못했다. 프로젝트는 미 해병대로 넘어가 새로운 조직 밑에서 다음 해까지 지지부진하다 결국 1944년에 중지되었다. 30번의 실험과 수백만 달러의 비용을 써버린 뒤 미국인들은 원자의 힘을 빌려 폭탄을 개발하는 데 초점을 두었다. 이 폭탄은 박쥐보다 훨씬 통제하기 쉬운 것으로 드러났다.

애덤스는 몹시 실망했다. 그는 박쥐 폭탄이 일본에 떨어진 두 개의 원자폭탄보다 훨씬 파괴력이 컸을 것이라 주장했다. "투하할 때마다 지름 60킬로미터의 원을 그리며 동시에 터지는 수천 개의 폭탄을 생각해보라." 애덤스는 이후에도 한탄했다. "일본에는 엄청난 타격을 주면서 자국의 인명 소실은 적었을 것이다."

최종적인 인명 피해와 상관없이, 프로젝트가 지속됐다면 박쥐는 탄도 임무에서 살아남기 위해 갖은 애를 썼을 것이다. 〈프로젝트 엑스레이〉가 와해됨으로써 많은 박쥐가 생명을 구한 것도 사실이지만, 그와 더불어 지구상에서 아직 박쥐가 매도되지 않은 몇 안 되는 나라에서나마 박쥐는 기존의 긍정적인 이미지를 지킬 수 있었다. 중국 문화권의 영향 아래에서 박쥐는 전통적인 행운의 상징으로 인기가 있다. 만약 이들을 수천 마리의 소형 자살 폭탄 테러범으로 둔갑시켰다면, 박쥐들의 갑작스러운 가정 방문을 둘러싼 전 세계의 선입견에 불이 붙었을 것이다.

초대 받지 않은 짐승은 대개 좋은 소리를 듣지 못한다. 특히 갑자기 나타나거나 위협을 준다면 더더구나 그렇다. 이것은 분명 오해의 동물원의 다음 식구인 개구리에 해당하는 말이다. 아리스토텔레스 시대에서 계몽 시대까지 자연과학자들은 개구리가 갑자기 떼 지어 나타나는 것에 몹시 당황했다. 그리고 이 현상을 설명하기 위해 정신 나간 이론들을 지어냈다. 이제 오늘날 학계에서 우려하는 것은 개구리의 대량 실종이다. 더 정신 나간 진실을 감춘 미스터리 말이다.

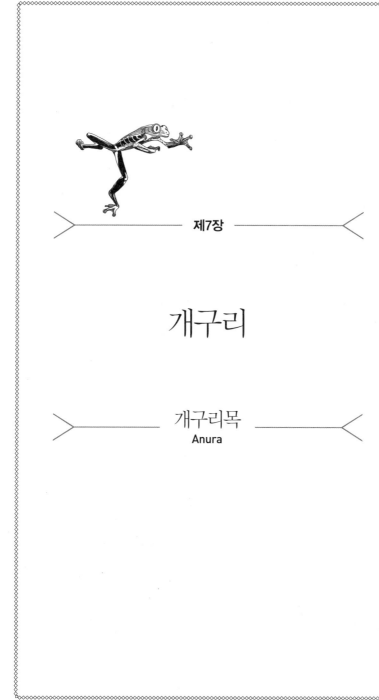

제7장

개구리

개구리목
Anura

대체로 단일체로 존재하지만, 6개월을 살고 나면 개구리는 점액질로 변한다.
물론 그 과정을 본 사람은 아무도 없다. 그리고 봄이 되면
예전처럼 물속에서 다시 생명을 얻는다.
이 과정은 불가사의한 자연의 작용으로 매해 규칙적으로 일어난다.

• 대플리니우스, 《박물지》, 기원후 77~9

나는 새 천년을 맞는 해의 대부분을 음낭개구리, 학명은 텔마토비우스 쿨레우스*Telmatobius culeus*라는 아리송한 이름을 가진 신화적인 수생 괴물을 찾는 데 보냈다. 우루과이에서 인맥 좋은 환경운동가와 함께 머무는 동안 이 자루처럼 생긴 동물에 대해 들었는데, 그는 나에게 친구인 라몬 '쿠키' 아벨라네다*Ramón 'Kuki' Avellaneda*의 이야기를 들려주었다. 1960년대에 쿠키는 볼리비아와 페루의 경계를 이루는 안데스산맥 높은 곳에 위치한 티티카카호수의 광대한 영역을 돌아보고 있었다. 다름 아닌 자크 쿠스토*Jacques Cousteau*(유명한 프랑스 탐험가_옮긴이)와 함께 소형 잠수함을 타고 말이다. 이들은 사라진 잉카제국의 금을 찾아 헛수고를 하는 중이었는데, 이를 위로라도 하듯 ―이 환경운동가가 장담컨대―소형 자동차만 한 대형 개구리를 발견했다고 한다.

개구리는 내가 제일 좋아하는 동물이다. 물에서 뭍으로 진화적 도약을 이루어낸 이 동물이야말로 내게는 진정한 탐험가다. 개구리는 타고난 생물학적 약점을 극복하고 매우 훌륭히 적응하여 지구에서 가장 살기 힘든 곳에서 서식하기 시작했다. 지금까지 알려진 약 6,700종의 개구리 중에는 몸에서 자외선 차단제를 분비하는 놈도 있고, 부동액을 만드는 놈도 있으며, 심지어 날 수 있는 놈도 있다. 최초의 양서류는 새끼 공룡을 잡아먹을 정도로 거대했고 길이가 무려 10미터에 달했다.

아마도 쿠키와 쿠스토는 세계에서 가장 높은 곳에 위치한 호수의 밑바닥에서 양서류판 네시(스코틀랜드의 네스호에 산다고 전해지는 괴물_옮긴이)로 불릴 만한 고대의 괴수를 발견했는지도 모른다.

나는 가까스로 쿠키를 찾아냈다. 그는 브라질 브지오스의 호화로운 바닷가 리조트 근처에서 아름다운 경치와 햇빛을 즐기며 노후를 보내고 있었다. 쿠키는 물속에서 장기간 근무하면서 청력을 잃었다. 그래서 우리는 그의 아들을 다리 삼아 전화로 서로 얘기했다. 쿠키의 아들은 아버지가 보았다던 음낭개구리가 사실은 자동차가 아닌 접시 크기였다는 당황스러운 정보를 전해주었다. 나는 실망감을 감추기 위해 무진 애를 써야 했다.

텔마토비우스는 실제로 1867년에 처음 발견되었다. 우스운 라틴어 명칭은 축 늘어진 음낭처럼 보이는 이 개구리의 외형을 본뜬 것으로, 텔마토비우스는 비록 미인선발대회에서 당선되기는 어렵겠지만 위대한 후디니(헝가리 출신의 탈출 마술 전문가. 물속에서 숨을 오래 참는 것으로 유명함_옮긴이)도 울고 갈 만큼 특출한 참기 능력이 있다.

티티카카호는 매우 살기 힘든 서식처다. 해발고도 4,000미터에 이르는 이곳은 태양도 사납고 공기는 희박하다. 민감한 피부를 가진 냉혈동물 양서류가 살 만한 곳이 아니다. 그러나 텔마토비우스는 온전히 물속에서 생활하는 방식으로 살아남았다. 호숫물은 커다란 젖은 담요가 되어 혹독한 자외선과 극적인 온도 변화로부터 이 생물을 보호해준다. 텔마토비우스는 아주 드물게 수면으로 올라오고 거의 전적으로 피부 호흡을 하는데, 표면적을 최대화하기 위해 앙상한 골격 주위로 길게 늘어진 엄청나게 많은 주름이 진화했다. 산소가 부족하면 다른 펑범한 개구리처럼 수면으로 올라와 심호흡을 하는 게 아니라, 늘어진 피부 주름 주위로 산소가 풍부한 신선한 물이 잘 순환되도록 호수 바닥에서 팔굽혀펴기를 한다.

자크 쿠스토는 1969년 자신의 소형 잠수함을 타고 호수를 탐험하면서 길이가 50센티미터 정도 되는 대형 양서류가 "수십억" 마리나 돌아다닌다고 보고했다. 이 지역 어부에 따르면 오늘날 쿠스토의 거인은 사라진 지 이미 오래고 그 작은 후손조차 점점 찾기가 힘들다.

이제는 음낭개구리를 찾을 수 있는 최고의 장소가 페루의 수도 리마 도심에 있는 믹서기 안이다. 이 주름진 양서류는 페루 뒷골목에서 전통의 비아그라를 만드는 주재료로 페루 전역에서 인기가 좋다. 그중에서도 특히 수도에서 수요가 많다. 결국 그 때문에 나는 공항에서 만난 택시 기사에게 다음 비행기를 갈아탈 때까지 주어진 2시간 동안 시내를 가로질러 기사님이 제일 좋아하는 개구리 주스 바에 좀 데려다 달라고 사정했다. 위험하기 짝이 없는 속도로 도시를 가로지르며 나는 당신이 특별히 좋아하는 양서류 최음제를 먹고 싶다고 고집을 피운 것이 어쩌면 그를 유혹하는 소리로 들렸을 수도 있겠다 싶어 철저히 과학과 관련된 얘기로 대화를 이어 나가려고 애썼다. 내 형편없는 스페인어 실력과 그의 부족한 영어 그리고 이 개구리의 의미심장한 이름을 감안하면 몹시 힘든 일이었지만 말이다.

우리는 주스 바에 도착했다. 이름만 바였지 북적대는 시장에 자리한, 한쪽이 골목을 향해 뚫려 있고 금방이라도 무너질 듯한 허름한 방이었다. 나는 이 전설적인 동물을 이때 처음 보았다. 깊은 바다의 베헤못(《구약성경》에 나오는 수륙양서의 괴물_옮긴이)은 둥글납작한 슬픈 눈으로 더러운 수조 밖을 물끄러미 바라보는 작고 얼룩덜룩한 진흙투성이 개구리에 불과했다.

택시 기사는 금요일 오후 단골 피로회복제를 주문했다. 영화 〈칵테일〉에 나오는 톰 크루즈의 능숙한 솜씨로 바 뒤에서 착실해 보이는 한 여성이 처량 맞아 보이는 개구리의 다리를 붙잡아 수조에서 잽싸게 꺼내더니 척 하니 도마에 올려놓고 머리를 후려친 다음 바나나 껍질 벗기듯 쓱쓱 개구리 껍질을 벗겨 허브와 꿀과 함께 불리넥스(믹서기 제조사_옮긴이)에 휙 하고 던져 넣었다.

내 가이드는 눈을 반짝반짝 빛내며 방금 만들어진 개구리 셰이크를 맛보라고 건넸다. 나는 일종의 기자 정신으로 살짝 한 모금 마셨다. 달콤하고 크림 같은 게 전혀 개구리 같지 않았다. 사실 그 안에 뭐가 들었는지 떠올리기 전에는 굉장히 맛있었지만 조금도 도발적인 느낌은 들지 않았다. 수많은 양서류가 과학에 매우 유용한 화학물질을 분비하지만, 그 밖의 많은 전통 요법에서처럼 음낭개구리 역시 진짜 약으로서 가치가 있는 것 같지는 않다. 이것은 오히려 문화적인 문제다. 안데스 사람들 사이에서 개구리는 오랫동안 다산과 연관되어왔고, 그들이 개구리에게 갖는 이미지는 잉카 문명이 이 지역을 다스리기 이전으로 거슬러 올라간다.

개구리와 생식을 연결 지은 건 안데스인들만이 아니다. 중세 영국에서는 개구리를 입에 넣는 것이 정력제가 아닌 훌륭한 피임법으로 간주되었다. 물론 구혼자의 키스를 단념시킬 법은 하지만 이게 어떻게 효과가 있다는 건지 도무지 이해하기 어렵다. 1950년대 중국에서 공산당 정부의 보건부 장관은 피임법으로 살아 있는 올챙이 한 줌을 삼키

⊙ 다행히 텔마토비우스 쿨레우스는 자기 이름이 '늘어진 음낭'을 뜻하는지도, 결국 뒷골목 비아그라용으로 믹서기에서 생을 마감하게 되리라는 사실도 모를 것이다.

라고 종용했다. 수은에 올챙이를 튀겨서 먹으라던 고대 중국의 처방에 비하면 훨씬 나아진 것이지만 여전히 개선의 여지가 있었다. 장관은 임신을 방지하는 올챙이 요법을 쥐와 고양이, 사람을 대상으로 진지하게 실험했다. 그러나 실험에 참여한 여성의 43퍼센트가 4개월 이내에 임신하고 말았다. 1958년 중국 정부는 살아 있는 올챙이에는 피임 효과가 없다고 공식적으로 발표했고, 이로써 전국의 여성과 올챙이는 상당히 안심했을 것이다.

문화와 대륙을 가로질러 민속에서 과학까지 개구리는 성과 생식 능력에 연관 지어졌다. 이것은 임신, 전염병, 역병의 뒤틀린 이야기를 전하는 오해의 유산으로 이어졌다.

○ ○ ○

개구리는 적어도 5,000년 이상 풍요의 신으로 숭배되었다. 아즈텍인들은 틀랄테쿠틀리Tlaltecuhtli라고 부르는 거대한 두꺼비를 어머니인 대지의 여신으로 모셨는데 이 여신은 무한히 돌고 도는 탄생, 죽음, 환생의 고리를 상징했다. 크리스토퍼 콜럼버스가 아메리카 대륙을 발견하기 이전에 중앙아메리카의 이웃들은 센테오틀Centeotl이라는 이름으로 훨씬 오래된 양서류 신을 섬겼다. 이 신 역시 출산과 풍요의 수호신으로 한 줄로 늘어선 거대한 유방을 드러내고 있는 보기 불편한 두꺼비 형상이다. 세계의 다른 한쪽에서는 고대 이집트의 풍요와 출산의 여신 헤케트Heqet가 개구리로 묘사됐다.

이처럼 널리 퍼진 신화는 폭발적으로 번식하는 개구리의 습성에서 기원했을 것이다. 개구리의 번식 과정은 폭발적이라는 말로는 부족할 정도로 꽤나 극적이다. 개구리는 엄청난 수가 한데 모여 다 먹어치울 수 없을 만큼 많은 양의 알을 함께 낳아 포식자에게 부담을 주는 식의 생존 전략을 구사한다. 애욕에 찬 개구리들이 둘씩, 셋씩 또는 그 이상의 수가 며칠 동안이나 서로 들러붙어 한 덩어리로 몸을 비트는 모습은 그야말로 장관이다.

거의 모든 양서류가 물에서 번식하므로 개구리들이 벌이는 난교 파티는 일 년 중에서 농부에게도 가장 중요한 우기 또는 물이 범람하는 시기와 빈번하게 일치했다. 이를테면 고대 이집트인들은 매해 범람하는 나일강에 기대어 농업을 유지했는데, 불어난 나일강의 물이 봄이 되어 빠지고 나면 곡식에 양분을 주는 비옥한 검은 토양이 생겼다. 이는 발정 난 수천 마리 개구리의 땅이기도 했다. 따라서 사람들의 마음 속에서 개구리의 번식력, 땅 그리고 인구가 자연스럽게 하나로 뒤엉킬 수밖에 없었을 것이다.

정작 이 개구리들이 어디에서 왔는지는 커다란 수수께끼였다. 갑자기 떼로 출몰하는 모습에 당황한 고대 철학자들은 이 성적 풍요로움이, 생명을 주는 마력의 물과 더불어 진흙이 빚어낸 개구리와 함께 대지에서 솟아오른 것이라고 조심스럽게 의견을 내놓았다. 이미 뱀장어 이야기에서 보았듯이, 생명이 마술처럼 무기물에서 생겨났다는 발상은 개구리에 한정되지 않았다. 개구리나 뱀장어처럼 눈에 띄는 생식기관이 없거나 이해하기 어려운 변태를 겪는 동물이라면 어떤 것에도 자유롭게 적용되었다. 이와 같은 관념은 중국, 인도, 바빌론, 이집트 등지에서도 한동안 나타났으나 이 모두를 끌어모아 하나로 집대성한 것은 아리스토텔레스였다. 그는 깊이 생각한 끝에, 그러나 잘못 구상된 자연발생설을 세웠다.

아리스토텔레스의 《동물의 역사Historia Animalium》에 따르면, 어떤 하등 동물은 "애초에 동물의 몸에서 태어나지 않고 자연적으로 발생한다. 나뭇잎에 맺힌 이슬에서 만들어지는 것도 있고 … 부패한 진흙과 변에서 생겨나는 것도 있으며, 산 나무 또는 죽은 나무에서 생성되기도 하고, 밖으로 배출된 배설물이나 아직 살아 있는 동물의 뱃속에 들어 있는 배설물에서 나오기도 한다".

그의 가르침이 대부분 그렇듯이 아리스토텔레스의 학설은 높이 존중되었다. 아리스토텔레스의 공식은 개구리의 미스터리를 해결하는 데 그치지 않고, 썩은 고기에 갑자기 들끓는 구더기나 사람의 배설물속에 죽은 듯이 보이는 회충의 존재까지 설명했다. 대플리니우스를 비롯해 아리스토텔레스의 발자취를 따라간 자연과학자들은 이 발상을 그대로 이어받아 아리스토텔레스의 동물 목록을 추가하고 곤충들이 "오래된 왁스"나 "식초에 생긴 점액질"에서부터 "축축한 먼지"와 "책"에 이르기까지 어디서건 자연적으로 생겨날 수 있다고 주장했다. 몸집이 큰 어떤 동물은 죽으면서 작은 동물을 낳는데, 이를테면 말은 말벌로, 악어는 전갈로, 노새는 메뚜기로, 황소는 꿀벌로 탈바꿈한다고 믿었다. 사체는 상상할 수 있는 그 무엇으로도 변신할 수 있는 인기 있는 "생명 제조기"였다.

지금은 터무니없는 얘기로 들리지만, 자연발생설은 불멸의 이론이었고 16~17세기까지도 최고의 자리에 있었다. 아리스토텔레스의 관념은 무려 2,000년이 넘는 시간 동안 창조적 사고력이라는 자궁 안에 들어앉아 생명을 창조하는 초현실적 방법들을 줄줄이 낳았다. 소금을 받을 자격이 있는(실력이 있다는 뜻. 로마 시대에는 소금이 매우 귀했음_옮긴이) 모든 자연철학자들은 자연발생설이라는 놀이에 꽤나 열성적으로 뛰어들었다. 독일 예수회의 아타나시우스 키르허Athanasius Kircher는 1665년 작품《땅속 세계Mundus Subterraneus》에서 독자에게 라면처럼 조리하기 쉬운 한 무더기의 생명을 창조하는 방법을 권했다. 예를 들어 개구리를 만들려면 개구리가 살았던 배수로에서 진흙을 채취해 빗물과 함께 커다란 그릇에 넣고 배양하기만 하면 짜잔! 하고 즉석 양서류 한 병이 만들어진다는 식이다.

어떤 개구리 종은 가뭄철에 진흙 속에서 월동하기 때문에 실제 이런 방식으로 개구리를 "창조한" 사람이 있을 수도 있다. 그러나 17세기

플랑드르 출신의 화학자 얀 밥티스트 판 헬몬트Jan Baptist van Helmont가 제시한 독창적인 방법으로는 이런 우연조차 일어날 법하지 않다. 비록 결과는 그다지 흥미롭지 않지만, 어쨌든 헬몬트는 자연발생계의 고든 램지Gordon Ramsay(영국의 유명한 요리사_옮긴이)로 불려도 좋을 것이다. 헬몬트가 추천한 혼합법 가운데 독이 있는 포식성 전갈류를 만드는 방법이 있는데, 벽돌의 구멍에 바질을 한 다발 채워 넣고 다른 벽돌로 구멍을 덮은 후 양지바른 곳에 두면 저절로 생긴다고 했다. 며칠 만에 "바질이 발효제로 작용하여 가스가 발생하면 식물성 재료가 변질되면서" 당신의 집을 "진짜 전갈"로 가득 채운다는 것이다. 반면에 생쥐를 만드는 방법은 이렇다. 약간의 밀과 물을 플라스크에 넣고 "부정한 여인"의 치마로 덮은 후 21일이 지나면 작은 설치류 친구가 탄생한다. 강아지를 만드는 방법이 있었다면 좀 더 인기가 좋았을걸.

자연발생설이 어찌나 널리 유행했는지, 영국의 대표적인 신화 의심론자 토머스 브라운 경은 1646년에 정말로 이런 식으로 생쥐가 만들어질 수 있겠느냐고 용감하게 대들었다가 웃음거리만 됐다. "생쥐가 부패한 물질에서 생겨난다는 사실을 의심하다니!" 한 성난 아리스토텔레스 신봉자가 말했다. "그렇다면 이자는 치즈나 나무 벌레가 발생한다는 것도 의심할지 모른다. 아니면 나비, 메뚜기, 조개, 달팽이, 뱀장어가 부패한 물질에서 나온다는 사실도 의심할 것이다. … 이를 의심하는 것이 이성, 감각, 경험에 의문을 제기하는 것과 무엇이 다른가."

17세기 중반에 현미경이 발명되면서 토머스 브라운 같은 키니코스학파(견유학파, 자연스러운 삶을 추구한 철학자들_옮긴이) 사람들이 새로운 진실을 탐구할 수 있는 미세한 세계가 열렸다. 근대 현미경 학자와 실험 생물학자들은 진정한 과학에 바탕을 둔 연구를 처음으로 수행하면서 낡고 주술적인 사고방식을 버렸다. 그 선도자 가운데 이탈리아 자연과학자 프란체스코 레디Francesco Redi는 역사상 가장 역겨운 실험임에 틀림없는(오듀본이 부패하는 돼지 사체로 독수리와 숨바꼭질했던 유명한 예외가 있긴 하지만) 실험을 통해 아주 오랫동안 이어져온 아리스토텔레스의 이론에 도전하는 막중한 임무를 떠맡았다.

무더운 이탈리아의 여름 내내 프란체스코 레디는 개구리에서 호랑이까지 구할 수 있는 모든 동물의 사체를 구했다. 그리고 여러 자연철학자들이 내놓은 자연발생법을 부지런히 따라 했다. 그동안 레디의 부엌은 생명을 창조하는 악취가 진동했다. 아무리 해괴한 방법이라도, 어떤 냄새가 나더라도 레디는 진지하게 성심을 다해 재료를 다루었고, 그 재료들이 정말 창조의 비밀을 품고 있는지 확인하기 위해 각각 여러 번 테스트했다.

레디는 이 요상하고 냄새나는 여름을 기록한 노트에 이를테면 자신이 어떻게 동포 이탈리아인인 잠바티스타 델라 포르타Giambattista della Porta의 지시서에 따라 "두꺼비는 똥 더미에 올려진 썩은 오리로부터 생겨난다"를 세 번씩이나 이행했는지 썼다. 레디는 "포르타, 그렇지 않으면 가장 재미있고 심오한 작가였을 그가 사실 남의 말을 너무 믿었던 것 같다"라고 기록할 수밖에 없었다.

어떤 악취가 진동하는 살덩어리를 갖다 써도 레디가 만들어낼 수 있는 유일한 생물은 구더기와 파리뿐이었다. "나는 소, 사슴, 들소, 사자, 호랑이, 개, 양, 새끼 염소, 토끼 그리고 가끔 오리, 거위, 암탉, 제비 등의 살을 날것으로도, 익혀서도 실험했다. 황새치, 참치, 뱀장어, 가자미 등 물고기로도 실험했는데, 어떤 경우에도 결국엔 파리가 나왔다."

이로써 프란체스코 레디의 상상력은 크게 도약했다. 상한 고기 주위를 날아다니던 파리가 실제로 구더기의 전신일지도 모른다는 생각이든 것이다. 오늘날 우리에겐 너무나 당연한 말이지만, 당시로서는 급진적 발상이었다. "이것들을 고려했을 때 고깃덩어리에서 발견되는 모든 벌레는 파리의 배설물에서 직접 기인한 것이지 부패한 살점에서 생겨난 것이 아니다"라고 레디는 썼다. "고기에 벌레가 생기기 전에 파리가 그 위를 날아다녔고, 나중에 고기에서 나온 것이 같은 종류의 파리였다는 관찰을 통해 믿음이 더 확실해졌다."

이 시점에서 프란체스코 레디는 이 의혹을 검증하기 위해 마지막 실험에 착수했다. 아마 대단히 냄새나는 일이었을 것이다.

나는 뱀과 물고기 몇 마리, 아르노의 뱀장어 몇 마리 그리고 우유를 먹인 송아지 고기 조각을 네 개의 커다랗고 주둥이가 넓은 플라스크에 넣었다. 그리고 뚜껑을 잘 닫고 밀봉했다. 그다음 같은 수의 플라스크를 동일한 방식으로 채우면서 이번에는 뚜껑을 닫지 않고 열어놓았다. 오래지 않아 두 번째 용기에서는 고기와 생선에 벌레가 생기기 시작했고 파리가 제멋대로 드나들었다. 그러나 살점을 넣은 지 여러 날이 지났음에도 밀폐된 플라스크에서는 벌레가 나오지 않았다.

파리를 차단한 사체에서는 구더기가 생기지 않았지만, 노출된 것에서는 벌레가 무더기로 생긴다는 사실을 아주 간단히 증명한 이 천재적 실험은 자연발생설의 종말을 알리는 시작이었다.

아아, 그러나 잿더미 속에서 새로운, 하지만 여전히 그릇된 신조가 나타났다. 모든 동물의 창조를 설명하겠다는 목표를 가진 전성설前成說 (수정란이 발생하여 성체가 되는 과정에서 개개의 형태·구조가 이미 알 속에 갖추어져 있어 발생할 때 전개된다는 학설로 발생에 따라 점차 생겨난다는 후성설에 대응함_옮긴이)주의자들이 나타난 것이다. 이들은 살아 있는 모든 것이 호문쿨루스homunculus(극미인)라고 부르는 자기 자신의 축소된 형태에서 생겨난다고 믿었다. 호물쿨루스는 동물의 씨에 들어 있고 이것의 발아는 단지 "작은 나"의 크기가 커지는 것에 불과하다고 믿었다. 전성설주의자들은 대립한 두 집단으로 나뉘었다. 난원론자들은 호문쿨루스가 암컷의 난자에 들어 있다고 생각했고, 정원론자는 수컷의 정자 안에 머물고 있다고 믿었다.

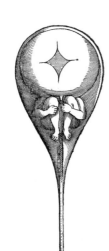

정자와 난자 둘 다 생명의 탄생에 필요하다는 것은 극히 소수의 생각이었다. 이 사실은 1780년에 가위를 휘두르는 동물학자, 우리의 라차로 스팔란차니가 마침내 증명해낸다. 우리는 앞에서 스팔란차니가 달팽이나 박쥐를 가위로 작업하는 것을 보았다. 이번에 스팔란차니는 개구리를 위한 작은 태피터 바지

⊙ 정원론자를 위한 그림. 《광학론Essay de dioptrique》(1694)에서 니콜라스 하르트수커르Nicolaas Hartsoeker는 정자 안에 자리 잡은 호문쿨루스의 모습을 그렸다.

를 제작함으로써 이 가위를 더욱 창의적으로 사용했다.

○ ○ ○

스팔란차니는 성, 특히 개구리의 성에 집착했다. 그는 개구리 연인의 성관계가 수태의 비밀을 드러낼 것이라 믿었다. 알다시피 개구리는 체외에서 수정을 한다. 그래서 수태 과정을 좀 더 쉽게 관찰할 수 있고 더 나아가 조절할 수도 있다.

그러나 당시에는 이런 아주 간단한 진실조차 논란의 여지가 있었다. 유명한 분류학자 칼 폰 린네는 자신의 책에서 이렇게 말했다. "자연계에 살아 있는 어떤 몸에서도 난자의 수태나 수정이 어미의 몸 바깥에서 일어나는 일은 없다." 그래서 스팔란차니는 이 스웨덴인의 주장을 확인하기 위해 가위를 꺼내 들고 개구리의 교미를 방해하기 시작했다. 스팔란차니는 혼자 있는 암컷을 붙잡아 배를 가르고 수정되지 않은 알을 꺼냈다. 그가 관찰한 바에 따르면, 이 알은 절대 올챙이로 자라는 일이 없었고 오로지 "역겨운 썩은 덩어리"로만 변했다. 반면에 수컷이 뒤에서 껴안고 있던 암컷이 방출한 알은 반대로 언제나 올챙이가 되었다. 이것은 잉태가 몸 바깥에서 일어나는 것이 틀림없음을 증명했다. 비록 수컷은 뒤에서 꽉 껴안고만 있었던 것 같아도(개구리의 정액은 물속에서 투명하므로) 스팔란차니는 수컷이 이 과정에 기여하는 바가 있으리라고 의심했다. 그것이 무엇인지 찾기만 하면 됐다.

그걸 알아내기 위해 이 모험적인 신부는 프랑스 과학자 르네 앙투안 페르쇼 드 레오뮈르René Antoine Ferchault de Réaumur에게서 아이디어를 빌렸다. 이 과학자는 이미 30년 전에 수컷이 교미 시 방출하는 물질—그런 게 있기는 하다면—을 찾아내려고 많은 노력을 기울였다. 레오뮈르는 최고로 기발한 방식을 생각해냈다. 개구리에게 자신이 직접 만든 양서류 속옷을 강제로 입히는 것이었다. 이것은 몸 전체에 장착하는 피임 기구나 다름없었다. 스팔란차니와 우리 모두에게 다행히도, 이 깐깐한 프랑스 과학자는 이 팬티의 다양한 견본과 시시콜콜한 부분까지 모두 상세히 기록해놓았다.

"3월 21일, 우리는 방광으로 만든 바지를 입혔다." 레오뮈르는 자신의 노트에 이렇게 적었다. "엉덩이를 봉한 매우 꽉 끼는 바지였다." 동물의 방광은 잘 늘어나므로 양서류에게 쉽게 입히고 벗길 수 있는 성공적인 옷이었다. 그러나 개구리들이 물속으로 들어가자 바지는 "너무 부드럽고 헐렁해져" 금세 풀어지기 시작했다. 레오뮈르는 옷이 개구리를 제대로 감싸고 있는지 확인할 수 없었다. 그래서 최초의 유기농 속옷은 폐기 처분되고 말았다.

우산을 만들 때 쓰는 방수 재료인 밀랍을 칠한 태피터는 좀 더 튼튼한 재료였지만 안타깝게도 신축성이 부족해 꼭 맞게 입힐 수가 없었다. 크게 좌절한 이 프랑스인은 이렇게 썼다. "팬티를 만들어 입혔더니 보란 듯이 내 앞에서 벗어던졌다." 다리가 들어가는 구멍을 너무 크게 뚫어놔서 실망스럽게도 개구리가 구멍으로 다리를 밀어 올려 간단히 바지를 벗어젖히고 튀어 나간 것이다.

레오뮈르만큼 상상력이 기발한 사람은 없었다. 그는 결국 바지에 작은 멜빵을 달아 개구리의 어깨에 걸치도록 옷을 고정해 문제를 해결했다. 레오뮈르의 노트를 읽으며 스팔란차니는 자신의 호색한에게도 비

⊙ 프랑스 과학자 레오뮈르는 직접 발명한 양서류 수제 팬티가 너무나 맘에 든 나머지 예술가 헬
레네 두무스티에Hélène Dumoustier에게 의뢰하여 이 개구리 의상을 멜빵까지 모두 영원히 보존
했다. 누가 나무랄 수 있겠는가.

숫한 옷을 만들어줘야겠다고 생각했다. "엉뚱하고 우스꽝스러워 보일
지 몰라도 반바지를 입힌다는 발상에 전혀 불만이 없다. 나는 그대로
실행에 옮겼다. 수컷들은 거추장스러운 옷을 입고도 똑같이 열정적으
로 암컷을 찾았고 최선을 다해 세대를 잇기 위한 중대한 행위에 몰입
했다."

개구리가 일을 마친 후 스팔란차니는 조심스럽게 바지를 벗겨 안을

들여다보고 옷에 묻은 것을 조사했다. 프랑스 선조와 달리 이 이탈리아 신부는 귀중한 정액을 몇 방울 수집하는 데 성공했다. 그는 즉시 이것을 수정되지 않은 알 꾸러미에 묻혔다. 마침내 알이 올챙이로 자랐다. 개구리 바지에 묻어 있던 잔여물이야말로 실제로 수정에 필요한 필수적 재료라는 뜻이었다. 그러나 워낙에 체계적인 스팔란차니는 대충 넘어가는 법이 없었다. 정액 외에 다른 것은 알에 생명을 주지 못한다는 것을 명확히 하기 위해 알 덩어리에 혈액, 식초, 증류주, 포도주(수확기에 만들어진 다양한 빈티지), 소변, 레몬, 라임즙 등을 묻혔다. 심지어 전기 충격까지 시도했다. 번식이라는 측면에서, 모두 헛수고였다.

개구리와 함께하는 스팔란차니의 모험은 수정의 미스터리를 푸는 중요한 단계였다. 그 뒤 100년이 채 지나지 않아 개구리들은 수정 여부를 가려내기 위해 다시 한 번 실험실로 돌아왔다. 그러나 이번에는 개구리가 아닌 인간의 수정이었다.

○ ○ ○

우화집에나 나올 법한 중세의 엉터리 민간요법처럼 들리겠지만, 1940년대에서 1960년대까지 세계에서 가장 믿을 만한 최초의 임신 테스트기는 퉁방울눈을 가진 작은 개구리였다. 현대의 임신 테스트기처럼 임신한 여성의 소변을 주사한다고 해서 개구리가 푸르게 변하거나 줄무늬가 생기는 건 아니었다. 그러나 대신에 이들은 8~12시간 후에 알을 낳았다. 그렇게 임신 여부를 확인했다.

당시엔 집에서 간단히 할 수 있는 개구리 임신 테스트기가 없었고,

전문적인 임신 검사관이 개구리에게 소변 주사를 놓았다. 이들은 예지력 있는 개구리가 든 수조와 함께 병원이나 임신 클리닉의 지하실 또는 근처 건물에서 몇 시간씩 일했다. 나는 하트퍼드셔에 사는 전직 개구리 검사관인 오드리 피티Audrey Peattie와 이야기를 나누었다. 82세의 피티는 활기 넘치는 노인으로 왓포드 병원에서 개구리와 함께한 3년에 대해 들려주었다.

소변과 양서류로 가득 찬 실험실에서 일하는 것은 1950년대 당시의 젊은 여성에게는 흔치 않은 직업이었다. 피티의 여자 친구들은 대부분 학교를 졸업하고 비서가 되었지만, 그녀는 열일곱 살에 조금 "별나고 설명하기 창피한" 일을 하기 위해 왓포드로 향했다. 그럼에도 피티는 그 일을 좋아했다.

"우리는 하루에 40번씩 테스트를 했답니다. 개구리가 좀 미끄러웠지만 다리를 잡고 통통한 허벅지 피부밑에 주사를 놓았지요. 그리고 번호가 매겨진 병에 던져 넣고 따뜻한 곳에서 하룻밤을 둔 다음 아침이 되어 알을 낳았는지 확인했어요. 알이 많지 않을 때는 다른 개구리로 다시 시험했지요. 하지만 실질적으로 개구리가 실수한 적은 한 번도 없었어요."

피티에 따르면 이 특별한 능력을 지닌 불가사의한 개구리들은 "우리네 정원에서 어슬렁대는" 종류가 아니라 이국적인 아프리카발톱개구리Xenopus laevis라는 아프리카 사하라 이남이 원산인 원시 수생 개구리 종이다. 이들은 긴 발톱으로 무장하고 납작한 몸체 양쪽에는 프랑켄슈타인 얼굴 같은 바느질 자국이 있어 별로 예쁘지 않다. 둥글넓적한 눈에는 눈꺼풀이 없는데, 다시 말해 물속에 들어앉아 실험실에서 돌아

⊙ 1950년대에 왓포드 병원의 가족계획 실험실에서 일하고 있는 오드리 피티(오른쪽). 이곳에서 피티는 개구리에게 여성의 임신 여부를 알려달라고 요청하는 까다로운 업무에 종사했다.

다니는 이들을 불길한 눈길로 쳐다보며 까딱거린다는 뜻이다.

　개구리가 임신을 감지하는 메커니즘은 1920년대 후반에 영국의 내분비학자 랜슬롯 호그벤Lancelot Hogben이 케이프타운대학교에서 근무할 때 발견했다. 호르몬 연구에 유럽 개구리를 사용한 적이 있었던 호그벤은 남아프리카에서는 지역 토착종을 이용해 실험을 시작했다. 호그벤은 오늘날의 화학적 임신 테스트기와 똑같이 아프리카발톱개구리도 사람융모성성선자극호르몬hCG, 그러니까 난자가 수정된 후 분비되는 호르몬에 크게 반응한다는 것을 알아냈다. 호그벤은 임신 테스트기로서 개구리의 잠재력을 "하늘이 내려준" 것으로 받아들였다. 호그벤은 이 양서류에 너무나 몰입한 나머지 이후에 이 개구리의 이름을 따서 집의 이름을 지었다고 한다.

알려진 대로 "호그벤 테스트"는 덜 믿음직한 "토끼 테스트"를 빠르게 대체했다. 토끼 테스트는 토끼에게 소변을 주사하고 몇 시간 후에 해부하여 난소에 난자가 생겼는지 조사하는 방식이었다. 피티는 그 방법이 훨씬 덜 실용적이라고 했다. "하루에 40번씩 진행되는 검사를 위해 그만큼 토끼를 데리고 있는 걸 상상해봐요!" 개구리는 반복해 사용할 수 있다는 확실한 이점이 있었다.

개구리 임신 테스트의 또 다른 장점은 개구리의 크기가 크지 않은 덕분에 어느 이름 모를 여인의 호르몬 표본과 만나기까지 수조에 가둬둘 수 있다는 것이었다. 예지력을 사용하고 나면 이들은 약 3주 동안 쉬었다. 피티가 말했다. "개구리들은 다진 간을 먹으며 헤엄쳐 다녔어요." 그러고 나서 다시 예지력을 발휘하기 위해 불려 나왔다.

아프리카발톱개구리는 혼자 힘으로 임신 테스트 분야에 혁명을 일으키며, 동물을 살생하는 방식이라는 오명을 벗고 전보다 훨씬 대규모로 실행할 수 있는 서비스를 개척했다. 그러나 아프리카발톱개구리의 과학적 중요성은 이게 전부가 아니었다. 수십만 마리의 개구리가 아프리카에서 유럽과 아메리카의 실험실로 수출되었다. 이곳에서는 특히 발생학이라는 신생 분야에 종사하는 전혀 다른 과학자들의 관심을 끌었다. 발생학자들은 라차로 스팔란차니의 지적 후손으로 배아의 성장 지도를 그리기 위해 엄청난 양의 개구리 알이 필요했다. 그때까지 사용하던 양서류는 번식하는 철이 정해져 있어 연구에 제약이 심했다.

그런데 이제 명령만 내리면, (일종의 자연발생설에 해당하는 극히 현대적인 제조법의 하나로) 간단히 hCG만 주사하면 수만 개의 알을 낳는 개구리가 나타난 것이다. 더군다나 아프리카발톱개구리의 알은 비정상적으로 컸다. 알의 크기가 인간 난자의 10배나 됐기 때문에 미세 수술과 유전자 조작에 이상적인 연구 대상이었다. 또한 올챙이 역시 속이 보이도록 투명해서 성체로 가는 변태 과정의 내부 메커니즘을 편리하게 관찰할 수 있었다. 무엇보다 성체는 질병에 저항력이 매우 강해서 사육 상태에서 20년까지 살았다. 이것은 과학자의 천국에서나 있을 수 있는 환상적인 조합이었다.

아프리카발톱개구리는 5개 대륙 48개국 실험실에 살아 있는 군집이 존재하는, 지구에서 가장 많이 연구되는 표본 생물의 하나로 생쥐와 초파리의 대열에 합류했다. 1980년대에 아프리카발톱개구리는 세계에서 가장 널리 퍼진 양서류가 되었다. 이들은 안팎으로 해독, 해부, 기록되었다. 최초로 복제된 척추동물이자, 심지어 최초로 우주에 간 척추동물이기도 했다.

그러나 당시 과학자들이 알지 못한 중요한 한 가지 사실이 있었다. 안타깝게도 너무 늦은 뒤에야 이 사실을 발견했지만. 바로 세계를 넘나드는 개구리는 절대 혼자 다니지 않는다는 것이다.

○ ○ ○

1980년대 후반, 양서파충류 학자들은 이상한 현상을 감지하기 시작했다. 오스트레일리아와 중앙아메리카의 양서류 개체군이 원시 환경에서 사라지기 시작했는데, 매우 갑자기 종적을 감출뿐더러 사체도 남기지 않고 떠난 것이다. 마치 어디론가 홀연히 사라지는 것 같았다. 양서류들은 6,500만 년 동안이나 지구에 머무르며 공룡을 멸종시킨 운석, 일련의 빙하기 그리고 몇 차례의 매우 극적인 기후 변동에도 살아남았다. 무엇이 이제 와서 이들을 이처럼 대량으로 죽인단 말인가?

수년간의 집중적인 추적 끝에 범인이 밝혀졌다. 원시적인 수생 곰팡이인 항아리곰팡이*Batrachochytrium dendrobatidis*였다. 항아리곰팡이는 개구리의 호흡에 관여하는 민감한 기관인 피부를 감염시켜 산소와 필수 전해질의 흡수를 방해하고 결과적으로 심장마비를 일으킨다.

이후 30년 동안 과학자들은 항아리곰팡이가 (양서류가 서식하지 않는) 남극을 제외하고 모든 대륙에서 발병하는 과정을 공포에 떨며 지켜보았다. 항아리곰팡이가 확산하면서 적어도 200종의 개구리가 재앙에 가까울 정도로 감소 또는 완전히 절멸했다. 멸종이 흔한 이 시대에도 양서류 대재앙은 "척추동물에서 기록된 최악의 감염성 질병"으로 묘사되었다.

개구리를 죽이는 곰팡이는 대체 어디서 왔으며 어떻게 이렇게 멀리 그리고 빨리 퍼졌을까? 몇 년 전에 나는 칠레에서 클라우디오 소토아사트Claudio Soto-Azat라는 전도유망한 과학자를 만났다. 칠레는 항아리곰팡이에 심각하게 타격을 받은 나라로, 소토아사트는 이 의문에 대한 해답을 찾아내 조국의 양서류를 구하겠다고 마음먹었다. 소토아사트는 내가 제일 좋아하는 동물의 대량 멸종이라는 우울한 주제를 다룰 때 가장 필요한 자산인 기쁨이 충만한 사람이었다.

칠레에 서식하는 양서류는 불과 50종으로 이웃 나라와 비교할 때 결코 많다고 볼 수 없지만, 대부분 칠레의 특정 지역에만 서식하는 고유종이다. 그 이유는 칠레가 기본적으로 북쪽에는 사막이 가로막고 있고 남쪽으로는 빙하가, 서쪽에는 바다, 동쪽에는 안데스산맥이 있어 길고 얇은 고립된 섬 모양을 하고 있기 때문이다. 그래서 개구리로 가득 찬 방대한 대륙의 일부임에도 칠레의 양서류는 온실 속에서 진화했고, 그래서 더욱 멸종에 취약했다.

나는 칠레의 괴짜 중의 괴짜, 믿기 힘들 만큼 귀한 남부다윈개구리 *Rhinoderma darwinii*를 찾아 떠나는 원정 중에 소토아사트와 합류했다. 남부다윈개구리는 1834년 비글호 항해에서 '큰 수염 할아버지' 다윈이 직접 발견했다. 이 개구리가 특별한 이유는 이들이 연못에서 이루어지는 보편적인 변태 과정 대신 공상 과학적 번식법을 택했기 때문이다. 놀랍게도 남부다윈개구리는 짝짓기가 끝나면 수컷이 수정란을 지키고 있다가, 알이 부화할 무렵 몽땅 삼켜버린다. 그리고 6주 뒤에 마치 영화 〈에일리언〉의 한 장면처럼 입에서 새끼 개구리들을 토해낸다. 남부다윈개구리 수컷은 해마를 제외하고 새끼를 낳는 유일한 수컷이다. 그것도 입으로 새끼를 낳는다.

소토아사트와 나는 비행기를 타고 파타고니아에 있는 작은 공항으로 갔다. 공항이라고 해도 산봉우리로 둘러싸인 땅에 선을 그어놓은 먼지투성이 간이 활주로에 불과했다. 나는 오는 길에 소토아사트가 아르헨티나와의 국경을 가리켰던 게 기억났다. 들판과 산맥으로 둘러싸인 흙길 위에 삐걱대는 철문이 있을 뿐이었다. 정말 우리가 아무도 없는 외지에 착륙한 것 같은 기분이 들었다. 이 동떨어진 곳에서 우리는 다윈의 개구리가 보금자리로 삼은 숲에 이르기 위해 4시간을 더 달렸다. 빽빽한 대나무, 그 밑에서 살아도 좋을 만큼 이파리가 커다란 거대한 대황, 진분홍색 꽃이 불쑥 튀어나오는 푸크시아 덤불, 높이 솟은 나무에서 덩굴손이 기다랗게 뻗어 내려오는 엷은 초록 이끼가 초현실적으로 혼재된 곳이었다. 짙은 안개가 공중에 드리웠다. 영화 〈반지의 제왕〉 속 배경 그 자체였다.

좋은 소식은 생각보다 이 개구리를 빨리 발견했다는 것이다. 거의 기적 같은 일이었다. 남부다윈개구리는 길이가 겨우 3센티미터에 불과하고 나무줄기를 흉내 낸 길고 가는 코까지 완벽하게 댓잎으로 위장해 찾기가 여간 힘든 동물이 아니기 때문이다. 나쁜 소식은 소토아사트가 이 작은 초록 개구리에서 면봉으로 표본을 채취해 테스트한 결과 항아리곰팡이 양성이 나왔다는 점이다.

항아리곰팡이에 감염됐다고 해서 바로 사형선고가 내려지는 것은 아니다. 이 곰팡이는 예측이 불가능한, 가공하리만큼 변덕스러운 살인자이다. 이유는 모르지만 어떤 양서류는 항아리곰팡이에 면역이 있어 숨 막히는 손아귀에서 벗어날 수 있다. 우리는 남부다윈개구리가 대개 육상 생활을 하므로 이 곰팡이의 치명적인 수인성 포자로부터 안전하기만 바랄 뿐이었다. 그 사촌인 북부다윈개구리*Rhinoderma rufum*는 별로 운이 좋지 못했다. 수도인 산티아고에서 가까운 덜 외진 곳에 서식했음에도, 입으로 새끼를 품는 이 똑같이 기이한 개구리는 근 30년 동안 아무도 본 적도 들은 적도 없다. 소토아사트는 이 개구리가 야생에서 멸종했으며 원인은 역시 항아리곰팡이 때문일 것이라고 추측했다. 그는 이 곰팡이가 칠레까지 오게 된 경위를 꽤 그럴듯하게 설명했다.

양서류 멸종 현장을 찾아 떠나는 여행의 다음 정차 역은 산티아고에서 북쪽으로 40킬로미터 정도 떨어진, 약간 시골풍인 탈라간테의 작은 농장이었다. 소토아사트는 토종 개구리 암살자인 외래 침입종이 확산하는 가운데, 지금까지 보고된 가장 유력한 용의자를 조사하려고 그곳에 갔다.

우리는 한낮의 무더위 속에 도착했고, 후르겐Jurgen이라는 이름의 농부가 우리를 맞아주었다. 후르겐은 물처럼 푸른 눈을 가진 노인으로 길고 흰 수염에 따뜻한 미소를 띠고 있었다. 그는 올챙이 한 주머니와 개구리 한 양동이를 건네면서 1970년대 후반부터 그의 땅에 이상한 개구리가 들끓었다고 말했다. 후르겐은 감정이 확연히 드러나는 목소리로 이상한 개구리가 도착한 지 2년 만에 그가 사랑하던 토종 양서류의 쾌활한 노랫소리가 완전히 사라진 첫 번째 "침묵의 봄"을 떠올렸다. 후르겐은 올챙이로 시커멓던 장소를 가보았으나 아무것도 발견하지 못했다고 했다. 그들은 완전히 사라졌다.

나는 양동이 안을 들여다보았다. 그런데 익숙한 딱부린눈이 멍하니 나를 반기는 게 아닌가. 와, 안녕 발톱개구리야, 도대체 여기서 뭐 하는 거니?

소토아사트는 이 외래 침입종이 칠레의 악명 높은 독재자 피노체트 Augusto Pinochet 장군이 저지른 범죄의 전당에 추가될 줄은 몰랐다고 말했다. 이 이야기는 1973년 군사 정부가 산티아고 공항을 장악한 직후로 돌아간다. 수도에 있는 실험실에서 연구 목적으로 들여온 발톱개구리가 들어 있는 항공 화물을, 외국 개구리를 맞이하는 법을 알지 못한 군인들이 그냥 풀어놓은 것이다. 그리고 그 개구리의 후손들은 지금까지 도주 중이다.

이상적인 실험용 동물이 될 수 있었던 바로 그 특성 때문에 발톱개구리는 교과서적인 침입종이 되었다. 발톱개구리는 새로운 환경에 대한 적응력과 질병에 대한 저항력이 뛰어날 뿐 아니라 다산하는 번식가다. 암컷은 일 년 내내 번식하고 연간 최대 8,000개의 알을 생산한다. 나는 소토아사트에게 오늘날 칠레에 얼마나 많은 아프리카발톱개구리가 서식하는지 물었다. 그는 체념한 듯 머리에 손을 얹었다. "수백만 아니면 수십억? 확실히 말할 수는 없지만 어마어마합니다. 예를 들어 어느 작은 늪에는 발톱개구리 개체가 2만 1,000마리 서식하는 것으로 추정되었습니다."

발톱개구리는 산티아고에서 400킬로미터나 떨어진 곳에서도 발견되었다. 이들은 매년 수도에서 10킬로미터씩 벗어나는 것으로 추정된다. 특히 폭우가 내리는 시기에는 대규모 이동을 시도하여 새로운 영역으로 더 깊이 밀고 들어간다. 한 번은 이 시기에 어느 경비원이 발톱개구리 2,000마리가 길을 건너는,《성경》에나 나올 법한 장면을 목격했다고 한다.

아프리카발톱개구리는 탐욕스러운 포식자다. 눈앞에 보이는 것은 뭐든 집어삼키며 토종 물고기, 토종 개구리, 올챙이 개체군을 파괴한다. 이 막을 수 없는 양서류 군대는 토종 개구리를 말살시키는 비밀 병기를 자랑한다. 칠레에 서식하는 이 도망자 발톱개구리의 대다수가 항아리곰팡이에 양성이지만, 이 곰팡이에 면역을 키운 것처럼 보인다. 그러나 발톱개구리가 항아리곰팡이 역병에 얼마나 기여했는지는 현재까지도 확실치 않다.

소토아사트가 한 기발한 과학 탐정 작업을 통해 세계의 몇몇 조사관과 함께 전 세계 박물관에서 절인 발톱개구리 표본을 얻어 조사한 결과, 빠르게는 1933년에 포획된 발톱개구리 개체부터 항아리곰팡이를 보유한 것이 밝혀졌다. 이때는 항아리곰팡이에 의한 질병이 최초로 기록된 시기로 발톱개구리가 임신 테스트기용으로 맨 처음 아프리카 밖으로 수출되던 시기와 일치한다. 많은 발톱개구리들이 실험실에 얌전히 갇혀 있지 않았다. 또한 발톱개구리를 이용한 호그벤 테스트가 작고 긴 파란색 종잇조각에 자리를 빼앗겼을 때, 남아 있던 수천 마리의 발톱개구리들이 선한 의도를 가진 실험실 직원들에 의해 방생되었다. 이들은 평생 봉사한 대가로 개구리에게 자유를 주고자 했을 따름이다. 하지만 지나치게 많은 발톱개구리가 실험실에서 탈출하거나 원치 않는 애완동물로 해방되었다.

곧이어 4개 대륙을 가로질러 전진하는 침입성 아프리카발톱개구리 개체군이 기록되었고, 최근 연구에 따르면 칠레나 캘리포니아에서 일어난 침입은 항아리곰팡이의 출현과 토종 개구리의 실종과도 연결된다. 미국산 황소개구리 — 살이 많은 다리를 먹기 위해 대량 양식되는 —처럼 널리 확산된 다른 침입성 양서류 역시 항아리곰팡이를 운반했을지도 모르지만, 발톱개구리가 아프리카에서 탈출한 것이야말로 세계적 전염병의 시발점으로 보인다.

참으로 안타까운 상황이다. 인간이 수정과 배아 발생 과정을 이해하는 데 상당 부분을 발톱개구리에게 빚을 졌으나, 이 지식을 얻는 과정에서 우리도 모르는 사이에 입으로 새끼를 낳는 북부다윈개구리와 같은 멋진 괴짜를 멸종시킨 것이다. 높은 고도에 사는 수생 음낭개구리의 보금자리 역시 항아리곰팡이에 감염되었다. "우리는 야생동물이 균

질화되는 시대에 살고 있습니다"라고 소토아사트는 깊은 한숨을 쉬며 말했다. "세계화와 인구 증가 때문에 전 세계적으로 야생동물이 돌아다니며 서식지를 변경할 가능성이 더 커졌습니다. 이들이 옮기는 질병도 함께 말입니다."

소토아사트는 댐을 건설하는 현대의 산업 농경 방식은 발톱개구리에게 유리하다고 언급했다. "발톱개구리들은 흐르지 않는 잔잔한 물에서 잘 자라거든요." 우리가 방문했던 농부 후르겐의 농장에는 그가 "지옥 구멍"이라고 부르는 작은 관개용 연못이 있었다. 발톱개구리들이 꿈틀대는 악취 가득한 썩은 웅덩이를 보면서, 세계 방방곡곡을 다니며 임신 여부를 테스트하고 그러면서 병원균을 끌고 다녔다는 기이한 진실보다는 차라리 아리스토텔레스의 어처구니없는 자연발생설이 이들의 갑작스러운 출현을 더 그럴듯하게 설명할 수도 있겠다는 생각을 했다.

5,000년의 역사 동안 개구리는 먼 길을 왔다. 고대 이집트 농부는 개구리를 다산의 상징으로 숭배했을지 모르지만 후르겐의 눈으로 볼 때 발톱개구리는 〈출애굽기〉에서 전능한 하느님이 내뱉은 저주의 화신에 더 가까웠다. "나는 너의 온 땅에 개구리가 들끓게 하리라. 개구리는 나일강에서 떼 지어 올라와 너의 궁궐과 너의 침실에 들어가 너의 침대에까지 뛰어오르리라. 너의 신하들과 너의 백성들의 집에도 기어들며 너의 솥과 떡 반죽 그릇에도 뛰어들리라."(출애굽기 7장 27~28절)

《성경》에는 또 다른 생물이 나온다. "하늘을 나는 고니(황새)도 철을 알고"(예레미야 8장 7절)라는 구절이 있다. 황새와 다산의 연관성은 여러 우려와 혼란으로 이어졌다. 황새의 신비한 출몰은 편집증적인 정치적 박해와 더불어 둔갑술을 부리며 물속에서 살고 우주를 여행하는 새의 신화를 창조했다.

황새

흰부리황새
Ciconia ciconia

새들이 사라질 때,
우리는 그들이 어디로 가는지,
어디서 오는지도 모르지만,
천국에서 기적처럼 우리 앞에 내리는 것 같다.

• 찰스 모턴, 《'황새는 어디에서 오는가'에 대한 그럴듯한 대답》, 1703

1822년 5월, 원래대로라면 별다를 것 없는 어느 날 아침 크리스티안 루트비히 폰 보트머Christian Ludwig von Bothmer 백작은 독일 클뤼츠에 있는 자신의 영지에서 사냥을 나섰다가 결코 평범하지 않은 홍부리황새를 쏘았다. 문제의 새는 이미 어디선가 치명적인 공격을 당했는데, 백작과 같은 사냥총이 아닌 길이가 1미터에 달하는 창이 새의 길고 가는 목을 케밥처럼 관통해 있었다. 백작은 창에 맞은 황새를 가까운 대학에 있는 한 교수에게 가져갔다. 교수는 대충 다듬은 이국적인 나무 막대기 끝에 쇠로 된 단순한 날을 동여맨 이 원시적 무기가 "아프리카인의 손"에서 던져진 것이라 추측했다. 얼마나 기이한 일인가. 황새는 창에 맞고도 살아남았을 뿐 아니라 어쨌든 사치스러운 목장식을 한 채로 온 힘을 모아 아프리카에서 수천 킬로미터를 날아 유럽에 도착한 순간 백작의 총에 맞아 죽은 것이다.

　이 대담한 새에게는 어지간히 재수 없었던 날이, 과학계에는 축하받아 마땅한 날이 되었다. 목이 뚫린 황새를 조사한 결과 자연계에서 가장 오랫동안 답을 알 수 없었던 의문 하나가 풀렸기 때문이다. 바로 철 따라 행방이 묘연해지는 새들에 관한 수수께끼이다.

○ ○ ○

⊙ 1822년에 총에 맞아 죽은 이 유명한 "화살 황새"는 새들이 아프리카로 이동한다는 반박할 수 없는 증거가 되었다. 과학을 위해 희생한 영웅답게 몹시 지친 모습이다.

홍부리황새*Ciconia ciconia*(황샛과에서 가장 유명하며 유럽황새라고도 한다. 우리나라 황새는 부리가 검다_옮긴이)는 어디서나 눈에 띄는 생물이다. 성체는 희고 검은 매력적인 날개에 다리는 주홍색이고 키가 무려 1미터나 된다. 홍부리황새는 처음부터 끝까지 사람의 시선을 사로잡는다. 크게는 너비가 2.5미터나 되는 대형 둥지는 유럽 전역의 마을에서 가장 높은 건물 꼭대기처럼 잘 보이는 곳에 위태롭게 서 있다. 또 매해 봄이 시작할 무렵이면 배우자를 만나 짝짓기 춤을 추면서 커다란 주홍색

부리를 달그락거리며 시끄러운 소리를 내는 습관이 있다.

이처럼 몸집이 크고 활기 넘치는 새가 가을이 되어 보이지 않는 것은 더욱 눈에 띌 수밖에 없다. 잘 보이는 곳에서 새끼를 키우며 여름을 보낸 후 홍부리황새는 몇 달간 홀연히 자취를 감춘다. 그러다 해가 바뀌면 일찌감치 다시 모습을 드러낸다. 그사이에 새들이 먹이를 구할 수 있는 더 좋은 기회를 찾아 아프리카까지 2만 킬로미터를 날아간다는 사실은 오늘날 우리에게는 당연한 상식이다. 그러나 황새가 사라지는 습성은 다른 철새들의 이동과 더불어 자연과학사에서 가장 오랫동안 어물쩍 넘겨버린 주제였다.

아리스토텔레스는 왜 어떤 새들은 계절이 바뀔 무렵 하늘로 홀연히 사라졌다가 다른 계절이 찾아올 때 마법처럼 다시 나타나는지 심각하게 고민한 첫 번째 사람이다. 위대한 사상가는 세 가지 이론을 생각해보았다. 첫째로 두루미, 메추라기, 멧비둘기 같은 새들은 차가운 유럽의 겨울에 따뜻한 날씨를 찾아 떠난다고 가정했다. 심지어 여행을 떠나기 전에 살을 찌운다고까지 적었다. 아리스토텔레스는 이렇게 정답을 말했을 때 멈췄어야 했다. 그러나 아마도 생물학적으로 엄청난 인내를 요구하는 이런 행동의 속성 때문에 동물학의 할아버지는 다른 이유를 생각해낼 필요를 느꼈을 것이다. 아리스토텔레스가 제시한 나머지 두 이유는 단지 틀렸을 뿐 아니라 유통기한을 넘어 아주 오랫동안 과학계에 발을 붙였다.

아리스토텔레스의 창의적 대안은 바로 "변신"이었다. 그는 서사시 《동물의 역사》에서 어떤 새들은 한 계절에서 다음 계절로 넘어갈 때 완전히 다른 종으로 변신한다고 단언했다. 예를 들어 봄철의 보린휘파람새*Sylvia borin*는 겨울철에 검은머리명금*Sylvia atricapilla*이 되고, 겨울철 울새는 여름에 딱새가 된다는 것이다. 이 새들은 크기와 색깔을 비롯한 겉모습이 닮았을 뿐 아니라 이 철학자에게는 가장 의심스럽게도 절대로 동시에 나타나지 않았다. 그러니까 영화 〈슈퍼맨〉의 클라크 켄트와 슈퍼맨처럼 말이다. 딱새가 사하라 이남의 아프리카로 이동할 때, 딱새보다 더 북쪽에서 번식하는 울새는 그리스에서 겨울을 난다. 그래서 아리스토텔레스는 이 새들이 자유자재로 변신하는 능력이 있다는 결론을 내렸다.

변신에 대한 철학자의 생각은 그 흔적을 따라간 다른 몽상가에 비하면 양호한 편이었다. 400년 뒤 또 다른 그리스 사람 민더스의 알렉산드로스Alexander of Myndus는 나이 든 황새가 사람으로 변한다고 주장했고, 클라우디우스 아일리아누스가 이것을 사실로 엄중히 확인해주었다. 아일리아누스는 2세기 동물 백과사전《동물의 본성에 관하여De Natur Animalium》에서 다소 방어적인 어투로 다음과 같이 서술했다. "내 생각에 이건 동화가 아니다. 꾸며낸 것이라면 알렉산드로스가 왜 우리에게 말했겠는가? 그가 이런 얘기를 지어내서 무엇을 얻겠는가. 이렇게 지적인 사람이 진실 대신 거짓을 말할 하등의 이유가 없다." 참고로 아일리아누스는 같은 책에서 양은 어느 강물을 마시느냐에 따라 몸 색깔이 변하고, 거북은 자고새를 완전히 "혐오하며", 문어는 고래만큼이나 크게 자란다고 말한 역사상 가장 어리숙하고 잘 속는 백과사전 편찬자이다.

변신한다고 알려진 새는 황새만이 아니다. 따개비기러기barnacle goose(흰뺨기러기, 조개삿갓기러기)는 훨씬 환상적이다. 오늘날 우리는 이 새가 매해 겨울, 잘 알려지지 않은 북극해에서 영국의 해안으로 이주한다는 것을 알고 있다. 머나먼 북쪽 나라 그린란드의 높은 절벽에 자리한 번식지가 유럽의 중세 우화집 작가들에게 관찰되었을 리가 없다. 그래서 이들은 따개비기러기가 배 위의 썩어가는 나무판자 위에서 생겨난다는 비현실적인 이야기를 지어냈다.

12세기 사학자 기랄두스 캄브렌시스는 한 가지 이론에 근거해 전혀 과장하지 않고 다음과 같이 썼다. "자연은 가장 독특한 방식으로 자연을 거슬러 이 동물을 만들어낸다. 이들은 바다에 던져진 전나무 목재에서 생겨난다." 이 중세 성직자는 아일랜드로 향하는 원정 중에 이 새의 경이로운 탄생 과정을 실제로 목격했다고 주장했다. "그 후에 마치 나무에 들러붙은 해초처럼 부리를 늘어뜨리고, 조개껍데기에 둘러싸여 마음껏 자란다. 시간이 지나 두꺼운 깃털 옷을 입고 나면 물속으로 떨어지거나 자유롭게 공중으로 날아간다."

기랄두스 캄브렌시스가 관찰한 것은 사실 분류학적으로 유병목 Pedunculata에 속하는 거위목따개비(조개삿갓)였다. 이름에서도 알 수 있듯이 이 손가락 크기만 한 여과 섭식 동물은 조간대에 가까스로 달라붙어 있는 모습이 마치 노출된 긴 목 끝에 달린 새 부리를 닮았다. 사물을 연관 짓는 능력이 너무나 탁월했던 16세기 존경 받는 식물학자 존 게라드John Gerard는 거위목따개비를 잘라보니 안에서 "꼭 새처럼 생긴 벌거벗은 생물이 발견되었다"라고 주장했다. 이 생물은 "부드러운 솜털로 뒤덮고 껍질이 반쯤 열린 채 새가 되어 빠져나갈 준비를 마쳤다".

그러나 이 신화의 인기 뒤에는 더욱 현실적인 동기가 있었다. 이 시

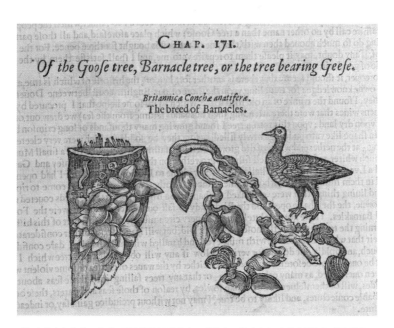

⊙ 따개비기러기는 나무는 물론 썩은 목재에서도 자란다고 알려졌다. 따라서 식물을 다룬 책에도 종종 등장했으며, 무엇보다 중세 시대 달력에 표시된 수많은 금육일에도 거리낌 없이 먹을 수 있는 음식이 되었다.

대에는 육식이 엄격히 금지되는 단식일 동안에도 구운 거위는 허용했는데, 기랄두스 캄브렌시스의 설명에 따르면 썩은 배에서 자라는 이 새는 "살에서 나온 것이 아니므로" "고기"로 분류하지 않아도 됐기 때문이다. 이처럼 약아빠진 논리는 "주교와 사제들이 단식 기간에도 거위를 예사로 먹는다"는 것을 의미했다. 이 크고 육즙 많은 새가 사순절 전체는 말할 것도 없고 금육이 지정된 성삼일에도 먹을 수 있는 채식 메뉴라는 이야기를 굶주린 성직자들이 얼마나 열심히 전파하고 다녔을지는 상상하기 어렵지 않다.

○○○

그러면 이 시끄러운 홍부리황새는 어떻게 된 걸까? 겨울이면 이들은 어디로 가는가?

홀연히 사라지는 새에 대한 아리스토텔레스의 세 번째 가설은, 재미는 덜해도 훨씬 오래 지속되었다.《동물의 역사》에서 그는 황새가 몇몇 다른 새들과 함께 추위를 피하고자 "숨어버린다"고 가정함으로써 이들을 조류판 도망자로 만들었다. 아리스토텔레스는 황새가 "휴면" 상태로 존재한다고 설명했다. 초기 자연철학자들은 새처럼 항온동물인 포유류가 동면하는 것을 많이 관찰했다. 흔히 새로 분류되는 박쥐를 비롯해서 말이다. 그러니 황새라고 안 될 게 있겠는가?

이것은 현대 과학이 아직 결정적인 답을 찾지 못한 좋은 질문인데, 여러 요인이 얽혀 있을 것으로 추정된다. 신진대사율과 심장박동수가 상대적으로 높고, 충분한 지방을 저장하기 어려운 신체 조건 때문에 황새는 동면하기 어렵다. 황새가 동면하기 적당한 굴을 파낼 장비가 없다는 사실은 말할 것도 없다. 대신에 좀 더 호의적인 날씨를 찾아 그곳으로 데려가 줄 완벽한 한 쌍의 날개를 가졌다고 하면 모를까.

벌새나 쥐새, 칼새처럼 단기간 휴면 상태에 들어간다고 밝혀진 새가 몇몇 있긴 하다. 하지만 진정한 동면을 한다고 현대 과학이 확인한 새는 푸어윌쏙독새*Phalaenoptilus nuttallii* 딱 한 종밖에 없다. 푸어윌쏙독새는 쏙독새의 일종으로 북아메리카 서부의 사막 등지에서 흔하게 나타난다. 먹이가 부족한 겨울이면 다른 곳으로 이동하는 개체도 있지만, 멕시코처럼 북적대는 장소는 어차피 다른 철새와 경쟁이 심하므로, 나머지는 차라리 신진대사 수준을 낮추고 바위 사이에서 잠이 들어버린다. 이는 아메리카 원주민 호피Hopi족이 "잠자는 것"이라는 뜻에서 붙여준 이름이 가져온 진화적 적응이다.

이렇듯 실질적 동면의 증거가 부족한데도 조류학자들은 고대부터 19세기까지도 새들의 동면을 고집스럽게 주장했다. 학계에 불어온 잠자는 폭풍의 중심에는 황새가 아니라 또 다른 봄의 전령인 제비가 있었다. 아리스토텔레스는 이 작은 새가 구멍 속에서 "깃털을 상당히 벗은 채"로 겨울잠을 잔다고 주장했다. 추위에서 살아남기 위해 옷을 홀딱 벗고 겨울을 난다는 생각도 어리석지만, 그 뒤로 무려 2,000년 동안이나 이어진 가설들은 더욱 어처구니없었다. 계몽 시대의 가장 위대한 사상가들, 심지어 현대 동물학의 아버지들조차 제비가 마치 물고기처럼 호수나 강의 바닥에서 겨울잠을 잔다고 진지하게 믿었다. "겨울이 되면 제비가 무기력해지면서 늪의 바닥에서 철을 나는 게 확실한 것 같다"라고 19세기 조르주 퀴비에는 영향력 있는 박물학 책인《동물계Le Regne aminal》에서 언급했다.

가위를 휘두르는 생물학자 라차로 스팔란차니는 후디니 못지않은 새들의 능력에 매료되었다. 스팔란차니가 이를 증명하고자 자신의 트레이드마크인 가학적 솜씨를 마음껏 발휘했다는 사실은 별로 놀랍지 않다. 그는 제비를 구슬려 동면 상태로 만들기 위해 고리버들 새장에 집어넣고 숨 쉴 구멍만 남긴 채 눈 속에 파묻었다. 제비는 휴면 상태를 단번에 뛰어넘고 이틀도 채 못 되어 곧바로 죽어버렸다. 프랑스에서는 뷔퐁 백작이 이와 비슷하게 제비를 얼음집에 가둬두었는데, 마찬가지로 결과는 죽음이었다.

이 잔혹한 행위는 미국의 찰스 콜드웰Charles Caldwell이라는 의사에게서 정점을 이루었다. 그는 "소중한 친구"인 쿠퍼Cooper 박사의 도움을 받아 제비 다리에 추를 매달아 강물 속에 던져 넣었다. 콜드웰은 이 사악한 실험을 상세히 기술하면서 "두 마리 작은 죄수가, 익사하는 동물에게서 흔히 볼 수 있는 불안과 경기를 나타내며 돌처럼 가라앉았다"라고 보고했다. 세 시간 후에 새를 건져 소생시키고자 했으나 제비는 (일체의 반어적 표현 없이) "휴면 상태나 잠시 생기가 멈춘 게 아니라 절대적 죽음에 이르렀다"라고 인정할 수밖에 없었다.

한 독일 대학에서는 물속에서 살아 나온 제비를 가져오면 무게에 따라 은으로 보상하겠다고 몇 년 동안 내걸었으나 아무도 은을 받아간 적이 없다. 그럼에도 실험 대상으로 죽어 나간 제비와는 다르게 이 전설은 절대 죽지 않았다. 어디서 이런 정신 나간 헛소문이 시작되었을까?

이 소문의 근원은 아마 올라우스 마그누스Olaus Magnus라는 이름의 잘 알려지지 않은 16세기 스웨덴 주교인 것 같다. 마그누스는 새들의 장거리 이동에 대한 사람들의 긍정적인 의견에도 불구하고 그 생각을 별로 좋아하지 않았다. 그는 《북방 민족의 역사Historia de Gentibus Septentrionalibus》라는 책에 이렇게 썼다. "자연을 말한 저자들이 겨울이 오면 제비가 거주지를 옮겨 따뜻한 나라로 날아간다고 기록했지만, 북쪽 나라의 바다나 하천에서는 어부들이 그물을 걷을 때 제비를 무더기로 건져 올릴 때가 있다." 이 성스러운 스웨덴인의 표현을 빌리면, 이 거대한 새 뭉치는 제비들이 작은 무용수처럼 줄을 타고 깊은 물속으로 내려갈 때 만들어진다. "가을이 시작할 무렵이면 갈대숲에 모두 모여

⊙ 스웨덴 주교 올라우스 마그누스는 진실을 위해 흥미로운 이야깃거리를 포기하지 않았다. 마그누스의 1555년 작 《북방 민족의 역사》는 강바닥에서 동면 중인 제비를 끌어 올리는 어부의 일화를 비롯해 사실처럼 적어놓은 말도 안 되는 얘기들로 가득하다.

부리와 부리, 날개와 날개, 발과 발을 연결한다."

제비에게는 안타깝게도 마그누스의 대표작은 대단히 성공적인 베스트셀러였다. 총 22권짜리 괴담집이나 다름없는 백과사전에서 마그누스는 자신의 얼어붙은 고향을 사실과 우화를 섞어 전혀 다른 세상으로 그려놓았다. 이를테면 하늘에서 생쥐가 비처럼 내리고, 거대한 뱀이 바닷가 해안을 배회하는 곳으로 말이다. 스웨덴 주교의 충격적인 이야기들은 15세기 중반 인쇄술의 개발로 책을 접할 수 있게 된 새로운 독자층에 호소했다. 마그누스의 두꺼운 책은 십수 개 이상의 언어로 번역되어 이 가공의 전설을 유럽 전역에 퍼뜨렸다.

그러나 수중 제비의 이야기에 진실의 도장을 찍은 것은 초창기의 런던 왕립학회였다. 창립 6년 후인 1666년 전 세계에서 가장 저명한 자연철학자들이 모인 이 단체는 제비의 문제를 조사해 "겨울에 물 밑에서 몸이 굳은 채 발견된 제비를 건져내 불 가까이에 두면 되살아난다는 속설이 사실인지" 확인하기로 했다. 그리고 마침내 "가을이 될 무렵 제비가 스스로 호수 바닥으로 가라앉는 것이 거의 확실하다"는 결론을 내렸다. 그런데 다소 의외인 이 결과는 검증의 임무를 맡은 사람이 자연과학자가 아닌 천문학자였고, 그가 조사한 것이라고는 올라우스 마그누스의 고향인 스웨덴 웁살라에서 갓 대학교수가 된 사람의 지인에게 자문을 구했을 뿐이라는 사실이 밝혀질 때까지 과학적 실체를 가졌다. 모교 출신의 애교심 넘치는 사람에게 편견 없는 답변을 얻는다는 것은, 겨울을 물 밑에서 보내는 제비를 찾는 것과 다를 바 없는 일이었다. 이 전설은 스웨덴 지방 민속에 아주 깊이 뿌리를 내려, 100년 뒤 또 다른 웁살라대학 졸업생인 칼 폰 린네조차 사실로 언급할 정도였다.

제비의 동면 이야기가 모두에게 먹힌 것은 아니다. 맹렬한 반대자 가운데 찰스 모턴Charles Morton은 옥스퍼드에서 공부한 물리학자로, 거의 반세기 동안 하버드대학교에서 교과서로 사용한 매우 훌륭한 17세기 물리학 개요서의 저자였다. 모턴은 물리학자의 강단 있는 논리로 온도가 어는점에 가깝고 공기가 부족한 강바닥의 진흙 덩어리 환경에서 제비가 누워 지낸다는 생각은 허무맹랑하다고 지적했다. 대신에 모턴은 황새를 비롯한 다른 철새뿐 아니라 제비 역시 "달"로 이동한다는 좀 더 합리적인 가설을 제안했다.

"황새는 번식 후 새끼가 완전히 날 수 있게 되면 … 하나의 커다란 무리가 되어 … 모두 함께 일어나 … 처음엔 땅에서, 그러다 더 높이 … 마침내 커다란 구름처럼 … 높이 올라갈수록 희미해지다가 결국 사라진다." 모턴은 민감한 지점을 다루기에 앞서 깊이 숙고했다. "이제, 이 생물이 달이 아니면 어디로 갈 수 있단 말인가?"

정말일까? 천상에서의 체류를 입증할 증거는 빈약했다. 이 세상에 겨울철 새들의 행방을 아는 사람이 아무도 없다면, 결국 지구가 아닌 다른 곳에 숨었다는 결론밖에 내릴 수 없다. 새들의 태도가 추가 증거로 제시된다. 출발하는 새들의 쾌활한 모습은 다른 새들이 갈 수 없는 어디론가 떠나는 고귀한 계획을 품고 있는 듯 대담하기 짝이 없어 "하늘 위로 한없이 올라가 다른 세계로 날아가 버릴 것만 같다".

찰스 모턴의 희한한 가설은 시대를 반영한 것이다. 17세기 과학자들은 달에 매료되었다. 갈릴레오는 최초의 망원경을 사용해 달의 표면이 대리석처럼 반들거리지 않고 지구처럼 곳곳에 산맥과 계곡이 자리 잡고 있음을 확인했다. 찰스 모턴의 대학 동기이자 왕립학회 창시자인 존 윌킨스John Wilkins는《달 세계의 발견The Discovery of a World in the Moone》이라는 책에서 달의 지형이 지구와 마찬가지로 바다, 하천, 산으로 구성되었고 어쩌면 생명이 있을지도 모른다고 열정적으로 설명했다. 찰스 모턴에게 달은 대기와 생명이 없는 바윗덩어리가 아니라 매혹적인 겨울 피난처였던 것이다.

새들이 우주로 이동한다는 발상은 폭넓은 지지를 받았다. 이 가설의 옹호자들은 왕립학회에 보내는 편지를 통해 어떤 천체가 새들의 종착지로 어울릴지 자기들끼리 논쟁을 벌였다. 박식한 설교로 잘 알려진 청교도 성직자 코튼 매더Cotton Mather는 달까지 가는 것은 너무 멀다고 생각했다. 대신에 "보다 가까운 거리에서 지구와 동행하는 발견되지 않은 어떤 위성으로" 날아간다고 제시했다. 코튼 매더는 미국 뉴잉 글랜드의 세일럼에서 일어난 마녀재판에서 "유령 증거"를 적극적으로 옹호하는 등 사람들의 히스테리를 부채질한 것으로도 유명하다. 그가 우주를 여행하는 새를 믿었다는 사실이 그리 놀랍지는 않다.

한편 찰스 모턴은 자기 생각을 추진하는 데 매우 뛰어난 사람이었다. 모턴은 우주로 비행하는 새들을 대신해 외계로 이동하는 데 필요한 변수를 분석하고 매우 세심하게 계산했는데 꽤나 논리정연한 구석이 있었다. 먼저 모턴은 한 해를 셋으로 나누었다. 달까지는 왕복 4개월, 편도로 60일이 걸린다. 따라서 새는 지구에서 4개월, 달에서 4개월을 지낼 수 있다. 달이 지구 주위를 한 바퀴 도는 데 한 달이 걸리므로 모턴의 추정에 따르면 달로 곧바로 날아간 새들은 대단히 편리하게도 "여행을 시작할 때 보았던 방향으로 도착할 것이다".

새가 달로 날아가는 2개월짜리 임무를 수행하는 데 드는 연료는 잉여 지방이 제공했고, 기온 변화와 먹이 부족이 지구를 떠나기 위한 추동력이 되었다. 이는 지구를 향해 돌아오는 새들에게도 어느 정도 적용되는 사실이었다.

모턴은 달까지 거리를 28만 9,218킬로미터로 추정했는데 아주 터무니없는 수치는 아니었다. 달의 타원형 궤도에서 지구와 가장 가까운 거리가 실제로 36만 3,711킬로미터이니까 말이다.

모턴은 새들이 달로 가는 비행 중에 중력의 영향이나 공기 저항을 받지 않고 시속 200킬로미터의 속도로 날아갈 수 있다고 가정했다. 이는 평소 시속 30킬로미터에 비하면 무척 빠른 속도였다. 그러나 모턴은 우주로 비행하는 황새가 지구의 중력을 벗어나려면 그가 계산한 최고 속도보다 200배는 더 빨리 움직여야 한다는 사실은 알지 못했다. 새의 등에 제트 엔진을 달지 않고서는 도저히 도달할 수 없는 속도다. 다음으로 새들이 우주에서 맞닥뜨릴 소소한 문제로는 생명을 빨아들이는 진공, 방사선, 극한의 온도 변화 등이 있다. 이는 라차로 스팔란차니가 소생시킨 불멸의 완보류처럼 특별한 미생물이 아닌 바에야 어떤 동물도 버틸 수 없는 치명적 환경이다.

물론 찰스 모턴 세대에 우주여행은 꿈에서나 가능한 일이었다. 지구와 달 사이의 위성처럼 지구 주위를 도는 황새, 제비와 다른 새들의 존재를 확실히 확인 또는 부인할 수 있기까지 무려 300년이 걸렸다. 그러나 위대한 발견의 시대가 도래하자 예리한 관찰력을 가진 식견 있는 유럽 탐험가들이 육지에서 먼 외국의 바다를 항해하면서 철마다 사라지는 고향의 새를 보았다고 보고하기 시작했다. 예를 들어 1686년 남아프리카 해안에서 좌초된 네덜란드 선박의 생존자들은 "많은 수는 아니지만 네덜란드에서 사라졌을 시기에" 황새를 목격했다고 보고했다.

믿지 않는 자들에게 이 같은 목격담은 쉽게 무시되었다. 철새이동설에 강력히 반대하는 왕립학회의 고귀한 데인스 배링턴Daines Barrington이 가장 분개하여 목소리를 높였다. 배링턴은 고압적 자세로 자신의 주장을 합리화하면서 탐험가들의 주장을 즐겨 반박했다. 해군성 장관인 찰스 웨이저Charles Wager 경이 운항하던 선박의 밧줄 위에 제비 한 떼가 머물렀다는 목격담을 듣고 배링턴은 오히려 그 증거를 자신에게 유리하게 해석했다. 제비가 배 위에서 휴식을 취했다는 것은 그 새가 장거리 이동에 적합하지 않음을 보여주는 방증이라는 것이다. "새들은 사실 언제나 피곤에 찌들어 있으므로 바다에서 배를 만날 때면 모든 근심을 잊고 스스로 선원들에게로 간다."

전직 판사였던 데인스 배링턴은 검정을 보고도 흰색이라고 우길 수 있는 사람이었다. 들려오는 모든 합리적이고 이성적인 제안에 대해 (솔직히) 어이없는 답을 했다. 배링턴은 철새이동설이 함부로 믿기에는 너무나 "위험하다는" 이유로 받아들이지 않았고, 이처럼 개연성이 매우 낮은 사건을 입증할 신뢰할 만한 목격자가 없다고도 말했다. 새가 (적당한 기류를 타기 위해) 아주 높이 날아서 눈에 띄지 않는다고 제안하는 사람들에게는 "눈에 보이는 증거가 부족하다는" 이유로 비판했다. 철새들이 포식자를 피해 밤에 이동한다는 가설은 사실 매우 정확한 주장이지만, 이 판사 앞에선 어리석은 가설에 불과했다. 왜냐하면 그에 따르면, 모두가 알다시피 새도 밤에는 인간처럼 잠을 자기 때문이다 (이런 말도 안 되는!).

배링턴처럼 철새이동설에 격렬히 반대하는 운동가들이 모든 주장을 받아칠 준비가 된 상황에서 이 논쟁을 종식하기 위해 필요한 것은 반박할 수 없는 구체적 증거였다. 그런데 바로 이때 크리스티안 루트비히 폰 보트머 백작의 황새가 목에 아프리카 원주민의 창을 꿰고 등장한 것이다. 황새가 바다 건너에서 머물렀다는 반박할 수 없는 기념품을 가지고 잡힌 이 새야말로 조류학사에서 패러다임 전환을 이끈 궁극적 증거가 되었다.

보트머 백작의 황새 영웅은 외톨이가 아니었다. 19~20세기 유럽에서 사냥꾼의 총에 맞아 떨어진 25마리의 파일슈토르히Pfeilstorch, 이른바 '화살 황새' 가운데 하나에 불과했다. 조류학자들은 화살 황새를 보고 영감을 얻어 새한테 발가락지를 다는 태깅 시스템을 개발했다. 학자들은 화살보다 사용하기 편한 알루미늄 고리를 만들어 새의 다리에 걸었다. 이 작은 발가락지가 조류 연구에 혁명을 일으켰고, 마침내 황새와 다른 새들이 철에 따라 이동한다는 결정적 증거를 내놓았다.

새의 다리에 고리를 걸었던 초창기 과학자 중에서 가장 중요한 사람은 요하네스 티네만Johannes Thienemann이다. 티네만은 독일 출신의 아주 대담한 개신교 목사로 새한테 처음 꼬리표를 붙인 사람은 아니지만 — 그 영광은 몇 년 전의 덴마크 교사에게 돌아갔다 — 아프리카까지 이동하는 장거리 철새를 대상으로 대규모 연구를 시도한 첫 번째 인물이었다. 티네만은 트위드 천으로 만든 골프 바지를 입고 사냥을 즐길 만큼 개성 있었지만 그저 그런 평범한 과학자는 아니었다. 사실 티네만은 정식 교육을 받은 적이 한 번도 없지만 끝없는 열정과 자신을 남에게 알리는 탁월한 재주를 이용해 새로운 형태의 연구 기관을 세울 수 있었다. 1901년 1월 1일 티네만은 세계 최초로 영구 철새 조망대의 문을 열었다.

전문적으로 철새를 연구하는 이 센터는 동프로이센의 오지 한 구석에 있는 로지텐(현재의 레제크네_옮긴이)에 세워졌다. 티네만이 제일 연구하고 싶었던 종은 홍부리황새로 "실험 대상이 될 숙명을 타고난" 새였다. 홍부리황새는 눈에 잘 띄고 이동 경로를 예측할 수 있으며 일반 대중에도 매우 인기가 좋았다.

탐조에 대한 전염성 강한 열정과 탁월한 홍보 능력으로 티네만은 독일 전역에서 시민 봉사단을 모집해 2,000마리 황새에 각각 고유한 숫자와 장소가 적힌 발가락지를 달아주었다. 여기까지는 차라리 쉬운 단계였다. 나머지는 통제하기 힘든 과정이었다. 티네만은 황새가 떠나는 것을 지켜보며 시간이 흘러 광대한 검은 대륙에서 누군가 발가락지가

달린 새를 발견해 어떻게든 그 소식을 프로이센의 본부로 보내주기만
을 바라는 수밖에 없었다.

이 열성적인 조류학자의 커다란 비전에 반대가 전혀 없는 것은 아니
었다. 《코스모스Kosmos》라는 영향력 있는 과학 잡지의 편집자가 특히
공격의 목소리를 높였다. 이 편집자는 알루미늄 고리가 새한테 해를
입힐 것이라고 가정하면서 이 프로젝트를 "허황된 과학 사기"로 묘사
하고 결국 "황새의 대량 학살"로 끝날 것이라 예측했다. 그러나 티네만
은 설사 부정적 관심이라도 언론의 주목을 받아 이 야심 찬 실험에 대
한 소문이 널리 퍼지길 바랐다. 당시에는 전화도 별로 없었고 텔레비
전은 아예 없었다. 요하네스 티네만이 소중한 황새에 대한 소식을 조
금이라도 들으려면 전 세계의 신문사나 아프리카 식민지의 관료들에
게 의지해야 했다. 선교사나 식민지 장교들이 죽은 황새 떼를 찾아 나
선다고 해도 크게 해가 될 것은 없었다.

그런데 이럴 수가, 불과 몇 개월 만에 티네만에게 처음으로 발가락
지에 관한 정보가 돌아왔다. 단 발가락지가 달린 죽은 황새와 함께 말
이다. 발가락지가 이런 식으로 모습을 드러내리라고 예상한 것은 아니
었지만 어쨌든 일종의 성공이었다.

티네만에게는 북쪽으로 향하는 발가락지 역시 애초에 기대한 남쪽
으로의 이동 못지않게 중요했다. 발가락지는 선교사, 식민지 관료, 상
인, 신문 편집자들의 손을 거치며 고향인 로지텐으로 돌아오기까지 많
은 전설을 만들어냈다. 대부분이 아프리카 사냥꾼에게 발견되었는데,
이들은 알 수 없는 금속 물체를 "하늘에서 내려온" 것으로 생각했다.
어떤 족장은 행운의 부적으로 창에 달고 다녔다고 전해진다. 족장이

발가락지를 어찌나 귀하게 여겼는지 결국 그가 죽은 후에야 발가락지는 티네만에게 돌아올 수 있었다.

1908년에서 1916년 사이에 요하네스 티네만은 발가락지 48개를 회수했고 이를 지도에 표시하여 나일강과 아프리카의 남쪽 끝까지 움직이는 황새의 인상적인 이동 경로를 처음으로 밝혀냈다. 그러나 황새의 수수께끼가 이제 막 풀릴 즈음 서부와 북부 유럽 전역의 도시와 마을에서 황새가 사라지기 시작했다. 그리고 이번에는 새들이 다시 돌아오지 않았다.

철새로 산다는 것은 점점 위험한 일이 되었다. 철새들의 일상적인 연례 비행경로에 속한 나라들이 전쟁에 휘말리면서 굶주린 사람들이 냄비에 넣을 덩치 큰 새를 사냥하느라 혈안이 되었다(그리하여 기념품 화살을 품고 유럽에 도착하는 황새들에 대한 보고가 늘어났다). 1930년 티네만은 원주민들에게 사냥되어 점차 감소하는 "소중한 황새"에 대해 절망에 찬 글을 남겼다.

티네만은 또한 남아프리카 정부가 메뚜기를 퇴치하고자 살충제를 뿌린 것이 사랑하는 연구 대상이 감소하는 원인이라고 추정했다. 티네만이 옳았다. 현대의 산업화된 농법은 홍부리황새의 적이었다. 이것은 "농부의 친구"라는 별명이 붙은 어느 새가 흔하디흔한 해충을 게걸스레 먹은 뒤 맞이한 안타까운 운명이었다.

황새 한 마리가 1분에 30마리의 귀뚜라미를 먹어치운다는 기록이 있다. 또 다른 보고에 따르면 한 시간 만에 생쥐 44마리, 햄스터 2마리, 개구리 1마리를 처치했다. 한 떼의 황새가 하루에 20억 마리에 해당하는 탄자니아 조밤나방 떼의 유충을 흡입할 수 있는 것으로 추정된다. 따라서 살충제의 도입으로 새들은 소화불량 말기에 해당하는 증상을 얻었을 뿐 아니라 정리해고까지 당한 셈이다.

살충제, 공기 오염, 농지를 개간하는 과정에서 발생하는 습지 소실 때문에 20세기 들어 유럽에서는 황새 개체 수가 곤두박질쳤다. 벨기에에서는 1895년에 번식하는 최후의 한 쌍이 관찰되었고, 스위스에서는 1950년, 스웨덴에서는 1955년이 마지막이었다. 마을 사람들은 황새가 더 이상 돌아오지 않자 상실감에 빠졌다. 황새가 공개적으로 사라졌다 돌아오는 습성은 오래된 민간 설화에 단단히 뿌리 박혀 있었다. 황새는 봄의 전령이자 행운의 부적이었다. 유럽 전역에서 사람들은 황새가 가정에 화목과 건강, 번영을 가져온다는 믿음을 가지고 자기 집 지붕에 둥지를 틀기 바랐다.

그러나 한때 황새가 거처로 삼았던 집에 사는 사람들이 실제로 얼마나 운이 좋다고 느꼈을지는 생각해볼 문제다. 황새는 매년 같은 보금자리로 돌아오면서 새로운 세대가 부모의 둥지를 키워 나간다. 둥지는 대개 나뭇가지로 짓지만, 티네만이 작성한 목록을 보면 "여성의 장갑, 남성의 벙어리장갑, 말똥, 우산 손잡이, 스키틀볼(일종의 볼링_옮긴이)용 나무공 그리고 감자"가 사용되기도 했다.

그 결과 둥지의 크기가 매우 커진다. 어떤 황새의 대형 둥지는 무게가 무려 2톤에 깊이가 2.5미터나 되기도 한다. 그야말로 중세는 고사하고 현대의 건축 기술로도 지탱하기 벅찬 수준의 구조물이다. 그러나 수 세기 동안 살아남은 둥지도 있다(인간의 도움도 약간 있었겠지만). 독일의 랑엔잘차라는 도시의 탑 위에 지어진 한 황새 둥지는 무려 400년이나 자랑스럽게 제자리를 지켰다. 1593년에 작성된 한 문서에는 황새 둥지의 보수, 유지에 들어간 비용이 기록되었는데, 이를 보면 인간 거주자들이 자신의 집을 짓누르는 2톤짜리 나뭇가지 더미를 유지하는 데 일종의 의무감을 느꼈음을 알 수 있다.

○ ○ ○

황새가 다산을 상징한다는 것은 잘 알려진 사실이다. 여러 유럽 국가에서 황새가 둥지를 튼 집의 부부는 축복을 받아 곧 아기를 가진다고 믿었다. 독일에서는 심지어 오늘날에도 부리에 주머니를 물고 운반하는 황새 목각 인형을 아기가 갓 태어난 집이나 "황새에게 다리를 물린 것으로" 여겨지는 임신한 여성의 집 앞에 세워둔다. 이러한 믿음이 유행하면서 가끔 혼란스러운 일도 벌어진다. 최근 미국 폭스 뉴스에서는 불임 치료를 받기 위해 병원에 방문한 부부의 이야기를 보도했다. 이 부부는 의사로부터 아기를 갖고 싶다면 우선 부부관계부터 하라는 조언을 들었다고 한다. 황새만 있으면 아기가 생기는 줄 알았던 모양이다.

아기를 데려오는 커다란 흰 새의 전설은 토속 문화에 뿌리를 두고 있다. 황새는 매해 봄에 다시 나타나는데 봄은 보통 출산의 계절이다. 6월 21일, 하지는 유럽에서는 결혼과 다산을 기념하는 토속 명절이었다. 많은 연인이 이즈음에 만나 사랑을 하면 9개월이 지나 황새가 돌아오는 시기가 바로 출산과 겹치게 된다. 두 사건이 서로 맞물려 사람들이 황새가 아기를 데리고 온다고 생각하게 된 것이다.

몇 십 년간 유럽의 출산율은 감소했고 대륙의 황새 개체군 역시 마찬가지였다(물론 두 현상이 서로 연관성은 없지만). 그러나 지난 30년간 각 계각층의 협력 속에 황새 보전 노력이 진행 중이다. 2016년 6월 어느 폭우가 쏟아지던 날, 나는 보존 프로젝트 중 하나를 조사하기 위해 잉 글랜드 노퍽주의 디스로 아주 눅눅한 여행을 떠났다. 환경운동가 벤 포터턴Ben Potterton은 기차역에서 나를 태워 빗물이 흥건한 시골길을 따라 쇼어랜즈 야생 동물원으로 데려갔다. 이곳은 영국의 풍경 속에 황새를 다시 들여오기 위해 매우 창의적인 계획이 진행되는 곳이다.

벤 포터턴은 동물을 다루는 마법 같은 재주를 가지고 있다. 그는 희 귀하고 번식이 까다로운 품종을 달래 새끼를 낳게 한 후 동물원이나 보호 프로그램에 필요한 동물을 주기적으로 공급해왔다. 포터턴은 "작 은 갈색 소일거리" 앞에서는 마음이 약해지는데, 갈색 소일거리란 거 창한 캠페인에 가려 지나치기 쉬운 이른바 카리스마가 부족한 종들을 포터턴이 부르는 말이다. 포터턴의 야생동물 센터는 시끌벅적하고 정 신없는 곳이었다. 피그미마모셋에서 붉은가슴기러기까지 잘 알려지 지 않은 코코아 색깔의 특이한 동물이 가득했고, 그중 대다수가 센터 내를 자유롭게 돌아다녔다. 내가 처음 만난 것은 자연이 내려준 천성 을 거부한 채 비를 피하려는 오리였다. 이 유난히 시끄러운 오리는 카 페 쉼터에서 포터턴이 내게 영국 홍부리황새의 미래에 관해 설명할 때 우리와 함께 앉아 있었다.

2014년으로 돌아가, 벤 포터턴은 어느 폴란드 동물 구조 센터와 계 약을 맺고 새로운 보금자리가 필요한 홍부리황새들을 데려왔다. 대부 분 송전선에 감전된 희생자였는데, 송전탑 꼭대기에 둥지를 짓는 무모 한 습성 때문에 생긴 재해였다. 이 절름발이 새들은 아프리카로 날아갈 수 없어 폴란드의 추운 겨울에 비명횡사할 운명이었다. 구조 센터는 장애가 있는 황새 22마리를 입양할 사람을 찾으려고 애썼다. 포터턴은 이 폴란드 새들이 영국의 해안가에서 황새가 다시 번식하도록 완벽한 날개가 달린 새끼를 낳아줄지도 모른다는 생각을 했다. 그래서 포터턴은 폴란드로 가서 그의 말에 따르면 "황새를 개별 운송하는 데 안성맞춤인" 이삿짐용 옷상자에 새들을 포장한 다음 육로로 영국까지 데려왔다.

포터턴과 나는 영국으로 이주한 황새들을 만나러 용감하게 빗속을 뚫고 갔다. 대부분 흠뻑 젖은 채 여러 마리가 모여 근처 들판에서 바쁘게 돌아다니고 있었다. 그러나 두 마리는 무리에서 동떨어져 둥지를 짓고 있었다. 포터턴은 큰고니 우리 뒤쪽으로 진흙 언덕 꼭대기에 정신없이 쌓아놓은 나뭇가지를 의기양양하게 보여주었다. 땅 위에 지은 이 특별한 집은 영국에서 600년 만에 태어날 새끼 황새의 보금자리였다.

영국에서 황새가 마지막으로 둥지를 튼 기록은 한참 거슬러 올라간 1416년에 에든버러에 있는 세인트자일스대성당 꼭대기에 지은 것이었다. 포터턴은 내게 영국에서 황새가 실종된 것은 단지 이동의 위험성 때문만은 아니라고 말했다. 위험은 집 가까이에 있었다. 유럽의 다른 나라에서는 황새가 커다란 존경의 대상이라 이 새를 해치는 것만으로도 사형에 처할 수 있었던 것과 달리 영국인들은 적극적으로 황새를 박해했다.

포터턴은 "당시 황새를 싫어하는 교회와 지배자, 정치가들에 의한 의도적 계획이었다"고 말했다. "교회는 황새가 아기를 데려온다는 믿음을 좋아하지 않았다. 왜냐하면 그것은 '신'의 영역이기 때문이다." 황새는 지역 교회가 근절하고 싶어 하는 이교도적 믿음과 관련이 있었다. 유럽에서는 지붕 위의 둥지가 행운을 상징했지만, 영국에서는 집 안의 누군가가 간통을 저지른다는 표징이었다. 혼외정사에 대한 중세 시대의 형벌이 최소한 유배(남성의 경우)였고 최악의 경우 코와 귀를 잘라내는 것(여성의 경우)이었다는 점을 놓고 보면, 시끄럽게 둥지를 짓는 한 쌍의 황새는 결코 환영 받는 손님과는 거리가 멀었을 것이다.

황새는 정치적 "성향"에서도 논란 거리였다. 황새가 공화국이나 왕이 없는 국가에서만 번식한다는 소문이 끈질기게 나돌았다. 종교적 문제도 중요한 역할을 했다. 황새는 이슬람 문화의 상징적 존재였다. 그리고 마치 독실한 이슬람 신자가 그러하듯이 새도 메카를 향해서 날아간다고 믿었다. 스코틀랜드 작가이자 여행가인 찰스 맥팔레인Charles MacFarlane은 1823년에 오스만제국을 방문하면서 "이 현명한 새들은 자기가 무엇을 더 좋아하는지 잘 알기 때문에" 모스크나 이슬람교 사원의 뾰족탑에는 둥지를 지으면서 "기독교인의 지붕에는 절대 짓지 않음으로써" 오스만 투르크에 대한 이슬람식 충성을 드러냈다고 적었다.

영국에서는 대륙에서 날아온 부랑자 황새를 의혹의 눈으로 바라보았고 눈에 띄는 대로 총으로 쏘았다. 한 반란자 황새가 1668년에 위대한 미신 파괴자 토머스 브라운 경이 노퍽에 소유한 저택의 현관에 나타났다. 당시는 올리버 크롬웰Oliver Cromwell 덕분에 영국이 유일하게 공화국의 맛을 본 직후였다. 브라운은 상처 입은 황새를 집 안으로 들여 일일이 손으로 개구리와 달팽이를 먹여가며 건강을 돌보았고 그러면서 꽤나 끈끈한 정을 쌓았다. 토머스 브라운의 이웃들은 매우 경계했다. 이 새가 새로운 코먼웰스commonwealth(크롬웰에 의해 성립된 영국의 공화정을 말함_옮긴이)의 징조는 아니길 바란다며 불안한 농담을 주고받았다. 논리적인 토머스 브라운은 이 "통속적 오류"를 "대중 정책의 견해를 진전시키려는 한낱 자만심"으로 여기고 무시해버렸다. 고대 이집트에서 근대 프랑스까지 이 새가 둥지를 틀었다고 알려진 군주국의 목록을 하나하나 대면서 말이다.

벤 포터턴은 오늘날 이 황새들이 노퍽에서 더 호의적으로 받아들여지길 바란다. 내가 포터턴의 구조 센터에 방문한 그 주에 영국인들은 인간 이민자들에게 히스테리에 가까운 두려움을 느낀 나머지 유럽연합을 탈퇴하겠다고 투표했다. 영국으로 새로 이주한 새들이 또다시 침입자로 비치기 쉬운 것은 당연하다. "폴란드 황새들, 영국의 개구리를 훔쳐다가"라는 신문 머리기사가 올라올지도 모르는 일이다. 그러나 여러 면에서 이 다리 다친 폴란드 새들은 브렉시트(영국의 유럽연합 탈퇴) 찬성자들이 갈망하는 진정한 전통 영국의 재건을 도울지도 모른다는 생각이 든다. 영국에서 황새가 번식한 것은 훨씬 이전인 홍적세 중기 (35만~13만 년 전)부터라는 고고학 증거가 있다. 그러나 포터턴은 일단 영국이 유럽연합을 떠나게 되면, 지금 포터턴이 하는 노력처럼 외국에서 들여온 동물을 방생하려는 시도는 관료들 때문에 훨씬 진행되기 힘들 것이라고 말했다.

우리가 궁금한 것은 과연 포터턴의 황새들이 아프리카로 이동할 것이냐는 문제다. 찰스 다윈을 비롯한 저명한 동물학자들은 철새의 이동이 엄격히 내재된 본능이라고 믿었지만, 오늘날 과학자들은 홍부리황새처럼 상승기류를 이용해 하늘을 나는 종에게는 사회적 학습 역시 중요한 역할을 한다고 믿기 때문이다. 막 날갯짓을 시작한 어린 새들에게 남쪽으로 날아야 한다는 본능적 충동이 각인되어 있을지는 모르나 그걸로는 부족하다. 아프리카로 가는 복잡한 여정, 특히 어디에 들러 배를 채울 것인지 등은 부모를 따라다니며 배우는 것이다. 이것은 포터턴의 황새들에게는 여의치 않은 사치이다. 그러나 포터턴은 낙관적이다. 매해 노픽의 해안에는 토머스 브라운의 황새처럼 덴마크에서 날아온 몇 마리 단기 체류자들이 있다. 포터턴은 이 덴마크 황새들이 영국을 떠날 때 자신의 황새도 이들을 따라 아프리카로 함께 떠나길 희망한다.

그러나 보장할 수는 없다. 새로운 연구에 따르면 유럽 황새의 이동 습성에 변화가 생겼기 때문이다. 많은 새가 전통적인 장거리 이동 방식을 접고, 대신에 움직이지 않고 집에서 정크푸드나 먹으며 지내는 생활을 점차 선호한다는 것이다.

몇 년 전 독일의 막스플랑크연구소에서 조류학을 연구하는 앤드리아 플랙Andrea Flack 박사는 이제 막 날기 시작한 황새 한 무리를 따라 한 달 동안 함께 이동했다. 플랙은 "둥지를 떠나기 전에 60마리의 어린 황새에게 꼬리표를 붙였다". 그리고 그중 27마리로 구성된 무리를 좇아 매일 차로 따라다녔다.

우선 플랙은 지역 소방관의 도움을 받아 연구 센터 근처에 서식하는 어린 황새들에게 소형 GPS 위치 시스템을 장착했는데 결코 만만한 일이 아니었다. 소유욕이 강한 어미는 플랙이 새끼에 손대는 것을 싫어했다. 그래서 플랙이 아주 긴 사다리 끝까지 올라가 불안하게 휘청거리며 새끼에게 장치를 달려고 할 때마다 부리로 플랙을 공격하곤 했다. 그러나 일단 장치를 단 후에는 새들이 어디로 날아가든 따라갈 수 있었다.

　독수리처럼 황새도 열 기류를 타고 오른다. 그래서 이들은 태양이 높게 뜬 낮에 움직이고 또 상황이 좋을 때는 엄청난 거리를 이동한다. 그러나 새들이 사람에게나 편리한 자동차 도로를 따라야 할 이유는 없다. "대단한 운전이었습니다. 밤 8, 9시가 될 때까지 기다렸다가 차에 올라타 수백 킬로미터를 달려 황새 무리를 따라잡았지요." 플랙은 종종 어두운 밤길을 따라 어딘지도 모르는 곳을 운전했다. "몇 시간이나 비포장도로를 달려 마침내 어느 돼지 농장에서 수백 마리의 황새를 발견했습니다."

　타국의 알지도 못하는 지역 한복판에서 밤에 혼자 살금살금 돌아다닌 플랙의 용기에 감탄을 금할 수 없다. "가장 무서운 건 개였어요. 개들은 농장을 지키고 있었는데, 어둠 속에서 엄청나게 짖어댔지요." 플랙은 대개 동이 틀 때까지 차 안에서 잤다. 그러고는 언어가 다른 농부에게 자신이 무단 침입을 하려는 게 아니라 단지 먹이를 찾아 농장에 도착한 황새 무리를 따라온 것뿐이라고 설명해야 했다.

　플랙이 더 남쪽으로 이동하자 사람의 흔적이 줄어들면서 새들의 위치를 찾는 게 더 힘들어졌다. 한번은 숨겨진 오아시스에서 새들을 찾았는데 지도에도 나오지 않은 곳이었다. "스페인의 어느 건조한 지역이었는데 정말 메마르고 먼지가 많았어요. 아주 오랫동안 주위에 아무것도 없는 곳을 운전해 마침내 정말로 아름다운 연못에 도착했는데, 플라밍고와 황새로 둘러싸인 푸르고 멋진 곳이었지요." 황새 떼는 "얼마나 오지인지 알 수도 없는 곳에 있는 작은 연못을 찾아갔다". 확실치는 않지만 플랙은 황새들이 열 기류를 타고 높은 하늘에서 순회하는 다른 황새들을 보고 이 외딴 장소를 찾은 것 같다고 생각했다.

플랙의 오프로드 자동차 여행으로 홍부리황새가 매우 기회주의적인 식성을 가진 동물이며 연료를 보충하기 위해 개구리에서 돼지 사료까지 먹는다는 사실이 밝혀졌다. 커다란 흰 새의 미식 여행은 놀라움의 연속이었지만 그 절정은 마지막 장소였다. 바로 스페인의 대형 쓰레기 매립지였다.

스페인에서 가장 큰 도시인 마드리드, 바르셀로나, 세비야는 거대한 쓰레기 처리장으로 둘러싸여 있는데 산처럼 쌓인 유기 폐기물, 쓰레기 속에 사는 곤충과 설치류가 황새들에게 스뫼르고스보르드(여러 가지 음식을 한꺼번에 차려놓고 원하는 만큼 덜어 먹는 스웨덴식 전통 식사법_옮긴이)를 제공한다. "일단 이곳에 도착하면 황새는 몇 주, 심지어 한 달이 넘게 머물고 아예 이동을 멈추는 개체도 있습니다."

고열량 즉석식품에 만족한 플랙의 새들 중 절반이 번거로운 아프리카행을 포기했다. 쓰레기장에 머물며 겨우내 '정크푸드'를 먹었다. 심지어 봄이 왔는데도 일부는 아예 북유럽으로 돌아갈 생각조차 하지 않았다. 이들은 이동을 멈췄다. 철새의 이동이 일종의 불경기에서 비롯한 진화적 단계, 그러니까 황새의 선조들이 번식지를 옮기거나 겨울에 먹이원을 바꾸어가면서 경쟁자를 앞서 나가거나 혹은 잠깐 있다 사라지는 먹이를 찾아다니던 방식이라는 사실을 전제로 할 때, 이제 유럽의 일부 황새들은 장거리 궤도를 뒤바꾸고 있다.

나 역시 황새에게서 일어난 근본적인 행동의 변화를 직접 목격했다. 그러나 플랙처럼 직접 유럽을 이리저리 돌아다닌 것은 아니다. 나는 런던에 있는 내 안락한 소파에 기대앉아 모든 것을 보았다. 막스플랑

크연구소는 고도로 중독성 있는 동물 추적 앱을 개발했다. 발가락지가 달린 플랙의 황새, 또는 다른 동물들이 보내는 GPS 데이터를 받아 이들의 움직임을 휴대전화로 확인할 수 있다. 나는 2015년부터 독일에서 발가락지를 부착한 오디세우스라는 황새 한 마리를 추적했는데, 이 황새는 방황하는 습성을 마치고 오디세우스라는 이름이 뜻하는 기나긴 여행에서 돌아온 듯했다. 2015년 9월 스페인의 남부 매립지에 도착한 이후로 오디세우스는 거의 움직이지 않았다. 때로 모로코 북부의 매립지에서 만찬을 즐기려고 지브롤터 해협을 건너긴 했으나 그게 다였다. 오디세우스의 형제 펠릭스도 같은 둥지에서 발가락지를 달았는데 거의 비슷하게 행동했다.

이 새로운 추적 기술 덕분에 철새 이동 연구의 황금기가 찾아왔다. 비단 홍부리황새만이 아니라 장거리 이동을 한다고 알려진 1,800종의 인생 여정 전체를 드러낼 가능성이 열렸다. 어떤 연구는 이 기술이 아니었다면 상상도 할 수 없었던 철새들의 인내력을 확인하기 시작했다. 최근 추적된 바에 따르면, 칼새는 무려 10개월 동안 비행하는데 남아프리카를 오가며 공중에서 먹고 기력 회복을 위한 낮잠도 공중에서 잤다. 칼새는 목적지에 도착한 뒤에도 결코 땅을 밟지 않았다. 북극제비갈매기는 영국에서 남극까지 10만 킬로미터에 육박하는 장거리 왕복 기록을 달성했다. 무게가 아이폰보다도 덜 나가는 한 새는 지구 둘레를 두 바퀴 이상이나 도는 여행을 했다. 이 소형 조종사는 평생 동안 약 480만 킬로미터의 비행 거리를 나는데, 이것은 달까지 네 번 왕복하는 거리와 같다. 찰스 모턴의 우주행 도전도 가능할 법한 실력이다.

플랙의 연구가 보여준 것처럼 다른 연구 결과도 철새들의 행동 패턴

이 실시간으로 급변하고 있음을 말해준다. 영국에서 아리스토텔레스의 검은머리명금은 더 이상 변신하는 보린휘파람새로 오해 받을 일이 없다. 점차 따뜻해지는 겨울, 그리고 사람이 지속해서 주는 먹이로 인해 영국의 해안을 떠나는 전통적인 여름 이동에 대한 충동이 사그라졌다. 제비 역시 영국을 떠나 아프리카로 돌아가기를 점점 주저하고 있다. 제비의 수는 유럽, 아시아, 아메리카 전역에서 장거리 이주하는 수십 종의 철새와 함께 지구온난화, 서식처 파괴, 사냥, 살충제의 복합적 효과로 인해 위험한 수준에 도달했다. 어떤 과학자들은 철새들의 장거리 이주가 곧 과거의 일이 될 것이라 예측한다. 그토록 많은 세대를 거쳐 인간을 당황시키고 궁금하게 했던, 행방불명된 새들의 미스터리가 이제야 정확히 파악되는가 싶었는데, 이제 새들이 사라지는 현상 자체가 마술처럼 사라지고 있는 것이다.

텃새화되는 황새에 미친 인간의 영향력은 우리가 다음에 만날 동물에 미친 영향과는 상당히 상반된다. 바로 하마다. 역시나 엄청난 오해에 시달린 이 괴물은 세계적인 코카인 대부의 변덕 덕분에 뜻밖의 세계적 명물이 되었다.

제9장

하마

히포포타무스 암피비우스
Hippopotamus amphibius

어떤 이들은 이 동물이 키가 2미터 30센티나 되고 황소의 발굽을 가졌으며
입 양쪽으로 이빨이 세 개씩 튀어나와 있고 다른 어떤 짐승보다 몸집이 크고
귀와 꼬리가 달렸으며 말처럼 울고 나머지는 코끼리와 비슷하여 갈기가 있고,
말이나 나귀와 다름없이 주둥이가 안쪽에서 까뒤집어지고 털이 없다고들 한다.

• 에드워드 톱셀, 《네발짐승의 역사》, 1607

17세기 성직자 에드워드 톱셀은 자신의 베스트셀러에서 유니콘과 사티로스에 대해 대단히 자세히 묘사하면서 이 신화 속 존재를 받아들이는 데 일말의 주저함도 없었다. 그러나 하마에 대해서는 분명 회의적이었다. 톱셀을 탓할 수는 없다. 당시에 하마를 직접 본 자연과학자는 아무도 없었고, 풍문으로 들려온 하마의 모습은 우리가 아는 어떤 동물과도 닮지 않았기 때문이다.

　　로마 시대 때부터 하마*Hippopotamus amphibius*는 갈기 달린 괴물인 "강의 말河馬"로서 입에서는 불을 토하고 몸에서는 피가 배어 나온다고 묘사되었다. 그리스 작가 아킬레우스 타티오스*Achilleus Tatios*는 하마가 "마치 입에 불이라도 난 것처럼 콧구멍을 넓게 열어 붉은 연기가 나는 콧방귀를 내뿜었다"라고 기술했다. 타티오스가 이런 식의 상상력에 불을 지피려면 직접 뭔가를 내뿜어본 적이 있을 것이라 생각해봄 직하다. 그러나 그는 그저 《성경》 구절을 따랐을 가능성이 크다. 〈욥기〉에 출현해 엄청난 혼돈을 야기한 베헤못은 고대의 하마와 묘하게 닮은 구석이 있다. 그리고 베헤못의 탄생에 하마가 영감을 주었으리라는 생각이 널리 받아들여진다. 욥의 슬픈 이야기에서 야훼가 소리친다. "푸성한 연꽃잎 밑에 의젓하게 엎드리고 갈대 우거진 수렁에 몸을 숨기니. 저 억센 허리를 보아라. 뱃가죽에서 뻗치는 저 힘을 보아라!"

이 신화적인 괴물에 대해 《성경》에서는 하마의 몸집과 불을 뿜는 능력에 관해 어디까지나 짐작한 바를 덧붙였겠지만, 피땀을 흘리는 하마의 이야기는 아마 실제로 관찰한 것을 잘못 해석했을 가능성이 크다. 로마의 자연과학자 대플리니우스는 AD 77년에 완성한 위대한 백과사전 《박물지》에서 다음과 같이 창의적으로 분석했다.

계속된 과식으로 몸이 지나치게 커지면 이 동물은 강둑으로 내려가 갈대숲을 뒤져 갓 부러진 갈대 줄기를 찾는다. 날카로운 밑동을 발견하면 거기에 몸을 대고 세게 눌러 허벅다리 정맥에 상처를 낸다. 상처에서 피가 흘러내리면 병적 상태였던 몸의 고통이 가신다. 그러고 나서 진흙으로 상처를 덮는다.

이는 심각한 체중 때문에 자해를 하는 비극적 이야기로 들릴지 모르지만 실은 고대 방혈放血요법을 묘사한 것이다. 방혈은 거의 3,000년 동안이나 전해 내려온 치료법이다. 열병을 앓는 그리스인이나 서혜림프선종(흑사병)에 걸린 중세 영국인에게 의사는 제일 먼저 정맥에 구멍을 뚫어 피 일부를 흘려보내는 시도를 했다. 운이 좋으면 날카로운 나무 막대보다 거머리를 사용할 수도 있다. 이집트인 역시 방혈 요법을 사용했는데, 여기에 덧붙여 대플리니우스가 나일강의 유명한 거주자인 하마도 방혈을 한다고 말한 것이다. 플리니우스는 백과사전에서 "하마가 방혈 요법의 최초 개발자"라고 두 번씩이나 강조했다.

하마가 고대 세계에서 가장 유행한 치료법을 개발했다는 플리니우스의 발상에 코웃음을 칠 수도 있다. 그러나 진실은 이 거대한 수륙양

DELLA FLEBOTOMIA
Chi ſia ſtato l' inuentore della Flebotomia.
Cap. III.

HIPPOPOTAMO

Dicono i naturali, che l'inuentore della Flebotomia è ſtato l'Hippopotamo animale, che habita preſſo il fiume Nilo, di grandezza ſimile a qual ſi voglia cauallo di Friſia, & è di terreſtre, & acquatica natura, il quale, quando ſi ſente aggrauato dalla copia del ſangue, và in vn canneto, ò coſa ſimile & per iſtinto di natura ſi feriſce la vena, & ne laſſa vſci tanto ſangue, fin che ſi ſenta ſgrauato: poi troua la belletta, ò fango, & iui ſi imbelletta & ſi ſtagna, e ſerra la ferita della vena.

⊙ 1642년에 발간된 이탈리아 의료서는 하마를 정맥절개술의 개발자로 명시한다. "몸집이 프리지아 종마" 정도로 커다란 이 동물은 본능적으로 정맥을 찔러 "회복하는 느낌이 들 때까지" 피를 흘려보낸 후 상처가 아물도록 진흙탕에서 뒹군다. 얼마나 위생적인가.

용 짐승이 약학계의 유행을 개척했고, 이 요법이 플리니우스 시대보다 우리 때에 더 많이 사용되며 무엇보다 실제로 효과가 있다는 데 있다.

고대인들이 하마의 거죽에서 배어 나온다고 말한 액체는 진짜 피와

273 / 제9장 – 하마

똑같이 생겼다. 그래서 처음엔 나도 깜빡 속았다. 그러나 피가 아니다. 피와는 전혀 다른 종류의 물질이다. 붉은색의 이 끈적끈적한 물질은 하마의 두꺼운 피부 밑에 있는 특별한 분비샘에서 만들어진다. 오랫동안 사람들은 이 진액이 열기를 식히기 위한 일종의 붉은 땀이라고 생각했다. 그러나 과학자들은 이 진홍색 진액의 훨씬 놀라운 기능을 밝혀냈다.

피처럼 보이는 이 진액은 하마 피부에 있는 붉은 색소와 주황색 색소가 만들어낸 것이다. 이 색소는 처음엔 투명하지만 자외선을 흡수, 반사하면서 모양과 색이 변하는 불안정한 중합체이다. 즉 정말 편리하게도, 하마의 몸에서 자체적으로 자외선 차단제가 분비된다는 뜻이다. 사하라 이남의 타는 듯한 태양에 주기적으로 노출되는, 털 없고 덩치 큰 포유류를 위해 진화가 만들어낸 실로 혁신적인 적응이 아닐 수 없다.

게다가 붉은 진액은 항균 물질을 포함한다고 알려져 있다. 하마가 자기 대변이 둥둥 떠다니는 똥물에서 그렇게 뒹굴고 놀아도 싸움에서 입은 상처 부위가 감염되지 않는 이유가 여기에 있다. 그리고 똥 파티를 좋아하는 성향에도 불구하고 파리가 하마를 성가시게 하는 일이 별로 없는데, 다시 말해 이 만능 진액이 곤충 퇴치제 역할도 한다는 뜻이다.

한 번에 세 가지 작용을 하는 3-in-1 제조 공식은 화장품 전문점에서 비싸게 주고 산 자외선 차단제보다 훨씬 정교하다. 캘리포니아의 생체 모방 과학자인 크리스토퍼 비니Christopher Viney는 매우 획기적인 하마의 땀을 차세대 자외선 차단제로 개발하기 위해 노력 중이다. "아주 근사한 특성들이 독특하게 조합되어 있어요. 자외선 차단제, 곤충 퇴치제 그리고 소독제가 모두 한 물질 안에 들어 있습니다."

비니는 이렇게 말했다. "자연이 성공적으로 창조한 물질은 충분한 시간을 두고 용도에 맞게 최적화된 것입니다. 자연이 마음먹고 인간을 위한 화장품을 만든다면, 사람의 힘으로는 그보다 나은 제품을 만들지 못할 겁니다." 하지만 몇 가지 해결해야 할 문제가 있다. "하마의 대변에 오염되지 않은 순수한 표본을 구해야 합니다." 그러지 않으면 경쟁 업체들이 제조한 여름 휴가철 향내를 따라잡지 못할 테니까 말이다.

난 굴지 않고 신선한 하마의 점액을 피부에 직접 발라 체험해보기로 했다. 문제의 하마는 남아메리카 야생동물 구조 센터에 살면서 아주 잘 길들여진 어미 잃은 새끼 엠마였다. 나는 엠마의 등에 붉은 강이 흘러내리는 걸 보고는 엠마에게 먹이를 주면서 목의 살찐 주름에서 진액을 채취했다. 그러고는 한 손에 마음껏 발랐다. 진액은 달걀흰자 정도로 끈적거렸는데, 손에 바르자 크림색 거품이 되면서 바로 흡수되었다. 내 손은 이미 햇볕에 많이 타서 자외선 차단 정도를 가늠하기는 어려웠지만, 적어도 진액을 바른 손은 다른 손보다 눈에 띄게 부드러워졌다. 구조 센터의 주인장은 하마 진액이 가지는 보습 효과에 어찌나 감동했는지 주기적으로 립밤처럼 바르겠다고 맹세했다.

이처럼 몸에서 자체적으로 자외선 차단제를 분비한다고 알려진 동물은 없다. 그럴 필요가 없기 때문이다. 머리카락이나 털만으로 피부를 보호하는 데 충분하다. 그러나 이른바 강에 사는 말이 햇빛에 너무나 민감해서 피부를 보호하기 위해 성능 좋은 만능 진액을 개발했다는 사실은, 플리니우스가 하마를 분류하면서 저지른 또 다른 어리석은 실수에 대한 단서를 제공한다. 그러나 이 역시 충분히 이해할 만하다. 하마가 가족의 비밀을 유난히 꼭꼭 숨겨온 바람에 아주 최근까지도 법적

⊙ 어미 잃은 새끼 하마 엠마에게 먹이를 뇌물로 주어 달라고 있다. 나는 엠마의 피부에서 배어 나온 진홍색 진액을 손에 묻힌 후 내 피부에 직접 발라 자외선 효과를 시험했다.

논쟁이 이어질 정도니까 말이다.

1990년대 초반에 나는 동물학을 전공하면서 하마가 말이 아닌 돼지에 더 가깝다고 배웠다. 일리 있는 말이지만, 안타깝게도 이 역시 잘못된 것이었다. 진화 계통수에서 하마의 가장 가까운 친척은, 학부 때 스승이셨던 리처드 도킨스가 《조상 이야기The ancestor's tale》에서 "너무나 충격적이라 여전히 믿고 싶진 않지만 그래도 믿어야 할 것 같다"라고 말할 만큼 전혀 예상할 수 없는 동물이다.

하마의 가장 가까운 친척은, 고래다.

수 세기 동안 과학자들은 하마의 이빨과 뼈를 가지고 하마를 분류했다. 그러나 하마가 스스로 가족사에 얽힌 충격적 비밀을 흘리게 만들 방법이 있었다. 바로 하마에게 말을 거는 것이었다.

빌 바클로Bill Barklow 박사는 인생의 20년을 하마가 서로에게 하는 말을 알아내는 데 바친, 외로운 하마 의사소통 분야에서 세계 최고의 전문가, 실제로는 유일한 전문가다.

나는 우간다에서 티비 시리즈 제작을 위해 동물의 의사소통에 관해 조사하던 중 빌 바클로 박사를 만났다. 바클로는 이제 60대 후반이다. 나는 은퇴하려는 그를 가까스로 회유해 하마의 말을 가르쳐 달라고 했다. 하마의 말을 할 줄 안다는 건 그저 그런 재주가 아니다. 난 5년을 공부했는데도 프랑스어를 겨우 다섯 단어 정도 말하는 게 전부이니까 말이다. 기막히게도 바클로는 이 수륙양용 짐승과 오랜 세월을 함께한 끝에 으르렁대는 소리, 코 고는 소리, 울부짖는 소리 등 하마에게서 들을 수 있는 온갖 재밌는 소리를 완벽하게 흉내 내는 경지에 있었다.

바클로가 하마의 분류학적 위치를 두고 학계에서 일어난 쿠데타를 얘기할 때는 그의 푸른 눈동자가 더 반짝거렸다. 아프리카의 어느 무더운 오후, 나일강의 수원을 향해 차를 타고 상류로 올라가면서 바클로가 말했다. "과학자들은 모두 유레카의 순간을 꿈꿉니다. 지금까지 다른 누구도 생각한 적 없는 뭔가가 떠오른 순간을 말입니다. 하지만 그 순간을 직접 겪은 사람은 별로 없지요!"

1987년 바클로의 유레카는 아주 우연히 시작되었다. 바클로는 당시 아비새를 연구하고 있었다. 아비새는 북아메리카에 서식하는 새의 한 종류로 뇌리에서 떠나지 않는 사람 같은 울음소리로 유명하다. 어느 날 바클로는 환상적인 휴가를 즐겨야겠다고 마음먹고 아프리카로 사파리를 떠났다. 그는 거기에서 처음 하마를 보고 뭔가 이상한 것을 알아차렸다. 수컷 한 마리가 요란스러운 소리를 내면서 영역을 주장했는데, 몇 분 후 다른 하마들이 깊은 물속에서 수면으로 모습을 드러내더니 답을 하는 게 아닌가. "이게 어떻게 된 일이지? 물리 법칙을 무시하다니!"

공기와 물의 밀도 차이 때문에 소리는 수면을 경계로 위나 아래로 반사된다. 그래서 물 위에서 내는 소리를 물속에서는 들을 수 없고 그 반대도 마찬가지이다. 그러나 바클로가 보기에 물속의 하마들은 물 위의 수컷이 내는 소리를 들을 수 있는 것처럼 보였다. 왜냐하면 그들이 그의 부름에 답했기 때문이다. "집으로 돌아가자마자 곧바로 도서관에 가서 하마의 울음소리와 의사소통에 관한 문헌을 찾았습니다. 수많은 자료를 뒤졌지만 아무것도 찾을 수 없었어요."

뇌에 신선한 충격을 경험한 여느 진정한 과학자들처럼, 빌 바클로는 아비새에게 작별을 고하고 아프리카로 옮겨 남은 인생을 하마가 어떻게 자연의 법칙을 거스르는지 알아내는 데 바쳤다. 그 답을 알아내기까지 10년의 세월이 흘렀으나 바클로는 마침내 해답을 찾았다. 하마는 수륙양용 의사소통 전문가였다.

하마가 코와 눈과 귀만 내놓은 상태로 얕은 물에서 뒹굴 때 하마가 울부짖는 소리는 콧구멍을 통해 물 위로 전파된다. 그러나 이 소리는 동시에 목구멍에 있는 커다란 원형의 지방 덩어리를 통해 물밑으로도 전달된다. 지방의 밀도는 물과 대략 비슷하므로 소리는 성대에서 직접 지방을 통해 거의 왜곡되지 않은 상태로 물속으로 나아간다. 물속에 잠수 상태로 있는 하마는 내이에 연결된 턱뼈로 우르릉거리는 음파를 잡아낸다.

바클로는 작은 배에 달린 크고 시끄러운 스피커로 하마의 녹음된 인삿말을 틀어 내게 직접 증명해 보였다. 우리는 강의 얕은 곳에서 몸을 물에 반쯤 담그고 열을 식히는 작은 하마 무리에 감히 다가갔다. 뜨거운 공기에 정신이 몽롱해지는 늦은 오후였다. 갑자기 배에서 들리는 거친 포효가 평화를 깨뜨렸다. 일 분도 채 안 되어 첫 번째 하마가 우렁찬 소리를 질렀다. 그러자 마치 마법처럼 하마들이 제각각 수면 위로 머리를 드러내더니 합창에 합류하는 게 아닌가. 눈길이 닿는 강 아래까지 십여 마리가 진흙탕에서 하나씩 올라와 "안녕!" 하고 인사를 건넸다.

바클로는 연구를 계속하면서, 천둥처럼 시끄럽고 요란스러운 울부짖음으로 유명한 수륙양용 짐승이 대부분 수면 아래에서 의사소통을 진행한다는 사실을 알게 됐다. 바클로는 물 밑으로 넣을 수 있도록 긴 막대에 스피커와 마이크를 각각 묶은 어설픈 도구를 사용해 자신이 어떻게 하마의 비밀스러운 음파의 세계로 들어갔는지 보여주었다. 바클로는 이 수중 장치로 하마가 공기를 성대에 밀어 넣거나 콧구멍을 떨어서 내는 꺽꺽, 츳츳, 끽끽거리는 불협화음을 녹음했다. 단연코 하마의 음성으로는 들리지 않는 이 소리가 지방 덩어리를 통해 송출되고 또 턱뼈를 통해 받아들여지는 방식을 조합하다 보니 갑자기 하마의 의사소통 방식이 저 멀리 바다에 사는 수중 포유류인 고래와 돌고래와

놀랍도록 비슷하다는 생각이 들었다. 이들이 과연 친척일까? 바클로
는 그렇다고 생각했다.

바클로의 놀라운 발견은 존 거티시John Gatesy라는 분자생물학자의
관심을 끌었다. 그는 하마와 고래의 가장 가까운 공통 조상에 대한 분
자 차원의 정보를 모으고 있었다. 분류학 계통수에서 하마와 고래를
하나로 묶는 급진적 발상이 이미 동물학계에서 시기적절한 파문을
일으키고 있었다. 거티시는 이제 자신의 이론을 뒷받침할 생리학적
증거가 필요했다. 특히 거티시는 공유파생형질synapomorphy을 찾아다
녔다. 공유파생형질이란 하마와 고래가 모두 공유하지만 다른 종에
는 나타나지 않는 신체적 특징으로 둘의 공통 조상에게서 물려받았
다고 짐작되는 형질을 말한다. 바로 바클로에게 거티시가 찾는 것이
있었다.

바클로가 말했다. "나는 하마가 물속에서 고래목 짐승들이 수중 음
파 탐지에 사용하는 것과 비슷한 딸깍거리는 소리를 내는 것을 발견했
습니다. 게다가 하마는 털이 없고 물속에서 새끼를 낳고 키우지요. 또
물속에서 사용하는 아주 많은 소리 레퍼토리를 갖고 있습니다. 이것들
모두 하마와 고래가 공통 조상으로부터 물려받은 공유파생형질이라
는 증거입니다. 이렇게 탄생한 '위포whippo(고래whale와 하마hippo를 합성
한 단어_옮긴이) 이론'—고래목과 하마를 가까운 진화적 분류군으로 묶
는 이론—은 일부 고생물학자들의 조롱을 받았다. 그들은 분자생물학
적 증거와 공유파생형질 증거에 모두 불만이었다. 분류학계의 싸움은
수십 년간 계속됐고, 과거를 연구하는 과학자들과 현재에서 단서를 찾
는 과학자들이 맞붙었다.

주요 쟁점 가운데 하나는 하마 계통에서 2,000만 년 전에 사라진 것으로 보이는 불완전한 화석 기록이었다. 고대 고래의 화석 증거는 훨씬 이전으로 거슬러 올라가기 때문이다. 그러나 2015년 소수의 고대 하마 이빨이 케냐의 협곡에서 발견되었다. 이 발견은 하마의 계보에 중요한 디딤돌이 되었다. 이 어금니는 하마를 고래의 족보와 확실히 연결해주었다.

악명 높은 베헤못이 실은 〈욥기〉에 출현하는 또 다른 혼돈의 괴물 레비아단(고래로 널리 인정되는)의 형제로 드러났다는 사실은 하마의 가족사에는 역설적인 각주가 아닐 수 없다. 그리고 《성경》에 나오는 가장 거대한 괴수들이 실은 모두 스패니얼(소형 개 품종_옮긴이) 크기밖에 안 되는 몸집이 작은 조상을 두었다는 사실도 마찬가지이다.

○ ○ ○

미신과 전설 그리고 하마의 강한 연결 고리는 수 세기 동안 혼란으로 이어졌다. 결국 유명한 프랑스 자연과학자 조르주루이 르클레르 뷔퐁 백작은 1795년에 출간된 대표작 《박물지》를 집필할 때 하마에 대한 설명을 완전히 새로 쓰기로 했다. "비록 이 동물은 아주 옛날부터 유명했으나 선조들에게 제대로 알려지지 않았다. 우리는 16세기에 들어서야 이 대상에 대한 정확한 정보를 얻을 수 있었다."

뷔퐁의 백과사전이 근대 과학적 원리에 따라 자연계를 분류하려는 최초의 시도였음은 인정한다. 뷔퐁은 중세 우화집에 실린 미신을 제거하려고 애썼다. 그러나 뷔퐁의 오만한 자세는 실제로 그의 말이 거의 틀렸다는 점에서 몹시 유감스럽다. 그렇다 하더라도 뷔퐁의 주장을 들여다볼 필요는 있는데, 그의 그릇된 생각이 아주 오랫동안 동물에 대한 사람들의 사고에 영향을 미쳤기 때문이다.

우선 뷔퐁은 하마가 헤엄을 잘 치고 물고기를 먹는다고 했으나 이것은 사실이 아니다. 하마는 초식동물이다. 그리고 수영 실력도 개헤엄 수준을 넘지 못한다. 대신에 물에 들어가면 무게가 거의 0이 되어 마치 수중 문워크를 하듯 강바닥을 따라 통통 튀어 간다.

뷔퐁은 계속했다. "하마의 이빨은 아주 강하고 단단한 물질로 만들어져 쇳조각을 부딪치면 불꽃이 튄다. 하마가 불을 토한다는 고대 우화가 여기에서 기원했을 것이다." 시도는 좋았지만, 백작님, 역시 틀렸네요. 하마의 이빨은 이집트 시대부터 상아로 귀하게 쓰였다. 그리고 코끼리의 엄니보다 강하긴 해도 손으로 쉽게 조각할 수 있고 나이가 들어도 노랗게 변하지 않는다는 장점이 있다. 사실 당시에 백작이 이가 빠졌다면 하마의 이빨로 만든 틀니를 착용했을지도 모른다. 하마 틀니는 1700년대에 대유행이어서 조지 워싱턴George Washington조차 한 구를 가졌다고 한다(내가 아는 한 미국 초대 대통령이 틀니를 끼고 불을 토했다는 보고는 들은 적이 없다).

한 가지 더 있다. "따라서 강력하게 무장한 이 동물은 모든 동물에게 위압감을 줄 수 있겠지만 사실 하마는 천성이 온순하다." 또 한 번 뷔퐁은 진짜 진짜 틀렸다. 하마는 성질이 나쁘기로 아주 유명하다. 텃세가 매우 심해서 싸울 때는 거대한 엄니를 사용해 주저하지 않고 덤빈다. 또 체중이 일반 가정용 차량과 비슷한데 그 덩치에도 인간 정도는 쉽게 앞지를 수 있을 정도로 빨리 달린다. 이들의 돌격 능력은 보트를 공

⊙ 《신사의 잡지The Gentleman's Magazine》(1772)에 실린 '하마heppepotame'의 삽화. 수염이 난 입술과 인간의 눈을 한 기괴한 짐승을 보면 자연과학자들이 나무늘보의 정체 못지않게 하마를 두고도 씨름했음을 알 수 있다.

격하는 성향과 결합돼 하마에게 아프리카에서 가장 위험한 동물이라는 무시무시한 타이틀을 안겨주었다. 나는 종종 인용되는 이 말이 인터넷에 떠도는 한낱 유언비어에 불과하다고 의심했다. 하마가 서식하는 아프리카의 모든 나라에서 이 같은 통계를 낼 수 있을 것 같지는 않았다. 그러나 직접 하마에게 습격을 받고 보니 — 이 베헤못의 웅덩이에 너무 가까이 돌아다닌 내 탓이지만 — 온순과는 거리가 완전히 먼 짐승이라는 사실을 체감할 수 있었다.

마지막으로 뷔퐁은 "하마가 아프리카의 강에만 서식한다"고 주장했으나 이 역시 사실이 아니다. 그러나 노스트라다무스조차 불가해한 하마의 진화 이야기의 마지막 반전을 예측하지는 못했을 것이다. 남아메리카 콜롬비아의 어느 오지가 21세기에 들어 하마들의 천국으로 변했으니 말이다.

∘ ∘ ∘

몇 년 전에 나는 조사를 하러 콜롬비아의 메데인으로 날아갔다. 안데스산맥의 1,500미터 높이에 아늑히 자리한, 콜롬비아에서 둘째가는 이 도시는 적도 근처에 위치한 도시치고 놀랄 만큼 시원하고 습했다. 비행기에서 내려 이곳의 짙은 회색빛 하늘을 보고는 나만 혼자 영국 히스로 공항에 남겨진 줄 알고 잠시 심장이 내려앉았다. 나는 카를로스 발데르마Carlos Valderrma라는 잘생긴 30대 수의사를 만났다. 발데르마는 하마에 대해 아주 잘 아는 사람이었는데, 그 이유는 조금 있다가 설명하겠다. 우리의 사파리 여행은 우거진 에메랄드 빛 언덕을 넘고 마그달레나강 계곡 아래로 내려가는 4시간짜리 드라이브로 시작했다. 마침내 카우보이의 땅으로 깊숙이 들어가기까지 발데르마가 배경 설명을 들려줄 시간은 넉넉했다.

2007년으로 돌아가, 콜롬비아 환경청에 안티오키아 지방에서 이상한 생물을 목격했다는 전화가 걸려오기 시작했다. 발데르마의 기억으로 "사람들은 이 생물이 덩치가 정말 크고 귀는 작고 입이 아주 컸다고 말했다".

지역 주민들은 겁에 질렸다. 그래서 동물과 인간 사이에 일어나는 분쟁 전문가인 발데르마가 파견됐다. 발데르마가 와서 보니 그 짐승은 하마였다. 그는 당황한 주민들에게 이 낯선 짐승이 아프리카에서 온 하마라고 설명했다. 다른 이들 못지않게 발데르마 역시 혼란스러웠고 이 하마가 어디에서 왔는지 몹시 궁금했다. 사람들은 하나같이 같은 대답을 했다. 아시엔다 나폴레스Hacienda Nápoles라고.

메데인과 콜롬비아의 수도인 보고타 사이에 자리한 20제곱킬로미터 넓이의 아시엔다 나폴레스는 악명 높은 마약계 대부 파블로 에스코바르Pablo Escobar의 사유지였다. 여기에서 그는 미국에서 통용되는 코카인의 90퍼센트를 수출, 통제했다. 《포브스》는 에스코바르의 기업 가치를 30억 달러 이상으로 추정해 에스코바르는 세상에서 가장 돈이 많은 사람 중 하나가 되기도 했다. 아시엔다 나폴레스는 에스코바르의 개인 놀이터로, 그는 여기에서 호화로운 파티를 열고 오래된 구형 자동차를 수집하고 아들을 위해 석면으로 만든 실물 크기의 공룡을 설치했다. 여느 과대망상증 환자처럼 에스코바르 역시 개인 동물원을 갖고 싶은 꿈이 있었다. 그래서 이곳에 오직 억만장자 마약왕만이 할 수 있는 동물원을 세웠다.

소문에 따르면 에스코바르는 대형 러시아 화물기를 손에 넣은 후 아프리카로 보내 현대판 비뚤어진 노아처럼 야생동물을 불법으로 비행기에 가득 실어 왔다고 한다. '방주'는 진정제를 먹인 동물들이 깨어나기 전에 콜롬비아로 날아와야 했는데, 코카인을 실어 나르는 작은 개인 비행기용으로 지어진 활주로가 너무 짧은 바람에 난관에 부딪혔다. 에스코바르는 잠이 덜 깬 승객들이 반드시 안전하게 착륙할 수 있도록 곧바로 활주로를 확장하도록 명령했다.

여러 해 동안 에스코바르는 사자, 호랑이, 캥거루 그리고 이 장의 주인공인 하마를 들여왔다. 아시엔다로 밀수해 온 하마는 총 네 마리였는데, 암컷 세 마리와 그가 '엘 비에조El Viejo'라고 부른 흥분한 수컷 한 마리였다. 엘 비에조는 유명한 콜롬비아 마피아의 별명으로 '노인'을 뜻했다. 하마는 아시엔다 저택 옆에 있는 작은 호수에 살았다. 그리고 여전히 거기에 살고 있다. 내가 엘 비에조를 찾아갔을 때 그의 하렘은 셋 이상으로 훨씬 커져버렸지만 말이다.

파블로 에스코바르는 1993년에 군 경찰에 의해 저격당했다. 제국은 무너지고 동물원 식구들은 남아메리카 전역의 동물원에 새집을 얻었다. 단 하마만 제외하고 말이다. 무게가 4.5톤이나 나가는 동물을 운반하는 것은 아무리 하마를 갖고 싶어 안달이 난 사람에게도 너무 무거운 도전이었다. 그래서 하마들은 예의 웅덩이에서 20년간 뒹굴었고, 그사이에 주인님의 거대한 농장은 약탈되어 버려지다시피 했다. 그 뒤 콜롬비아 정부에 넘어간 이곳은 (에스코바르 팬들에게 개방할 물놀이 시설을 갖춘) 파블로 에스코바르 테마 파크와 (에스코바르처럼 되고 싶은 이들에게 개방할 물놀이 시설이 없는) 보안이 철저한 감옥이라는 예상 밖의 조합으로 탈바꿈했다.

하마는 내내 수를 불렸다. 발데르마는 하마가 5년마다 2배씩 늘어나는 바람에 지금은 60마리가 넘을 것이라고 말했다. 나는 엘 비에조의 호수에서 겨우 20마리까지밖에 못 셌다. 발데르마에 따르면 나머지는 아시엔다를 둘러싼 허술한 철조망을 뚫고 나가 콜롬비아의 여러 시골 지역에서 소란을 일으키고 있었다.

하마는 굉장히 텃세가 심한 동물이다. 엘 비에조는 아들 하나가 성적으로 성숙해지자 가차 없이 가족 웅덩이에서 내쫓고 자신의 하렘에서 내보냈다. 아시엔다의 주위를 둘러싼 마그달레나 계곡은 하마에게는 고속도로나 다름없는 장대한 강이 흐른다. 이 발정 난 어린 수컷은 강을 타고 몇 백 킬로미터나 흘러 내려가 콜롬비아의 시골까지 여행했다. 아프리카에서는 젊은 수컷이 무리를 떠나 연인을 찾아 나서는 것이 매우 상식적인 일이다. 그러나 콜롬비아에는 하마가 없다. 그래서 절망한 돈후안이 난동을 부린 것이다.

발데르마는 내게 이처럼 사랑을 갈구하는 하마를 소개해주었다. 거구의 청년은 마을 학교에서 겨우 100미터 떨어진 웅덩이에서 괴로운 나날을 보내고 있었다. 내가 웅덩이 가까이 다가가자 위협적으로 입을 크게 벌리고 거칠게 울부짖었다. 그러더니 빌 바클로의 하마 언어 강의를 채 떠올리기도 전에 무서운 속도로 달려들었다. 어찌나 빠른지 몸 주위로 커다란 파도가 일었다. 그 소리의 의미는 분명했다. 침입자를 환영하지 않겠다는 뜻이다. 나는 마을 학교에 다니는 꼬마들이 이 연못에서 더는 목욕하지 않는다는 소리를 듣고 당연하다고 생각했다. 한 소년은 내게 이 상사병에 걸린 하마가 지난주에 자기 할머니를 쫓아오는 바람에 하마터면 깔려 죽을 뻔했다고 말했다.

그러나 모두가 하마를 두려워하는 것은 아니었다. BBC는 한 소년

이 지역 신문과 인터뷰한 내용을 보도했다. "우리 아빠는 하마를 세 마리나 잡았어요. 작은 동물을 집에서 기를 수 있으니 참 좋아요. 하마는 피부가 아주 매끄러워요. 물을 부으면 찐득한 게 나오는데 만지면 꼭 비누 같아요."

발데르마는 콜롬비아인들이 아프리카 사람들에 비해 하마에게 공격당할 위험이 더 크다고 생각한다. 왜냐하면 이들은 자라면서 디즈니 스타가 보여준 귀엽고 꼭 껴안고 싶은 이미지에 더 익숙하기 때문이다. "모두가 하마를 귀여운 동물이라고 생각합니다. 토실토실하잖아요. 하지만 절대 그렇지 않습니다." 발데르마는 콜롬비아의 하마 개체군을 "시한폭탄"으로 간주했다.

발데르마가 걱정하는 것은 단지 인간의 안전만이 아니다. 하마는 환경을 근본적으로 재정비하는 능력이 있다. 이러한 환경 기술자들이 지역 동식물상에 미치는 영향을 걱정하는 것이다.

○ ○ ○

아프리카 하마는 거친 삶을 산다. 웅덩이는 말라비틀어지고 먹이가 귀한 건기를 버텨야 하고, 동시에 배고픈 악어와 하이에나로부터 새끼를 지켜야 한다. 하지만 에스코바르의 동물원에서는 그런 어려움이 없었다. 찌는 듯한 콜롬비아에서는 일 년 내내 비가 왔다. 하마들은 양껏 풀을 먹고 낮이면 마르지 않는 얕은 웅덩이에서 실컷 뒹굴고 놀았다. 천적도 없고 다른 하마와의 경쟁도 비교적 적은 편이었다. 좋은 환경에서 지내다 보니 생활 방식도 달라졌다. 아프리카에서는 하마가 대개

7~11세부터 성적으로 활발해지는데 에스코바르의 하마들은 세 살이면 이미 번식을 시작했다. 그리고 암컷은 아프리카에서처럼 2년마다가 아니라 매해 새끼를 낳았다. 발데르마가 말한 대로 마그달레나 계곡은 "하마의 낙원"이었다.

미처 날뛰며 토종을 위협하는 침입종에 대한 대응책은 일반적으로 박멸이다. 세계 여러 국가의 정부들은 쥐, 개미, 홍합, 그 밖의 다양한 외래 침입종을 박멸하기 위해 오랜 시간 공을 들였다. 괌 정부는 반갑지 않은 갈색나무뱀*Boiga irregularis*을 박멸하기 위해 낙하산으로 고양이 특공대원을 섬에 투하해 독창성을 인정받았다. 갈라파고스 정부는 이른바 미끼 염소를 이용해 외래침입종 염소를 넓은 곳으로 유인한 다음 헬리콥터에서 저격수들이 총을 발사했다. 미국 정부는 찌르레기를 없애려고 가려움증 유발 가루에서 독극물 조각에 이르기까지 갖은 방법을 썼지만 모두 소용없었다. 이 찌르레기들은 뉴욕의 한 약사가 셰익스피어가 작품에서 언급한 모든 새를 미국에 들여오겠다는 헛된 꿈을 가지고 센트럴파크에 방생한 것이었다. 1890년 이래로 원래 60마리였던 새는 수천만 마리가 되는 위협적인 수로 불어났다.

그러나 무리를 떠나 말썽을 부리고 다니는 첫 번째 하마를 목표로 콜롬비아군이 발포했을 때 대중들은 격렬히 항의했다. 국제 언론에서도 이를 떠들썩하게 보도했다. 피로 얼룩진 역사의 페이지를 애써 넘기려는 나라가 디즈니 스타를 쏘는 것은 국가 홍보 측면에서 재앙이나 다름없었다. 하마 박멸 프로그램은 무기한 연기됐다.

발데르마는 후속 계획을 실행하는 어려운 임무를 맡았다. 바로 중성화 프로그램이다. 야생에서 제일 치명적인 동물을 거세시킨다는 발상은 무모하기 짝이 없지만, 진정한 용기와 배짱을 가진 발데르마는 이에 도전했다. 지금까지 이 콜롬비아 수의사는 홀로 떠도는 수컷 한 마리를 가까스로 거세했다. 아시엔다에서 250킬로미터 떨어진 강 하류에서 어부를 위협한다고 신고가 들어온 놈이었다. 수술은 6시간이나 걸렸고 예상치 못한 하마의 생물학적 특이성 때문에 수술 과정이 더욱 복잡했다. "일반적인 중성화 수술은 30분 정도 걸리지만 하마는 모든 점에서 어려웠습니다."

우선 커다란 몸집에도 불구하고 하마는 마취하기가 까다로웠다. 마취약을 대량으로 사용하더라도 용량을 정확히 측정해야 했다. 두꺼운 지방층이 약을 흡수하기 때문에 과다 투여하기가 쉬웠다. 발데르마는 하마를 재우는 데 마취 주사기를 5개나 쏘아야 했다. 마취약을 투여하는 것 자체도 도전이었다. 주사기 여러 개가 하마의 두꺼운 가죽에 부딪혀 튕겨 나왔다. 설사 가죽을 뚫고 들어갔다 해도 하마의 고약한 성질을 돋울 뿐이었다. "하마의 관심을 분산시키려고 여러 명의 카우보이들이 유인했지만, 어떻게 알았는지 번번이 우리를 쫓아왔습니다. 정말 겁나더라고요." 내가 들은 가장 절제된 표현이었을 것이다.

가까스로 하마를 잠재우는 데 성공했지만 문제는 거기서 끝나지 않았다. 이 거대한 포유류는 물 밖으로 나오면 몸이 쉽게 뜨거워진다. 그렇다고 수중 수술을 할 수는 없는 노릇이므로 발데르마는 최대한 서둘러 수술을 마쳐야 했다. 하마의 생식샘은 사촌인 고래와 비슷하게 두꺼운 피부와 지방에 파묻혀 숨어 있다. 그것으로도 모자라 하마의 고환은 "움직임이 매우 자유롭다"라고 기술될 만큼 몸속 여기저기를 돌아다녔다. 위협을 느낄 때는 더 심하게 움직여 자세에 따라 위치가 최대 40센티미터까지 달라졌다. 발데르마는 수술 중에 메스가 세 개나 못쓰게 됐다고 말했다. 크기가 멜론만 한데도 이 움직이는 표적의 위치를 찾는 데만 몇 시간이 걸렸다. 그리고 다시 봉합하는 데 또 한 시간이 걸렸다.

수술을 마친 후 발데르마는 오래된 러시아 헬리콥터를 빌려 중성화된 수컷을 아시엔다 나폴레스로 실어 날랐다. 이름이 나폴리타노인 이 하마는 이제 다른 하마들과 어울려 산다. 거대한 환관은 더 이상 엘 비에조를 거슬리지 않았다.

콜롬비아 정부는 수술 비용으로 15만 달러(한화로 약 1억 6,000만 원) 이상을 지급했다. 그러지 않아도 여기저기 돈 나가는 일로 골치를 썩이는 개발도상국이 엄두도 못 낼 만한 비용이다. 발데르마는 앞으로 하마 중성화 수술을 할 기회는 거의 없을 것으로 생각한다. 콜롬비아 정부는 누구도 책임지고 싶어 하지 않는 하마 문제를 이 부서에서 저 부서로 계속 떠넘기고 있다. 아무래도 하마들은 콜롬비아에서 계속 머무를 듯하다. 만일 이들이 지금처럼 유전적으로 고립된 상태로 계속 수를 늘린다면 아시엔다 하마 무리는 시간이 지나 새로운 하마 아종이 될 것이다. 아마도 학명은 히포포타무스 암피비우스 에스코바루스 *Hippopotamus amphibius escobarus*쯤이 되지 않을까. 이는 한 종이 무작위적 사건을 통해 분화하는 과정을 엿볼 수 있는 아주 멋진 기회로 억만장자 마약왕이 남기고 간 가장 뜻밖의 유산이 될지도 모른다.

성격이 난폭한 대형 포유류는 하마만이 아니다. 말코손바닥사슴 역시 이에 맞먹는 평판이 자자하고, 특히 술에 취했을 때는 더욱 그렇다. 그러나 다음 장에서 보겠지만, 동물의 세계에서 가장 악명 높은 이 주

정뱅이 짐승은 퇴화한 자연의 땅으로 낙인찍힐 뻔한 미국을 구했고 또 알고 보면 그렇게 오명을 뒤집어쓸 만큼 타락한 동물도 아니다.

제10장

말코손바닥사슴

알세스 알세스
Alces alces

독일인들은 이 짐승을 엘렌드Ellend라고 부른다.
독일어로 비참하고 우울하다는 뜻이다….

• 에드워드 톱셀, 《네발짐승의 역사》, 1607

말코손바닥사슴은 옛날부터 "야생의 투덜이"로 불렸다. 자연과학자 에드워드 톱셀은 그의 위대한 동물 연감에서 말코손바닥사슴을 "우울한 야수"라고 칭했다. 어찌나 애달픈지 말코손바닥사슴 고기를 먹으면 슬픔이 전염될 정도라고 했다. 톱셀은 경고했다. "말코손바닥사슴의 살점은 우울한 기운을 불러들인다"고.

어쨌거나 말코손바닥사슴의 삶이 그다지 흥겨울 일이 없는 것도 사실이다. 미국에서 말코손바닥사슴을 부르는 무스moose라는 이름은 알공킨어로 "나뭇가지를 먹는 자"라는 뜻인데, 별로 대단한 라이프스타일 광고는 아니다. 사슴과에서도 몸집이 제일 큰 이 종은 가장 살기 어렵다는 아북극 기후(북아메리카에서 유럽과 아시아까지)에서 가장 비참한 식단을 먹으면서 살아남도록 진화했다. 그렇다고 비버나 들소보다 특히 더 우울할 일은 없다. 그냥 얼굴이 그래 보일 뿐이다.

진화는 인간의 심미적 견해까지 고려해가며 작용하진 않는다. 블로브피시(심해에 사는 경골어류로 몸이 젤리 같은 덩어리로 이루어짐_옮긴이)를 보라. 진화는 굽이굽이 기나긴 길을 걸으며 별로 예쁘진 않아도 가장 실속 있고 실용적인 생존책을 창조한다. 말코손바닥사슴은 저녁 끼니를 찾아 깊은 눈 속에서 나뭇가지 냄새를 맡으며 장거리를 헤매고 다녀야 한다. 이런 생태적 과제에 진화가 내놓은 해결책은 얼빠진 생김

새였다. 막대 기둥 같은 다리, 구부러진 등, 길고 늘어진 주둥이를 가진 말코손바닥사슴은 인간의 오해를 불러일으키기에 충분할 만큼 침울하고 고통스러운 모습이다.

에드워드 톱셀은 말코손바닥사슴의 우울함이 만성 뇌전증(간질)에서 비롯했다고 마구잡이로 진단했다. 톱셀은 이렇게 썼다. "참으로 비참하고도 참혹한 예가 아닐 수 없다. 왜냐하면 1년 365일 간질을 앓고 있기 때문이다." 말코손바닥사슴의 거짓된 고통이 더욱 안타까운 이유는 이 다리 긴 생물이 심지어 무릎도 구부릴 수 없다고 알려졌기 때문이다. 성직자 겸 자연과학자인 톱셀에 따르면, 이들에게는 "다리를 구부릴 수 있는 관절"이 없어서 다소 품위 없는 모습을 보인다. "일단 땅에 드러누으면 다시 일어나지 못하기" 때문이다.

그러나 말코손바닥사슴 다리에 경첩이 없다고 맨 처음 말한 사람은 생전 거짓말로 욕을 먹지 않을 것 같은 사람이었다. 바로 위대한 로마의 황제 율리우스 카이사르Julius Caesar다.

카이사르는 말코손바닥사슴을 헤르시니아 산림에서 만났다. 당시 로마인들이 알세스Alces라고 부른 이 짐승은 유럽 전역에 널리 서식하고 있었다. 황제는 《갈리아 전기Commentarii de Bello Gallico》에서 이렇게 썼다. "이 짐승의 다리에는 관절과 인대가 없다. 나무를 침대 삼아 몸을 의지하고 휴식을 취할 때면 아주 살짝 비스듬히 몸을 기댄다."

그러나 말코손바닥사슴의 무릎은 사슴과의 다른 어떤 종보다도 유연하다. 강력한 다리는 전 방향으로, 심지어 옆으로도 발길질을 할 수 있다. 말코손바닥사슴의 있지도 않은 장애에 대한 로마 사람들의 반응은 이 사슴을 모아 콜로세움에 던져 넣는 것이었다. 기원후 244년에

⊙ 《약물의 역사A Compleat History of Druggs》(1737)에 실린 뇌전증을 앓는 말코손바닥사슴. 고통에 겨운 짐승이 왼쪽 귀에 갈라진 발굽을 찔러 넣어 자기 치료를 했다고 한다. 이후 이 방법은 "간질" 환자를 치료하는 표준 치료법이 되었다. 발작 중인 환자에게 필요한 것은 크고 더러운 발굽을 귓구멍에 억지로 밀어 넣는 것뿐이었다.

있었던 피비린내 나는 지명석 싸움에 투입된 5,000마리의 외국 짐승 중에는 사자 60마리, 코끼리 32마리, 표범 30마리, 얼룩말 20마리, 말코손바닥사슴 10마리 그리고 하마 1마리가 있었다. 도박사들은 사육장에서 대단한 하루를 보냈을 것이다.

이처럼 끔찍한 불행이 이 동물에게 술을 권하기 충분하지 않았을까. 어쩌다 보니 비참한 말코손바닥사슴은 동물계의 제일가는 주당이라는 명성을 얻었다.

○ ○ ○

9월은 스웨덴 경찰에게 바쁜 달이다. 가을은 과일이 떨어지는 계절, 그러나 경찰관 알빈 나베르베리Albin Naverberg에게 가을이 의미하는 것은 딱 한 가지다. 술에 취해 돌아다니는 말코손바닥사슴이다. 말코손바닥사슴이 난동을 부린다는 신고를 받고 스톡홀름을 가로질러 가는 길에 나베르베리 경관이 말했다. "사람이 포도주를 좋아하는 것처럼 말코손바닥사슴도 발효된 과일을 좋아합니다."

스웨덴에는 약 40만 마리의 말코손바닥사슴이 서식한다. 스웨덴 사람들은 말코손바닥사슴을 무스라는 명칭 대신 엘크elk라고 부르는 걸 더 선호한다. 둘 다 학명으로 알세스 알세스Alces alces라는 동일 종을 가리키지만, 미국에서는 전혀 다른 사슴 종(와피티사슴_옮긴이)을 엘크라고 부르기 때문에 매우 헷갈린다. 스웨덴 말코손바닥사슴은 이 나라의 열정적인 사냥꾼을 피해 한 해의 대부분을 숲속 깊은 곳에서 모습을 감추고 산다. 그러나 가을이 되면 알코올에 자극되어 지킬 박사와 하이드의 변신을 겪고 모습을 드러낸다. 말코손바닥사슴 무리는 마치 총각 파티의 원조라도 되는 양 도시와 마을을 침입해 지역사회를 공포에 떨게 한다. "매해 이맘때쯤에 나타나는 골칫거리죠. 스톡홀름에서 매년 가을이면 50건이 넘는 무스 신고를 받습니다." 나베르베리 경관이 말했다.

나베르베리와 나는 수도 외곽의 소규모 농경 지대에 도착했다. 적당한 크기의 과수원에 소박한 시골 통나무집이 아늑하게 자리 잡은 목가적인 천국의 풍경이었다. 농익은 과일에서 풍기는 자극적인 냄새가 공기 중에 가득했다. 나베르베리가 사과를 하나 집어 들더니 건네며 말했다. "이 사과 때문에 우리가 여기에 온 겁니다. 하지만 말코손바닥사습은 초록색 사과는 먹지 않습니다. 발효하기 시작한 부드러운 갈색 사과만 먹지요."

과수원 주인은 어미 말코손바닥사슴과 새끼가 며칠 동안 과수원에 죽치고 앉아 떨어진 과일을 먹고 있다고 신고했다. 사흘째 되는 날 죽은 새끼를 발견했지만 어미는 종적을 감췄다.

나베르베리가 말했다. "말코손바닥사슴은 사람들의 텃밭이나 과수원에 1~2주 정도 꽤 오랫동안 머무릅니다. 그리고 발효한 과일을 남겨두지 않지요. 제 것이라고 생각합니다. 그래서 다른 사람이 과일을 가져가려고 하면 성을 내고 폭력적으로 변하기도 합니다."

말코손바닥사슴과 장난칠 생각은 하면 안 된다. 콜로세움에서는 사자 무리와 불공정하게 맞붙었을지 모르지만 실수는 금물이다. 사슴과에서 가장 덩치가 큰 이 구성원은 위협을 받으면 거친 야수가 된다. 몸집이 큰 수컷은 서 있을 때 키가 2미터에 몸무게가 1톤까지 나가고 커다란 한 쌍의 뿔 사이에는 작은 해먹을 걸어놓을 수도 있다. 짝짓기 철에는 이 거대한 뿔을 이용해 다른 수컷과 결투를 한다. 특히 인간이 조심할 것은 다리다. 민첩한 무릎을 가진 닌자는 휴대용 착암기 4개의 힘으로 마이크 타이슨의 펀치를 날린다. 한 생물학자의 진심 어린 충고를 들어보자. "말코손바닥사슴은 장전된 총을 들고 길 한가운데 서 있는 묻지 마 살인범이라고 생각하시오." 기우라고 생각할지도 모르지만, 알래스카에서는 말코손바닥사슴이 곰보다 인간을 더 자주 공격한다고 알려졌다(아직 정확한 근거 자료를 찾는 중이다).

나베르베리에 따르면, 이 짐승은 술에 취했을 때 가장 위험하다. 최근 몇 년간 술에 몹시 취한 말코손바닥사슴 떼가 노르웨이 등산객을 겁주거나 스웨덴 양로원을 에워싸는 바람에 무장한 경찰이 출동하여 뿔 달린 폭력배들을 쫓아낸 사건이 있었다. 또 한 번은 한 남성이 아내를 살해한 죄로 형을 살았는데 알고 보니 발효된 사과에 탐닉한 말코손바닥사슴의 소행으로 밝혀진 요지경 같은 사건도 있었다.

음주죄로 기소된 사슴은 말코손바닥사슴만이 아니다. 순록은 광대버섯을 찾아다닌다는 오랜 소문이 있다. 이 환각성 버섯을 먹은 순록은 "술에 취한 것처럼 정처 없이 뛰어다니고 괴이한 소리를 낸다"고 한다. 이처럼 정신이 멍한 상태가 되는 게 어떤 진화적 이점이 있을지 상상하기는 힘들다. 만일 이 뜬소문이 사실이라면, 맹독성으로 유명한 빨갛고 하얀 버섯에 든 어떤 독성분이 유난히 반추동물에게 흔한 기생충을 죽이는 데 효과가 있기 때문인지도 모른다.

스칸디나비아의 토착 부족인 사미족Saami은 광대버섯의 몽롱한 기운을 특별한 의식에 사용한다. 이들은 광대버섯에 탐닉한 순록의 소변을 마시는 방식으로 버섯의 기운을 받아들인다. 버섯의 독성 화학물질은 순록의 위장에서 분해돼버리고 정신에 작용하는 요소만 온전히 남아 광대버섯을 "안전하게" ― 입맛은 꽤 떨어지지만 ― 흡입하게 해준다고 한다.

○ ○ ○

말코손바닥사슴의 부족한 자기 절제는 스웨덴 언론의 사랑을 톡톡히 받는다. 언론사는 이 사슴의 술버릇과 관련된 야한 기사 제목을 즐겨 사용한다. 《로컬The Local》에서는 "스웨덴 시민들, 뒤뜰에서 벌어진 엘크의 '스리섬'에 충격 받아"라는 헤드라인을 올린 적도 있다. 이 기사는 페테르 룬드그렌Peter Lundgren이라는 34세 마케팅 매니저가 말코손바닥사슴이 사과를 먹더니 갑자기 자세를 취했다고 불평하는 인터뷰를 실었다. 룬드그렌은 어린 말코손바닥사슴 수컷이 나이 든 암컷 등에 올라탔고, 그다음엔 이 암컷이 다른 젊은 수컷의 뒤에서 입으로 관계하는 것을 목격했다고 말했다.

그러나 인간 마케팅 관리자의 기준에는 매우 충격적인 행동이 말코손바닥사슴에게는 별로 대단한 일도 아닌 것 같다. 같은 신문에서 한 스웨덴 동물학자는, 비록 말코손바닥사슴이 주거 지역에서 짝짓기하는 것은 "극히 드문" 일이지만 제삼자가 지켜보는 가운데 교미하는 것은 별로 특별한 일이 아니라고 말했다. 말코손바닥사슴 성 상담가는 다음과 같이 설명했다. "발정기 암컷을 두고 경쟁하는 지역에는 대개 여러 마리의 수컷이 있습니다. 언제나 가장 센 놈이 이기지요. 그리고 나머지는 남아서 구경을 합니다. 지극히 정상적인 행동입니다."

이처럼 공개적인 부끄러움은 중세 우화집이 강조하는 도덕성과 묘하게 겹치는 면이 있다. 중세 우화 작가들이 동물에 보인 관심은 동물의 실생활을 알려주려는 의도가 아니라 어디까지나 사람들에게 중요한 도덕적 교훈을 가르치는 도구로 쓰려는 것이었다. 이것이 바로 오늘날 타블로이드지가 동물 이야기를 다루는 방식이다. 아이러니하게도 말코손바닥사슴은 중세 필경사들이 알코올의 악폐를 설명하는 데도 선택되었다.

중세 시대로 돌아가면 말코손바닥사슴은 오늘날보다 훨씬 더 많이 퍼져 있었다. 사슴은 북아메리카, 동아시아, 유럽 전역을 헤매며 남쪽으로 프랑스, 스위스, 독일까지 내려갔고 alg, elch, hirvi, tarandos, javorszarvas 등 훨씬 더 헷갈리는 다양한 이름으로 불렸다. 12세기에 라틴어로 쓰인《야수의 책Book of Beasts》에서는 "영양antelope"이란 동물이 수수께끼처럼 언급됐는데, 역사가들은 책 속의 영양이 사실은 말코손바닥사슴이라는 데 동의한다.

책 속의 "영양"은 "비할 데 없는 날렵함"으로 찬사를 받았다. "어찌나 빠른지 사냥꾼이 가까이 접근할 수조차 없다"고 했다. 많은 벽난로 위에 박제되어 매달린 말코손바닥사슴 머리들로서는 받아들일 수 없는 진술일 테지만 말이다. 총알이나 화살보다 빠를 수는 없겠지만, 말코손바닥사슴이 빠른 것은 사실이다. 최고 속도가 시속 55킬로미터로 그레이하운드보다 빠르다.

특히 깊은 눈 속에서도 빨리 달리는 속도와 놀랍도록 길들이기 쉽다는 장점이 조합되어 17세기에 말코손바닥사슴은 쉽게 떠올리기 어려운 임무를 맡았다. 스코틀랜드 자연과학자 윌리엄 자딘William Jardine 경에 따르면, 스웨덴 칼 9세Karl IX의 궁에서는 말코손바닥사슴을 집배원으로 기용하여 우편 썰매를 끄는 일을 맡겼다. 군주는 심지어 말코손바닥사슴 기갑 부대를 창설하는 것까지 고려했다. 그랬더라면 적어도 전쟁터에서 참신함이라는 가치는 얻었을 법하다.

《야수의 책》은 계속해서 말코손바닥사슴이 톱처럼 생긴 긴 뿔로 매우 큰 나무를 잘라 땅에 쓰러뜨릴 수 있다고 설명한다. 이 주장은 의문의 여지가 있다. 벌목꾼으로서 말코손바닥사슴의 재주는 알려진 바가 없다. 대신에 수컷은 발정기 직전에 부드러운 벨벳 코팅을 벗겨내기 위해 나무에 뿔을 대고 격렬하게 문질러대는 습성이 있다. 우화집의

⊙ 노섬벌랜드 우화집(1250~1260)에 실린 "영양(실제로는 말코손바닥사슴)"이 나무가 주는 타락한 술을 마신 후 마땅한 벌(사냥꾼의 손에 죽임을 당하는)을 받고 있다.

저자는 사슴의 이런 행동에서 찾아낼 수 있는 종교적 알레고리를 총동원했다. 사슴의 두 뿔을 각각 《구약성경》과 《신약성경》에 비유해 "음주와 정욕을 비롯해 육체가 저지르는 모든 죄악"을 톱질로 잘라내는 데 사용할 수 있다는 것이다. 저자는 "나무가 주는 술"을 조심하라고 경고한다. 나무의 긴 가지가 사슴의 뿔을 얽매어 꼼짝달싹 못 하게 되면 사냥꾼의 손에 죽임을 당할 테니 말이다.

정말 조심해야 한다. 나베르베리는 내게, 예술적이라고 부를 만한 갖가지 생명을 위협하는 상황에서 술 취한 말코손바닥사슴을 구조했다고 말했다. "언덕 아래로 떨어져 나무에 걸린 것을 본 적도 있습니다. 축구장 골대의 그물이나 빨랫줄에도 심심찮게 걸리죠." 대개 목숨을 앗아갈 정도의 사고는 아니지만 심각하게 품위를 손상하는 측면은 있다.

알래스카의 앵커리지에서는 버즈윙클Buzzwinkle이라는 별명을 가진 어느 동네 말코손바닥사슴이 사과를 배불리 먹고 밤새 도시를 비틀거

⊙ 대중지의 말을 빌리면, 현대판 도덕 우화의 한 장면이다. 이 불운한 말코손바닥사슴은 2011년 스웨덴 예테보리에서 사과나무에 걸려 옴짝달싹할 수 없게 된 후 국제적 인기를 얻었다. 이 말코손바닥사슴은 발효된 과일을 먹고 취해 소방관에게 구조됐다고 보도되었다. 다만 소방관도 이 동물의 자존심까지 구하지는 못했다.

리며 돌아다니는 것이 수시로 발견됐다. 뿔에는 긴 크리스마스 전등을 줄줄이 매달고서. 스웨덴에서는 술에 흠뻑 취한 어느 말코손바닥사슴이 나무줄기에 걸려서 버둥거리는 모습이 화면에 잡힌 뒤 전 세계적으로 유명해졌다. 특히 굴욕적으로 매달린 장면을 포착한 사진이 CNN에 방영되어 새로운 차원의 수모를 겪어야 했다.

술에 취한 말코손바닥사슴 이야기는 인터넷상에서 최고 인기를 누려왔다. 덩치는 산만 하고 사지는 길쭉하고 (눈동자가 반대 방향을 가리킬 수 있게 타고난) 술에 취한 눈을 가진 이 사슴이 쓸모없는 존재처럼 보일지 몰라도 사실은 그렇지 않다.

발효된 과일을 먹고 취한 혐의가 제기된 동물이 말코손바닥사슴만은 아니다. 북오스트레일리아에서는 술기운을 이기지 못한 앵무새가 나무에서 떨어졌고, 보르네오에서는 농익은 두리안 열매로 만든 역한 독주를 먹고 고주망태가 된 오랑우탄까지 온갖 종류의 음주 사건들이 신문에 풍성하게 보도되었다. 심지어 독일에서는 한 오소리가 알코올성 체리를 잔뜩 드시고 중심 도로 주변에서 비틀거리며 교통을 방해한 일도 있다.

이 기사들을 조사해보니 대부분 순수한 일화였고 술 취한 말코손바닥사슴 얘기처럼 신빙성이 있었다. 그러나 술 취한 코끼리가 코를 계속 들어 올리는 것처럼 허무맹랑한 이야기도 있다. 아프리카코끼리가 마룰라 나무의 발효된 열매를 폭식한다는 풍문이 오랫동안 전해 내려왔다. 1875년 출간된 사냥꾼들의 경전에 따르면, 코끼리들은 토요일 밤에 도시에서 불타는 밤을 보내는 십대처럼 행동했다. "코끼리들은 무지하게 취한 나머지 몸을 가누지 못하고 우스꽝스러운 행동을 하면서 몇 킬로미터 떨어진 곳에서도 들리는 비명을 내지르고 걸핏 하면 격하게 싸움을 벌였다."

1974년 〈동물은 아름다운 사람이다Animals Are Beautiful People〉라는 제목의 자연과학 다큐멘터리는 술에 취한 코끼리, 타조, 그 밖의 여러 동물의 행동을 카메라에 담아 악명을 떨쳤다. 이 영상은 동물을 터무니없이 의인화했는데, 눈은 반쯤 감기고 다리는 풀린 채 흐느적거리며 마룰라 나무에 올라가는 모습 등을 차례로 보여주었다. 여기에 베니힐

쇼(코미디언 베니 힐Benny Hill이 1960년대에 시작한 영국 스케치 코미디의 고전_옮긴이)의 배경음악이 깔렸다. 이 장면은 유튜브에서 제2의 전성기를 누릴 정도로 충분히 매력적이라 무려 200만이 넘는 조회 수를 기록했다.

이 이야기의 진상을 조사한 첫 번째 사람은 전설적인 정신약리학자 로널드 K. 시걸Ronald K. Siegel이었다. 과학자 사이에서도 시걸은 동물 중독 분야에 권위 있는 학자였다. 캘리포니아대학교 로스엔젤레스의 부교수로 근무하며 시걸은 알코올과 약물의 효과를 시험했다. 대부분 자신이 "사이코너트psychonaut"라고 부른 사람들을 대상으로 실험했지만, 가끔 다양한 동물의 세계에 진출하기도 했다. 시걸은 원숭이에게 코카인이 든 껌을 주고, 비둘기에게는 "LSD에 취한 상태에서 무엇을 보았는지 말하도록 가르쳤다"라고 주장하기도 했다. 비둘기의 답변은 다소 평범했다. 파란 삼각형이었다.

1984년에 로널드 시걸은 훨씬 위험한 일에 착수했다. "술을 마셔본 적이 없는" 사육 상태의 코끼리에게 술을 무한정 주고 어떤 일이 일어나는지 관찰한 것이다. 코끼리들은 하루에 캔 맥주 35개 분량의 술을 진탕 마시고 "부적절한 행동"을 하는 지경에 이르렀다. 이를테면 코를 몸에 감거나 눈을 감은 채 몸을 기대고 서로의 꼬리에 콧물을 떨어뜨리는 등 시걸의 말을 빌리면 음주 단속 경찰관이 운전자에게 일직선으로 똑바로 걸어보라고 할 때 보이는 행동의 훈련된 코끼리 판이라 할 만했다.

코끼리와 바텐더 놀이를 하는 것이 위험하지 않은 것은 아니었다. 콩고라는 덩치 크고 시끄러운 한 남성 손님은 시걸 교수가 맥주를 중단하려 하자 지프를 쫓아와 빈 술통으로 시걸을 공격했다. 또 한 번은 좋지 못한 타이밍에 콩고가 제일 좋아하는 웅덩이에 접근한 정신 말짱한 코뿔소와의 싸움을 말려야 했다. 시걸은 "목숨이 걸린 충돌이 임박했다는 느낌이 들었다"라고 말했다. 그는 지프를 몰고 두 동물 사이로 내달렸고 하마터면 자신도 싸움에 휘말릴 뻔한 것을 가까스로 피했다. 시걸은 나중에 이렇게 말했다. "잘 알아봤어야 했는데." 이 모든 소동을 통해, 과학의 이름으로 위험한 동물에게 술에 취할 기회를 주어서는 안 된다는 귀중한 교훈을 깨우쳤길 바랄 뿐이다.

그러나 이 공들인 취중 서커스를 보고 로널드 시걸은 어딘가 엉뚱한 결론을 내렸다. 코끼리가 취할 때까지 술을 마시는 이유는 한없이 작아지는 고향 땅과 먹이 경쟁에서 오는 "환경적 스트레스"를 잊기 위해서라는 것이다. 그러나 인위적으로 술을 먹였을 때 취한다고 해서 야생에서도 발효된 과일을 먹고 비슷한 지경이 된다는 뜻은 아니다.

남아프리카에서 열린 생리학 학회 기간 중에 영국 생물학자들은 이 속설을 끝까지 파헤치기로 했다. 이들은 로널드 시걸보다 훨씬 멀쩡한 정신에서 과학적 방식으로 접근했고, 코끼리에게 무책임하게 술잔치를 벌여주는 대신에 통계를 이용해 해답을 찾았다. 생물학자들은 평균적인 코끼리 몸무게와 마룰라 열매에 들어 있는 알코올 함량에 기초해 다양한 수학적 모형을 세운 결과 코끼리가 취하려면 마룰라 열매를 평소 양의 400퍼센트는 먹어야 한다고 계산했다. 연구자들은 이렇게 말했다. "이 수학 모형은 코끼리가 마룰라 열매를 먹고 취한다는 속설에 유리하게 설계되었는데도 코끼리가 일상적으로 취할 수 있다는 걸 보여주지 못했습니다." 생물학자들은 마룰라 속설이 결국 동물을 인간화하려는 열망이 만들어낸 또 다른 동물 미신이었다고 낙인찍었다. 〈동물은 아름다운 사람이다〉의 화면 속에 나온 술 취한 주인공들은 동물 마취약을 맞고 정신없는 행동을 저지른 것으로 보인다는 것이었다. "사람들은 술에 취한 코끼리를 믿고 싶었던 겁니다." 연구자들이 내린 최종 결론이었다.

이것은 말코손바닥사슴에게도 해당되는 것 같다. 한 스웨덴 교수는 내게 말코손바닥사슴의 혈중알코올농도를 측정해 이 짐승이 진짜 취했다는 것을 확인한 실험은 하나도 없었다면서 다음과 같이 말했다. "사과를 먹은 말코손바닥사슴의 체내 알코올 농도 데이터를 제시하는 연구를 보여주면 한번 진지하게 생각해보겠습니다. 현시점에서 이 발상은 노르만인과 게르만인 스스로 술과 문제가 있는 관계를 반영한 게 아닐까 싶습니다."

한 캐나다 생물학자는 말코손바닥사슴이 거부할 수 없이 달콤한 음식을 갑자기 지나치게 많이 먹는 바람에 사과산과다증에 걸려 생긴 일이라는 좀 더 신빙성 있는 설명을 제시했다. 그 결과 장에 젖산이 축적되면서 동공이 확장되고 일어나려고 버둥대고 심한 우울증을 포함하는 증상이 나타난다는 것이다. 공교롭게도 이러한 증상은 전부 초기 자연과학자들이 말코손바닥사슴에 대해 묘사했던 것과 놀랄 만큼 유사하다. 결국 그들이 설명한 동물은 알코올중독자도, 우울증에 걸린 것도 아닌 급성 소화불량을 앓는 환자였다.

그렇다고 술에 취한 말코손바닥사슴이 전혀 없었다는 말은 아니다. 실제로 적어도 한 번은 있었던 것 같다. 튀코 브라헤Tycho Brahe가 키우던 말코손바닥사슴이다. 튀코 브라헤는 16세기 덴마크 천문학자로 망원경이 발명되기 전에 천체를 육안으로 정확히 관찰하여 근대 천문학의 초석을 깔아놓은 인물이다.

어쨌든 말코손바닥사슴을 애완동물로 키운다는 게 조금 비정상적으로 들릴지 모르지만, 어차피 튀코 브라헤에 대해서는 평범하다고 말할 수 있는 부분이 별로 없다. 튀코 브라헤는 학창 시절 수학 문제를 두고 결투를 벌여 코를 잃는 바람에 평생 황동으로 만든 가짜 코를 달고 살아야 했다. 또 벤섬 지하에 실험실을 갖춘 성을 짓고 영향력 있는 사람들을 초대해 호화로운 파티를 열었다. 거기서는 제프라는 이름의 난쟁이 영매와 애완동물 말코손바닥사슴이 사람들의 오락 거리였다. 이 천문학자의 일기에 따르면, 말코손바닥사슴은 사람들에게 과시하기 아주 좋은 동물이었다. "흥겹게 여기저기 뛰어다니고 춤추고 기분이 좋아 보이는 게 … 마치 개 같았다."

튀코 브라헤는 천문학자로서 자신의 사회적 지위를 높이기 위해 정말로 애지중지했던 이 애완동물을 자신의 뒤를 봐주던 후원자에게 선물하는 데 동의했다. 그러나 이 동물은 가는 길에 란스크로나에 있는 성에서 죽고 말았는데, 풍문에 따르면 상당량의 맥주를 마시고 술이 얼큰하게 취해 계단을 내려가다 굴러떨어졌다고 한다.

아마 이것이 순수하게 술에 취한 말코손바닥사슴의 유일한 예일 것이다. 그러나 정신이 멀쩡한 사슴이라도 계단을 내려가는 데 똑같이 어려움을 겪었을 것이라는 점은 한 번쯤 생각해볼 만하다.

○ ○ ○

이 동물의 술버릇에 대한 소문을 생각해볼 때, 반사회적 행위 금지 명령(ASBO)을 받은 동물계의 범법자가 갓 독립한 미국 식민지를 "퇴화한" 나라라는 오명에서 구한 주역이 된다는 사실은 참으로 통탄할 일이다. 그럼에도 1780년대 후반, 썩어 문드러져가는 한 말코손바닥사슴이 아메리카합중국의 명예를 지킨 수호자가 되었다.

당시 갓 출범한 신세계에 대해 구세계는 심각한 의혹을 제기함과 동시에 매우 큰 위협을 느꼈다. 이런 방어적인 정서는 다름 아닌 조르주 루이 르클레르 뷔퐁 백작에 의해 군더더기 없는 과학 신조로 구체화되었다. 백작이《박물지》에서 제기한 "미국 퇴화설"은 엄청난 논쟁을 초래했다. 그는 이렇게 선언했다. "미국의 자연은 약하고 소극적이다." 신대륙에서 발견되는 생물 종의 수도 적을뿐더러 "모든 동물이 구대륙보다 훨씬 작다". 양 대륙에서 모두 발견되는 종 가운데 신대륙 생물이 더 "퇴화했다"는 것이다. 또한 미국에는 갈채를 받을 만한 대형 동물이 없다고도 했다. "미국 동물 중에 코끼리, 코뿔소, 하마, 낙타, 기린, 들소, 사자, 호랑이와 견줄 만한 동물이 없다."

뷔퐁은 실제로 한 번도 신대륙에 발을 딛어본 적이 없었다. 그러나 늘 그랬듯이 그의 이론에 장애물은 없었다. 미 대륙의 동물이 소형화했다는 지식은 대부분 박제를 보거나 여행가로부터 얻어들었는데, 둘다 아주 정확한 것은 아니었다. 그러나 뷔퐁은 신빙성을 부여하기 위해 독특한 체계를 개발했다. 만일 동일한 "사실"을 적어도 14명 이상의 여행가에게 들었다면 이 신기한 확률 계산법에 따라 "도덕적 확신"을 내려도 좋다고 확신했다.

뷔퐁은 미국 땅에 내재한 왜소증의 원인을 대륙의 환경에서 찾았다.

이 대륙은 최근에서야 바다에서 솟아올라 대부분이 습지이므로 유라시아 대륙과 달리 여전히 마르는 중이고, 그래서 미국의 동식물이 더 작고 더 약하고 덜 다양할 수밖에 없다는 논리였다. 제 크기로 자라는 유일한 생물이 곤충과 파충류인데, 그의 말에 따르면 "진창에서 뒹굴고 피가 묽고 부패 속에서 수가 불어나는 동물은 신세계의 낮고 축축한 습지성의 땅에서 더 크고 수가 많아진다". 예를 들어 미국의 개들은 크기도 작을뿐더러 "완전히 멍청하다". 그리고 미국에서 기르는 양은 "육즙까지 덜하다"는 프랑스인 특유의 모욕적 주장을 했다.

뷔퐁에 따르면 미국 원주민도 똑같이 퇴화했다. 털이 없는 몸은 정열이 부족하고 생식기가 "작고 힘이 없다". 백작이 차마 대놓고 언급하지는 않았지만, 미국으로 이주한 동물은 인색한 하늘과 불모의 땅에서 죄다 "쪼그라들고 작아지기" 때문에 미국에 이주하는 유럽인 역시 똑같은 축소 과정을 겪을 것이라고 은근히 암시했다.

뷔퐁의 이론은 이제 막 성장해가는 국가에겐 큰 타격이었다. 거대한 곤충과 쪼그라든 생식기가 보여주는 전망은 이민자를 필사적으로 끌어오려고 애쓰는(당시에만!) 나라에는 그다지 훌륭한 선전이 되지 못했다. 게다가 이런 악의적이고 유치한 험담이 감히 의심할 수 없는 권위자의 입에서 나왔으니. 백작은 당대 가장 유명한 자연과학자였고 계몽시대를 이끄는 횃불이었다. 그리고 그의 백과사전은 세계적 베스트셀러였다. 결과적으로 뷔퐁의 "아메리카 퇴화설"은 순식간에 번져 나갔고 자기네 대륙이 "멋진 신세계"보다 우월하다는 유럽인들의 믿음에 편리한 과학적 정당성을 부여했다.

미국의 힘을 북돋우기 위해 뭐라도 해야 했다. 미래의 미국 대통령 토머스 제퍼슨Thomas Jefferson은 독립선언문을 작성하고 버지니아주지사로서 집무실을 지키고 프랑스 파리 대사로 복무하는 와중에 미국의 기를 죽이는 백작의 주장에 맞서는 임무까지 수행했다. 제퍼슨은 정치를 사랑하는 만큼 자연도 사랑했다. 따라서 미국의 위대함을 증명하고 사랑하는 조국을 하찮게 만드는 이들에게 복수할 수 있는 완벽한 자리에 있었다.

토머스 제퍼슨은 "건국의 아버지"들에게 편지를 보내 당장 캘리퍼스를 들고 밖으로 나가 동물들의 치수를 재서 보내라고 재촉했다. 제퍼슨은 그 외교 데이터를 가지고 프랑스 자연과학자에게 대항할 생각이었다. 정치가들은 이 고귀한 임무에 열정적으로 화답했다. 이를테면 제임스 매디슨James Madison은 장문의 편지에서 처음에는 대의 정치제도에 관한 여러 장단점을 논하는가 싶더니 곧이어 버지니아 족제비에 대해 매우 상세한 묘사를 적어 보냈다. 그는 각 신체 부위를 3차원으로 측정해 심지어 "항문과 외음부 사이의 길이"까지 쟀다. 매디슨은 족제비 수치를 통계 내어 "두 대륙에 동시에 사는 동물은 신대륙의 것이 구대륙보다 하나도 빠짐없이 더 작다"라는 뷔퐁의 주장에 명백한 모순이 있다는 결론을 내렸다.

토머스 제퍼슨이 프랑스에 미국 대사로 있는 동안, 하루는 파리에 있는 뷔퐁 백작의 여름 별장에 초대를 받았다. 긴장되는 자리임에 틀림없었다. 처음에 두 사람은 서로 알은체도 하지 않았지만 결국 도서관에서 마주치고 말았다. 제퍼슨은 어렵게 얻은 지적 총알로 단단히 무장했으나 족제비를 비교한 통계치로 기선 제압을 하기도 전에, 백작이 눈앞에 두꺼운 백과사전 최신판 원고를 들이밀며 이렇게 말했다.

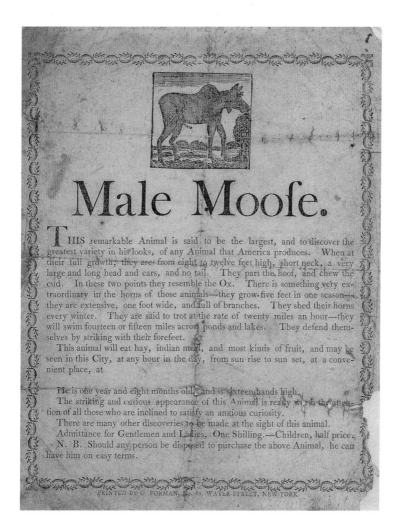

Male Moofe.

THIS remarkable Animal is said to be the largest, and to discover the greatest variety in his looks, of any Animal that America produces. When at their full growth, they are from eight to twelve feet high, short neck, a very large and long head and ears, and no tail. They part the hoof, and chew the cud. In these two points they resemble the Ox. There is something very extraordinary in the horns of those animals---they grow five feet in one season---they are extensive, one foot wide, and full of branches. They shed their horns every winter. They are said to trot at the rate of twenty miles an hour---they will swim fourteen or fifteen miles across ponds and lakes. They defend themselves by striking with their forefeet.

This animal will eat hay, indian meal, and most kinds of fruit, and may be seen in this City, at any hour in the day, from sun rise to sun set, at a convenient place, at

He is one year and eight months old, and is sixteen hands high.

The striking and curious appearance of this Animal is really worth the attention of all those who are inclined to satisfy an anxious curiosity.

There are many other discoveries to be made at the sight of this animal.

Admittance for Gentlemen and Ladies, One Shilling.---Children, half price.

N. B. Should any person be disposed to purchase the above Animal, he can have him on easy terms.

PRINTED BY G. FORMAN, No. 64, WATER-STREET, NEW-YORK.

⊙ 말코손바닥사슴의 위대함을 선전하는 1778년 광고. 뷔퐁 백작이 신대륙 생물은 힘이 없고 허약하다고 비난하면서 내건 "미국 퇴화설"에 반박하는 시도로 보인다. 이 "경이로운 동물"은 키가 3.65미터나 된다고 주장하는데, 이는 사실이 아니다.

"제퍼슨 씨가 이걸 다 읽고 나면 내가 옳다는 걸 완벽히 인정하게 될 것이오." 그러고 나서 그날 저녁은 말코손바닥사슴에 대한 논쟁으로 흘러갔다.

뷔퐁은 미국의 말코손바닥사슴에 관해 전혀 아는 바가 없다고 말하면서 단지 순록이 잘못 분류된 것으로 생각했다. 제퍼슨은 성급하게 "유럽의 순록은 미국 말코손바닥사슴의 배 밑으로 걸어갈 수 있습니다"라고 말했다. 뷔퐁은 그를 비웃었고 당연히 그럴 만했다. 그러나 마침내 프랑스 귀족은 마지못해 인정하고 항복하면서 만일 제퍼슨이 "뿔 길이가 30센티미터짜리 말코손바닥사슴"을 보여준다면 자연사 백과사전 다음 권에서 "미국 퇴화설"을 철회하겠다고 약속했다. 제퍼슨은 말코손바닥사슴이 그의 비장의 카드가 되리라는 걸 어느 정도 예상했다. 그는 이미 말코손바닥사슴에 대한 정보를 수집할 목적으로 "달릴 때 달가닥거리는 소리가 들리는가"를 포함해 16개 문항으로 구성된 조사를 돌렸다. 그리고 정치 협력자들에게 키가 2~3미터 정도에 대단히 큰 뿔을 가진 개체를 사냥한 다음 박제해 보내달라고 부탁했다. 무리한 주문이란 게 바로 이런 거다.

존 설리번John Sullivan 장군이 제퍼슨의 말코손바닥사슴 남자로 거론되었다. 백작과 만난 후로 강박증에 시달린 제퍼슨은 1786년 1월 7일 파리에서 설리번 장군에게 다급히 편지를 썼다. "장군이 내게 말코손바닥사슴의 가죽, 뼈, 뿔을 보내려는 노력에 착수했다는 소식에 고무되어 새로운 조건을 부탁하게 되었소. 이것은 장군이 상상한 것보다 '훨씬 소중하게 쓰일 것'이오(작은따옴표는 제퍼슨이 강조한 부분임)."

제퍼슨은 사슴의 크기를 그대로 보존하기 위해 어떤 식으로 준비해야 할지 자세한 사항을 일일이 일러주었다. "머리뼈 가죽에 뿔이 달린 채로 놔두어야 하고", "목과 배의 가죽을 꿰매어 이 동물의 실제 크기와 형태를 보존해야 한다". 안타깝게도 설리번이 마침내 제퍼슨을 위해 2미터짜리 말코손바닥사슴을 구했지만 이미 길에서 14일이나 방치된 후였다. 더구나 장군은 숙련된 박제가가 아닌 데다 울퉁불퉁한 도로 위에서 사체를 작업해야 했다. 사체는 이미 부패한 상태였고 무엇보다 중요한 뿔이 사라져버린 뒤였다. 설리번은 어쩔 수 없이 그보다 작은 뿔이라도 구해 보내야 했다. 설리번은 제퍼슨에게 고백했다. "이 뿔은 이 사슴의 것이 아닙니다. 하지만 마음대로 쓰셔도 됩니다."

불운은 여기서 그치지 않아 하마터면 부두에서 표본을 잃어버릴 뻔하기도 했다. 그러나 1787년 10월 우여곡절 끝에 말코손바닥사슴은 파리에 도착했다. 사실상 대머리에 뿔도 달리지 않은 기형적이고 처참한 상태였다. 그러나 긍정적인 제퍼슨은 이 커다란 짐승의 비정상적으로 애처로운 현재 상태를 변명하는 쪽지와 함께 동물을 뷔퐁에게 보냈다. 특히 "놀랄 만큼 작은 뿔"에 대해 설명했을 뿐 아니라 자신은 분명 그보다 대여섯 배는 더 무게가 나가는 놈을 본 적도 있다며 배짱 좋게 너스레까지 떨었다.

제퍼슨은 일기에 뷔퐁이 실제로 이 말코손바닥사슴을 확인했고, 그 비참한 몰골에도 불구하고 "다음 책에서 이것을 바로잡겠다고 약속했다"라고 썼다. 그러나 끔찍히도 재수 없는 타이밍이라니. 1788년 백작은 말코손바닥사슴을 본 직후 백과사전에 철회의 말을 남기지 못한 채 세상을 떠나고 말았다. 하지만 여전히 제퍼슨의 죽은 말코손바닥사슴이 아메리카의 위대함을 수호하는 중요한 역할을 수행했음을 부인할 수는 없다. 건국의 아버지들은 제퍼슨의 주장을 다듬어 제퍼슨의《버지니아주에 대한 비망록Notes on the State of Virginia》에 신대륙과 구대륙의 동물을 비교하는 종합적인 표를 실어 출판했다. 이 책은 그 자체로 베스트셀러가 되었고, 미국 퇴화론은 곧 퇴화하게 되었다.

국제 관계에 장단을 맞춘 동물은 말코손바닥사슴만이 아니다. 다음 장에서 우리는 판다를 만날 것이다. 지구상에서 가장 빼어난 실력을 갖춘 정치적 동물. 그 전문적 외교술이 와전된 이 곰에 대한 완벽한 허상을 퍼트리는 데 크게 이바지했다.

제11장

판다

아일루로포다 멜라놀레우카
Ailuropoda melanoleuca

판다는 짝짓기에 서툴고 입맛이 까다롭다. … 암컷의 배란기는
일 년에 겨우 며칠에 불과하고, 수컷의 사교 수완은 졸업반 무도회에 간
여드름투성이 남학생 같다. 이 유전적 부적응자들은
이처럼 사랑스럽지 않았다면 진작 죽어 나갔을 것이다.
· 《이코노미스트》, 2014

20세기 전반에 걸쳐 대왕판다를 진화가 저지른 실수로 보아 가엾이 여기는 풍조가 흔했다. 이 동물은 생존에 필요한 기본적 기능조차 스스로 할 수 없는 무능한 존재였다. 만화에 나오는 귀여운 외모로 전 세계에서 사랑받았지만, 동시에 성에 대한 무관심과 비정상적인 채식으로 조롱 받았다. 심지어 존경 받는 자연과학자들조차 "판다는 강한 종이 아니다"라고 단언하며 이 종의 종말을 언급했다. 판다만큼 존재의 정당성을 입증하도록 강요 받은 동물은 없었다. 필시 인간이 돕지 않는다면 공룡이나 도도새와 함께 진화의 쓰레기 더미에 합류할 신세였을 것이다.

정말 그럴까?

이처럼 애처로운 판다의 이미지는 모두 현대판 미신이다. 세상에는 두 종류의 판다가 있다. 동물원에 살면서 언론으로부터 스타 대접을 받는 판다는 인간이 창조한 만화 속 주인공으로, 존재하기 위해 인간의 도움이 절실한 척 유순하고 어수룩한 코미디 연기를 한다. 다른 판다는 인간보다 적어도 3배는 오래 현재의 모습으로 버텨오면서 유별난 생활 방식에 완벽하게 적응한 훌륭한 생존자다. 이 야생 판다는 스리섬과 거친 성관계를 좋아하는 비밀의 종마種馬로 고기 맛을 알고 무섭게 물어뜯을 줄 안다. 그러나 수수께끼 같은 나라의 아무도 접근할 수 없는 숲속에 살기 때문에 사기꾼이 무대를 차지하고 세계에서 가장 인정받는 동물 브랜드로 사기 행각을 벌이게 된다.

○ ○ ○

세계적 유명세를 떨치는 동물치고 판다는 놀라우리만치 과학계에 새로 등장한 신참이다. 150년 전까지만 해도 원산지인 중국에서조차 판다에 대한 문헌이 드물어 사실상 누구도 알지 못하는 동물로 머물렀다. 그러다 1869년에 프랑스 선교사들이 화려한 미사여구가 담긴 로켓을 쏘아 올리면서 익명의 동물이 일약 세계적 스타 반열에 오른다.

아르망 다비드Armand David 신부는 신을 사랑하는 것만큼 자연을 사랑했다. 그는 "창조주가 지구에 이렇게 다양한 생물을 마련했다는 걸 믿을 수 없다"라고 일지에 썼다. "그러나 그의 걸작인 인간만이 나머지를 영원히 파괴하도록 허락하셨다." 선한 신부는 수많은 "믿지 않는 자"를 특히 자신이 좋아하는 가톨릭으로 개종시킬 수 있는 나라, 중국을 탐험하며 동시에 파리 국립자연사박물관에 보낼 신종을 찾아다님으로써 두 가지 직분에 모두 탐닉했다. 신부가 얼마나 많은 중국인 영혼을 구했는지는 모르겠지만 적어도 신종 발견에서는 예리한 관찰력으로 인상적인 승률을 보인 것은 틀림없다. 곤충 100종, 새 65종, 포유류 60종, 진달랫과 식물 52종, (개처럼 짖는) 개구리 1종이 모두 그의 손에 처음 발견됐다. 만일 동물학 역사상 아르망 다비드 신부의 자리를 보장한 그 사건만 아니었다면, 신부의 유산 중 가장 오랫동안 지속된 것은 아마도 게르빌루스쥐(모래쥐) ─ 의심할 것 없이 다산하는 종 ─

를 세계에 선사한 일이 되었을 것이다.

어느 날 오후 다비드 신부는 쓰촨 지방의 산지에 있는 한 사냥꾼의 집에서 차를 마시다가 우연히 "검고 하얀 곰"의 모피를 발견했다. 며칠 후 신부의 "기독교 사냥꾼들"은 "별로 사나워 보이지 않고 뱃속에는 나뭇잎이 가득한" 곰을 잡아 왔다. 다비드 신부는 이 곰을 우르수스 멜라놀레우쿠스*Ursus melanoleucus*라고 명명하고(문자 그대로 "검고 하얀 곰"이라는 뜻임) 이 곰의 분류를 위해 파리에 있는 국립자연사박물관 관장인 알퐁스 밀네두아르스Alphonse Milne-Edwards에게 보냈다.

이 동물은 학계에 전혀 알려진 바 없는 대단한 발견이었으나, 알퐁스 밀네두아르스는 신부의 판단을 확신할 수 없었다. 유독 털이 많은 발바닥과 이빨의 특징이 근래에 중국의 같은 산맥에서 발견된, 대나무를 먹고 사는 다른 동물과 닮은 것이었다. 그 동물은 너구리의 친척인 레서판다*Ailurus fulgens*였다. 밀네두아르스는 이 흑백 곰을 (곰과는 거리가 먼) 레서판다과Ailuridae에 포함해야 한다고 주장했다.

그리하여 이 비정상적인 대왕판다의 지위를 두고 분류학계에서 100년에 걸친 줄다리기가 시작됐다. 판다와 관련된 다른 쟁점처럼, 사람들의 주장은 과학적인 것에서부터 매우 주관적인 것까지 다양했다. 분자생물학자들은 미토콘드리아 DNA와 혈액 단백질을 두고 맞붙었다. 저명한 생물학자이자 환경보호론자인 조지 샐러George Schaller를 필두로 한 다른 사람들은 좀 더 본능적으로 접근했다. 샐러는 반대 증거가 넘쳐남에도 자기주장을 고수했다. "대왕판다가 곰과 가장 비슷하긴 하지만, 나는 '그냥' 왠지 곰은 아닌 것 같다." 샐러의 육감은 판다를 다른 곰Ursus과 뭉뚱그려 묶는 게 판다의 고유성을 파괴한다고 믿었다.

"판다는 판다다." 이것이 이 문제에 관한 섈러의 전문적 견해였다. "세상에 예티(히말라야에 산다고 믿어지는 전설의 설인_옮긴이)가 존재하길 바라지만 절대 발견될 수 없는 것처럼, 판다가 이 작은 미스터리를 간직하길 바란다."

섈러에게는 안타까운 일이지만, 유전학자들은 그의 꿈 위로 반박할 수 없는 조상의 증거를 쏟아부었다. 판다의 게놈 염기서열이 해독되자 판다가 곰이라는 게 명백히 드러났다. 다비드 신부가 옳았다. 판다는 그냥 판다가 아니라 약 2,000만 년 전에 나머지 곰에서 갈라져 나온 큰곰 계통의 초기 파생물로 모든 곰의 조상 격이었다. 그러나 판다라는 이름은 그 신화적 특이성을 널리 알리면서 그대로 받아들여졌다.

조금만 세심히 들여다보면 대왕판다도 다른 곰 식구들과 별반 다르지 않음을 알 수 있다. 짧은 가임 기간과 태아의 착상이 지연되는 능력을 자랑하는 판다의 변덕스러운 번식 주기는 다른 곰에서도 나타난다. 판다 새끼 역시 다른 곰처럼 눈을 뜨지 못하고 털이 없는 분홍색에 덜 성숙한 상태로 태어난다. 갓 태어난 판다는 크기가 두더지만 하여 성체 몸 크기의 1퍼센트도 안 된다. 이런 사실 때문에 3세기 클라우디우스 아일리아누스 같은 초기 자연과학자들은 다음과 같은 결론에 이르렀다. "곰은 특정한 형태나 구분이 없는 무정형의 덩어리를 낳는다. 그리고 어미가 그것을 핥아 곰의 형체로 만든다." 아일리아누스의 창의적인 실수가 "제구실을 하게 하다kick into shape"라는 관용구의 어원을 제공한 셈이다.

입심 좋은 아일리아누스는 곰의 행동에 관한 부정확한 묘사조차 효과적으로 만들었다. 그는 곰이 음식이나 물을 먹지 않고 동면하기 때

⊙ 프랑스 우화집(1450년경)에 나오는 이 곰은 제 똥에 탐닉 중이거나 아픈 것처럼 보일지 모르지만 실은 무정형의 덩어리 상태로 태어난 새끼를 어미가 "핥아서 이목구비를 갖춰주는" 모습을 삽화로 그린 것이다.

문에 창자가 "탈수 및 위축"되지만 잠에서 깨어나 야생 아룸(천남성과 식물_옮긴이)을 먹으면 다시 활성화한다고 말했다. 대신에 이로 인해 곰이 "개미 떼를 먹고 시원하게 변을 보기 전에 방귀를 뀐다"고 말했다. 판다는 동면하지도 않고 자기 치료도 하지 않지만 엄밀히 말해 그렇게 하는 곰은 없다. 흑곰이나 큰곰, 북극곰 같은 소수의 종은 무기력 상태로 알려진 겨울잠을 자는데, 그동안은 체온이 떨어져 끼니를 먹지 않고 배설도 하지 않는다. 그러나 이것은 진정한 동면으로 보지 않는다.

이들이 잠에서 깨어나 처음 큰 일을 보고 나서 얼마나 속이 시원할지는 우리가 알 수 없는 일이다(엄밀한 의미에서 동면을 하는 종은 일부 설치류, 뱀, 박쥐에 해당한다. 곰은 얕은 겨울잠을 잔다_옮긴이).

판다의 채식 식단이 까다롭긴 하다. 그러나 그렇게 끔찍할 정도로 유별난 것은 아니다. 곰은 육식동물로 분류되지만 실상은 대개 닥치는 대로 먹는 기회주의적 잡식성 동물이라 식단의 75퍼센트 이상이 식물성 먹이다. 판다는 이런 먹이 구성을 극단으로 몰아가 오로지 대나무 잎만 먹는다. 대나무는 판다가 원래 살았던 산에 풍부한 식물이다. 다른 곰들도 먹이에 관해서는 똑같이 가려 먹는다. 느림보곰은 흰개미만 먹고 살도록 적응해 심지어 앞니가 없다(긴 혀로 간단히 흡입할 수 있도록). 그리고 북극곰 역시 고리무늬물범을 전적으로 선호한다. 그러나 식습관이 대나무 잎에 특화되었다고 해서 판다가 고기 맛을 잃었다는 것은 아니다. 조지 섈러가 야생에서 판다를 공부하면서 염소 고기로 함정을 설치한 적이 있는데, 판다를 유인하는 아주 확실한 방법임을 알게 됐다. 나 또한 판다가 죽은 사슴을 식사로 해결한 흔적을 본 적이 있다. 밤비를 먹는 판다는 분명 모든 아이들이 사랑하는 토실한 초식동물을 생각하면 덜 '디즈니'답지만 어쨌든 사실이다.

그러나 가장 곡해된 것은 대왕판다의 성욕이다. 이 현대판 미신은 외국의 동물원으로 줄줄이 투입된 판다에 의해 창조되었다. 우리에겐 감사하게도 이 판다들이 1970년대 시트콤처럼 성을 소재로 한 코미디를 연기하는 바람에 판다와 판다의 웃기는 성생활의 인기가 대단히 높아졌다.

○ ○ ○ ○

　판다가 맨 처음 타국 땅을 빛낸 것은 제2차 세계대전이 발발하기 직전 미국에 착륙하면서였다. 이 흑백의 곰은 대공황을 겪으며 고통 받은 미국인들의 지친 마음에 필요한 기쁨을 듬뿍 가져다주었다. 이 오동통한 귀염둥이 아가의 이름은 "작고 귀한 것"이라는 뜻의 수린蘇琳이었다. 사람처럼 익살스러운 수린의 행동과 진기한 면은 수린의 후원자 루스 하크니스Ruth Harkness에 의해 자세히 서술되었다. 하크니스는 패션 디자이너이자 사교계 명사라는 지위에 어울리지 않는 여성 탐험가가 되어 중국의 어느 산속에서 손수 검은 눈의 솜털 뭉치를 빼내 오기까지 외바퀴 손수레를 타고 이동하는 수모는 말할 것도 없고 남편과 사별하고 산적을 만나고 까다로운 관료들을 상대해야 했다. 하크니스의 판다 구출기는 가슴 아픈 로맨스와 악랄한 경쟁자의 출현으로 완성되어 몇 달간 신문을 도배했다(그 경쟁자가 하크니스보다 앞서 이 곰을 갈색으로 염색해 밀수하려고 시도했다는 풍문이 있다). 그래서 여성 탐험가와 이 곰이 마침내 배에서 내렸을 때 수린은 영화계의 스타나 다름없는 환대를 받았다.

　동물계의 셜리 템플Shirley Temple(미국의 유명한 아역 배우_옮긴이)은 실망시키지 않았다. 인간은 유아적 특성 즉 튀어나온 이마, 크고 처진 눈, 동그랗게 돌출된 볼을 가진 것은 무엇이나 돌봐주고 싶은 마음이 들게끔 프로그래밍되었다. 이는 비정상적으로 무기력하게 태어나는 아기를 제대로 보살피기 위한 신경화학적 보험이나 마찬가지이다. 인간은 뇌가 크게 발달한 결과 상대적으로 큰 머리가 산도를 안전하게 빠져나오려면 태아가 엄마 몸속에서 발달 과정을 다 마치지 못하고 일찍 태어나는 수밖에 없다. 어쨌든 유아적인 것을 향한 인간의 모성 본능은 머리에 깊이 박혀 있으나 다소 부정확한 측면이 있어 폭스바겐 비틀처럼 이런 특징을 모호하게 드러내는 무생물에도 사랑스럽게 반응하는 것이다.

판다는 특이한 무늬 그리고 사람처럼 철퍼덕 주저앉아 댓잎을 먹는 모습과 함께 모성 본능을 자극하는 완벽한 유발체가 되도록 유전적으로 조작되었는지도 모른다. 판다가 인간의 뇌를 속여 불을 지핀 보상 중추는 이른바 성과 약물에 기쁘게 반응하는 부분이다. 그리하여 어린아이같이 서투른 새끼 대왕판다는 본질적으로 귀염의 결정체가 된다. 사람 "엄마"가 수린에게 젖병을 물리는 광경 그리고 모여 있는 카메라 앞에서 장난꾸러기 돌쟁이처럼 행동하는 수린의 모습은 미국을 따스하고 보송보송한 늪에 빠뜨렸다.

수린 뒤에 "누이동생"인 메이메이와, 마침내 그녀의 연인이 될 메이란이 도착했다. 시카고동물원은 이들을 짝지어주려고 애썼으나 결국 좌절되었는데, 알고 보니 모두 수컷이었다. 막 싹트는 로맨스를 전 세계가 숨죽이고 지켜보는 가운데 두 마리 수컷 판다는 서로에게 실망했고, 언론은 실패한 사랑의 전말을 보도했다. 《라이프Life》에서는 "판다의 사랑 : 메이메이, 남친과 데이트에도 진도 안 나가"와 같은 틀에 박힌 기사 제목을 썼고, 판다가 성적으로 소극적이라는 신화의 씨앗을 처음으로 뿌렸다.

비슷한 운명이 뉴욕 브롱크스동물원에서 "사육되는 한 쌍"에도 닥쳤다. 1941년 열렬한 환호를 받으며 도착한 판디와 판다 ― 선박 이름

공모전에서 전혀 의미 없는 이름이 당선된 "보티 맥보트페이스" 법칙 (2017년 영국 자연환경연구회의 첨단 극지연구선박 이름 공모전에서 SNS 유저가 장난스럽게 내놓은 이름이 몰표를 받은 것을 말함_옮긴이)의 과거 사례 — 는 사실 소년과 소녀가 아니라 그냥 두 마리 암컷이었다. 1960년대에 발간된 데즈먼드 모리스Desmond Morris의 《사람과 판다Men and Pandas》에는 "브롱크스 직원들이 조사한 판다의 외형적 차이는 진정한 성별 차이가 아닌 개별적 특징에 불과했다"라고 친절히 설명되어 있다.

그 밖에도 성별을 착각한 데서 비롯한 성적 실망의 여러 사례와 함께 판다의 성관계는 몹시 어렵기로 악명 높은 예술임이 증명됐다. 하지만 밝혀진 진실조차 별 도움이 되지 않았다. 판다 수컷이 실질적으로 암컷의 생식기와 구분하기 힘든 음경을 소유했기 때문이라고 해도, 곰을 판단하는 인간의 기준에서 판다의 정력에 관한 인식은 별로 달라지지 않았다.

진짜 수컷과 암컷 판다가 우리에서 만났을 때도 그 결과는 솔직히 그다지 만족스럽지 않았지만, 틀림없이 덜 공개적인 것도 아니었다. 이처럼 실패한 연인 관계의 가장 대표적인 예가 판다 치치의 이야기이다.

어린 치치는 1958년에 런던동물원에 도착했고, 곧바로 열렬한 대중 팬을 위해 치치의 일거수일투족을 보여주는 인기 프로그램의 스타가 되었다. 치치가 세심하게 준비된 욕조에서 거품 목욕을 하고 사육사와 함께 축구 게임을 보며 몇 년을 지낸 뒤 대중은 치치의 인생에서 아침드라마와 같은 사랑을 원했다. 당시 중국이 아닌 곳에서 사육되는 유일한 판다가 모스크바동물원에 있는 안안이었다. 결국 냉전 시대가 한창이던 때에 뜻밖의 동서 연합이 계획되었고, 국제 기자단에게 큰 즐거움을 주었다.

그러나 치치는 별로 열의를 보이지 않았다. 모스크바에서 이들이 만난 이후로 치치는 얀얀의 서투른 관심에 번번이 퇴짜를 놓았고 툭하면 다퉜다. 사실 치치는 판다에게 전혀 끌림이 없었다. 그녀의 열망은 인간, 특히 제복을 입은 사람에게 향했다. 옛 소련 사육사가 우리에 들어가자 치치는 "꼬리와 둔부를 들어 올려 성적 반응을 보였다"라고 런던 동물원의 포유류 큐레이터인 올리버 그레이엄존스Oliver Graham-Jones가 보고했다. 이 사실은 러시아인들에게 "매우 강한 수치심을 주었다".

이런 일은 처음이 아니었다. 그레이엄존스는 "치치의 성적 성향이 다소 어그러진 것 같았다"라고 회상했다. 치치는 동물원 직원에게 끌렸고, 같은 종인 판다보다 "생전 처음 보는 사람"에게 더 관심을 보였다. 1960년대는 자유연애의 시대였다. 그러나 세 번의 연애 실패 후 동물원의 슈퍼스타에게는 성적 관심이 없음이 분명해졌다. 런던 동물학회는 "치치는 다른 판다에게서 오래 격리되어 인간에게 성적으로 각인되었다"라는 성명을 발표할 수밖에 없었다.

판다의 불운한 로맨스는 치치와 얀얀으로 끝나지 않았다. 이들의 연애가 흐지부지 끝난 지 얼마 안 되어 세간의 이목을 끄는 또 다른 쌍 싱싱과 링링이 판다 종 전체를 구해야 한다는 중요한 임무를 띠고 워싱턴의 국립동물원에 도착했다. 치치는 세계자연기금WWF의 유명한 판다 로고에 영감을 주었고, 점차 확산되는 판다 보전의 움직임은 이례적으로 판다 생존 계획의 일환으로 사육 상태에서 곰을 번식하는 데 초점이 맞춰졌다. 안타깝게도 곰들이 보전 계획서를 읽었을 리는 만무하고 세간의 이목을 끈 이들의 로맨스도 훨씬 더 생산성 없는 익살에

⊙ 1959년 치치와 치치의 진정한 연인인 런던 사육사 앨런 켄트Alan Kent의 사랑스러운 장면. 앨런 켄트가 상냥하게 입으로 대나무를 먹이고 있다. 10년 후 동물원은 이 유명한 암컷 판다가 엉뚱한 종에게 성적으로 각인되었다는 사실을 인정해야 했다.

머물렀다. 싱싱은 "방향성 문제"를 보였고, 그 결과 링링은 귀가 뒤집히고 손목과 오른쪽 발이 육욕의 표적이 되었다. 그러나 이제 이것은한 판다 개체의 실패로 끝나지 않았다. 이들은 종의 운명을 대변했다.언론은 엄청난 음담패설로 반응했고, 대중은 판다에게 물침대를 보내는 것으로 답했다.

이후 20년 동안 언론과 대중이 판다 아기를 달라고 부르짖는 가운데, 최고의 동물학자들이 해답을 찾기 위해 워싱턴 판다의 생물학을 파헤쳤다. 링링의 발정기는 일 년에 이틀도 채 되지 않는다는 사실이 밝혀졌다. 많은 비난을 받아 마땅한, 좌절할 정도로 짧은 가임 기간이었다. 마침내 이 훌륭한 쌍이 가까스로 짝짓기를 하고 새끼를 낳았으나 며칠을 버티지 못했다. 한 번은 링링이 깔고 앉는 바람에 새끼가 죽자 어미의 자질이 의심되었다.

이런 공개적인 드라마를 통해 판다는 새끼를 낳거나 부모가 되도록 설계된 동물이 아니며 생존에 필요한 기본적 본능까지 거부한다는 인식이 더해졌다. 인간이 이 상황을 통제해 판다가 억지로라도 번식하게 만드는 방법을 찾아야 한다는 요구가 시급해졌다.

야생동물을 사육장에서 번식시키는 것은 결코 쉬운 일이 아니다. 그 이유는 약간의 상식만 있다면 금방 알 것이다. 콘크리트로 둘러싸인 우리는 야생동물에게 별로 매혹적인 장소가 아니다. 새끼를 낳고 싶은 열망은 다양한 범위의 행동과 환경 신호에 자극을 받는다. 이를테면 와인 한 잔과 배리 화이트의 로맨틱한 사랑 노래의 동물 버전이 필요하다는 뜻이다. 동물원에서는 종종 동물들이 분위기를 잡기 위해 무엇이 필요한지 알지 못한다. 이를테면 흰코뿔소는 사육 상태에서 번식하는 게 불가능하다고 증명되었는데, 왜냐하면 사육사들이 암컷과 수컷 한 마리씩 우리에 함께 집어넣고 최선의 결과를 바라고만 있었기 때문이다. 이들은 코뿔소가 무리 동물이라는 사실을 고려하지 않았다. 수컷이 발기하려면 마침내 행운의 여성을 선택하기 전에 "여러 마리"의 암컷과 시시덕거릴 필요가 있었다. 대왕판다는 그 반대다. 선택은 암컷의 몫이다.

1980년대에 조지 샐러는 이 고독한 생물이 성관계에 관한 한 외톨이를 좋아하는 것은 아니라는 사실을 처음 발견했다. 샐러는 판다의 숲속 고향에서 복잡한 짝짓기 예식을 관찰했다. 혼자인 암컷이 나무를 타고 올라가 추바카 같은 신음을 지르면, 그 아래에서 여러 수컷이 관심을 끌기 위해 싸운다. 승리한 수컷은 오후 한나절에만 40번이 넘는 교미를 하여 승리를 만끽한다. 최근 대중 과학 조사에 따르면, 이는 평범한 일본 성인이 일 년에 하는 성관계 횟수와 같지만 누구도 일본인의 멸종을 예측하지 않는다. 또한 대왕판다의 정액은 인간 남성의 10~100배가 넘는 "고품질의 정충을 다량 포함"한다고 알려졌다. 실로 정력이 넘치는 동물임을 부인할 수 없다.

판다의 교미 자체는 물어뜯고 짖어대며 진행되는 거칠고 저돌적인 행위다. 수컷은 부모와 장난치고 그 행위를 관찰하면서 복종과 지배의 행동을 배운다. 새끼 판다는 어미 밑에서 최대 3년을 머무르며 적어도 한 번은 번식기를 목격하면서 암컷이 선호하는 카마수트라의 상세한 내용을 배울 기회를 가진다.

판다는 4~6.5제곱킬로미터의 제법 큰 영역을 차지한다. 그리고 특별히 지정된 나무(판다판 데이트 앱이다)에 자신의 신원, 성별, 나이, 번식력 등의 정보를 알리는 향을 남기고 이를 통해 섹스 파티의 냄새를 찾아간다. 짝짓기 철이 되면 암컷은 공용 메시지 보드 중 하나를 골라 아래쪽에 항문샘을 문질러 수컷의 관심을 불러일으킨다. 암컷의 냄새 나는 신호가 멀리 있는 수컷들까지 끌어들이면, 이제 이들은 암컷의 애정을 얻기 위한 소변 올림픽 경기에 도전한다. 판다 암컷은 도발적인 향기를 나무 가장 높은 곳까지 올려 보내는 수컷을 선호한다. 과학자들은 수컷이 운동 자세에 따라 선택된다고 묘사한다. 수컷들은 소변을 가능한 한 높이 쏘아 올리기 위해 "스쿼트", "한쪽 다리 들어 올리기" 그리고 가장 경이로운 "물구나무서기"를 한다. 또한 애프터셰이브를 바르듯 귀에 소변을 문질러 자기 몸을 도발적인 향을 선전하는 도구로 사용한다. 그러면 숲에 불어온 미풍이 솜털로 덮인 한 쌍의 송신소에서 존재를 알리는 신호를 날려 보낸다.

곰은 매우 발달한 후각으로 유명하다. 그래서 암컷의 극도로 짧은 배란기도 야생에서는 번식에 장애가 되지 않는다. 어쩌면 개체군의 크기를 정확히 통제하려는 진화적 적응일 수도 있다. 판다 수컷의 기량이 뛰어난 바람에 대숲이 먹여 살릴 수 있는 이상으로 개체 수가 늘지 않도록 확실히 조절할 필요가 있기 때문이다. 야생 암컷은 평균 3~5년마다 새끼를 낳아 기르는데 그리 비정상적인 번식률이 아니다. 오히려 이들이 더 자주 새끼를 낳는다면 서식처가 감당할 수 없는 수준으로 개체 수가 넘쳐나게 될 것이다.

야생의 성생활은 콘크리트 우리에 아무 판다와 함께 던져져 모든 행위가 공개되는 세계와는 거리가 멀다. 그런데 이런 차이에도 불구하고 지난 수십 년간 중국인들은 사육 번식의 수수께끼를 풀고 새끼 판다의 풍작을 이루어냈다. 이 새끼 판다들이 어찌나 귀여운지 공개하기 전에 사람들에게 미리 건강에 유의하라는 경고까지 해야 할 정도였다. 십수 마리의 아기 판다를 일렬로 세워놓은 사진은 가히 귀엽다고밖에는 말할 수 없다. 이 사진은 전 세계가 판다 보전 "성공" 스토리에 주목하도록 하기에 충분했다. 그래서 2005년 나는 중국으로 날아가 이들을 직접 확인했다.

내 목적지는 쓰촨성의 청사 소재지인 청두였다. 이곳은 중국이 특별히 설립한 판다 번식 센터가 가장 많이 모인 곳이다. 나는 판다 왕국의 심장이 좀 더 푸르고 쾌적한 땅일 것이라 기대했다. 그러나 런던을 압도하는 1,400만 인구가 거주하는 복잡한 도시가 나를 맞았다. 내가 맨 처음 본 판다는 담뱃갑에 그려져 있었는데, 심하게 오염된 공기에 붙잡힌 엄청난 스모그와 묘하게 어울렸다. 청두에 태양이 뜨면 개들이 짖는다는 중국 속담이 있다고 한다. 개들은 여행 기간 내내 완전한 침묵을 지켰다.

나는 다큐멘터리를 위해 판다 번식을 조사하는 중이었다. 그래서 청두 대왕판다 번식연구기지라는 상징적 이름을 가진 장소에서 판다 번식의 뒷이야기를 접할 특권을 누렸다. 나는 이곳에서 일하는 선임 연구원과 만났다. 회색의 콘크리트 건물을 돌아보면서 그는 내게 이처럼 경악할 정도로 단조로운 브루탈리즘(1950~70년대에 유행한 건축 양식으로 자재가 그대로 드러나는 거친 마감 처리가 특징_옮긴이) 환경에서 판다가 사랑하고 싶은 기분이 생기도록 격려한 창조적 접근법에 관해 말해주었다. 젊은 판다 수컷이 어미에게 필요한 성교육을 받지 못했다는 전제하에 — 대부분 태어나면서부터 인간의 손에 길러지므로 — 성체가 되었을 때 모습을 보여주기 위해 연구원들은 판다를 휴대용 텔레비전 앞에 앉혀놓고 사육 중인 판다들이 교미하는 VHS 동영상을 틀어주었다. 나는 아기 판다들이 세 번째 생일을 맞아 포르노를 보는 초현실적인 모습 앞에서 웃지 않으려고 노력했다. 그러나 판다는 약시로 유명하고, (인간을 제외한) 어떤 동물도 텔레비전에서 자신의 모습을 보는 상황에 익숙지 않다고 가정할 때 판다 포르노가 실소케 하는 이상으로 효과가 있을 것 같지는 않았다. 암컷 판다를 자극하기 위해 사용한 성인용 장난감도 마찬가지였다. 다른 판다 번식 센터에서는 비아그라도 사용됐다고 한다. 제 기능을 못 하는 쾅쾅(강하다는 뜻)이란 이름의 열여섯 살짜리 수컷에게 실험적인 양을 시도했지만 결국 이름값을 하는 데는 실패했다.

마치 앤 서머스(영국의 성인용품 제조업체_옮긴이)에 과학 자문을 맡긴 것 같았다. 모퉁이를 돌면 빨간 사틴 멜빵을 메고 유두엔 빤짝거리는 술을 달고 있는 판다가 나오지 않을까 기대될 정도였다. 나는 어떻게 이렇게 인간 중심적인 해결책이 이례적인 판다 베이비붐에 이바지했는지 도저히 이해할 수 없었다. 역시 그게 아니었다. 새끼 판다에게 큰 이익이 된 전략은 훨씬 덜 짓궂은 처녀 파티 같은 것으로 제임스 밸러드James G. Ballard(인간의 어두운 심리를 묘사한 초현실주의 문학에 가까운 공상과학 소설을 쓴 영국 소설가_옮긴이)의 악몽에 더 가까운 것이었다. 바로 인공수정이다.

인공수정은 온갖 종류의 사육 동물에서 번식 성공을 끌어내는 표준 방식이 되었다. 필요한 것은 약간의 살아 있는 정자와 졸린 암컷이다. 때로 정자는 "디지털 조작"으로 수집된다. 이 용어는 인간의 수작업을 완곡하게 과학적으로 표현한 것으로 동물 보전과 관련해 가장 절실한 작업 가운데 하나이지만 결코 드문 일은 아니다. 론섬 조지('외로운 조지')라는 이름의 갈라파고스산 최후의 순수한 핀타섬땅거북은 "디지털 조작"을 전담한 인간까지 거느렸을 정도다. 젊고 매력적인 스위스 동물학자의 과제는 이 살아 있는 유물에서 짜낼 수 있을 만큼 씨를 짜내어 병에 담는 것이었다. 그녀는 이 기술을 충분히 연마해 10분 안에 이 느린 백 세 노인을 안도케 하는 경지에 이르러 조지의 여자친구라는 별명을 얻었다.

한번은 상을 탄 샤이어(영국산 말 품종_옮긴이)에게서 "황금 액체"를 수확하는 것을 목격한 적이 있다. 내 눈으로는 절대 다시 보지 못할 장면이었다. 이런 착취의 과정에서 조작자라고 해서 위험이 없는 것은 아니다. 베를린 동물 보전 센터의 한 선임 과학자는 마구잡이로 움직이는 1미터 길이의 코끼리 음경을 마사지하다가 눈에 심각한 멍이 들었다. 틀림없이 나중에 술집에서 해명하는 데 적지 않은 시간이 걸렸을 것이다.

동물에겐 아니지만, 인간 조작자를 위한 좀 더 안전하고 품위 있는 해결책은 전기자극 사정이다. 이는 용어만큼이나 공포스런 방법으로 동물의 항문에 전기 탐침을 삽입하여 동물이 절정에 오를 때까지 전압을 올리는 것이다. 청두 번식 센터와 스미스소니언에서 수년간 근무한 미국 수의학자인 케이티 뢰플러Kati Loeffler 박사는 이 기술이 원래 농장 가축의 집약적 교배를 위해 개발된 것이라고 설명했다. 이제 중국에서는 판다를 위한 표준 방식이 되어 전기로 움직이는 막대 봉에 항문 강간을 당하는 불편을 해소하기 위해 가수면을 유도하는 케라틴을 주입하고 시도한다. 뢰플러에 따르면 이 공장식 축산 기법이야말로 지난 수십 년간 판다 개체군이 거의 500마리를 웃돌게 급증한 이유다.

그러나 결과는 성공적인 보전 스토리와는 거리가 멀다. 이 검고 하얀 털 뭉치들은 판다처럼 보이긴 해도 판다처럼 '행동'하도록 자라지 못한다. 인공수정된 암컷은 쌍둥이를 낳는 경우가 허다한데, 이럴 때는 새끼를 어미와 인큐베이터 사이에 번갈아 옮겨주어 생명을 유지하고 둘 다 어미의 젖을 빨아 생존에 필요한 면역계를 기르고 그와 함께

⊙ 2016년 청두 번식 센터에서 수많은 새끼 판다가 태어났다. 이들의 "보전 성공" 이야기를 전 세계에 알릴 "귀염둥이 정예부대"의 사진을 찍으려고 자세를 취하는 장면이다.

신체적으로 발달할 기회를 준다. 그다음 3~4개월이 된 새끼는 어미에게서 완전히 격리하고 어미는 다시 번식 컨베이어벨트로 돌려보낸다. 판다 새끼는 몸집이 너무 크고 공격적이 되어 개별적으로 격리해야 하는 시점까지 자연스럽지 못한 무리 내에서 인간에 의해 사육된다.

"번식 센터나 동물원에 있는 판다 새끼는 인간에 의해 집약적 환경에서 길러지기 때문에 사회성과 행동 발달이 정상적으로 이뤄질 기회가 별달리 없습니다. 어린 판다가 정상적인 판다로 성장할 가망이 없습니다." 뢰플러의 말이다.

판다다움의 부족은 다음 세대의 동물이 공개적 번식을 하도록 강요

당할 때 더 크게 드러난다. 우리는 판다를 인위적으로 번식시킴으로써 성에 소극적이라는 판다의 신화를 충족시키고 있다.

이 판다 새끼들을 야생에 다시 돌려보내려고 시도 ― 이것이 사육 번식의 가장 크게 선전된 목적인데 ― 했을 때도 결과는 별로 좋지 못했다. 최근 연구는, 이른바 홀로 지내는 이 동물이 사실은 상당히 사회적이며 심지어 번식 철이 아닐 때에도 그렇다는 것을 보여주었다. 뢰플러는 이렇게 말했다. "야생에서 살아남으려면 사회적 상식과 요령이 있어야 합니다. 협업하거나 짝짓기를 할 때만이 아니라 먹이원의 공유와 같은 매우 섬세한 사회적 협상을 배워야 합니다." 사회적으로 서투른 판다는 단지 굶주리거나 짝을 찾지 못하는 이상의 위험에 노출된다. 시앙시앙이라는 젊은 수컷의 예를 들어보자.

시앙시앙은 중국에서 사육 프로그램을 통해 야생으로 다시 돌아간 첫 번째 판다다. 뢰플러는 내게 이들이 의도적으로 수컷을 실험 대상으로 골랐다고 말했다. "암컷을 지킬 필요가 있습니다. 황금 알을 낳는 존재이니까요." 시앙시앙은 처음 몇 개월 동안 문제없이 잘 지냈다. "그러다 짝짓기 철이 되었습니다. 발정기인 암컷 주위로 수컷들이 모두 모였는데, 울타리 뒤에서 홀로 자란 시앙시앙은 당연히 어떻게 해야 할지 몰랐죠. 다른 수컷들에게 두들겨 맞아 거의 죽을 뻔했습니다." 결국 시앙시앙은 야생 판다에게 야만적인 공격을 받아 죽은 채 발견되었다. 지금까지 열 마리 판다가 야생으로 돌아갔는데, 그중 두 마리만 아직 살아 있다.

사육 상태에서 태어난 동물을 야생으로 내보내는 것은 치와와를 늑대 무리 안에 던져 넣는 것과 비슷하다. 최근에 중국의 한 번식 센터에서는 판다가 야생에 더 잘 적응하도록 준비하고 있다. 우선 어미가 야생에 흡사한 우리 내에서 새끼와 함께 머무른다. 새끼에게 포식자에 대해 가르치기 위해 판다의 탈을 쓴 인간이 바퀴 달린 표범 박제를 밀고 다닌다. 이 비현실적인 장면은 대단한 구경감일지 모르나 베이징대학교 보전학 교수인 뤼즈Lü Zhi는 이런 시도를 "방귀 뀌려고 바지를 벗는 것처럼 무의미한" 노력이라고 불렀다.

보전 과학자인 세라 벡슬Dr. Sarah Bexell은 황금사자타마린과 검은발족제비를 성공적으로 야생에 돌려보낸 전력이 있다. 그녀가 이유를 설명해주었다. "우선, 판다 서식지에는 이제 표범이 없습니다." 그러나 좀 더 근본적인 문제가 있다. "인간은 동물에게 동물이 되는 법을 가르칠 수 없습니다. 오로지 어미나 동종의 다른 개체만이 선생이 될 수 있지요." 그러나 판다의 어미조차 인간에게 길러졌기 때문에 그 자신도 새끼에게 물려줄 야생 경험이 거의 또는 전혀 없다.

가장 큰 문제는 판다의 서식지가 줄어든다는 점이다. 나 역시 야생 판다가 돌아다닌다는 청두에서 친링산맥까지 자동차로 한참을 달리며 몸소 느꼈다. 우리는 수 킬로미터를 뻗어 나간 도시의 폐기물을 거쳤고 그다음 반反이상향을 그린 공상과학 영화에나 나올 법한, 시멘트 먼지를 토해내는 공장이 있는 마을을 지나갔다. 마침내 산에 도착하자 우리를 맞이한 것은 괴물 같은 댐이었다. 그것도 벌써 10년 전의 일이다.

중국 정부가 판다 보호 구역을 50개 이상 지정하면서 판다의 수가 늘었다. 그래서 최근 판다의 멸종 단계는 "절멸 위기"에서 "취약"으로 한 단계 낮아졌다. 그러나 케이티 뢰플러는 확신하지 않는다. 뢰플러는 정부 당국이 이 "보호 구역"에 농지, 도로 심지어 채굴까지 허가하는 구역을 지정했다고 했다. "오만한 인간은 자신의 손으로 판다를 번식시켜 야생에 집어넣어야 한다고 생각합니다. 판다가 너무나 멍청해서 스스로 알아서 하지 못할 거라고 생각하기 때문이죠. 하지만 그들에게 살 곳을 주면 다른 종처럼 잘해 나갈 겁니다. 인간의 손으로 고쳐야 할 문제는 달리 없습니다. 보금자리를 돌려주기만 하면 됩니다."

세라 벡슬도 이에 동의했다. "나는 야생동물 보전 노력이, '이봐요 여러분, 우리 과학자들이 이 엄청난 생물다양성 위기를 해결하고 있어요. 이 프로젝트를 통해 종 전체의 잘못된 점을 바로잡을 수 있어요'라고 말하는 것 같아 정말로 걱정됩니다. 이건 물론 듣기 좋은 소리이지요. 사람들은 이 얘기에 기분이 좋아져 소파에 기대앉아 감자 칩을 먹고, SUV를 몰고 다니며 방이 다섯 개 딸린 집에서 세 아이를 기르고 살면서 이렇게 말합니다. '좋네요. 과학자들이 저곳에서 우리를 위해 문제를 해결하고 있다니.' 하지만 과학은 생물다양성을 구하지 못합니다. 인간의 행동이 변해야만 구할 수 있습니다. 무엇보다 전 지구적으로 인구 증가를 통제하고 사람들로 하여금 대량 소비자가 되지 않도록 노력하게 해야 한다고 생각합니다."

역설적이게도, 판다는 자신들의 뛰어난 외교술로 중국의 폭발적 확장과 그와 관련된 환경 비용의 바퀴에 기름칠을 했다. 외교술이야말로 이 신화적 곰이 무능하지 않은 유일한 것인 셈이었다.

몇 년 전에 나는 두 마리의 정치적 판다와 시간을 보냈다. 각각 스위티(연인)와 선샤인(햇살)을 뜻하는 티엔티엔과 양광이었다. 이들은 2011년 12월에 대왕판다가 그려진 개인 보잉777 비행기를 타고 에든버러에 도착했다. 이들을 맞이하기 위해 초등학생들이 거리에 서서 깃발을 흔들었고, 백파이프를 연주하고 특별히 제작한 스코틀랜드 전통 체크무늬의 판다 타탄이 공개되었다(판다가 이를 보고 고맙다 했을지는 모르겠지만). 행사 전체가 생방송으로 중계되었다. 스위티와 선샤인의 임무는 쇠퇴하는 지역 동물원에 판다 마법을 써 매상을 70퍼센트 올리는 것이었다. 그러나 스위티와 선샤인은 경제적 측면에서 덜 알려진 또 다른 이유로 인해 환영 받았다. 스코틀랜드가 중국의 신흥 중산층에 공장식으로 양식된 연어를 제공한다는 일련의 무역 거래로 26억 파운드에 상당하는 계약이었다. 최근 몇 년간 판다는 세계를 여행하면서 우라늄(오스트레일리아)과 바다표범, 페트롤륨(캐나다) 수출입과 관련된 비슷한 협정을 동반했다.

"판다 외교" 연구자 케이틀린 버킹엄Kathleen Buckingham 박사는 BBC에서 다음과 같이 말했다. "판다는 거래를 체결하고 장기적이고 번영하는 관계를 위한 노력을 상징하는 데 이용됩니다. 판다를 선물한다는 것은 단순한 거래 체결만을 의미하지 않습니다. 멸종 위기에 처한 소중한 동물을 맡긴다는 것은 관계의 새로운 시작을 의미합니다." 버킹엄 박사에 따르면 중국은 "시각적으로 전 세계의 인증을 받음으로써 소프트파워의 영향력을 발휘하는 데" 관심이 있다. 판다는 바로 그 부분을 위해 존재하는 것 같다.

판다 외교는 새로운 현상이 아니다. 7세기로 돌아가 당나라는 한 쌍의 살아 있는 판다를 70벌의 가죽과 함께 일본에 보냈다. 판다 정책은 1941년에 다시 소생하여, 중국은 제2차 중일전쟁 때 미국이 원조한 것에 감사하는 의미로 브롱크스동물원에 판디와 판다를 보냈다. 마오쩌둥 주석은 이 상징적인 흑백 곰의 외교 능력에 대단한 팬이었다.

그가 권력을 잡은 동안 판다는 새로운 정치적 아군뿐 아니라 북한이나 소련 같은 장기적인 공산당 파트너에게도 보내졌다. 리처드 닉슨 Richard Nixon이 1972년 중국을 방문한 기념비적 사건을 통해 미국과 중화인민공화국 사이의 25년 적대 관계가 끝났을 때는 성적으로 부진한 싱싱과 링링을 워싱턴에 보내 "판다 대소동"을 일으키기도 했다.

그 답례로 백악관 역시 중국에 한 쌍의 동물 대사를 보냈다. 미국인들은 조국을 대표하는 동물로 위풍당당한 흰머리수리나 힘센 회색곰을 선택했을 것이다. 그러나 한 쌍의 덥수룩하고 냄새나는 사향소가 길을 나섰다. 공격적이기로 악명 높은 야수는 판다가 미국에서 일으킨 야단법석을 일으키지 못했다. 수컷인 밀턴은 감기로 과도한 점액을 분비했고 피부병에 걸려 머리가 일부 벗어지기도 했다. 배우자 마틸다도 꼴이 아니기로는 마찬가지였다. 당시 《뉴욕타임스》는 "앞으로 중국에서 100년 안에, 쓸모없지만 그렇다고 버릴 수도 없는 물건을 두고 사향소라고 칭하지 않기만을 바랄 뿐이다"라고 언급했다.

북극곰에서 오리너구리까지 셀 수 없이 많은 동물이 정치적 노리개로 지구 여기저기를 옮겨 다녔다. 그들의 성공률은 다양했다. 1826년 프랑스는 이집트에서 기린을 선물로 받았는데, 덕분에 파리는 "기린이 몰고 온 강렬한 유행에 휘말렸다". 이 동물의 특이한 가죽이 최신 유행에 영향을 미쳐 여성들은 심지어 머리에도 '기린'을 쓰고 다녔다.

그러나 판다는 동물계에서 발군의 실력을 갖춘 외교관이었다. 이 주제에 관해 광범위하게 연구한 외교학자 포크 하티그 Falk Hartig는 이렇게 설명했다. "대왕판다는 자연계의 독보적 존재로 … 그리고 시각적 정체성은 사람들의 시선을 끄는 완벽한 도구가 되었고, 적어도 일시적으로나마 중국에 대한 긍정적 이미지를 창조했다. 물론 판다가 제시하는 것처럼 중국이 평화롭고 우호적인 국가인가 하는 점은 논란의 여지가 있지만, 판다가 중국의 이름으로 보내는 메시지는 부인할 수 없다."

그러나 중국의 털 뭉치 외교는 더는 공짜가 아니다. 판다는 1년에 100만 달러의 비용을 받고 동물원에 대여되며 중국의 사육 번식 프로그램에 소속된다. 내가 2014년 에든버러동물원에 방문했을 때 판다 책임자 이언 밸런타인Iain Valentine은 동물원에서 작은 판다 발소리가 들리길 기대하고 있었다. 그 결과 밸런타인의 생활은 판다 소변에 지배되었다. 판다는 겉으로 보아 임신했는지 알 수 없어서 출산이 임박했는지 아는 유일한 방법은 법의학 방식으로 호르몬 수치를 확인하는 것뿐이었다. 첨첨은 명령에 따라 소변을 보게끔 훈련 받았지만, 언제나 말을 듣는 것은 아니라 진단에 필요한 소변을 확보하기 위해 우리 주변을 매일 뒤지고 다녀야 했다. 밸런타인은 첨첨의 귀중한 소변을 손에 넣기 위해 얼마나 많은 시간을 들일지 미리 알았다면 판다 우리를 이렇게 설계하지는 않았을 것이라고 털어놓았다.

결국 첨첨은 태아를 재흡수함으로써 모두를 실망하게 했다. 이것도 공포영화에나 나오는 소리 같지만, 아마도 오로지 환경 여건이 좋을 때만 출산하려는 판다의 적응 중 하나일 것이다. 그러나 이 이쁜이가 새끼 판다를 낳는다고 해도 이것은 중국의 소유이며, 100만 달러의 대여료를 지급해야 한다. 또한 모든 새끼 판다는 2년 후에 중국의 번식 센터로 돌아가야 한다. 그리고 정치적 상황에 따라 더 빨리 돌려보내질 수도 있다. 2010년에 미국이 버락 오바마Barack Obama와 달라이 라마Dalai Lama 사이의 회담을 결정한 지 이틀 만에 중국 정부는 미국에서 태어난 두 마리 새끼의 강제 귀환을 명령함으로써 이 회담에 대한 중국의 불승인 의사를 표명했다.

"모두 정치와 돈에 관련된 문제입니다"라고 케이티 뢰플러가 말했다. "판다 번식은 수백만 달러짜리 산업입니다. 특히 대중에게 판다가 스스로 번식할 수 없다는 걸 확신시킬 수만 있다면 말입니다."

돈을 긁어 모으는 것은 외국의 동물원에 있는 판다만이 아니다. 중국에서는 새로 탄생한 중산층이 국내 관광 수요를 채우면서 판다 관광이 5배나 증가했고 청두시의 주요 수입원이 되었다. 번식 센터에서는 열렬한 팬들이 새끼 판다를 끌어안고 사진을 찍는 데 170달러를 낸다. 더 희한하게는 더 많은 돈을 주고 판다 우리를 청소하기까지 한다. 그러나 모든 아기 판다가 팬들의 흠승을 받는 것은 아니다. 2006년에 돈을 내고 아기 판다와 놀던 한 관광객은 새로 사귄 이 복슬복슬한 친구가 갑자기 공격하는 바람에 고통과 수모를 겪었다. 신문 보도에 따르면, "머리를 너무 열정적으로 쓰다듬어주는 잘못을 저질렀다. 그러더니 갑자기 땅에 쓰러졌다." 이 여성은 자존심에 상처를 입은 채 울면서 판다 우리에서 구조되었다. 몇 개월 전 같은 센터에서 또 다른 관광객은 완벽한 컬러사진을 찍으려다 엄지손가락을 잃기도 했다.

대나무를 씹어 먹고 사는 생활양식은 대나무 줄기의 거친 엽초를 부술 수 있도록 판다에게 엄청난 무는 힘을 주었다. 아이러니하게도 이 곰에게 사랑스러운 크고 둥근 머리를 선사한 뺨의 강력한 근육이 육식동물 중 무는 힘이 가장 센 순위에서 무려 5위를 차지하게 했다. 최근에 조사한 이 결과에서 판다는 사자와 재규어 사이에 끼어들었다.

"판다가 공격할 때"라는 제목의 웹사이트에는 1,300뉴턴의 힘으로 물어버리는 판다에게 피해를 본 수많은 사고 목록이 있다. 이것은 어리숙한 곰이라는 또 다른 초상에 덧칠을 했다. 피해자 중에는 홍콩 놀이공원의 사육사가 있는데, 그는 "평화"라는 이름의 판다에게 크게 다쳤다. 프랑스 전 대통령, 발레리 지스카르데스탱Valéry Giscard dEstaing은 엔엔이라는 수컷의 턱에서 구조된 적이 있고(중대한 외교적 실례를 간신히 모면했다), 베이징동물원에서 술에 취한 한 남성은 판다 우리에 떨어져 구구라는 이름의 상습범을 껴안으려고 시도했다가 다리를 잃은 채 병원에서 깨어났다. "판다는 귀엽고 대나무나 먹는 줄 알았지요"라고 남자는 CNN에서 인터뷰했다. 이것은 현대의 판다 신화가 얼마나 위험할 수 있는지 보여주는 몇몇 사례일 뿐이다.

최근까지도 이러한 판다의 공격은 포획 상태의 판다로 제한되었다. 그러나 2014년 바이수이장 국립 판다 보호구역 근처 마을에 사는 한 나이 든 중국 남성은 미친 듯이 날뛰는 야생 판다에 다리를 심하게 다친 후 50일이나 병원 신세를 져야 했다. 누가 알겠는가. 판다의 서식지가 인간에 의해 점차 침해당하면서 이러한 야생의 공격이 더 빈번해질는지. 이것은 동물을 의인화하는 사람의 눈에는 수십 년간 지속된 거짓된 설명과 비웃음, 항문 탐침에 대한 곰의 피비린내 나는 복수극으로 보일지도 모르겠다.

내 짐작으로 판다의 이런 야만적인 면으로도 판다가 가진 이미지는 결코 더러워지지 않을 것 같다. 우리는 판다가 해가 없고 무력한 존재이길 바라기 때문이다. 그것이 귀여움의 힘이다. 다음 장에서 우리는 그 사랑스럽고 의인화된 익살스러움으로 한껏 사랑받고 있는 또 다른 동물인 펭귄을 만날 것이다. 그러나 그토록 많은 아동 만화에 등장하는 매력적인 스타가, 너무나 충격적이라 소수만 알고 거의 100년 동안 비밀에 부쳐진 성생활을 숨기고 있다. 변태 '핑구'(클레이 애니메이션의 펭귄 주인공_옮긴이)의 어마어마한 청소년 관람 불가 얘기를 들을 준비를 하시라.

제12장

펭귄

펭귄목
Order Sphenisciformes

온 세상이 펭귄을 사랑한다. 이들이 많은 면에서 우리와 비슷하고,
또 어떤 면에서는 우리가 그랬으면 좋겠다고 생각하는 모습이기 때문이다.

• 앱슬리 체리개라드Apsley Cherry-Garrad, 《지상 최악의 여행The Worst Journey in the World》, 1910

나는 뜻밖의 장소에서 처음으로 야생 펭귄을 보았다. 우선 나는 오스트레일리아에 있었다. 펭귄이라고 해서 전부 다 빙판 위를 누비며 사는 것은 아니다. 현존하는 종의 절반은 북쪽으로 적도 가까이 훨씬 아늑한 기후에서 서식한다. 그럼에도 남극의 가장 유명한 거주자를 멜버른에서 차로 조금만 가면 나오는 아름다운 금빛 모래 해변에서 처음 만난다는 게 여전히 좀 이상했다. 그러나 밝혀진 바에 따르면, 대중이 인식하는 펭귄의 이미지 가운데 사실인 게 별로 없다.

오스트레일리아의 남부 해안은 꼬마펭귄(쇠푸른펭귄)*Eudyptula minor* 무리의 보금자리다. 만일 실험실에서 유전적으로 귀엽게 조작할 수 있다면, 사람들은 아마도 이 펭귄을 주머니에 들어가는 크기로 만들 것이다. 꼬마펭귄은 키가 고작 30센티미터밖에 안 되는, 지구상에서 가장 작은 펭귄이지만 가장 많은 수의 팬을 보유하고 있다.

관광객들은 1920년대부터 꼬마펭귄을 보러 오스트레일리아의 필립섬으로 몰려들었다. 나는 수백 명의 열렬한 팬들과 함께 있었다. 어떤 사람들은 실제보다 몇 배나 큰 펭귄 인형을 들고 와 끌어안고 있었다. 모두가 이 섬의 유명한 펭귄 행렬을 기다렸다. 이 퍼레이드는 해가 지자마자 파도에서 나와 모래 굴까지 해변을 기어오르는 작고 빛나는 푸른 새들이 펼치는 한밤의 카니발이었다.

진화가 펭귄에게 얼음장처럼 차가운 바닷속에서 물고기를 뒤쫓는 삶을 준 것은 아주 멋진 일이었다. 그러나 새는 생물학적 요구에 부응하기 위해 마른 육지로 돌아와 알을 낳고 새끼를 길러야 한다. 이건 아무리 좋게 말해도 어색하다. 펭귄의 몸체는 기본적으로 보온병처럼 설계되었기 때문에 바다의 빙하 위에서 사는 데는 문제가 없지만, 열대지방에 사는 펭귄이 두꺼운 털이 달린 젖은 옷을 입고 뒤뚱뒤뚱 돌아다니는 것은 위험한 스포츠가 될 수 있다.

이 새들은 펭귄 찜이 되는 운명을 막기 위해 다소 난해하면서도 창의적인 전략을 진화시켰다. 우두커니 서서 개처럼 헐떡거리는 종도 있고 그늘을 찾아 나서는 종도 있다. 노란눈펭귄*Megadyptes antipodes*은 새끼를 키울 시원한 열대림을 찾아 뉴질랜드 내륙으로 1킬로미터나 걸어 들어간다(그 짧은 다리로는 상당한 마라톤이 될 것이다). 갈라파고스펭귄*Spheniscus mendiculus*은 해안가 용암 바위의 갈라진 틈에 불편해 보이는 둥지를 틀고 잔인한 적도의 태양을 피한다. 훔볼트펭귄*Spheniscus humboldti*의 상황은 훨씬 열악하다. 페루의 황량한 해변에 살면서 임시방편으로 자기의 숙성한 똥 무더기를 이용해 직접 쓰레기 성을 짓고 그늘을 만들어야 한다. 꼬마펭귄은 아예 태양을 피하려고 야행성이 됐다. 그래서 필립섬에 있는 둥지로 밤이 되어서야 돌아오는 것이다.

지역 관광청은 "야생의 걸음마"라는 문구 아래 자신만만하게 펭귄 퍼레이드를 홍보했다. 이 작은 새는 사람들을 실망시키지 않았다. 따뜻한 오스트레일리아의 태양이 지평선 아래로 떨어지자 파도가 수십 마리의 작은 펭귄들을 토해내기 시작했다. 펭귄 무리는 마치 전문 연예인처럼 움직였다. 해변에서 우왕좌왕 돌아다니는 모습을 보고 미소 짓지 않을 수 없었다.

펭귄의 우스꽝스러운 걸음걸이는 매우 기만적이다. 육지에서는 그렇게 불편한 발이 물속에서는 배의 방향타가 되어 시속 50킬로미터가 넘는 속도로 급회전을 한다. 펭귄은 가장 빠른 수영 선수이자 어떤 새보다도 깊이 잠수한다. 황제펭귄은 500미터(뉴욕시의 새로 지은 세계무역센터 건물 높이)도 넘게 물속으로 들어간다. 이 바닷새는 인생의 80퍼센트를 어릿광대가 아닌 007시리즈의 제임스 본드에 가까운 거침없는 포식자로 살아간다. 그러나 우리는 이들이 찰리 채플린처럼 육지에서 뒤뚱거리며 지내는 20퍼센트의 시간만 본다.

"동물에 대한 우리의 인식은 그들을 관찰할 수 있는 위치에 좌우된다"라고 로리 윌슨Rory Wilson 박사가 말했다. 윌슨은 펭귄의 수중 생활을 드러내기 위해 속도계, 부리 속도계, 엉덩이 속도계까지 펭귄 수백 마리에 장착한 천재 과학자다. "펭귄이 땅 위에서 뒤뚱거리며 제대로 걷지 못하는 모습을 보는 것은, 세상에서 가장 위대한 운동선수가 어둠 속에서 몸을 가누지 못하며 스스로 자기가 무엇을 할 수 있는 사람인지 전혀 깨닫지 못하는 것과 같다"라고 윌슨이 말했다. "펭귄처럼 헤엄치면서 육지에서도 치타처럼 달리는 건 불가능합니다."

펭귄의 발을 조절하는 근육은 따뜻할 때 기능하기 때문에 펭귄의 발은 다리부터 시작하는 깃털에 덮여 감춰져 있다. 펭귄은 원격 "도르래" 시스템으로 사지를 움직인다. 이 방식의 효율성은 실에 매달린 꼭두각시를 조작하는 수준이라 펭귄에게 특유의 뒤뚱거림을 가져다준다. 의도치 않게 연민을 자아내는 모습에 눈이 먼 우리는 지금까지 펭귄의 진짜 이야기를 보지 못했다. 펭구의 깃털을 구부러지게 만드는 충격적인 매춘과 변태의 이야기를 말이다.

○ ○ ○

　유럽인이 처음으로 묘사한 펭귄은 사실 펭귄이 아니라 큰바다쇠오리*Pinguinus impennis*였다. 어리석은 실수를 한 16세기 선장을 두둔하자면, 큰바다쇠오리의 신체 조건은 펭귄과 매우 비슷하다. 둘 다 통통하고 날지 못하는 흑백의 새로 외딴 바위섬에 큰 군집을 이루어 서식한다. 그러나 펭귄과 달리 큰바다쇠오리는 북반구에 서식한다. 펭귄과 공유하는 또 다른 중요한 특징이라면 매우 잡기 쉽다는 점이다.

　이 살진 새들은 굶주린 선원들에게 요긴한 식량이 되었다. 프랜시스 드레이크Francis Drake 경은 마젤란 해협에 있는 어느 섬에서 3,000마리의 "날지 못하는 가금류"를 죽였는데 "거위의 대형 판"이라고 했다. 신비한 "펭귄 섬"은 숨겨진 보물처럼 지도에 표시되었다. 그만큼 바다 한복판에서 생존하는 데 중요한 보물이었다. 드레이크 때부터 이 '펭귄'이라는 단어는 북반구, 남반구를 가리지 않고 뒤뚱뒤뚱 걸어 다니는 즉석식품으로 통용되었다. 미식 감정가들에 따르면, 이 "펭귄"은 지방과 함께 조리하면 물고기 맛이 나고 지방을 제거하면 (필시 일말의 희망을 담아) 소고기 맛이라고 할 수도 있었다. 펭귄의 기름진 고기는 불이 쉽게 붙어 숯불이 필요 없는 자체 바비큐를 만들 수 있다는 참신함을 추가로 자랑했다. 1794년 한 노련한 선원은 이렇게 썼다. "주전자를 가져가 펭귄 한두 마리를 넣고 밑에서 달구면, 이 불쌍한 펭귄에 저절로 불이 붙는다. 새의 몸이 기름지기 때문에 금세 불꽃이 일어난다. 이

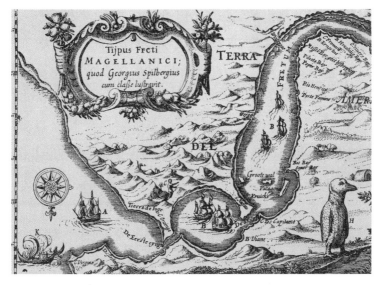

⊙ 16세기에 제작된 마젤란 해협의 초창기 지도에는 산책하러 나온 여유로워 보이는 펭귄이 그려져 있다. 해변을 따라 이 날지 못하는 살진 즉석식품이 잡아먹힐 준비가 되었다는 표시다.

섬에는 나무가 없다."

비슷한 겉모습에 어쩌면 맛까지 비슷할지 모르지만, 큰바다쇠오리는 펭귄과 완전히 다른 과에 속하는 분류군이다. 큰바다쇠오리는 펭귄보다는 바다오리나 바다쇠오리(퍼핀)에 더 가깝다. 이들이 닮은 것은 겉으로 드러나는 형질에 불과하다. 한편 이것은 수렴진화의 훌륭한 본보기이기도 하다. 수렴진화란 혈연관계가 아닌 서로 매우 다른 동물 집단이 생존의 딜레마를 앞두고 같은 해결책을 진화시킨 경우를 말한다. 이 경우에는 두 새가 모두 작은 물고기와 해양 생물을 먹고 살기 위해 하늘이 아닌 물속에서 날아다니는 방향으로 진화했다. 이들은 전통적으로 공중 비행에 유리한 크고 연약한 날개 그리고 뼈가 가벼운 몸을 버렸다. 대신에 짧고 강력하지만 날지 못하는 지느러미 날개와 유선형의 몸을 가진 지방 덩어리 총알이 되었다. 펭귄의 유선형은 굉장히 효율적이라 인간이 설계한 그 무엇도 펭귄의 낮은 항력계수를 이기지 못한다. 그들은 또한 턱시도와 똑같은 상징색으로 위장술을 발전시켰다. 몸의 하얀 앞면은 햇빛이 비치는 수면을 향해 밑에서 올려다보는 포식자와 먹잇감의 눈을 속인다. 반면에 검은 등은 깊은 물속 어두컴컴한 곳에서 위쪽의 포식자로부터 모습을 감추어준다. 덧붙이면, 물갈퀴가 있는 발과 짧은 다리 역시 땅에서는 두 새에게 모두 극도로 비효율적이라 배가 고파 반쯤 정신이 나간 선원들이 어떻게 두 종을 헷갈리게 되었는지 쉽게 이해할 수 있다.

결국 큰바다쇠오리는 핀구이누스 임페니스*Pinguinus impennis*라고 명명되었는데, "깃털이 없는 펭귄"이라는 뜻이지만 실은 깃털이 없지도 않고 펭귄도 아니다. 이 부적절한 이름은 흑백의 두 바닷새 사이의 혼선을 가라앉히는 데 전혀 도움을 주지 못한 채 수백 년 동안 불리어졌다. 이에 신경이 쓰인 조르주루이 르클레르 뷔퐁 백작은 펭귄의 이름을 재명명하자고 제안했다. 이 프랑스 귀족은 처음에 "엉덩이발"을 선택했는데, 어떤 선원이 이 새가 엉덩이에 달린 발로 헤엄치는 것을 보고 붙인 이름이었다. 그러나 백작은 결국 본인만 아는 이유로 "외팔이"라는 뜻의 프랑스어 "망쇼manchot"로 정했다. 다른 새와 다름없이 펭귄에겐 두 개의 상당히 두드러진 날개(또는 팔)가 있기 때문에, 그 이름은 별로 유행하지 못했다. 백작에게는 운이 좋게도(새에게는 아니지만), 마침내 큰바다쇠오리는 너무 많이 잡아먹힌 나머지 멸종되어 뒤범벅된 그의 펭귄 이야기도 어느 정도 끝이 났다.

펭귄의 정체성을 둘러싸고 한 발 더 나아간 혼란이 있었다. 초기의 일부 탐험가들은 펭귄이 반은 새고 반은 물고기라고 생각했다. 펭귄을 공룡과 새를 이어주는 잃어버린 고리로 보는 학자도 있었다. 마치 악어한테서 훔쳐온 것처럼 독특한 펭귄의 파충류 같은 발을 오래 보고 있으면 왜 그렇게 생각했는지 알 것도 같다. 그러나 이것은 매우 위험한 오해로 드러났다. 그로 인해 세 명의 탐험가가 세상에서 가장 참혹한 알 사냥으로 기록되는 원정을 떠났고, 그중 둘이 희생되었으며 남은 하나도 온전한 정신으로 돌아오지 못했다.

펭귄을 잃어버린 고리로 보는 가설의 주창자는 극지 탐험가 에드워드 A. 윌슨Edward A. Wilson이었다. 윌슨은 1901~1904년에 디스커버리호를 타고 로버트 팰컨 스콧Robert Falcon Scott 선장의 남극 원정에 조류학자로 동참했다. 윌슨은 펭귄 연구에서 매우 존경받는 선구자로, 그가 남긴 탐구적 관찰이 황제펭귄의 별로 부럽지 않은 번식 주기에 관한 의문을 푸는 데 커다란 역할을 했다. 황제펭귄 수컷은 발 위에 알을 올려놓은 채 아무것도 먹지 않고 혹독한 남극의 겨울을 견뎌낸다. 반면에 암컷은 산란하는 과정에서 위험할 정도로 감소한 에너지를 다시 축적하기 위해 두 달을 바다에서 배불리 먹으며 보낸다. 그다음 수컷과 암컷은 서로 번갈아 새끼를 기르거나 자신의 배를 채운다. 이는 극한의 이어달리기로 윌슨이 "조류학에서 만나기 힘든 수준의 기이함"이라고 묘사한 습성이다.

윌슨은 황제펭귄을 진화가 남긴 유물 같은 종으로 보고 그 알이 진화의 비밀을 품고 있을 것이라고 믿었다. 남극 원정에서 달성해야 할

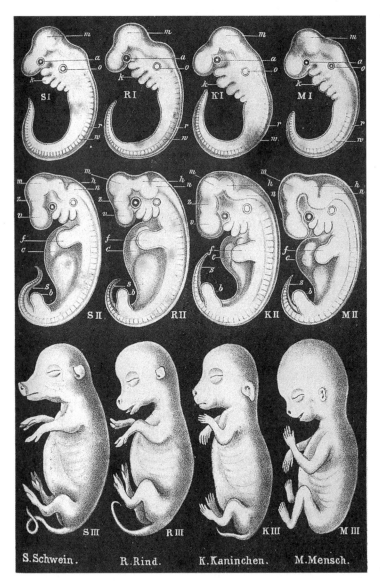

⊙ 에른스트 헤켈이 돼지, 소, 토끼, 인간 배아의 발생 과정을 비교해 그린 세밀화. 이 그림이 헤켈의 오류투성이 발생반복설을 설득력 있게 선전했다(바로 이 그림 때문에 세 탐험가가 지구 끝까지 갔다가 한 명만 돌아왔다고 볼 수 있다)

임무 보고서에서 그는 다음과 같이 선언했다. "황제펭귄 안에는 비단 펭귄뿐 아니라 조류의 원시적 형태에 가장 가까이 접근할 수 있는 가능성이 존재하므로 우리가 황제펭귄 배아 연구를 통해 밝혀낼 사실은 가장 중요한 문제가 될 것이다."

황제펭귄의 발생 과정에 대한 윌슨의 아이디어는 독일 생물학자 에른스트 헤켈Ernst Haeckel의 영향을 받았다. 1868년에 헤켈은 모든 동물의 배아는 먼 조상으로부터 진화해온 과정을 반영하는 발생 단계를 거친다는 훌륭한(안타깝게도 진실은 아니지만) 개념을 고안해냈다. 헤켈의 유명한 말을 빌리면, 생물의 개체발생(한 개체가 수정란에서 발달하는 과정)은 계통발생(종의 발달 과정)을 반복한다. 헤켈은 기교 있는 솜씨로 이 위대한 "발생반복설"을 그림으로 나타냈는데, 발달 중인 배아를 정교하게 그려낸 덕에 논란의 여지가 있음에도 매우 설득력 있는 홍보 수단이 되었다.

헤켈이 옳다고 믿은 윌슨은 황제펭귄의 알이, 생물이 파충류에서 조류로 진화하는 과정에서 잃어버린 과도기로 데려다줄 진화의 타임머신이 되리라고 믿었다. 윌슨은 1911년 펭귄에 관한 강연에서 이렇게 설명했다. "최초의 새, 시조새는 이빨을 갖고 있었습니다. 비록 다 자란 황제펭귄은 이빨이 없지만, 우리는 황제펭귄의 배아에서 진짜 이빨을 찾길 희망합니다." 윌슨은 또한 펭귄의 깃털에서 발달하는 돌기가 파충류의 비늘과 상응하는지 보고 싶었다. 다윈의 충격적인 자연선택 이론이 처음 발표된 지 겨우 50년이 지난 터라 아직 모두의 생각이 바뀌지는 않았다. 윌슨은 황제펭귄의 알이 반대론자들을 무너뜨리고 다윈의 이론이 옳다고 증명하는 데 이바지하길 바랐다.

월슨은 황제펭귄의 알을 채집하는 임무가 스콧 선장의 두 번째 남극 원정에서 핵심적인 과학 연구가 되어야 한다고 가까스로 설득했다. 그래서 1911년 6월 에드워드 A. 월슨, 헨리 '버디' 바우어스Henry 'Birdie' Bowers(버디는 아이들이 새를 부르는 명칭_옮긴이), 앱슬리 '체리'개라드Apsley 'Cherry'-Garrard는 지구 끝에서 황제의 알 속에 숨겨진 잃어버린 공룡의 이빨을 찾고자 돈키호테의 십자군을 결성했다. 베이스캠프에서 200킬로미터 떨어진 황제펭귄 서식지로 떠난 세 사람의 여행은 유일한 생존자인 체리에 의해 "지상 최악의 탐험"이라는 수식어가 붙었다. 같은 제목의 불굴의 회고록은 이 불운한 알 사냥의 공포스러웠던 순간을 하나도 남김없이 기록했다.

황제펭귄은 남극의 한겨울에 둥지를 튼다. 그래서 세 사람은 칠흑같은 어둠 속에서 오로지 촛불에 의지해 황제펭귄의 서식지가 있다고 알려진 로스아일랜드의 가장 동쪽에 위치한 케이프 크로지어를 향해 원정을 떠나야 했다. 남극의 강풍이 휘몰아치는 시기에 결코 쉽지 않은 임무였다. 원정팀은 진로를 가로막는 수많은 크레바스(빙하의 표면에 생긴 깊은 균열_옮긴이)를 돌아 돌아 갔다. 기온이 영하 60도까지 떨어지고 눈이 썰매에 들러붙어 썰매를 한 번에 하나씩만 끌어야 했다. 원정팀은 천천히 움직일 수밖에 없었고 3마일을 걸어도 1마일밖에 앞으로 나아가지 못했다. 몸에 흐르는 땀 때문에 옷이 얼음 갑옷처럼 변했고, 내쉬는 숨은 얼굴에 쓴 방한모를 얼어붙게 했다. 물집에서 나오는 고름은 셔벗처럼 변했다.

살을 에는 바람이 어찌나 끔찍한지 목적지에 도착할 무렵 체리는 앞으로 나아갈 의지를 잃었다. "그저 통증 없이 죽을 수만 있다면 상관없을 정도로 고통스러웠다. 저 둘은 죽음의 영웅적 가치를 논했다. 이들은 아무것도 몰랐다. 차라리 죽는 게 쉬웠을지도 모른다. … 고난은 계속됐다."

얼어붙은 삼총사는 완벽한 어둠 속에서 60미터짜리 빙벽을 오르며 앞으로 끈질기게 나아가 마침내 펭귄 서식지에 도달했다.

펭귄은 이들을 보고 별로 좋아하지 않았다. "심기가 불편해진 황제 펭귄들이 알 수 없는 금속성 소리를 지르며 난리를 쳤다"라고 체리는 회상했다. 탐험가들은 이렇게 소란스러운 와중에 펭귄의 다리 사이에서 5개의 알을 낚아챘다. 그리고 지방층을 연료로 쓰기 위해 몇 마리의 가죽도 벗겼다. 그러나 삼총사가 "임무 완수"를 외치기 전에 사정은 더욱 나빠졌다.

원정팀은 길을 잃었다. 길을 찾아 어둠 속을 헤매다 체리의 얼어붙은 손가락이 알 두 개를 떨어뜨렸다. 그러나 다행히 테러산Mount Terror(얼마나 적절한 이름인지) 발치에 있는 캠프로 귀환할 수 있었다. 그날은 윌슨의 생일 전날 저녁이었다. 이들은 몸을 녹이려고 펭귄 기름으로 만든 난로에 불을 지폈다. 그러나 펭귄의 복수인 양, 갑자기 기름이 끓어 넘치며 윌슨의 눈에 튀었다. 윌슨은 한쪽 눈이 멀었다. 그는 밤새 누워 "누가 봐도 느낄 수 있는 엄청난 고통 속에 신음을 억누르지 못했다".

체리가 말했다. "난 항상 그 난로가 마음에 들지 않았다." 그러나 상황은 더욱더 나빠졌다. "마치 세상이 히스테리로 정신이 나간 것처럼" 사나운 폭풍이 불어 천막과 물품 대부분을 날려버렸다. 세 사람은 캔버스 덮개로 임시 피난처를 만들어 풍력 11의 힘으로 휘저어 산산조각 내는 바람을 피했다. 이들은 "진정한 죽음과 얼굴을 마주한 채" 윌슨의 생일을 보냈다. 먹을 것도 불도 없이 침낭에 들어가 몸을 웅크리고 누워 성가를 부르고 가끔씩 생사를 확인하기 위해 생일 맞은 소년의 몸을 건드려보며 복숭아 통조림을 꿈꿨다.

이틀이 지나자 눈보라가 잠시 잠잠해졌다. 바우어스는 바람에 날아간 천막을 기적처럼 발견했다. "빼앗겼던 목숨을 다시 찾았다"라고 체리가 말했다.

1911년 8월 1일 세 남자는 마침내 베이스캠프로 비틀거리며 돌아왔다. 이들은 얼어붙은 옷을 가위로 잘라내야 했다. 손가락은 죽은 것이나 다름없었다. 이들은 이 소규모 알 채집 원정을 시작하고 5주 만에 마치 30년이나 늙은 것처럼 보였다. 체리는 이 시련 후 심리적으로 회복하지 못한 채 남은 평생을 외상 후 심리적 스트레스 장애와 힘겹게 싸워야 했다. 윌슨과 바우어스는 회복했지만, 그것이 오히려 더 큰 불행을 가져왔다. 이들은 이후 로버트 스콧의 저주받은 극점 원정에 합류했기 때문이다. 두 사람은 남극점에서 돌아오는 여정 중에 나머지 무리와 함께 비명횡사했고, 체리만 홀로 소중한 황제의 세 알과 진화론의 영광을 수호할 사람으로 남았다.

죽은 두 사람의 무게까지 어깨에 짊어진 체리는 "신성한 알의 수호자"로서 제 책임을 극도로 심각하게 받아들였다. 런던으로 돌아간 후 체리는 직접 황제의 알을 사우스켄징턴에 있는 자연사박물관에 가져갔다. 체리는 내심 영웅의 환대를 기대했는지도 모른다. 그러나 체리를 맞이한 것은 이 표본에 전혀 관심을 보이지 않는 융통성 없는 아래 직원이었으며, 이 직원은 다음과 같이 소리친 것으로 유명해졌다. "누구시죠? 무슨 일로 오셨어요? 여긴 계란 파는 곳이 아니에요!" 체리는 나중에 직원의 행동에 대한 불만이 담긴 편지를 박물관에 보냈다. "나는 케이프 크로지어 황제펭귄의 배아를 귀하의 박물관에 직접 전달했습니다. 이 알을 위해 두 명이 목숨을 잃었고 한 명은 건강을 크게 해쳤습니다. 그런데 … 귀하의 대리인은 심지어 '고맙다'는 말조차 하지 않더군요."

이 탐험가는 몰랐겠지만, 큐레이터가 무심했던 이유는 진화적 사고방식에서 훨씬 더 궁극적인 패러다임의 변화가 일어났기 때문이었다. 체리와 동료들이 해빙 위에서 과학에 목숨을 거는 동안 헤켈의 발생반복설도 굴복하고 말았다. 과학은 제멋대로 앞으로 나아갔고 황제의 알은 애물단지가 되었다.

체리는 남은 인생의 대부분을 황제펭귄의 알을 연구하도록 재촉하며 보냈지만, 연구 결과가 발표되기까지 무려 21년이 걸렸다. 더구나 그 결과는 기다린 보람이 전혀 없는 것이었다. 한 예로 동물학자 제임스 코사르 에와트James Cossar Ewart는 배아를 잘라 현미경으로 관찰한 결과 윌슨이 희망한 대로 조류와 파충류가 공통된 기원을 갖지는 않는다고 추정했다. 그다음 1934년에 해부학자 C. W. 파슨스Parsons가 이 알은 발생 과정에서 너무 일찍 수확되는 바람에 "펭귄 발생학에 아무런 이해도 더하지 못했다"라고 날카롭게 결론지으며 최후의 일격을 가했다.

○ ○ ○

펭귄 때문에 발톱과 치아와 온전한 정신을 잃은 이 극지 탐험가가 펭귄을 향해 화를 좀 낸다 해도 뭐라 할 사람은 없을 것이다. 그러나 체리는 여전히 펭귄에 완전히 사로잡혔다. 체리의 글에는 이 사람 같은 새에 대한 따뜻한 애정과 존경심 외에는 아무것도 없었다. "아델리펭귄은 힘들게 생명을 이어가고 황제펭귄은 더 끔찍한 삶을 살고 있다." 체리는 격동적인 회고록 마지막에 이렇게 적었다. "여러분은 이 세상의 노신사로부터 즐거움과 행복과 건강한 운명을 찾으십시오. 우리는 이들을 존경해야 합니다. 왜냐하면 이들은 우리보다 훨씬 더 멋진 존재이기 때문입니다."

펭귄을 의인화하는 힘이 이와 같다. 앱슬리 체리개라드는 펭귄이 "놀랄 만큼 아이들과 비슷하다"라고 썼다. "자기만의 중요한 일로 머릿속이 가득 차 있고 저녁 식사에 늦으며, 뒤에는 까만 연미복을, 앞에는 하얀 셔츠를 입었다. 그리고 좀 통통하다." 펭귄을 이런 식으로 보는 사람은 체리만이 아니다. 펭귄을 아이에 비유하는 것은 펭귄이 처음 발견된 이래 곧바로 펭귄에 대한 국제적 통용어가 되었다. 심지어 가장 신실한 18세기 과학자조차 왕립학회에 글을 쓰면서 이 바닷새를 처음 보았을 때 "턱받이와 앞치마를 한 어린아이처럼 뒤뚱뒤뚱 걷는 모습"에 대해 성심껏 썼다. 17세기 선원들도 냄비에 넣을 펭귄을 잡으러 다니면서 그들이 "하얀색 앞치마를 두른 작은 아이처럼 서 있는" 모습에 매료되었다.

판다에서도 그랬듯이, 펭귄의 불안정하고 연약해 보이는 모습은 마치 갓 걸음마를 시작한 어린아이를 보듯 돌봐주고 싶다는 내재된 열망을 자극했다. 더불어 벼랑 끝에서 인고의 시간을 버티는 근성과 어릿

광대처럼 타고난 신체적 희극성은 얼마든지 의인화되어 스타덤에 오를 모든 조건을 갖추고 있었다.

남극을 떠난 첫 번째 펭귄은 극기와 슬랩스틱(몸개그)의 강력한 조합으로 순식간에 히트를 쳤다. 1865년 《더 타임스The Times》는 런던 리젠트 파크에 있는 동물원에 들어온 펭귄에 대해 보도하면서 "진지하기 때문에 더 우스꽝스러운" 이 새의 어리숙함을 마음껏 즐겼다. 얼음판에서 끊임없이 엉덩방아를 찧으며 손상되는 품위는 예상치 않게 미끄럼을 즐기는 모습과 결합되어, 활동사진(영화)이 처음 개발된 순간부터 펭귄을 화면의 스타로 만들었다. 동물의 왕국의 찰리 채플린은 동화책의 완벽한 돈줄이 되었다. 타고난 상징적인 흑백의 정장(판다와 같은)은 에이전시들의 꿈이었다. 펭귄 로고는 책에서부터 비스킷 상자까지 어디서나 사랑받았다. 심지어 펭귄 가족의 삶은 오스카상을 수상한 다큐멘터리 〈펭귄 : 위대한 모험March of the Penguins〉 덕분에 미국 기독교 보수주의자들에 의해 모범적인 기독교 가족 가치관으로 채택될 정도였다.

"이 이야기는 세상에 새로운 생명을 데려오는 한 가족의 여정을 담은 믿기 힘든 실화입니다. 이들은 지구의 가장 혹독한 장소에서 오로지 사랑으로 길을 헤쳐 나갑니다"라고 읊조리는 모건 프리먼Morgan Freeman(미국 영화 배우_옮긴이)의 목소리가 비현실적으로 복슬복슬한 새끼 펭귄을 돌보는 완벽한 황제펭귄 부부의 영상 위로 울려 퍼진다. 그 순간부터 필름은 아주 빨리 돌아가면서 진실을 왜곡한다. 각본된 해설은 황제펭귄이 번식을 위해 매년 호르몬이 시키는 대로 빙원을 가로질러 이동하는 것에 불과한 현상을 한 편의 장대한 사랑 이야기로 각색했다. 이것은 사실이 아님에도 엄청난 흥행을 거두었다. 기독교 근본주의자들은 메시지를 향해 모여들었고 황제펭귄의 분투를 영적 투쟁으로, 이들의 행동을 인간을 위한 본보기로 받아들였다.

보수적인 영화 평론가 마이클 메드브드Michael Medved는 〈펭귄 : 위대한 모험〉이 "일부일처제, 희생, 양육과 같은 전통적 규범을 가장 열정적으로 지지하는 영화"라고 평했다. "153 가정 교회 네트워크"라는 단체는 회원들을 위해 펭귄의 위대한 모험 리더십 워크숍을 개최하고 이 영화가 삶에 미친 영향을 서로 이야기했다. 워크숍의 주체 측은 다음과 같이 선언했다. "펭귄의 경험은 기독교인의 삶과 유사한 점이 있습니다." 교회는 교인들을 위해 단체로 극장 표를 예매했다. 그리고 이 책을 쓰는 시점에 이 영화는 미국 역사상 두 번째로 많은 사람이 관람한 다큐멘터리 영화로 등극했다(마이클 무어 감독이 부시 정부의 "테러와의 전쟁"에 대해 비판적으로 해부한 〈화씨 9/11〉과 가수 저스틴 비버의 〈네버 세이 네버〉 사이에 어정쩡하게 끼어 있다).

펭귄은 문자 그대로 생물 기계학적 측면에서는 올바른 사회적 행동의 모델이 될지도 모른다. 그러나 날지 않고 물고기를 먹는 새를 도덕적 모범으로 선택한 것은 이상과는 거리가 멀다. 대부분 펭귄이 전통적인 기독교 가족관을 고수하는 데 실패한 것은 물론이고 일부 성적 행동 양식은 가장 진보적인 단체에서조차 용납하기 힘든 수준이기 때문이다.

우선 대부분 펭귄은 일부일처와 거리가 멀다. 그중에서도 최악이 영화관에서 로맨틱 스타로 떠오른 황제펭귄이다. 이들은 무려 85퍼센트가 매년 다른 배우자를 선택한다. 그러나 납득할 만한 이유가 있다. 황제펭귄은 둥지를 따로 짓지 않고 발 위에 알을 올려놓고 지내므로 짝짓기 철이 돌아올 때마다 정확한 만남의 장소가 없이 대규모 인파와 비명 속에서 예전 배우자를 찾아야 한다. 모두 똑같은 옷을 입고 모여 있는 수천 마리 펭귄 중에 짝을 찾아야 하는 매우 제한된 조건에서, 신의를 지킨다는 게 얼마나 어려운 일일지 인정해주어야 한다.

일부종사가 있다면 그건 무지갯빛 사건이다(무지개는 동성애의 상징임_옮긴이). 캐나다 생물학자 브루스 배지밀Bruce Bagemihl은 1999년에 발간한《동물의 왕성한 성생활Biological Exuberance》이라는 제목의 동물 동성애에 관한 종합서에서 평생 한 배우자와 함께한 훔볼트펭귄의 동성 배우자 관계를 보고했다. 배지밀의 책은 고릴라에서 아마존강돌고래(서로의 분수공에 교미하기를 좋아하는)에 이르기까지 자연에서 일어나는 450종이 넘는 진보적인 성적 스펙트럼을 세상에 알렸다. 배지밀의 방대한 관찰은 동물학자들에 의해 한동안 사장되었는데, 이는 깔끔한 다윈주의자들의 사고에 맞지 않았기 때문이다. 예를 들어 수컷 오랑우탄의 상호 구강성교 사례를 보고 고상한 척하는 한 생물학자는 곧바로 "성적 행위라기보다 영양적 측면에서 동기 부여를 받은 것"이라고 설명했다. 동물의 세계에서 자연스럽게 일어나는 다양한 성행위가 개체 간의 긴장을 해소하고 육아에 도움이 되고 또는 단지 "즐기기" 위해 이루어진다는 새로운 이론과 함께 받아들여진 것은 아주 최근의 일이다.

동성 펭귄끼리의 동반자 관계는 특히 동물원에 잘 기록되어 있다. 그중 일부는 무지개 깃발을 휘날리며 유명해졌다. 독일 브레머하펜동물원의 수컷 펭귄 도티와 지는 최근에 열 번째 결혼기념일을 축하했고 새끼를 입양해 함께 키우고 있다. 펭귄의 성적 다양성을 기념하는 사

⊙ 독일의 브레머하펜동물원에 사는 훔볼트펭귄 게이 커플이 바위를 알인 양 품으려는 장면이 사진에 찍혔다. 동물원 측은 펭귄의 성적 성향을 "검사"하기 위해 스웨덴에서 암컷 펭귄을 데려왔다 (성소수자 인권주의자들의 분노를 살 만한 행동이다). 그러나 "스웨덴 아가씨"들도 둘 사이를 갈라놓을 수 없었고, 결국 새끼를 입양하게 되었다.

건이 셔츠의 단추를 끝까지 채운 기독교 보수주의자들에게 받아들여지지 않은 것은 당연하지만, 좀 더 진보주의적인 옹호자들에게도 약간의 실망을 안겨주었다. 세계에서 가장 유명한 동성 커플인 펭귄 로이와 실로는 동화책 《그리고 탱고가 태어나 셋이 됐어요And Tango Makes Three》에 영감을 주었는데 뉴욕 센트럴파크동물원에서 새끼를 입양해 기르게 된 후 성소수자 단체에게 엄청난 사랑을 받았다. 몇 년 뒤 실로는 배우자를 저버리고 스크래피라는 암컷에게 가버렸고, 이 사건은 《뉴욕타임스》의 말을 빌리면 "게이 사회를 뒤흔들어놓았다".

펭귄의 이혼율은 남극에서 적도를 향해 북으로 올라갈수록 낮아지는 경향이 있다. 이 지역에서는 온화한 날씨 덕분에 번식기가 유동적이다. 덕분에 새끼를 낳아야 한다는 임무에 대한 압박이 누그러져 이들은 시간을 투자해 작년에 성공적이었던 배우자를 찾아다닌다. 적도에 인접해 서식하는 갈라파고스펭귄들이 가장 충실한 부부 관계를 유지한다. 이들은 매해 93퍼센트의 쌍이 다시 만난다. 부부간의 신의를 지키는 것이 몸을 시원하게 유지하고 새끼가 사나운 적도의 태양 아래 바싹 타버리는 일이 없도록 막는 능력을 개선하는 데 도움이 될 수도, 안 될 수도 있다. 그러나 그렇다고 바라야 한다.

여러 해 동안 함께한 금슬 좋은 펭귄들도, 실은 겉으로 보이는 것만큼 신의를 지키는 건 아닐 수 있다. 훔볼트펭귄 암컷 중 3분의 1이 배우자 몰래 외도를 하는데, 그것도 동성과의 관계가 빈번하다. 아델리펭귄 역시 열에 하나가 불륜을 저지른다. 이와 같은 암컷의 부정은 일반적으로 자손에게 강한 유전자를 물려주기 위한 것으로 생각되었으나 뉴질랜드 오타고대학교의 로이드 스펜서 데이비스Lloyd Spencer Davis 박사는 그 뒤에 숨은 더 복잡한 동기를 발견했다. 데이비스는 아델리펭귄이 지구상에서 매춘을 하는 유일한 동물이라고 주장했다.

아델리펭귄은 키가 무릎까지 오는 전형적인 만화 주인공이다. 둥지를 짓는 새 중에서 가장 남쪽에서 번식하는 조류로 짧은 여름이면 아주 많은 수가 소란스럽게 모여 남극반도의 가장자리를 따라 둥지를 짓는다. 아델리펭귄은 단순하게 조약돌을 쌓아 올려 둥지를 짓는데, 여름이 끝날 무렵 따뜻한 날씨에 빙하가 녹으면 둥지가 물에 잠겨 알이 해빙된 바닷물에 익사할 위험이 있다. 그래서 암컷은 부모된 도리를 다하기 위해 둥지를 보수할 조약돌을 찾아 나선다. 도둑질이 만연하고 실랑이 역시 흔하다. 데이비스는 펭귄들이 "놀랄 만큼 악랄해 서로의 몸을 쪼고 날개로 반복해서 때린다"라고 말했다.

어떤 교활한 암컷들은 소유욕 많은 조약돌 주인에게 얻어맞지 않으려고 군집의 가장자리에 살면서 성공하지 못한 수컷의 둥지를 표적으로 삼는 방법을 배운다. 부양의 의무가 없는 이 독신남들은 자유롭게 조약돌을 사냥하러 다니면서 진정한 석조 성채를 짓는다. 이들은 씨를 퍼뜨리지 못해 몹시 안달이 난 상태다. 음흉한 암컷은 외로운 수컷 하나를 점찍어 고개를 깊숙이 숙인 후 교태 섞인 곁눈질로 마치 그와 관계하고 싶은 것처럼 슬슬 다가간다. 수컷은 인사를 받으며 옆으로 물러나 암컷이 자기가 만든 조약돌 성채 안에 누워 함께 새 생명을 만들 준비를 하도록 배려한다. 관계는 매우 순식간에 일어난다. 경험이 없는 수컷은 빈번하게 불발하여 표적을 놓친다. 행위가 끝나면 암컷은 수컷의 둥지에서 슬쩍한 조약돌을 부리에 물고 아장아장 걸어 자기 둥지로 돌아간다.

데이비스는 유난히 영악한 일부 암컷이 교미를 하지 않고 돌만 빼앗는 경우를 보았다. 이 암컷은 똑같이 추파를 던지지만 정작 짝짓기 부분은 건너뛰고 돌만 들고 줄행랑을 친다. 데이비스의 말을 빌리면, 돈만 뺏어서 달아난다는 것이다. 그렇다고 수컷이 이를 두고 암컷과 싸우는 일은 없었다. 비록 전리품을 가지고 황급히 도망치는 암컷에게 부부동거권을 주장하며 필사적으로 관계를 시도하려는 수컷도 간혹 있지만 말이다. 그리고 수컷을 속이는 일은 안쓰러울 정도로 쉬웠다. 실력이 뛰어난 한 꽃뱀은 한 시간에 조약돌 62개를 구했다는 기록도

⊙ 아델리펭귄 암컷은 짝짓기와 상품을 교환한다고 알려진 유일한 종이다. 암컷은 외로운 수컷에게 사기를 쳐서 잠시 쉬었다 갈 것처럼 하다가 돌을 가지고 도망친다. 이 돌은 둥지가 해빙된 차가운 바닷물에 빠지는 것을 방지하는 데 필요한 통화, 일종의 돈이라 할 수 있다.

있었다.

데이비스는 내게 말했다. "암컷은 수컷이 절박하긴 하지만 그렇다고 진짜 바보는 아니라는 걸 압니다." 이 수컷들은 커다란 돌 보금자리가 있고 별로 잃을 게 없다. 만일 암컷과 교미할 가능성이 조금이라도 있다면, 이 정도 위험은 감수할 가치가 있다고 여기는 것이다. 데이비스가 인정한 대로, 펭귄 수컷은 바보처럼 보일지 모르지만 "진화적 측면에서는 굉장히 영리한 방식"을 따르고 있다.

거래를 통한 성관계의 예는 동물의 세계에서는 놀랄 만큼 드물다. 그리고 치열한 논란이 되고 있다. 데이비스가 척추동물에서 유일하게 찾을 수 있었던 구체적 예는 침팬지인데 짝짓기를 하는 대가로 고기를 교환했다. 그리고 음, 우리 인간이다. 이것은 펭귄 암컷을 우리가 기대한 것보다 조금 더 인간적이도록 만든다. 물론 기독교 보수주의자들이 주일학교에서 나누고 싶은 이야기는 아니겠지만 말이다.

그러나 수컷 아델리펭귄은 훨씬 충격적인 행동을 자행한다. 사실 너무나 경악할 수준이라 런던자연사박물관은 이들의 성적 행동에 관한 최초의 과학적 발견을 대중에게 공개하지 못했다.

∘ ∘ ∘

아델리펭귄의 사생활은 2009년 박물관 선임 큐레이터인 더글러스 러셀Douglas Russell이 우연히 발견하지 않았다면 영원히 학계에서 사라질 뻔했다. 러셀은 박물관에서 조류의 알과 둥지를 담당했는데, 로버트 스콧 선장의 불운한 두 번째 남극 원정을 조사하며 오래된 문서를 꼼꼼히 살피다가 우연히 시선을 끄는 논문 한 편을 발견했다. 1915년에 쓰인 이 논문의 진부한 제목은 "아델리펭귄의 성생활"이었고, 맨 위에는 큰 글씨로 대충 크게 "출판용 아님"이라고 적혀 있었다. "당연히 호기심을 자극했죠"라고 러셀이 말했다.

결론부터 말하면 대단히 흥미로운 논문이었다. 오랫동안 묻혀 있던 이 문서에는 기본적으로 아델리펭귄 수컷이 움직이는 물체라면 어느 것과도 교미를 한다는 내용이 담겨 있었다. 이들은 움직이지 않는 것에도 교미를 시도했다. 이를테면 죽은 펭귄 말이다. 심지어 죽은 지 얼마 안 되는 사체도 아닌 지난해 짝짓기 철에 죽어 냉동된 펭귄에게도 서슴지 않았다.

논문에서는 새들의 난잡한 파티에 관한 엽기적인 사실이 진지한 에드워드 시대(1901~1910년) 사람의 공포와 함께 그대로 전해졌다. 인간의 눈에 비친 펭귄 가해자들은 이른바 "불량배 수컷 패거리"로 이들의 "욕정은 통제를 벗어난" 것처럼 보였다. 젊은 펭귄들이 저지르는 "끝없는 타락 행위"는 자위에서 쾌락을 위한 섹스, 동성애, 집단 강간, 시간屍姦, 소아 성애까지 총체적 난국이었다. 새끼 펭귄은 심지어 "부모의 눈앞에서 이 불량배들에게 성적으로 학대당했다". 부모 잃은 새끼들은 짓밟히고 "깡패 수컷의 손에 모욕당하고 살해됐다".

논문의 저자인 조지 머리 레빅George Murray Levick 박사는 펭귄 연구 분야를 개척한 유명한 학자였다. 스콧 선장의 두 번째 원정에서 의사 겸 동물학자로 합류한 레빅은 1911~1912년 케이프 아데어에서 남극의 여름을 보내며 12주 동안 꼬박 아델리펭귄을 관찰하는 드문 기회를 얻었다. 레빅은 오늘날까지도 세계에서 가장 큰 펭귄 군집을 대상으로 번식기 전체를 관찰하여 연구한 유일한 과학자이다. 레빅의 꼼꼼한 관찰 일지는 남극에서 돌아온 후 1915년에《아델리펭귄의 자연사Natural History of the Adélie Penguin》라는 위엄 있는 제목으로 박물관에서 출판됐다. 그러나 펭귄의 비정상적인 성적 습성에 대해서는 책의 어디에도 나와 있지 않았다.

이유가 궁금해진 러셀이 한참을 파헤친 끝에 당시 박물관의 동물 책임자가 조류 큐레이터에게 보낸 쪽지를 찾아냈다. 거기에는 아델리펭귄의 성적 비밀에 대해 침묵을 지시하는 내용이 적혀 있었다. "책에는 싣지 않고 박물관 내에서 자체 보관하도록 몇 부만 제작할 것이다."

레빅이 묘사한 아델리펭귄의 생생한 성생활은 빅토리아 시대 이후의 학자들에게는 너무 이른 감이 있었다. 어차피 이 시대는 고상함이 지나쳐 감정이나 성에 관한 말이나 글을 쓸 때는 꽃말을 이용해 의사소통하고, "다리leg"라는 단어가 너무 벌거벗었다는 이유로 공개적인 사용을 금하고, 동성애에 대한 일말의 기미도 사악함으로 규정하던 시기였으니 말이다. 이 점잖은 사회는 변태적 성행위를 하는 펭귄을 받아들일 준비가 되어 있지 않았다. 이 문서는 마치 불법으로 유통되는 펭귄 포르노처럼 딱 100부만 인쇄되어 이처럼 충격적인 내용을 다룰 만큼 충분히 학식 있고 신중하다고 알려진 일부 동료들끼리만 돌려보았다. 러셀은 내게 말했다. "아직까지 남아 있는 게 기적입니다."

사람들은 마침내 남극 기지에서 레빅의 야외 일지 원본을 찾아냈다. 이 수첩은 선한 의사 선생의 혼란스러움과 더불어 아델리펭귄의 행동 전체를 드러냈다. 펭귄 군집에 처음 도착했을 때는 경이로움으로 시작했다. 그러나 펭귄의 "충격적인 타락 행위"를 목격하고 난 뒤 레빅은 비밀을 유지하기 위해 일부 외설적인 내용은 옛날 기숙학교의 속임수를 이용해 고대 그리스어로 암호화해 나갔다.

이처럼 암호로 표기된 한 부분은 수컷 펭귄이 "실제로 같은 종에 속한 펭귄과 남색에 연루되었다"라고 서술했다. 레빅은 "이 행위는 꼬박

1분이 걸렸다"라며 성실히 기록했다. 그러나 그는 굳이 이 행동을 더 설명하려고도 하지 않았다. 과학적 분석은 분노로 마비되었다. 레빅은 간단명료하게 결론지었다. "이 펭귄들이 저지르지 못할 범죄는 없는 것 같다."

아델리펭귄에 대한 레빅의 관찰은 시대를 수십 년 앞선 것이었다. 아델리펭귄의 더러운 비밀이 이들을 방문한 다른 과학자에게 발견되어 만천하에 드러난 것은 60년이나 지난 1970년대였다. 이후 아델리펭귄의 변태적 행동은 짧은 번식기에서 오는 압박에서 유발된 일상적 모습으로 인정받았다.

아델리펭귄은 10월에 모여 무리를 형성한다. 호르몬이 넘치는 이들에게 짝을 찾을 시간은 겨우 몇 주밖에 없다. 경험 없는 젊은 수컷들은 짝짓기 대상에 대해 다소 유연한 사고방식을 갖고 있어 말도 안 되는 엉뚱한 신호에도 (성적으로) 반응하곤 한다. 러셀은 이렇게 표현했다. "젊은 아델리펭귄이 무리 속을 헤매고 다니다 얼어붙은 펭귄 암컷을 보고 '평소에 얼어 죽은 암컷과 섹스하는 게 꿈이었는데!'라고 생각하는 게 아니라면 모를까." 이처럼 혈기왕성한 펭귄 십대에게 눈을 반쯤 뜨고 죽어서 누워 있는 펭귄은 고분고분한 암컷의 모습과 별로 다르지 않았다. "진화적 관점에서 번식 가능성이 매우 제한된 종의 행동에는 반드시 목적이 있습니다." 러셀이 웃으며 다음과 같이 덧붙였다. "여기에 로맨스는 없어요, 없어."

번식을 향한 아델리펭귄의 열망이 어찌나 강한지 얼어 죽은 펭귄을 눕혀놓았더니 많은 수컷이 사체에 "거부할 수 없는 매력"을 느꼈다. 이 사체는 반복된 행위에 손상된 나머지 "원형의 흰색 눈두덩을 가진 얼어붙은 머리만 남아버렸다." 그런데도 여전히 "수컷 펭귄에게 성적 자극을 주어 교미를 하고 정액을 바위에 뿌리게 했다". 아마 이 광경을 보았다면 불쌍한 레빅은 충격에 미쳐버렸을지도 모른다.

그러나 이것이 펭귄들에만 국한된 행동은 아니다. 러셀은 애써 분노를 감추지 않고 이렇게 말했다. "새를 좀 아는 사람이라면 새들이 이런 행동으로 얼마나 유명한지 다들 알 겁니다." 그래서 나는 온라인 탐조회 포럼을 찾아서 확인해보았다.

조류의 시간증屍姦症 항목에 각종 허튼소리들이 올라와 있었다. 그중 죽은 흰털발제비 위에 올라탄 "죽음의 비둘기"가 있었다. 목격자는 "죽은 새의 몸집이 훨씬 작았다"고 친절하게 덧붙였다. 다른 종은 말할 것도 없다. 또 다른 탐조가는 운 나쁘게 차에 치여 죽은 집참새 암컷을 보았는데, "마치 수컷에게 보이려는 듯" 날개를 쫙 벌린 채 몸이 으스러진 상태였다. 이 모습은 실로 죽음의 유혹이 되어 한 수컷이 그녀와 짝짓기하러 내려왔다가 차에 치여 비명횡사하고 말았다. 수꿩 두 마리의 공격적 만남에 대한 글도 있었다. 수꿩 두 마리가 서로 싸우다 한 놈이 차에 치였는데, 다른 수꿩이 죽어가는 수꿩 위에 올라타더니 교미를 하는 것으로 이야기가 끝났다. 목격자는 명랑하게, "끔찍하긴 한데 관심 있으면 사진도 보여줄 수 있어요"라고 덧붙였.

여전히 동물에 대한 우리에 이해에는 큰 한계가 있다. 러셀은 이렇게 강조했다. "동물을 두고 가치 판단을 내릴 때는 매우 신중해야 합니다. 사람들은 언제나 동물의 행동에서 인간과의 유사점을 끌어내려고 애씁니다. 그러나 명심해야 합니다. 이들은 아주 작은 뇌를 가진 새일 뿐이라는 점을요."

그러면 큰 뇌를 가지고 여러 면에서 인간과 진정으로 비슷한 동물에 대해서는 무엇을 배울 수 있을까? 이 책의 마지막 장에서 우리는 동물의 왕국에서 인간과 가장 가까운 사촌인 침팬지에게 인간이 어떻게 가까이, 때로 불편할 만큼 가까이 다가갔는지 살펴볼 것이다. 우리가 "그들"과 "우리"를 구분하는 경계를 찾아 헤매던 그 세기에 우리는 우리 자신의 가장 큰 공포와 집착과 맞닥뜨렸다.

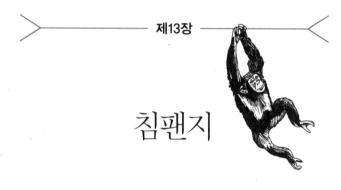

제13장

침팬지

판 트로글로디테스
Pan troglodytes

한낱 짐승에 불과하나, 인간이
자신을 되돌아보지 않을 수 없을 만큼 뛰어나다.

• 뷔퐁 백작, 《박물지》, 1830

지금까지 기이한 동물을 어지간히 많이 경험했다고 자부하지만 그 런 나에게도 잊지 못할 동물이 있다. BBC 촬영 때문에 우간다의 부동 고 숲Budongo Forest에 갔을 때였다. 거기서 나는 야생 침팬지 무리를 연 구 중인 한 연구팀에 합류했다. 이 팀은 무려 10년간 매일 동틀 때부터 해 질 녘까지 그림자처럼 침팬지 무리를 따라다녔고, 덕분에 침팬지들 은 이들의 존재를 전혀 개의치 않을 만큼 익숙해졌다. 이렇게 침팬지 무리에 껌 딱지처럼 붙어 다니다 보면 인간과 제일 가까운 친척의 은 밀한 사생활을 엿볼 흔치 않은 기회를 얻게 된다.

하지만 우선 침팬지를 찾아야 한다. 그러자면 밤이 끝나기 전에 일 찌감치 길을 나서야 이들이 "잠자는 나무"에서 깨어나 숲속 깊이 사라 지기 전에 따라잡을 수 있다.

잠든 정글에 잠입하는 일은 일종의 감각을 상실하는 경험이었다. 숲 지붕 아래의 세상은 어둡고 모든 것이 멈춘 듯 기분 나쁠 정도로 고요 했다. 단잠을 방해 받은 독뱀이 앙갚음이나 하지 않을까 싶어 신은 고 무장화 때문에 걸을 때마다 스파르타 군대의 배경 음악처럼 "뽀드득 뽀드득" 하는 소리가 들려왔다. 그러나 열대 지방의 태양은 빨리 떠오 른다. 오래지 않아 하루를 시작하는 따뜻한 빛줄기가 아침 안개를 노 랗게 비추기 시작했다. 금세 우리를 둘러싼 온갖 생명체가 모습을 드러냈다.

열대림은 언제나 나의 창조주인 "진화"를 가장 가까이 느낄 수 있는 성당 같은 곳이다. 그런 면에서 부동고 숲은 아주 인상적인 예배당이다. 이곳은 500제곱킬로미터의 빽빽한 정글이 알버틴단층Albertine Rift 의 동쪽 가장자리를 둘러싼다. 알버틴단층은 인간이 진화했다고 여겨지는 동아프리카지구대의 일부다. 이곳은 아직까지 건재한 동아프리카 최대의 열대 원시림으로, 빅토리아인들이 런던의 로열앨버트홀을 치장하기 위해 웅장한 마호가니 나무를 수없이 뿌리째 뽑아갔음에도 여전히 20층 높이의 500년 된 고목이 곳곳에 흩어져 있다.

이 태곳적 나무 아래서 엷은 안개를 헤치며 조용히 줄지어 걷다 보니 마치 시간을 거슬러 올라가는 듯한 기분이 들었다. 멀리서 '울부짖는' 소리가 들렸다. 흥분한 침팬지의 신호를 나타내는 고함 소리가 수 킬로미터 숲을 통과하며 점차 커지더니 마치 몸을 꿰뚫을 듯 크게 울렸다. 소름이 돋았다. 아마 다른 침팬지들도 똑같이 느꼈을 것이다. 우리는 점점 가까워졌다. 아드레날린이 용솟음치는 기분이었다. 침팬지는 무시무시한 짐승으로 알려졌다. 인간보다 10배나 힘이 세서 사람의 팔죽지 정도는 쉽게 뜯어낼 수 있다는 소문은 분명 과장이지만(사실은 겨우 2배) 그렇더라도 아침에 바나나 스무디 한 잔 주지 않고 깨워도 될는지 무척 걱정이 됐다.

연구팀은 열매가 달린 높은 나무 한 그루 아래 서더니 위를 가리켰다. 처음엔 침팬지의 검은 몸이 아득히 먼 숲에 뒤섞여 들어가 아무것도 보이지 않았다. 그러나 눈이 점차 어둠에 적응하자 마치 매직아이처럼 침팬지가 암흑 속에서 모습을 드러냈다. 침팬지 십여 마리가 진지한 모습으로 우적우적 아침을 먹고 있었다. 나는 지금까지 침팬지가 동물원에서 까부는 모습이나 텔레비전에서 피지팁스(영국의 차 브랜드_옮긴이)를 홀짝거리는 모습 등을 수도 없이 보았지만 이건 정말 완전히 달랐다. 놀랄 만큼 낯익고 동시에 한없이 낯설었다. 인간과 비슷하지만, 또 인간과 같지 않았다. 넋이 빠지듯 묘한 감정이 들면서 가슴이 울컥하고 눈물이 고였다. 우리 자신의 먼 과거를 보여주는 창을 마주한 듯 참으로 가슴 저미는 광경이었다. 오늘날 야생에서 이 멸종 위기의 생물을 볼 기회가 점차 사라진다는 사실이 더욱 의미심장하게 다가왔다.

나는 뜬금없는 방귀 소리에 몽상에서 깨어났다. 예의를 모르는 동물이 부끄럼 없이 한껏 내지르는 소리였다. 나중에야 알았지만 덜 익은 과일을 먹고 근근이 살아가는 야생 침팬지들은 헛배가 불러 고생한다고 한다. 어쨌든 나는 데이비드 애튼버러David Attenborough의 자연 다큐멘터리가 아닌 멜 브룩스Mel Brooks의 코미디 영화에나 나올 법한 이런 특별한 새벽 합주를 들을 준비가 되어 있지 않았다. 하지만 분명 특별한 사건은 아니었다. 연구팀은 멀리서도 들리는 이 트럼펫 소리가 광활한 나무숲 한가운데에서 잃어버린 침팬지의 위치를 찾을 수 있는 가장 좋은 방법이라고 말했다.

우리 인간은 동물의 세계에 자신의 모습을 비춰볼 수밖에 없다. 그러나 침팬지에서 발견하는 거울상은 도리어 우리를 혼란스럽게 한다. 이것이 불러일으키는 혼돈과 공포 때문에 인간과 가장 가까운 친척이 실은 가장 끔찍한 오해를 받는 사촌이 되었는지도 모른다. 인간은 스스로 자신과 다른 종을 구분하는 경계 — 어디에 선을 그어야 하고 그

선을 넘었을 때 어떤 일이 일어나는지 — 에 집착하는 순간 가장 잘못된 과학적 판단을 내리고 말았다.

○ ○ ○

"유인원의 체질은 뜨겁다. 그리고 사람과 유사한 면이 있어서 사람의 행동을 따라 하기 위해 언제나 사람을 관찰한다." 11세기에 힐데가르트 폰 빙엔Hildegard von Bingen이 쓴 말이다. "동시에 유인원은 짐승의 습관을 공유한다. 그러나 유인원의 이런 속성에는 모두 부족함이 있다. 따라서 이들의 행동은 완전히 인간도 아니고 그렇다고 완전히 짐승이라고 볼 수도 없다. 그러므로 이들은 불안정하다."

이 예지력 있는 독일 수녀는 실제로 불안정한 유인원의 코빼기도 본 적이 없을 것이다. 초기 자연과학자들에게 유인원은 기본적으로 신화 속 짐승이었다. 유인원에 대한 묘사는 전해 들은 말을 대충 꿰맞춘 데 불과했고 피그미족이나 사티로스 그리고 기다란 귀로 엉덩이를 뒤덮은 채 인간과 짐승 사이 어딘가에 어설프게 갇혀버린 괴상한 야만인의 이야기와 뒤죽박죽 뒤섞였다. 대플리니우스가 자신의 방대한 백과사전에서 유인원이 체스를 둘 수 있다고 주장한 반면에, 동물 우화집 작가들은 이들이 달팽이를 극도로 무서워한다고 강조했다. 그러나 둘 다 이 동물에게 인간을 모방하고 "흉내 내는"(영어로 유인원을 뜻하는 'ape'에는 흉내 낸다는 뜻도 있음_옮긴이) 신기한 능력이 있음을 인정했다. 바로 이 점이 유인원을 악마와 비슷한 존재로 만들었다. 신이 자신의 모습을 본떠 만든 존재가 인간이라면, 이 무섭고 털 달린 사기꾼은 신이 내린 형벌임에 틀림없기 때문이다. 이런 초기 관념에 동반된 삽화는 그에 걸맞게 비현실적이었다. 유난히 자주 복제된 어느 특별한 초상화에는 지팡이를 짚고 거만하게 서 있는 거구의 여성이 그려졌는데, 털이 북슬북슬하고 얼굴 주위에는 인상적인 갈기가 돋아 있으며 커다랗고 축 늘어진 유방을 드러냈다.

최초로 유인원을 목격한 유럽인들은 그저 야생에 괴상하게 생긴 유인원이 살고 있다고 보고했다. 그중 하나가 영국 여행가 앤드루 배틀Andrew Battel인데, 그는 1589년에 포르투갈의 포로가 되어 아프리카의 앙골라에 감금되었다. 배틀은 아프리카의 감옥과 자신을 억류한 자들을 위한 무역 원정을 거듭 왕복하며 무려 18년을 보냈다. 마침내 고향인 영국의 레이온시에 돌아왔을 때 이 약삭빠른 에식스 청년은 사람들에게 들려줄 이야기를 한 보따리 들고 왔다. 배틀은 자신의 불운했던 과거를 아주 잘 팔리는 모험으로 둔갑시켰다. 여기에는 필시 고릴라나 침팬지였을 짐승에 대한 (상상을 가미한) 장황한 묘사도 포함된다. 배틀은 "이 숲에 두 종류의 괴물이 살고 있는데 아주 위험하다"라고 말했다. 그리고 자신이 "퐁고"와 "엔게코"라고 부른 이 털 달린 인간에 대해, 나무 위에 집을 짓고 곤봉으로 코끼리를 때린다는 다소 모호한 이야기를 남겼다.

털북숭이 휴머노이드에 당황한 것은 배틀만이 아니다. 네덜란드 여행가 빌렘 보스만Willem Bosman은 서아프리카 유인원이 인간을 공격했다고 주장하면서, 이들은 말을 할 줄 알지만 "별로 좋아하지 않는" 노동을 억지로 하게 될까 봐 일부러 말을 하지 않는다고 했다. 보스만은 유인원이 끔찍히 해로운 짐승이며 그저 장난삼아 만들어낸 존재인 것 같다고 생각했다. 이 밖에도 이 짐승이 아이들을 납치하고 여성을 강간하고 인간을 애완동물처럼 기른다고 말한 이들도 있었다.

마침내 살아 있는 침팬지가 대대적인 홍보 속에 처음으로 영국 땅을 밟았다. 1738년 영국 상선 스피커호가 "침팬지라는 이름으로 불리는 … 아주 놀랍고 흉측한 동물"을 데리고 정박했다. 이 낯선 생물을 어찌 맞이할지 몰랐던 영국인들은 자신들이 가장 잘하는 대로 이 동물에게 차를 대접했다. 침팬지는 마치 인간처럼 조심스럽게 차를 홀짝거렸다고 한다. 그러나 침팬지의 식습관은 조지 왕조 시대의 응접실과는 어울리지 않았다. 한 보고서에 따르면 침팬지는 "자신의 대변에서 먹이를 구했다". 똥을 먹는 습성과 더불어 침팬지는 "사회 통념에 어긋나는 성적 교접"을 위해 인간 여성을 찾는다고 보고되었다. 이로 인해 이후 수십 년간 동물원을 찾는 빅토리아 시대 방문객들은 불안에 떨어야 했다.

혼란스러운 것은 침팬지의 행동만이 아니었다. 영국의 외과 의사 에드워드 타이슨Edward Tyson이 처음으로 침팬지 해부를 시도했는데 유인원과 인간의 몸이 두려우리만치 비슷한 바람에 신이 내려준 인간의 우월성에 생채기가 났다. 타이슨은 침팬지의 뇌에 대해 다음과 같이 적었다. "사람과 짐승의 영혼이 가지는 엄청난 차이 때문에 사람들은 이들의 신체 기관 역시 크게 다를 것으로 생각하는 경향이 있다." 그러나 그렇지 않았다. 침팬지의 뇌는 인간의 회백질과 "놀랄 만큼" 비슷했다.

당시에는 연구할 수 있는 표본이 여의치 않아 침팬지, 고릴라, 오랑우탄 등의 유인원 종들이 혼란스럽게 뒤섞여 분류하기가 어려웠다. 진정한 분류학의 아버지 칼 폰 린네는 애초에 유인원을 사람을 더 닮은 것과 덜 닮은 것의 두 집단으로 나누었다. 사람을 더 닮은 쪽을 "동굴에 사는 인간"이라는 뜻의 호모 트로글로디테스*Homo troglodytes*라고 명명한 후 두 번째 인간종으로 지정했다. 반면에 사람을 덜 닮은 쪽은 "사티로스 원숭이"라는 뜻의 시미아 사티루스*Simia satyrus*라는 완전히 다른 종으로 분류했다.

똥을 먹고 사는 음탕한 괴수와 인간이 어딘가 모르게 닮았다는 사실이 천생 귀족인 조르주루이 르클레르 뷔퐁 백작을 몹시 불쾌하게 만들었던 모양이다. 뷔퐁 백작은 유인원을 분류하는 린네식 방식에 특유의 멸시를 쏟아부었다. 뷔퐁 백작은 훨씬 희한한 방식으로 나름의 해결책을 제시했다. 백작은 침팬지, 또는 자신이 "조코"라고 부른 짐승이 사실 어린 오랑우탄이라고 가정했다. 성체는 거대한 적갈색의 야수이고 새끼는 검은 털을 가진 작은 짐승이라는 사실은 백작도 참을 만했나 보다. 백작은 "우리 인간 종에도 비슷한 변종이 있지 않은가?"라고 지적하면서 라플란드(라프족 또는 사미족이 순록을 키우고 어업과 사냥을 주업으로 하며 살고 있는 스칸디나비아반도와 핀란드의 북부, 러시아 콜라반도를 포함한 유럽 최북단 지역을 말함_옮긴이)인과 핀란드인이 비록 같은 기후에 살면서도 이처럼 차이가 난다고 주장했다. 아마도 분류학계에서 자신과 경쟁하는 어느 스칸디나비아인에 대한 빈정거림이었을 것이다.

뷔퐁 백작은 자신의 백과사전에서 유인원과 인간의 충격적인 유사점에 대해 수많은 페이지를 할애해 "살집이 많은 엉덩이"까지 하나도 빠짐없이 묘사했다. 그러나 이런 신체적 유사성은 그를 언짢게 하지 않았다. 오히려 백작은 인간과 외형이 비슷함에도 불구하고 사고와 언어 능력이 전혀 없는 유인원이야말로 인간이 "우월한 원리에 따라 생

⊙ 위대한 분류학자 칼 폰 린네가 편집한 《학문의 기쁨Academic Delights》(1763)에 초기 유인원과 유인원-인간이 주는 혼란이 드러난다. 뷔퐁 백작을 격분하게 만든 것은 바로 이처럼 인간을 사탄 루시퍼(왼쪽에서 두 번째)나 다름없는 생물과 가깝게 묶어놓은 끔찍한 분류 체계였다. 처음이자 마지막으로 그가 일리가 있다고 생각한다.

명을 부여 받은" 존재임을 증명하는 결정적 증거라고 해석하여 이 짐 승에 대한 인간의 우수성을 확고히 했다. 어떤 분류 체계라도 이 둘을 이웃하여 묶는 것은 그에게 깊은 수치심을 안겨주었다. 린네는 한 식물 을 부포니아 테누이폴리아*Buffonia tenuifolia*라고 명명함으로써 백작에게 복수했다. 어느 프랑스인의 "별 볼 일 없는tenuous" 분류학 능력에 대한 모욕이었다(식물의 학명을 해석하면 "보잘것없는 뷔퐁"이라는 뜻임_옮긴이).

　1859년 다윈이 《종의 기원》을 출간할 무렵 과학계가 당면한 문제 는 인간과 인간의 사촌인 유인원을 구별하는 특징을 찾는 것이었다. 이 임무를 주도적으로 실행한 사람이 바로 자연과학사에서 가장 악명 높은 리처드 오언Richard Owen 경이다. 영국에서 가장 유명한 해부학자인 오언은 여왕의 자녀에게 동물학을 가르치면서 악착같이 노력한 끝에 과학계의 최고 자리에 올랐다. 그러나 그는 천성적으로 시기심이 강할뿐더러 대단한 야망의 소유자였던 터라 동료 사이에서도 공개적인 야유의 대상이 되었다. 오언은 심지어 외모마저 이른바 악당다운 면모를 지녔다. 족제비 같은 골격에 튀어나온 눈과 둥글납작한 대머리는 영락없이 만화 〈심슨 가족〉의 미스터 번스와 닮았고 다만 피부가 덜 노랄 뿐이었다.

신앙이 독실했던 오언은 다윈의 진화론에 거세게 반대했다. 그는 인간이 단순히 유인원의 "돌연변이"라는 발상을 받아들일 수 없었다. 오언은 자처해서 인류의 고유한 신체적 특징을 찾아내는 임무를 맡았다. 그가 처음 멈춘 곳은 뇌였다. 뇌에서는 그럴듯한 세 가지 특징이 발견됐는데, 그중 가장 중요한 부분이 소해마체hippocampus minor로 알려진 뇌 뒤쪽의 주름진 부분이었다. 오언은 이 무해한 살덩어리야말로 오직 인간에게만 있으므로 인간을 인간답게 만들며 인간에게 "지구를 비롯해 하등한 생물체를 다스리는 절대적 지배자의 운명"을 부여한 원천이라고 주장했다. 소해마체의 발견으로 자신감을 얻은 오언은 인류를 자기만의 허세에 불과한 상위 계급에 올려놓았고 "지배하는 뇌"라는 뜻의 아르켄세팔라Archencephala라는 이름을 붙였다.

오언의 주장을 들은 다윈은 한 동료에게 보내는 편지에서 빈정대며 이렇게 말했다. "침팬지가 보면 뭐라고 할까?"

다윈이 개인적으로 내뱉은 말도 폐부를 찌르지만, 직접 칼을 들어 공개적으로 오언의 이론을 낱낱이 해부한 것은 노동자 계급의 자신만만한 생물학자 토머스 헨리 헉슬리Thomas Henry Huxley였다. 자칭 "다윈의 불독"으로 과학과 종교가 분리되어야 한다고 굳게 믿은 헉슬리는 "원숭이를 조상으로 둔 것이 부끄러운 게 아니라 훌륭한 재능을 진실을 호도하는 데 사용하는 사람과 연관된 것이 부끄러운 일이다"라고 말했다.

헉슬리는 직접 영장류의 뇌를 체계적으로 조사했는데 이내 오언의 이론이 가지는 오류의 심각성을 인지하고 "광문에 걸린 연처럼 … 허위를 퍼트리는 사기꾼을 … 잡을" 기막힌 기회를 얻었다.

일련의 공개 논쟁과 학술 논문을 통해 헉슬리는 오언이 기만적 표절자라고 폭로하면서 그가 ─ 굳이 자신의 것이라 말하지 않은 ─ 다른 해부학자들이 그린 침팬지 뇌를 베껴서 자기 이론으로 꾸며냈을 뿐 아니라 그들이 침팬지의 소해마체에 대해 뻔히 써놓은 설명조차 무시했다고 주장했다. 헉슬리는 오언의 이론이 "소똥 위에 지어진 코린트식 포르티코(지붕)"나 다름없다고 선언했다.

나중에 밝혀진 것처럼 인간의 특별한 삶은 침팬지와 인간의 뇌 구조가 가지는 미묘한 차이에서 비롯한다는 면에서 오언은 옳았다. 다만 그는 그것을 찾지 못했을 뿐이다. 헉슬리의 끈질긴 공격을 감당하지 못한 오언은 마침내 소해마체가 유인원에도 존재한다고 마지못해 인정했다. 오언의 명성은 다시 회복하지 못했다.

침팬지 때문에 명예가 실추된 과학자는 리처드 오언만이 아니었다. 유인원과 인간을 가르는 경계 또는 이 경계의 부재라는 주제에 담긴 과학적 매력 때문에 인간 망종이나 다름없는 이상한 출연진들이 무대에 등장하게 된다.

○ ○ ○

  20세기가 시작할 무렵 일리야 이바노비치 이바노프Ilya Ivanovich Ivanov라는 한 러시아 과학자가 자신이 종키zonkey, 주브론zubron, 조스 zorse라는 이상한 이름의 짐승을 만들었다고 떠벌리고 다녔다. 믿을 수 없는 중세 우화집에서 크게 벗어나지 않는 이 동물들은 언어(이름)와 유전적 측면에서 모두 얼룩말과 나귀, 들소와 소, 얼룩말과 말의 잡종 이었다. 그러나 이바노프의 가장 원대한 포부는 인간과 침팬지의 교잡 종인 휴먼지humanzee를 교배하는 데 있었다.

  살아 있는 닥터 모로(허버트 조지 웰스의 공상과학소설《모로 박사의 섬》에 나오는 등장인물_옮긴이)를 꿈꾸는 과학자는 이바노프가 처음이 아니었 다. 당시 휴먼지를 교배하고자 하는 관심이 대성황을 이뤘다. 독일 생 리학자 한스 프리덴탈Hans Friedenthal은 1900년에 실험실에서 인간과 유인원에서 각각 채취한 피를 섞었는데 혈액 내의 항체가 서로 공격 하지 않는 것을 보고 이 두 종의 교배가 성공할 가능성을 점쳤다. 이후 20년 동안 네덜란드의 동물학자 헤르만 문스Hermann Moens와 독일의 성 과학자인 헤르만 로흘레더Hermann Rohleder는 각자 인간의 정자를 침 팬지 암컷에게 인공수정시킴으로써 프리덴탈의 예측을 시험했다. 하 지만 둘 다 계획 단계 이상으로 실험을 진척시키지 못했다.

  종키와 조로의 성공적 교배로 이바노프는 인공수정 기술의 선구자 로 자리매김했다. 이바노프가 가진 전문 지식은 알맞은 때와 장소를 만나 더욱 빛을 발했다. 1920년에 새롭게 출범한 소비에트연방은 종 교적 사고 체계를 약화시키고 계획적인 테크노크라시(기술관료제) 사회의 우월성을 입증하는 데 열을 올렸다. 소비에트 당국은 잡종의 존재가 "인간 기원의 문제를 이해하고" "종교적 가르침에 결정타를 날리며 … 노동자를 교회 권력으로부터 자유롭게 해방하려는 우리의 노력에 부합하는" 대단히 흥미로운 증거를 제공할 것이라고 믿었다.

이바노프의 연구를 뒷받침한 것은 비단 이단적인 볼셰비키만이 아니었다. 1924년에 파리의 파스퇴르연구소는 이 러시아 과학자에게 좋은 소식이 담긴 편지를 보냈다. 연구소에서 서아프리카에 새로 모집한 침팬지 군집을 대상으로 이바노프가 실험을 수행하는 것이 "가능하고 또 바람직할" 것이라는 내용이었다. 상징적인 연구소에서 열정적인 러시아 과학자들이 좋아할 만한 것을 준비해놓은 것이었다. 파스퇴르연구소는 이미 세르게이 보로노프Serge Voronoff를 지원하고 있었는데, 그는 침팬지 과학에서 똑같이 괴이한 초석을 다지고 있었다. 보로노프는 침팬지의 고환을 얇게 잘라 나이 든 남성의 음낭에 이식함으로써 젊음의 샘을 발견했다고 주장했다. 그는 이 나름의 독창적인 "회춘 요법"을 개발하기 위해 거세한 사람들을 관찰하고 자기 자신을 실험 대상으로 삼아 전혀 따라 하고 싶지 않은 실험을 수행한 후 세상에 내놓았다. 거기에는 기니피그와 개의 생식선을 으깬 혼합물을 자신의 고환에 주사하는 실험도 포함되었다.

인간의 수명을 140세까지 연장하기 위한 보로노프의 값비싼 공식은 "원숭이 분비샘" 조각을 사람의 고환에 최상급 비단실로 직접 꿰매는 것이었다. 비록 보로노프가 "이식이 결코 정력 증강제가 될 수는 없다. 다만 활성을 자극함으로써 유기체 전체에 작용한다"라고 주장했지만, 이미 이 요법이 백만장자의 기억력과 시력뿐 아니라 시들해지는

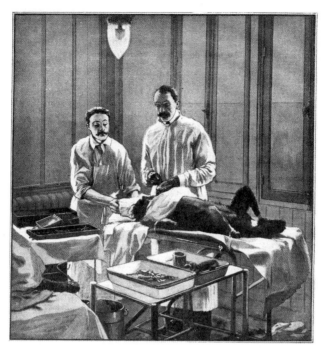

⊙ 1922년 10월 프랑스 신문 일면을 장식한 보로노프의 회춘 요법. 이 러시아인은 침팬지 고환을 얇게 잘라 늙은 개에게 이식하는 기술을 개척했다. 자신의 나이에 젊음을 보태는 데 혈안이 된 나이 든 백만장자 개들이 줄지어 시술을 받았다.

정력까지 회복시킬 수 있다는 소문이 파다했다. 어떤 경우든 보노로프의 병원에 환자가 없는 날은 없었다. 수백 명의 남성이 이 시술을 받으려고 등록했다. 여기엔 지그문트 프로이트도 포함됐다. 뱀장어 고환을 찾는 데 실패한 프로이트가 자기 물건으로 실험하는 데에도 두려움을 느끼지 않았던 모양이다.

이바노프 역시 보로노프의 원숭이 분비샘 마술이 필요했다. 파스퇴르연구소가 그에게 연구 시설을 제공했지만 연구비가 없었고 수중에 현금마저 부족해 위태로운 지경이었다. 당연히 휴먼지 프로젝트는 시들해졌다. 그래서 이바노프는 아프리카로 가는 길에 파리에 들러 보로노프와 공동 연구를 시작했다. 두 과학자는 인간 여성의 난소를 노라라는 이름의 침팬지에게 이식한 후 인간의 정자를 수정시킴으로써 신문의 머리기사를 장식했다. 하지만 휴먼지는 잉태되지 않았다. 결국 보로노프는 백만장자들의 고환을 진찰하는 고수입 일거리로 돌아갔고, 이바노프는 자신을 지지하는 의대생 아들만 데리고서 프랑스령 기니로 날아갔다.

1927년 2월 28일 이바노프는 바베트와 시베트라는 한 쌍의 침팬지에게 인간의 정액을 이용해 인공수정을 시도했다. 아버지 이바노프는 실험을 보조하는 아프리카인들에게 실험 내용을 비밀로 하길 원했다. 그러나 현실은 이상과는 거리가 멀었다. 이바노프는 자신의 일지에 "정자가 그다지 신선하지 않아 대략 40퍼센트 정도만 움직였다"라고 적었다. "정자 주입은 매우 긴장된 분위기와 불편한 상황에서 진행되었다. 비협조적인 유인원, 노출된 작업장, 비밀리에 진행해야 할 필요성 때문에."

시도는 실패로 끝났다. 그 실망감으로 이바노프는 최후의 발악을 했다. 그는 실험 방향을 바꾸어 지방 관리에게 침팬지 정자로 병원의 여성 환자에게 인공수정을 시도하게 해 달라고 로비했다. 이 실험의 윤리적 문제는 아랑곳하지 않고 이바노프는 여성이 '모르게' 단순한 건강검진이라고 둘러댄 채 실험을 진행할 것을 제안했다. 정부는 그의 계획을 검토했으나 결국 거절했다. 이 결정에 대해 이바노프는 일지에

"마른하늘에 날벼락"이라고 적었다. 그가 당시 얼마나 현실과 단절되어 있었는지 엿볼 수 있는 대목이다. 이바노프는 어쩔 수 없이 고향으로 돌아가 유인원을 구하고 유인원의 아기를 임신하겠다고 나서는 여성을 찾는 데 주력했다. 포기를 모르는 이바노프는 마침내 둘 다 구하는 데 성공했으나 1930년 여름, 정치적 시류가 바뀌면서 비밀경찰에 체포되어 반혁명적 행위로 기소된 후 카자흐스탄으로 유배되었다. 그는 거기서 2년 뒤 사망했다.

이바노프의 꿈이 실현될 수 있긴 했을까? 나는 코넬대학교의 웨일코넬의과학대학원 생식생물학 명예교수인 J. 마이클 베드퍼드J. Michael Bedford에게 물었다. 베드퍼드 교수는 1970년대에 수정 초기 단계, 특히 남성 피임법을 개발하기 위해 정자가 난자에 달라붙는 과정을 연구했다. 그는 인간의 정자를 햄스터부터 다람쥐원숭이 그리고 긴팔원숭이까지 다양한 동물의 난자에 주입했다. 베드퍼드는 인간의 정자가 매우 까다롭다는 사실에 놀랐다. 인간의 정자가 부착될 수 있는 유일한 난자는 긴팔원숭이의 것이었는데, 긴팔원숭이는 유인원 중에서도 인간과 가장 먼 친척이었다. 베드퍼드 교수에게 사람의 정자를 침팬지 난자에 시도하면 어떻게 될지 물었더니 그는 긍정적인 결과를 예상했다. "침팬지가 긴팔원숭이보다 인간에 더 가깝다는 전제하에, 침팬지의 정자가 인간의 난자와 수정할 수 있고 그 반대도 마찬가지일 것이라 봅니다."

그러나 수정은 실패의 가능성이 농후한, 매우 긴 일련의 과정 중 첫 단계에 불과하다. 베드퍼드에 따르면, "우리는 침팬지와 98.4퍼센트의 DNA를 공유하지만 건강한 휴먼지 아기를 만드는 것은 도박과 같은 일"이다. 두 종을 교배했을 때 교배 결과 살아 있는 새끼가 태어나더라도 불임인 예가 있고, 물론 그렇지 않은 예도 있다. 어떤 경우에는 교잡종의 배아가 발생을 시작하더라도 임신의 특정 시점에 실패할 수도 있다. "결국 배아의 생존 결과를 예측하는 것은 제 분야가 아닙니다"라고 베드퍼드는 말했다.

우리는 인간과 침팬지의 교배 가능성을 끝내 알지 못할지도 모른다. 그러나 하버드의과대학과 MIT 연구자들이 인간 게놈에 숨겨진 은밀한 비밀을 파헤친 바에 따르면 과거에 우리 선조들은 침팬지와 모종의 성적 관계를 맺고 있었을지도 모른다.

과학자들은 "분자시계"를 이용해 인간과 침팬지의 게놈을 비교하고 두 종이 원래의 가지에서 갈라져 나간 시기를 추정했다. 일찍 갈라질수록 DNA 염기서열에 더 많은 차이가 축적된다고 가정한다. 연구팀은 인간과 침팬지가 불과 630만 년 전에 한 가지에서 갈라져 나왔고 어쩌면 540만 년도 안 됐을지도 모른다고 밝혔다. 그러나 X염색체만큼은 크게 달랐는데, 다른 염색체와 비교했을 때 두 종의 X염색체는 훨씬 차이가 덜했다. 이 결과를 보고 연구팀이 제시할 수 있는 가장 논리적인 설명은 인간과 침팬지의 종 분화가 "복합적인" 과정이라는 것이다. 이는 서로 갈라져 나간 두 종이 실제로 한동안 짝짓기를 계속하여 잡종을 형성했을 것이라는 추론을 점잖게 표현한 것이다.

X염색체의 유사성을 보면 인간과 침팬지의 종 분화는 어두운 디스코장에서 보낸 불타는 하룻밤이 아니라 120만 년 동안 매우 어수선하게 진행되었음을 짐작할 수 있다. 연구팀의 수석연구원인 닉 패터슨 Nick Patterson은 내게 자신들의 발견으로 주류 언론이 큰 충격에 빠졌다

고 말했다. 반면에 "타블로이드 신문은 매우 신났죠. 독일 타블로이드 지《빌트차이퉁Bild Zeitung》은 '인간이 원숭이와 섹스를 했다Ur-Menschen hatte sex mit Affen'라는 (통역이 필요 없는) 헤드라인과 함께, 구할 수 있는 가장 흉측한 침팬지 사진을 실었어요"라고 떠올렸다. "그러나 충격에 휩싸인 사람들이 놓친 핵심이 있습니다. 먼 옛날에 일어난 사건을 오늘날 인간이 침팬지와 교접한 것으로 동일시해서는 안 된다는 것입니다. 우리는 아직 완전히 침팬지와 인간으로 갈라지기 전의 두 유인원 집단, 다시 말해 그중 하나가 침팬지보다 인간에 조금 더 가까운 유인원 집단을 말하는 것이거든요."

우리 조상이 우리와 가장 가까운 사촌의 조상과 뒹굴었다는 사실이 누군가에게는 별로 탐탁지 않은 생각이겠지만, 하버드-MIT 연구팀은 이러한 잡종이 현생 인류에 진화적 추진력을 가해 인간이 숲속 나무에서 벗어나 넓은 사바나에서 새로운 삶에 적응하도록 박차를 가했을지도 모른다고 생각한다.

○ ○ ○

침팬지와 인간의 경계를 흐리는 또 다른 대담한 실험은 1960년대에 미국에서 행해졌다. 그러나 이 실험은 유전물질의 개조가 아닌 행동의 교정에 초점을 두었다. 갓 태어난 침팬지 새끼가 인간 가족에게 입양되어 원래 자기가 속한 종과는 격리된 채 인간으로 길러졌다. 이 황당한 발상을 실천한 사람은 모리스 K. 테멀린Maurice K. Temerlin이라는 오클라호마대학교 심리학 교수였다. 테멀린은 루시라고 이름 붙인

이 침팬지가 사회적·성적으로 발달하는 과정에 특히 주목했다.

이전에도 인간의 집에서 침팬지를 기르려는 시도가 두 번 정도 있었으나 모두 유아기에 그쳤다. 따라서 사춘기 이후의 과정은 미지의 영역이었다. 테멀린은 매일 밤 독한 진을 마시고 진공청소기로 자위하는 십대 침팬지의 아버지가 되리라고는 꿈에도 상상하지 못했을 것이다. 그러나 테멀린이 성실하게 기록한 체험기《루시 : 인간으로 자라다Lucy : Growing up human》덕분에 우리는 그의 "실험"이 어느 방향으로 흘러갔는지 잘 알 수 있다. 이는 그릇된 길로 이끌린 1960년대 사이비 과학의 매우 충격적인 타임캡슐로서 기여했다.

"나는 심리치료사다. 내 딸 루시는 침팬지다." 한 마리 침팬지의 "아버지"로 살아온 11년의 자아도취를 그린 이야기는 이렇게 시작한다.

루시는 큰 충격 속에 테멀린 가족에 합류했다. 1965년 테멀린의 아내 제인이 캘리포니아 서커스에 출연하는 루시의 엄마에게서 태어난 지 이틀 된 루시를 빼앗아 왔다. 테멀린은 이 납치가 "출산과 동일한 행위를 상징한다"고 생각했다. 물론 많은 어머니들은 이에 동의하지 않겠지만 말이다.

가족의 대"모험"을 앞둔 테멀린은 과연 루시가 어떤 "사람"이 될지 그리고 스스로 유대인 마마보이였다고 고백한 자신이 훌륭한 "침팬지 아버지"가 될 수 있을지 궁금했다. 그러나 이야기가 전개되자 그의 정신분석학적 고민에 대한 답은 단연코 "아니요"임이 분명해졌다.

처음에는 비교적 별 문제 없이 흘러갔다. 루시는 혼자 옷을 입고 포크와 나이프를 사용하는 법을 배웠다. 그리고 테멀린의 일곱 살짜리 아들 스티브(상당한 정신과 치료를 받았다고 생각할 수밖에 없는)와 나란히 식탁에 앉아 저녁을 먹었다. 루시는 미국 수화를 배웠고 마침내 100단어 이상을 익혔는데 여기에는 "립스틱"이나 "거울"처럼 필수적인 침팬지 용어가 포함됐다. 루시는 심지어 애완동물 고양이도 키웠다. 그때까지만 해도 루시는 아주 귀여운 "사람"이었다. 그러나 테멀린의 책이 "창의적 자위행위"라는 제목의 장으로 넘어가면서부터 어둠이 깔리기 시작했다.

세 살 무렵 루시는 집을 방문한 어느 긴장한 교수 부인에게 술을 슬쩍한 다음부터 술맛을 알게 되었다. 책에서 아버지 테멀린은 자신의 10대 아들에게 술을 먹인 것에 대해서는 죄책감을 느끼며 부끄러워했지만, 흥미롭게도 루시에게는 달랐다. 매일 밤 취침 전에 테멀린은 루시에게 "칵테일을 한두 잔씩" 주었다. 여름에는 진 토닉, 겨울에는 위스키 사워를. 루시는 마침내 술이 든 찬장을 여는 방법을 알아내 직접 칵테일을 따라 마셨다. 루시는 소파에 누워 발로 잡지를 넘겨 보며 술을 즐겨 마셨다.

루시가 집에 있는 몽고메리 워드 진공청소기의 노즐을 독창적인 용도로 사용한다는 사실을 알게 된 것도 이와 같은 술자리에서였다. 실로 도구 사용의 탁월한 본보기라고 그는 적었다. 제인 구달이 막대기를 사용해 흰개미를 낚시하는 침팬지를 관찰할 때까지 인간의 전유물이자 인간과 침팬지 사이를 경계 지었던 바로 그 도구의 사용 말이다. 구달의 발견 이후 그녀의 스승인 루이스 리키Louis Leakey 박사는 "이제 우리는 도구의 의미를 재정의해야 합니다. 또한 인간을 재정의해야 합니다. 그러지 않으면 침팬지를 인간으로 받아들이는 수밖에 없습니다"라고 선언했다. 누군가는 리키가 말한 재정의가 과연 이 위대한 고인류학자의 관점에서 루시의 창의적인 진공청소기 사용을 포함할 만큼 충분히 포괄적인지 의문을 가질 것이다.

테멀린 속에 내재한 프로이트식 정신과 의사는 딸의 새로운 성적 정체성에 사로잡혀 루시가 인간 또는 침팬지 중 누구에게 끌리는지 알고 싶었다. 그래서 대개의 부모라면 진공청소기를 압수해 창고에 넣고 문을 잠가버릴 상황에서 테멀린은 가게로 뛰어가 딸에게《플레이걸》잡지를 사주고는 루시가 평소에 제일 좋아하는《내셔널지오그래픽》대신에 이 여성 필수품을 더 좋아하는지 살펴보았다. 루시는 정말로 그 잡지에 홀딱 반해서 벌거벗은 남자의 사진을 응시하고 페이지가 뚫어지도록 그 중요한 부위를 열심히 쓰다듬었다. 그 결과에 만족한 테멀린은 다음으로 "무슨 일이 일어나는지 보려고" 자신의 바지를 내리고 딸의 즐거운 시간에 합류하는 기이한 단계를 밟았다.

그러나 그가 시도할 때마다 루시가 테멀린의 수음을 무시했다는 부분을 읽으면서 왠지 모르게 안도되는 측면이 있었다. 나였다면 별일이 일어나지 않은 상황에서 내 회고록에서 이 저속한 부분을 생략하고 싶었을 것이나 모리스 K. 테멀린은 그렇지 않았다. "오이디푸스-슈메디푸스Oedipus-Schmedipus"라고 제목을 붙인 장에서 이 정신분석가는 자신의 부푼 음경이 거부된 것은 루시의 아버지라는 그의 지위와 루시의 정신에 내재한 근친상간에 대한 금기(그가 집착한 연구 주제)를 보여주는 흐뭇한 증거라고 엄숙히 결론 내렸다.

마침내 루시의 행동은 테멀린이 감당하기에는 너무나 벅찬 수준에 이르렀다. 루시는 집 안에 있는 모든 잠금 장치에 익숙해져 종종 이웃으로 도망치거나 스스로 간히거나 부모를 집 밖으로 내쫓았다(위에서

⊙ 모리스 테멀린은 딸이 자기가 사랑하는 청소기와 작업 중인 것을 확실한 기록으로 남겼다. 두 번째 사진에 대한 원래 설명은, "오르가즘에 도달한 후 루시가 잡지로 돌아가기 전에 사색의 순간을 즐기고 있다"였다. 다행히 이 파티에 함께한 아빠의 사진은 없다.

있었던 일을 생각하면 별로 놀랄 일도 아니지만). 테멀린은 심지어 딸이 거짓말을 하기 시작했다고 주장했다. 카펫 위에 싸놓은 똥 때문에 야단을 맞자 루시가 수화로 그의 대학원생 보조 연구원 중 하나인 수Sue를 손가락으로 가리켰다고.

이제 열두 살의 나이로 완전히 성인이 된 루시는 부모의 통제에 심하게 반항했다. 테멀린은 루시가 "모든 것에 관심이 있었다"라고 썼다. "깨끗한 거실에 들어가 5분 만에 엉망진창으로 만들어놓을 수 있었다." 그래서 안타깝지만 테멀린 가족은 집 안에서의 실험을 끝내고 침팬지 딸을 위해 새로운 가족을 찾아야 할 때가 왔음을 깨달았다.

바로 여기에서 테멀린은 가장 끔찍하게 잘못된 판단을 내렸다. 루시를 고향으로 보내 풀어주기로 마음먹은 것이다.

테멀린은 대학원생 중 한 명인 재니스 카터Janis Carter라는 어린 과학자를 동행시켜 루시를 감비아에 있는 침팬지 재활 센터로 보냈다. 아프리카의 수풀은 루시가 오클라호마 변두리에서 생활하던 것과는 너무나 달랐다. 루시는 다른 침팬지를 만나본 적이 없었고 따라서 새로운 공동체에 편입되려는 의지가 전혀 없었다. 나무 위에서 다른 침팬지들과 함께 자는 것은 고사하고 다른 침팬지들이 먹는 야생 이파리나 열매도 먹으려 하지 않았다. 훨씬 더 세련된 입맛을 갖게 된 루시는 이제 소파나 칵테일장도 없는 정글에서 오도 가도 못하는 신세가 됐다. 카터는 여러 해를 헌신하여 루시가 침팬지 뿌리를 되찾도록 격려했으나 모든 일은 실패로 돌아갔다. 결국 테멀린가의 딸은 손과 발과 피부가 벗겨져 죽은 채로 발견되었다. 필시 인간에 대해 두려움이 없는 루시가 순진하게 밀렵꾼에게 다가갔다가 잡힌 것으로 의심되었다. 이들은 아무것도 모르고 극성스러운 먹잇감을 이때다 하고 이용했을 것이다. 그것이 루시의 최후였다.

○ ○ ○

다행히 침팬지 연구는 1960년대의 자기도취적 체계에서 벗어나 일차적으로 인간과 가장 가까운 사촌을 자연 서식지에서 관찰하는 방향으로 옮아갔다. 이것은 침팬지들을 통제된 상황에서 지켜보는 것보다 훨씬 도전적인 일이다. 내가 세인트앤드루스대학교의 캣 호베이터Cat Hobaiter 박사와 우간다의 부동고 숲에 있는 연구팀에 합류했을 때 알게 된 것처럼 말이다.

우선 야생 침팬지는 하루에 먹이를 찾아 10~20킬로미터를 이동한다. 시야에서 이들을 놓치지 않는 것은 올림픽 선수 수준의 상대(나무 꼭대기 고속도로 위에서 느림보 두발 친척을 조롱하는)와 숨바꼭질하는 것과 매한가지다. 그러나 호베이터는 끈질겼다. 호베이터는 자연 속에서 침팬지가 생활하는 모습을 기록한다면 단순히 침팬지에 대한 지식을 넘어 인간 행동의 기원을 연구하는 더 나은 본보기를 제공하게 될 것이라고 믿었다.

"루시를 비롯해 인간 문화에 적응한 유인원들에게는 그들이 자연스럽지 않은 특별한 상황에서 어떻게 행동하는지 질문할 수 있습니다. 그렇다면 그 답은 당연히 특별한 유인원이 특별한 상황에서 특별한 일을 할 수 있다는 것 아니겠어요?" 호베이터는 설명을 덧붙였다. "물론 우리가 테멀린과 같은 연구를 다시 반복해서는 안 되는 윤리적 이유가 있습니다. 그러나 현대의 사육 환경에서도 똑같은 일이 지속되고 있습니다. 퍼즐을 풀게 하거나 야생에서는 가능하지 않은 통제된 환경에서 이들을 시험할 수도 있지요. 하지만 동물원이나 보호구역의 환경이 얼마나 좋든 간에 그 환경은 유인원보다는 인간에 더 가깝습니다."

호베이터는 침팬지의 행동을 인간에 오염되지 않은 가장 순수한 형태로 연구하는 것을 목표로 한다. 그러기 위해서 그녀 자신이나 나처럼 인간의 딱지를 붙이고 있는 사람은 그들 앞에서 투명인간이 되어야 한다. 다시 말해 침팬지처럼 생각하고, 엄격한 규칙을 따르고, 무엇보다 절대로 그들과 눈을 마주쳐서는 안 된다는 뜻이다. 침팬지 사이에서 응시는 공격의 행동이다. 연구 대상에 싸움을 거는 것은 눈에 띄지 않으려는 사람의 행동으로는 바람직하지 않다(또는 이 점에서는 침팬지에게 심각한 상해를 입지 않으려는 것을 포함해서).

단체로 몸치장 중인 가족에게서 불과 1미터 정도 떨어져 있을 때였다. 어미 침팬지가 갑자기 위를 올려다보는 바람에 내가 빤히 바라보는 걸 들켰다. 나는 호베이터의 지시에 따라 곧바로 시선을 돌렸지만 가슴이 쿵쾅거렸다. 나뭇잎 하나를 주워 들고 열심히 조사하는 척하면서 혹시나 눈을 굴린 게 주의를 끌었을까 싶어 옆으로 흘끗흘끗 쳐다보았다. 다행히 어미 침팬지는 여전히 10대 아들들의 몸에서 진드기를 잡아 입에 넣는 데 몰두했다.

호베이터의 현장 연구에서 두 번째로 지켜야 할 것은 침묵이다. 나는 침묵을 지키기 위해 몹시 애를 써야 했다. 다만 보디랭귀지까지 입다물게 하는 게 얼마나 어려운지는 예상하지 못했다. 대부분 침팬지의 의도적인 의사소통은 미묘한 손짓과 얼굴 표정으로 이루어진다. 그들의 수다는 신기할 정도로 평화롭다. 그래서 나는 침팬지들이 방귀 뀔 때를 빼고는 얼마나 조용히 살아가는지를 보고 매우 충격을 받았다. 호베이터가 세계 최초로 침팬지 사전을 편찬하기 위해 해독하려는 것이 바로 이러한 몸짓이었다. 루시처럼 사육 상태의 침팬지들은 미국 수화에 나오는 단어 250개를 익혀 잡지 표지를 장식할지도 모른다. 그러나 야생 침팬지는 정글에서 "립스틱"이나 "거울" 같은 낱말이 필요하지 않다. 그리고 훨씬 적은 수의 몸짓 언어만 가지고도 살아갈 수 있다. 지금까지 호베이터가 획기적으로 제작한 침팬지 용어 사전은 약 70가지 침팬지 동작을 번역했다.

침팬지들의 몸짓 가운데 많은 것이 놀랄 만큼 인간과 비슷하다. 악수하는 행동은 일종의 제휴 표시로 거래를 끝낸 사업가의 행동과 마찬가지이다. 나는 이들이 용서할 때는 손을 위로 향하고 인사할 때는 입을 맞추는 것을 보았다. 그러나 이 털 달린 까만 사촌이 인간과 똑같은 방식으로 의사소통한다고 가정하는 것은 위험하다. "우리는 침팬지가 인간과 상당히 비슷하리라 생각하는 경향이 있습니다. 따라서 몸짓을 분석할 때 함정에 빠지기가 매우 쉽지요. 예를 들어 인간은 손을 흔드는 것과 발을 흔드는 것은 다른 의미가 있다고 생각합니다. 인간에게는 그것이 이치에 맞기 때문입니다. 하지만 침팬지는 아마 우리가 팔을 흔들든 다리를 흔들든 상관하지 않을 겁니다. 침팬지에게는 어차피 둘 다 똑같은 뜻이니까요"

침팬지의 보디랭귀지 중에 어떤 것은 인간 관찰자의 눈에 보이는 것과는 정반대의 뜻을 가진다. 피지팁스(영국의 홍차 브랜드_옮긴이) 광고에서 웃고 있는 침팬지는 사실 별로 즐겁지 않다. "이빨을 드러내고 웃는 것은 불안하고 걱정되고 두렵다는 뜻입니다"라고 호베이터가 말했다. "생각해보면 웃는 침팬지가 그려진 생일 축하 카드나 연하장은 소름 끼치죠. 웃는다고 웃는 게 아니거든요."

연구팀이 최근에 발견한 사실 가운데 가장 의미 있는 것은 침팬지가 어떤 사실을 다른 침팬지가 이미 알고 있을 것이라 전제한 상태에서 의사소통을 조정한다는 점이다. 이처럼 타인의 마음을 들여다보는 통찰력은 '마음 이론'이라고 알려진 동물심리학 분야의 뜨거운 주제이다. 이러한 통찰력은 오랫동안 인간을 인간이게 하는 고유한 특징, 즉 그들과 우리를 나누는 중요한 경계로 여겨졌다. 사육 상태의 침팬지에서 이 통찰력을 찾기 위해 수많은 실험이 이루어졌다. 그러나 호베이터는 자신과 동료들이 현장에서 이것을 어떻게 입증했는지 보여주었다. 그것은 침팬지의 마음을 읽는 우리 자신의 능력을 테스트하는 고된 훈련 과정에 다름 아니었다.

발상 자체는 꽤 엉뚱하지만 비교적 간단한 실험이었다. 우리는 이동 중인 침팬지 무리가 지나가는 길목에 고무로 만든 뱀을 숨겨놓고 뱀이 나타났을 때 그것을 처음 발견한 침팬지가 다른 침팬지들도 그것을 보았을 것으로 생각할 때와, 보지 못했을 것으로 생각할 때 행동이 달라지는지 관찰했다. 얼마나 간단하고도 깔끔한 실험인가.

실행에 옮기는 과정은 결코 녹록지 않았다. 우선 이 방대한 숲속에서 침팬지들이 어디로 발걸음을 옮길지 예상해야 했다. 다음으로 빽빽한 밀림을 빠르게 헤치고 유인원들보다 먼저 예상 경로에 도착해 가짜 뱀을 놓아야 했다. 위장 색으로 된 천에 낚싯줄을 매달아 뱀을 덮은 뒤 (역시 숨어 있는) 연구원이 그 끝을 붙잡고 기다리다가 침팬지가 나타나면 잡아당겨 뱀이 모습을 드러내게 하는 게 계획이었다. 침팬지들이 이 장난감 뱀을 진짜라고 생각하길 바랐다. 그다음에 그 침팬지가 나머지 무리에게 경고하는지 아닌지를 관찰하면 됐다. 마지막으로 침팬지의 반응이 적당한 각도에서 녹화되도록 비디오카메라를 설치해야 했다. 보통 일이 아니었다.

이 임무에 성공하기까지 들인 노력을 보면서 나는 동물들로 하여금 각자의 비밀을 드러내도록 하는 것이 얼마나 어려운 일인지 깨달았다. 우리는 온종일 정글을 뛰어다녔다. 덤불을 헤치고 다니다 길을 잃기도 하고 개미에게 공격당하기도 했다. 빛이 사그라지는 순간이 되어서야 주인공들을 무대 위로 올릴 수 있었다. 무리의 맨 마지막에 걸어가던 침팬지가 뱀을 보더니 '후' 하고 거의 들리지 않는 부드러운 경고음을 냈다. 이것은 자기 앞의 다른 침팬지들이 이미 뱀을 보았다고 "생각하기" 때문에 소란스러운 경고음을 낼 필요가 없었음을 암시한다.

연구진은 결론을 내기까지 이와 같은 실험을 모두 111회나 반복했다. 숲속에서 무려 6개월이나 지치도록 헤맨 것이다. 이 연구를 마칠 무렵 이들의 몸이 얼마나 마르고 부스럼투성이가 되었을지 상상이 간다.

타인의 마음을 읽는 능력은 침팬지에게 특히 유용하다. 이들의 삶은 많게는 100마리 개체로 이뤄진, 계급에 따르는 고도로 유동적인 사회망 안에 얽혀 있기 때문이다. 살아남기 위해서는 무리 안에서 벌어지는 연속극 같은 정글의 법칙을 잘 파악해야 하는데, 그러려면 수많은 얼굴 — 또는 침팬지 세계에서는 엉덩이 — 을 알아보도록 익혀야 한다. 최근 한 연구에서 침팬지에게 동료의 얼굴과 둔부 사진을 보여줬더니 양쪽에 모두 친숙함을 드러냈다. 이것은 삶의 대부분을 나무에서 보내는 동물에게는 당연한 일이다. "우리야 늘 밑에서 위를 올려다볼 수밖에 없지요"라고 호베이터가 말했다. 호베이터는 심지어 생식기를 찍은 플래시 카드를 만들어 팀원들이 자기 연구 대상의 위와 아래에 모두 익숙해지도록 했다.

호베이터는 이미 이 침팬지들과 함께한 지 10년이 되어간다. 호베이터는 이들을 가족만큼이나 잘 안다고 했다. "침팬지 한 마리 한 마리가 자라는 과정을 지켜봤기 때문에 내가 얻을 수 있는 모든 정보를 알고 있어요." 한 예로 호베이터는 프랭크와 프레드라는 침팬지 형제에 대해 말해주었다. "프랭크는 현재 떠오르는 알파 수컷인데 어려서부터 끊임없이 어른 침팬지에게 자신의 운을 시험하는 아주 외향적인 어린 수컷이었어요. 프랭크와 같은 어미, 같은 양육 환경, 같은 공동체, 같은 숲에서 자랐지만 그와는 완전히 다른 그의 형제와 비교해볼까요. 프레드는 믿기 어려울 만큼 조용하고 느긋하고 활기라고는 전혀 없었습니다"라고 호베이터는 회상했다. "어떻게 개별 침팬지들이 각자 그토록 완벽히 다른 생존 전략을 가질 수 있는지 그 비밀을 풀어가는 과정이 정말 매력적이랍니다."

호베이터는 침팬지의 복잡한 사회생활, 지능, 긴 수명이 개별 침팬지의 고유한 특성을 만드는 비결이라고 믿는다. 호베이터는 개성이야말로 침팬지뿐 아니라 다른 동물 종을 이해하는 결정적 속성이라고 말했다. "서구 과학에서는 동물 집단 내에서 모든 변이를 제거하고 행동의 평균치를 끌어내려는 경향이 있습니다. 개성이나 변이를 나쁘고 부정적으로 보는 거죠. 그러면서도 인간의 행동을 볼 때는 개개인의 차이를 근본적인 것으로 강조합니다." 호베이터는 이렇게 지적했다. "탐색 과정에서 각각의 차이를 제거하는 가운데 우리는 그것이 동물의 행동에 관해 얼마나 흥미로운 사실을 제시하는지는 완전히 간과해왔습니다."

호베이터는 아프리카 전역의 다른 침팬지 연구 현장을 방문하면서, 자신의 침팬지와 큰 차이점을 발견했다. "마치 인도 사람과 스코틀랜드 사람의 차이라고나 할까요." 호베이터는 설명했다. "예를 들어 서아프리카의 침팬지 암컷은 서열이 높고 정치적 성향이 강합니다. 부동고 침팬지들한테서는 볼 수 없는 모습이지요. 이를테면 서열이 높은 암컷이 도착하면 마치 수컷에게 하듯 인사를 합니다. 대단한 문화적 차이지요."

호베이터는 이렇게 침팬지 개체군 간의 문화적 차이를 언급하는 것은 비교적 새로운 시도라고 설명했다. "많은 사람들이 침팬지의 행동을 모든 침팬지에게서 똑같이 나타나는 일반적인 것으로 취급합니다. 하지만 이제 우리는 지금까지 우리가 '침팬지'의 행동이라고 알고 있던 것들이 사실은 오랜 시간 동안 곰베에서 온 자료에 편향되었다는 것을 알게 되었습니다." 곰베는 제인 구달이 선구적인 침팬지 연구를 수행했던 장소다. "곰베에서 이뤄진 행동으로는 진실이지만, 그렇다고 모든 침팬지가 그렇게 행동한다고 볼 수는 없지요. 심지어 곰베 안에서조차 현재와 몇 세대 전의 무리 사이에 큰 차이가 있기 때문에 우리는 집단 문화에 미치는 개인, 개성, 생활사의 영향력을 볼 수 있습니다."

이러한 지역 간의 차이는 도구 사용과도 연관된다. 최근에 세네갈의 침팬지 개체군이 동굴에 살면서 이빨로 막대기를 뾰족하게 쪼개 직접 창을 만든 후 구멍 난 나무에 숨어 있는 갈라고(아프리카에 서식하는 야행성 영장류_옮긴이)를 사냥하는 게 관찰되었다. 기니에서는 침팬지들이 야자수에서 발효된 도수 높은 알코올을 마시려고 나뭇잎 해면을 만들었다. 그리고 우간다에서는 사춘기 침팬지 암컷이 나뭇가지를 장난감 인형인 양 가지고 노는 것이 기록되었다. 이 침팬지는 나뭇가지를 부드럽게 안아주고 밤에는 잠자리까지 만들어주었다. 각 집단은 특유의 도구를 개발했는데, 사실상 놀랄 만큼 인간과 비슷했다.

하지만 가장 흥미로운 도구 사용의 일인자는 서아프리카의 침팬지에게 돌아가야 한다. 최근 기록에 따르면 이들은 돌멩이를 차곡차곡 쌓아두었다가 — 인류의 신성한 장소에서 고고학자들이 발굴한 유적을 연상시키는 — 마치 신나는 의식이라도 치르듯 나무에서 휙 내던졌다. 이 놀라운 행동에 관한 논문이 출간된 지 며칠 만에 전 세계 타블로이드판 신문은 어떻게 침팬지가 "성스러운 나무에 성소를 지을 수 있는지" 탄성을 질렀다. 이것이 "침팬지가 신을 믿는다는 증거가 될 수 있을까"라고 한 머리기사는 물었다.

로라 케호이Laura Kehoe 박사는 폭발적인 언론의 관심에 완전히 당황한 과학자들 중 하나였다. "좀 어처구니가 없었습니다." 케호이에게 언론의 반응에 대해 묻자 그녀가 한숨을 쉬며 말했다. "신화가 탄생하고 또 순식간에 수습 불가능한 상태까지 가는 정말 좋은 본보기라고 생각합니다. 종교인들이 저희에게 이 연구에 감사한다는 편지까지 썼으니까요." 케호이는 계속해서 말했다. "편지를 한 통 받았는데 정말 놀라웠어요. 아일랜드에 사는 한 여성이었는데, 침팬지가 종교를 가졌다는 사실이 너무나 기뻐서 저를 위해 기도하겠다고 했거든요."

원래의 논문에서는 단순히 침팬지의 돌무덤을 고대 인류의 돌무덤에 비교한 데 불과했다. 그리고 앞으로 고고학자들이 인간의 유적지에 신성을 부여할 때는 침팬지의 작품일지도 모르니 주의할 필요가 있다고 지적했을 뿐이다. 논문의 저자들은 이 침팬지 돌무덤이 수컷 침팬지의 과시나 의사소통과 연관이 있을 것이라고 제안했다. 이 침팬지들은 나무의 밑동을 드럼처럼 이용해 장거리 메시지를 보낸다고 알려져 있었다. 그들이 돌을 던지는 것도 같은 목적으로 이용될 수 있었다. 또한 돌더미는 영역 표시 같은 좀 더 상징적 의미가 있을지도 모른다. 논문의 저자들은 같은 지역에서 "성스러운" 나무에 지어놓은 서아프리카 원주민의 석조 사원과 놀라운 유사성에 주목했다. 그리고 이와 같은 행동의 유사성을 탐구하는 것이 얼마나 흥미로운 일인지 언급했다.

논문의 저자 중 한 사람인 로라 케호이는 여러 언론 매체로부터 이 발견에 대해 기고를 써 달라는 제의를 받았다. 특히 침팬지 유적지에 영적 의미가 있다는 추측에 대해 "정말 그렇다면?"이라는 커다란 질문을 던지고는 이에 대해 대답해줄 것을 적극 권유 받았다. 케호이는 원고를 보냈고, 편집자는 "우리의 가장 가까운 살아 있는 친척에게서 발견된 흥미로운 행동"이라는 원래의 제목을 "신비한 침팬지 행동이 신성한 예식의 증거가 될지도 모른다"로 바꾸었다. 케호이는 내게 말했다. "사람들이 그 제목을 클릭한다면, 그게 그들이 읽고 싶은 것이고 곧 그들의 사고방식인 것이죠. 거기서부터는 완전히 통제를 벗어나게 되지요."

케호이는 엄청나게 많은 편지를 받았다. 어떤 것은 모욕적이었고 "제정신인 사람한테서 온 것은 별로 없었다". 이는 자신이 몸담은 연구 과제와 나날이 수가 줄어드는 연구 대상을 긴급히 보전할 필요성에 대한 인지도를 높이기 위해 자신의 발견을 그럴듯하게 포장하도록 유혹을 받는 과학자들이 경계해야 할 이야기다. 인터넷 덕분에 케호이는 신화 창조의 새로운 영역에 발을 내딛었다. 클릭을 부를 만큼 자극적인 헤드라인과 가짜 뉴스가 너무 자주 진짜 뉴스와 구분할 수 없게 되는 이 새로운 영역에 말이다.

케호이는 침팬지가 신을 발견했다는 언론의 보고는 인정하지 않았지만 어쩌면 정말로 침팬지들이 경외의 감정을 경험하는 능력이 있는지도 모른다고 생각했다. 다른 영장류 학자들도 같은 생각을 이야기한 적이 있다. 제인 구달은 침팬지가 폭포 주위에서 기이한 의식을 치르는 것처럼 보이는 행동을 관찰했다고 말했다. 침팬지들은 털이 곤두선 상태로 돌을 던지고 나서는 주저앉아 떨어지는 물을 응시했다. 침팬지는 헤엄을 못 친다. 때문에 물은 이들에게 위험하다. 그러나 이러한 표현은 분명 공포 반응이 아니다. 신기한 표현 방식을 보여주고 설명하는 어느 온라인 동영상에서 구달이 "경외와 경이의 감정에 의해 유발된" 것일지도 모른다고 한 뭔지 모를 매우 독특한 것이다. 구달은 다음과 같이 말했다. "침팬지의 뇌는 우리와 비슷하다. 이들에게는 우리가 행복과 슬픔, 공포와 절망이라고 부르는 것과 분명 유사한 감정이 있다." "그렇다면 그들이라고 왜 영적 감정을 가질 수 없겠는가. 자기 밖의 존재에 대해 진실로 경이로움을 느끼는 것이다."

호베이터는 부동고 침팬지들이 빗속에서 춤을 출 때 비슷한 현상을 보았다. "정말이지 너무나 아름다운 장면이었습니다. 아주 큰 폭풍이 몰아닥친 날이었어요. 천둥이 치는 빗속에 모든 소음이 잠재워진 가운데 침팬지들이 괴상한 춤을 추기 시작했습니다. 완전한 침묵 속에서 마치 물속에 있는 것 같은 느린 동작이었지요. 여느 과시 행동과는 완전히 달랐습니다. 그저 이 거대하고 압도적인 자연의 사건에 대한 반응 같았습니다. 영혼을 울리는 감동적인 음악을 들을 때면 나도 모르게 몸이 움직여지는 순간이 있습니다. 그렇다고 반드시 종교적 의미가 있어야 하는 것은 아닙니다. 그저 자연의 경이로움에 경외를 드러내는 것이지요. 어쩌면 침팬지들에게도 그것을 느끼는 능력이 있는지도 모릅니다. 잘 모르겠어요."

나도 잘 모르겠다. 이것은 영성의 씨앗일 수도 있고 동물의 세계를 인간의 프리즘으로 본 또 다른 예일지도 모른다. 지금까지 수많은 동물의 수수께끼에서 본 것처럼, 우리는 끝내 진실을 알지 못할지도 모른다. 그러나 부동고 침팬지들을 관찰하면서 내 안에 그러한 경이로움이 일었다는 것은 확실히 안다. 나는 그들이 그 경외의 느낌을 공유하는 능력이 있다고 정말로 믿고 싶다. 그리고 인간의 손에 침팬지의 수가 경계할 수준으로 줄어드는 상황에서, 우리 자신이 더 우월하다는 생각으로 선을 긋기보다는 오히려 우리와 가장 가까운 사촌과 연결되어 있다는 생각이야말로 우리 관계를 진전시키는 방법이라고 생각하지 않을 수 없다.

이와 같은 새로운 발견으로 인해 우리가 몇 세기 동안 인간의 고유성을 위해 세운 경계가 희미해질 것이다. 17세기 우화집의 저자 에드워드 톱셀은 유인원에 대해 이런 정의를 내렸다. "이들은 사람이 아니다. 왜냐하면 이성을 전혀 사용할 줄 모르고, 온화하지 않고, 정직하지 않으며, 통치에서 공정성이 없으며, 비록 소리는 낼 수 있을지언정 언어가 불완전하기 때문이다. 무엇보다 이들이 인간이 될 수 없는 이유

는 종교가 없기 때문인데, 이것은 (플라톤이 진실로 이르기를) 모든 사람
에게 해당하는 것이다."

위에 열거된 사실 가운데 오늘날 사람 또는 침팬지에 대한 진실은
얼마나 될까?

우리는 동물에 대한 오해의 세월에서 배울 점이 많다. 과학자와 역사가는 성공의 축배를 들고 싶어 하지만 나는 그간의 실패를 돌아보는 과정 역시 똑같이 중요하다고 생각한다. 특히 밝혀진 진실이 왜 그토록 우리가 기대하던 것과는 완벽하게 다른지 생각해볼 때 말이다.

동물을 인간과 동일시하려는 자석 같은 충동이야말로 실패와 실수의 가장 큰 요인이자 진실을 호도한 원천이다. 우리는 술 취한 말코손바닥사슴이나 부지런한 비버에게서 우리 자신의 행동에 대해 확신을 구하고 태만한 나무늘보나 잔인한 하이에나, 불결한 독수리처럼 인간의 도덕률에 부응하지 않는 생물을 바로 비난하는, 심리적으로 불안정한 종이다. 동물의 진실 앞에서 느끼는 불편함은 우리의 공포뿐 아니라 희망도 함께 드러낸다.

흥미로운 것은 이러한 편견의 근원이 4세기에 편찬된 《퓌시올로구스》라는 책 한 권으로 추적된다는 사실이다. 고대 철학자들과 중세 우화집 작가들의 옥죄는 도덕률은 오늘날에도 여전히 전통적 규범을 칭송하며 강조하는 인기 있는 출판물이나 (일부 내 작품을 포함한) 자연사 프로그램에 영구히 남아 있다. 그 규범이란 이성애, 일부일처제, 핵가족 등으로 모두 자연에는 실제로 거의 존재하지 않는 것들이다.

그렇다고 동물에게 기본적인 도덕적 잣대가 없다는 말은 아니다. 이 분야는 현재 저명한 영장류 동물학자인 프란스 드 발Frans de Waal 박사와 같은 연구자들 사이에서 뜨거운 주제다. 드 발 박사는 도덕의 근간이 되는 공감과 공정성이라는 감각의 조합이 원숭이나 쥐와 같은 다양한 종에서 발견된다고 지적한다. 이는 도덕화가 생물을 이루는 근본적인 구성 요소일 수도 있음을 암시한다. 그러나 동물의 세계를 인위적인 윤리의 붓으로 색칠하려는 것은 피를 마시고, 형제자매를 먹고, 시체를 범하는 것을 포함해 생명의 놀라운 다양성을 부정하는 일이다. 우리는 이러한 행동을 보고 두려워할 필요가 없다. 이들은 우리를 가르치기 위해 존재하는 게 아니다. 펭귄이 동성애자든 이성애자든 얼어붙은 머리와 짝짓기를 하든 우리 자신의 성적 정체성과는 아무런 상관이 없다. 우리가 어찌 생각하더라도, 인간이 우주의 중심은 아니다.

이것이 이 책을 쓰면서 얻게 된 두 번째 교훈이다. 동물의 의인화가 가장 첫 번째 적이라면 인간의 오만이 그 뒤를 바짝 좇고 있다. 효능 없는 약재를 얻고자 비버를 해치는 것부터 개구리를 임신 테스트기로 사용하고 판다를 외교 목적으로 사용하는 것까지 우리는 자신을 제외한 나머지 동물을 인간의 필요를 충족시키기 위한 존재로 바라본 역사를 갖고 있다. 이 이기적 관점이 결과적으로 가장 그릇된 길로 이끄는 실수를 가져왔다. 대량학살의 시대에 우리는 더는 실수할 여유가 없다.

진리 탐구라는 길고 구불구불한 길 위에는 움푹 팬 구멍이 군데군데 나 있다. 우리는 이 보 전진한 끝에 한 걸음 뒤로 물러선다. 감사하게도 현재 우리가 사용하는 방법은 경악할 만한 과거에 비해 덜 잔인하지만, 우리는 여전히 어둠 속에서 비틀거리고 실수를 저지른다. 과학을 불신하는 우파 종교적 근본주의의 시도가 증가하면서 진실에 대한 요구가 이보다 더 컸던 적은 없었다. 그러나 그릇된 방향 전환 또한 모든 과학의 진보에서 필수적인 요소다. 이해의 새 지평을 찾아가는 길은 때로 비현실적인 생각을 요구한다. 우리의 자아와 신념에 책임질 수만 있다면, 우리는 계속해 경이로운 실수를 저지르기를 두려워하지 말아야 한다. 찰스 모턴과 우주로 날아간 그의 철새들처럼 말이다.

| 감사의 말 |

무엇보다 세계 최고의 대리인이 되어준 윌 프랜시스에게 고맙다. 그는 이 책의 모든 단계에서 내 손을 꼭 붙잡아주었다. 잔클로 앤 네스빗 Janklow & Nesbit에서 일하는 모두가 최고였다. 피제이, 레베카 폴랜드, 커스티 고든과 그 밖의 팀원들에게 감사한다. 내가 두 전문 편집자인 수재나 웨이드슨과 토머스 켈러허와 일할 수 있었던 건 정말 행운이었다. 이들의 경험과 야심, 끝없는 인내가 이 책을 내 자신이 자랑스럽게 여길 만한 것으로 만들어주었다. 트랜스월드Transworld와 베이식북스Basic Books의 각 팀들은 더욱 지원을 아끼지 않았고, 그들이 내 편에 있다는 것이 자못 특혜를 받는 느낌이었다. 로빈 데니스와 엘리자베스 스타인, 케이트 새머노에게는 특별한 감사를 덧붙인다. 이들은 꼼꼼한 원고 정리로 책을 한 단계 위로 끌어 올려주었다. 캐럴라인 핫블랙과

조 오미스턴에게는 이 모든 멋진 사진들에 대해 고마움을 전한다. 그리고 소피 로리모어는 내가 이 책에 파묻혀 있는 동안 TV가 계속 돌아가게 해주었다.

이 책을 쓰는 데는 방대한 조사가 따랐다. 맷 브라이얼리와 조지프 러셀이 나를 도와 다양한 동물에 대한 최초 조사에 함께했다. 동물에 관한 리액션Reaktion 출판사의 책들은 또한 귀중한 첫 기항지가 되었다. 의학사가인 제시 올진코그린은 양서류 임신 테스트기 연구에 대해 너그럽게 알려주었다. 헨리 니컬스와 존 무앨럼은 영감을 주는 작가일 뿐만 아니라 그들의 주소록을 나누는 데도 관대했다. 그러나 내가 가장 빚을 진 사람은 수년간 자신들의 지식을 나누어준 과학자와 환경운동가 들이다. 말할 사람이 너무나 많은데, 이미 그중 몇몇은 이 책에도 나왔다. 특히 나는 앤드루 크로퍼드 박사와 로리 윌슨 박사, 샘 트릴(나무늘보협회의)에게 다양한 장에서 전문가의 시선을 느낄 수 있게 해준 데 감사한다. 또한 브리날리니 에르켄스윅 왓사는 마리안 브룩커와 함께 내가 정신없는 노트와 참고문헌을 들고 씨름하는 걸 도와주었다.

이 책을 쓰면서 내 인생에서 가장 도전적인 2년을 보냈다(암과 죽음의 수렁에 빠져서). 아마도 내 가장 친한 친구들의 도움이 없었다면 결코 해낼 수 없었을 것이다. 비니 애덤스, 헤더 리치, 맥스 기네인, 웬디 오트월, 맥신 프랭클린, 리사 구닝, 크리스 마틴, 토리 마틴, 세라 체임벌린, 샬럿 무어, 제임스 퍼넬, 루크 고틀리어, 레슬리 케이턴. 특히 여러 해 동안 내 이야기에 웃어주고 창의적 한계에 도전하도록 격려해준 데 대해 제스 서치에게 감사한다. 레베카 티머와 데이미언 티머는 내가 '양서류 어벤저'가 되도록 영감을 주었고, 그들의 다락방에서 내가 탈바꿈하는 것을 도와주었다(그리고 제드와 샘슨이 너그럽게 그것을 공유해준 것에 감사한다). 그리고 물론 브루스에게 브루스가 되어준 것, 그리고 그와 같은 사려 깊음, 유머, 사랑으로 나를 지탱해준 것에 아주 많이 감사한다.

책을 쓴다는 것이 얼마나 힘든 일인지에 대해 없어서는 안 될 충고를 해준 알렉스 벨로스, 나탈리 벨로스, 알렉시스 커슈봄, 앤드리아 헨리에게 감사한다. 앤드리아는 중요한 순간에 나를 올바른 방향으로 이끌어주었다. 제트에게는 내 사진을 그렇게 재밌게 찍어주려 한 것에 감사한다. 아치 파월과 제임스 브라운은 매우 힘들었던 어느 여름에 내가 일하며 지낼 곳을 마련해주었다. 톰 호지킨슨은 내가 나무늘보에 대해 열변을 토하는 게으름뱅이 단계에서 일어서도록 해주었다. 그리고 웹사이트에 대한 모든 것은 리즈 비주에게 감사한다.

마지막으로 내가 누가 되고 싶다고 해도 그걸 허락하고 내 정신 나간 꿈을 지원하고 내게 유머 감각을 물려준 엄마에게 고맙다(이 책에 나오는 모든 고환과 관련된 농담은 다 엄마 덕분이다). 그리고 내 멋진 아빠, 정원에 욕조 연못을 만들고 자연에 대한 사랑을 가르쳐준 아빠에게 감사한다. 엄마와 나는 아빠가 정말 그립지만 아빠의 따뜻함과 재치, 지혜는 책장 하나하나마다 스며 있답니다.

(약한 스포일러 주의)

'오해의 동물원'.

이 아리송한 제목의 책은 위대한 그리스 철학자이자 동물학의 아버지, 분류학의 할아버지쯤 되는 아리스토텔레스의 굴욕으로 시작한다. 굴욕을 안긴 것은 다름 아닌 뱀장어다. 뱀장어 고환과의 숨바꼭질에서 진 아리스토텔레스는 뱀장어가 '지구의 내장'에서 저절로 태어난 무성생물이라는 합리적 결론을 내린다. 아리스토텔레스의 굴욕은 여기에서 그치지 않는다. 이 책에서 아리스토텔레스는 출생의 비밀이 모호한 동물들의 번식 과정을 자연발생설이라는 황당한 소설에 끼워 맞추고, 계절에 따라 신출귀몰하게 나타났다 사라지는 철새를 변신의 귀재로 둔갑시킨 공상과학 소설의 아버지였음이 밝혀진다. 이 위대한 아버지의 영향으로 무려 2,000년간 이른바 자연과학자들은 오늘날 우리들의 비웃음을 살 만한 어리석은 실험과 이론의 전통을 철저히 계승한다. 자연발생설의 유행으로 기가 막히는 즉석 동물 제조법이 유행하고, 동면 사실을 입증하기 위해 수많은 제비가 수장되었다. 그렇다면 '오해의 동물원'은 저자의 말대로 아는 게 없어서 무엇이든 가능했던 경이와 무지의 시대에 만연했던 오해를 다룬 책이라고 볼 수 있다.

무지몽매한 옛 조상들의 상상력은 별 홍밋거리가 되지 못한다고 생각할지도 모르겠다. 솔직히 나도 이 책의 첫 문장에서 아리스토텔레스라는 단어를 보자마자 실망했으니까. 하지만 이 책을 서점의 자연과학 코너에 꽂히기도 부끄러운 동물의 신화 이야기로 오해하면 곤란하다. '오해의 동물원'은 지금까지 내가 읽은 가장 웃기고 재밌고 완벽한 과학사 책이니까 말이다.

나만의 오해는 이 황당한 가설과 헛소문을 대하는 옛 과학자들의 당황스러울 정도로 진지한 태도에서 풀어지기 시작했다. 하지만 그 이야기를 하기에 앞서 우선 이처럼 많은 과학자들을 삽질하게 하고, 무수한 동물을 희생시킨 소문과 가설, 오해의 근원을 살펴보자. 고대 철학자에서 중세 우화집 작가, 그리고 근대 자연과학자들에까지 이어진 놀라운 실수의 근원이 무엇일까? 우선 저자는 편견의 시발점으로 4세기에 편찬된 《퓌시올로구스》라는 책을 의심했다. 나도 내 나름대로 이 책을 근거로 정리해보았다.

첫째, 고대 철학자들과 근대 자연과학자들은 논리적·이성적·과학적으로 설명하려고 아무리 애를 써도 도무지 이해할 수 없었던 존재와 현상 앞에서 자신의 지적 자존심을 달래고자 당시로는 최신 지식을 총동원해 가장 납득할 만한 가설을 지어냈을 것이다. 앞에서 말한 아리스토텔레스의 자연발생설과 17세기 과학자 찰스 모턴의 황새 우주 이동설이 대표적인 예다. 모턴은 누구도 겨울철 새들의 행방을 알지 못한다면, 결국 이들이 지구가 아닌 다른 곳에 숨었다는 결론밖에 내릴 수 없다면서 가장 그럴듯한 천체로 달을 설정하고 매우 수학적이고 과학적인 근거를 제시했다.

둘째, 저자가 제시한 용의자 《퓌시올로구스》의 허무맹랑한 '팩트'들은 유럽 중세 우화집 작가들에게 깊은 도덕적 영감을 주어 설사 거짓이라도 사실이어야만 하는 유용한 도구가 되어 교회가 사람들을 통제하는 수단이 되었다. 이는 정치가들도 마찬가지라 사실 여부를 가리지는 못할망정 필요에 따라 거짓을 더욱 왜곡했다. 덕분에 비버는 자신의 소중한 불알을 입으로 끊어 사냥꾼에게 넘겨주는 금욕주의자가 되었고, 하이에나는 신성한 노동의 가치를 알지 못하고 시체나 파먹는 자웅동체의 더러운 짐승으로 전락했다. 그뿐이 아니다. 박쥐는 구강성교를 즐기고 욕정에 가득 차 벌거벗고 다니는 사악한 변태로 전락했고, 황새는 이교도의 상징이자 배교자로 기독교 교회로부터 박해 받았다.

셋째, 한 개인의 극히 주관적 견해가 그대로 사실로 굳어져 오래오래 이어져 내려온 경우가 있다. 특정 동물에 대한 호불호는 극히 개인적인 것이지만, 그것이 누구의 입에서 나왔느냐가 중요하다. 저자가 이 책의 스타로 명한 뷔퐁 백작은 당대 가장 존경 받는 자연과학자였고 세계적인 베스트셀러 백과사전의 저자였다. 뷔퐁 백작은 나무늘보를 가장 하등한 형태의 동물이라고 경멸했고, 박쥐는 불완전한 네발짐승, 독수리는 게걸스럽고 비열하고 역겹고 혐오스러운 동물이라고 말했다. 반면 비버에게서는 유토피아의 희망을 찾았고, 수리는 사자의 용기와 고귀함, 담대함과 관대함을 지녔다고 칭송했다. (이것은 뷔퐁 백작 어록의 극히 일부일 뿐이다. 책에서 그의 활약상을 직접 확인해보시라.) 조류학자 제임스 오듀본은 자연이 한 동물에게 두 개의 뛰어난 감각을 주었을 리 없다는 이유로 칠면조독수리에게서 후각을 앗아갔고, 조르주 퀴비에는 단 한 번도 스스로 실험한 적 없이 박쥐는 촉각을 이용해 장애물을 피한다고 공언했다. 둘 다 당시 명성이 하늘 높은 줄 모르던 유명인사였다. 이렇게 영향력 있는 자의 주관적 견해와 근거 없는 믿음 덕분에 수난을 겪어야 했던 동물들의 사연은 눈물 없이는 읽을 수가 없다.

넷째, 누가 봐도 충분히 오해를 불러일으킬 만한 현상이 불러온 자연스러운 오해가 있다. 어두운 곳에서도 용케 장애물을 피해 다니는 박쥐가 실은 인간의 가청 범위를 넘어서는 초음파를 사용한다는 사실을 상상이나 할 수 있을 것이며, 가을이면 과수원에 들어가 푹 발효된 사과를 먹고 술에 취한 사람처럼 정신 못 차리는 말코손바닥사슴을 보고 사실은 이 동물이 사과산과다증으로 괴로워하는 중이라는 걸 어찌 알겠는가. 하마의 피부에서 흐르는 붉은 액체를 보고 피가 아닌 자외선 차단제라고 짐작하기 힘든 것처럼 말이다. 황새가 겨울을 보내고 돌아오는 철이 그 지방 민속적 특징에 따라 사람들이 아기를 많이 낳는 시기와 겹치고, 범람원의 농사철과 개구리의 번식기가 우연히 맞아떨어지면서 황새와 개구리는 다산의 상징이 되었다.

그 출처가 무엇이든, 현대인의 눈에 조롱거리로밖에 안 보이는 오해들을 누구보다 진지하게 대한 근대 자연과학자들의 노력은 진심으로 존경 받아 마땅하다. 이들의 노력으로 파괴된 신화와 새롭게 밝혀진 진실 덕분에 오늘날 우리가 이렇게 그들을 비웃을 수 있는 과학 지식을 갖게 되었음을 깨닫게 될 것이다. 프란체스코 레디는 창조의 비밀을 찾기 위해 항간에 떠도는 모든 자연발생법을 시연하느라 무더운 여름 내내 악취가 진동하는 온갖 재료를 만지면서도 성심을 다했고 결국 자연발생설의 종말을 고했다. 라차로 스팔란차니는 개구리 수컷에게 수제 반바지를 입힌 채로 짝짓기를 시킨 끝에 귀중한 개구리 정액을 채취하고 수정의 미스터리를 풀었다. 또한 그는 지독히 무정하고 잔인하기는 했으나 박쥐의 감각을 체계적으로 테스트하여 박쥐의 초능력이 청력에 있다고 결론지었다. 요하네스 슈미트는 20년간 아내도 내버려둔 채 대서양을 샅샅이 뒤져 결국 1센티미터도 안 되는 뱀장어 유생을 찾아 뱀장어 번식의 비밀에 다가갔다. 요하네스 티네만은 2,000마리의 황새에 발가락지를 달아 철 따라 움직이는 황새의 이동 경로를 파악했다. 에드워드 윌슨과 삼총사는 황제펭귄의 알에서 진화의 연결 고리를 찾고자 남극의 혹독한 겨울로 뛰어들었고 결국 그중 둘이 목숨을 잃었다. 현재에 비하면 턱없이 부족하고 열악했을 연구 환경을 생각하면 이들의 집요하고 끈질긴 노력에 새삼 고개가 숙여진다. 이들 덕분에 과거의 터무니없는 오해는 저자의 말대로 이해의 새 지평을 찾아가는 데 필수적인 경이로운 실수로 탈바꿈하게 된 것이다.

저자가 소개하는 오해의 동물원 식구들은 하나같이 분류학적으로 골칫거리들이었다. 뱀장어는 아리스토텔레스와 프로이트를 두 손 들게 할 정도로 성의 비밀을 감쪽같이 숨겨 무성생물이라는 오해를 받았다. 뷔퐁 백작은 비버를 네발짐승과 물고기를 연결하는 중간 단계로 강등시켰다. 나무늘보의 영어 이름인 슬로스는 기독교의 일곱 가지 대죄 중 하나인 나태와 동일하다. 분류학의 아버지 칼 폰 린네는 하이에나를 고양이로도 개로도 분류하며 갈팡질팡했다. 하이에나는 잡종으로 취급 받아 노아의 방주에서도 쫓겨난 전력이 있고, 암수의 생식기가 유독 비슷하게 생긴 바람에 자웅동체의 금수가 되었다. 오듀본이 칠면조독수리를 검은대머리 수리로 오해하는 바람에 얼떨결에 후각을 빼앗겼다. 박쥐는… 더 말해 무엇할까. 네발짐승과 새 사이에서 혼돈을 일으키는 것으로도 모자라 졸지에 흡혈귀가 되었으니. 하마는 마침내 고래와 가장 가까운 친척이라는 사실이 밝혀지기까지 수많은 법정 논쟁을 불러일으켰다. 판다는 레서판다로 분류되었다가 최근에서야 곰으로서의 정체성을 되찾았다. 펭귄은 바다쇠오리와, 침팬지는 감히 인간과 혼동되었다.

오해의 동물원 식구들은 저자가 독자에게 꼭 말해주고자 하는 진실의 성격에 따라 크게 둘로 분류된다. 저자는 어쩌다 각인된 부정적 이미지 때문에 아주 긴 세월 수모를 당하고 박해를 받았던 안쓰러운 존재들(하이에나, 나무늘보, 독수리, 말코손바닥사슴)의 억울함을 풀어주고, 정치적·사회적 이유로 유별나게 사랑받았던 동물(하마, 판다, 펭귄)의 실체를 고발한다. 불결한 청소 동물인 독수리는 사실 지구를 사랑하는 친환경주의자이며, 하이에나는 선구적 페미니스트, 자연의 실패작인 나무늘보는 엄청난 능력을 갖춘 생존자다. 말코손바닥사슴의 술주정은 사과를 많이 먹어 배탈이 난 환자의 몸부림이다. 디즈니의 대스타인 귀여운 하마는 사실 아프리카에서 가장 위험한 동물 1위 자리를 고수하고 있고, 성적으로 미숙하고 인간의 도움이 없이는 생존조차 할 수 없을 것 같은 판다는 엄청난 정력의 소유자다. 뒤뚱거리는 몸짓으로 모두의 사랑을 독차지하는 펭귄은, 한마디로 말해 저지르지 못할 범죄가 없는 놈들이다.

저자는 이 책을 쓰면서 과거에 만연했던 동물에 대한 편견, 오해, 무지를 나열하는 데 그치지 않는다. 저자의 말대로 인간은 언제나 자기 세대가 자기의 전 세대보다 동물에 대해 더 많이 알고 있다고 자부한다. 결코 틀린 말이 아니다. 나는 이 책을 번역하면서 겨울이면 사라지는 새가 철 따라 이동하기 때문이라는 사실이 생각보다 최근에 밝혀진 사실이라는 데 내심 놀랐다. 박쥐가 초음파를 이용해 어둠에서 길을 찾고, 난자와 정자가 수정하여 생명이 탄생하고, 개구리는 체외수정을 한다는 너무나 당연한 사실이 과거엔 누군가 평생을 바쳐 알아내고자 했던 비밀이었다는 사실에 나도 모르게 놀랐다. 이제 우리는 뱀장어에 추적 장치를 달아 번식지를 찾고, 철새의 발에 부착한 GPS 추적기로 집에서 이동 경로를 확인한다. DNA를 이용해 가장 위대한 학자들을 난감하게 했던 분류학적 논란을 해소하고, 윤리적인 이유 때문이 아니라면 하지 못할 실험이 없게 되었다.

그러나 지금 생각하면 무시무시하면서 한심하기 짝이 없는 시도와 실험들은 비교적 최근까지 있어왔다. 독수리를 길들여 탐색에 이용하겠다는 탐정 프로젝트는 독수리들이 시체를 찾은 후 본능을 따라 쪼아 먹는 바람에 곤란한 지경에 이르렀다. 제2차 세계대전 당시 핵폭탄을 개발한 바로 그 미국 정부가 박쥐에 소형 폭탄을 동여매 일본을 상대할 미국판 가미카제를 양성하다 자국 기지만 불태우고 만 해프닝은 진짜 있었던 일이다. 침팬지의 고환을 잘라 최상급 비단실로 사람의 고환에 직접 꿰매는 것이 회춘 요법이었고, 침팬지와 인간의 교배종을 만들기 위해 병원에 입원한 여성 환자에게 몰래 인공수정하는 것을 허락해 달라고 정부에 로비한 과학자도 있었다. 심지어 침팬지를 딸 삼아 키우면서 침팬지 정신에 내재한 근친상간에 대한 금기를 시험한 얼치기 같은 심리치료사도 있었으니 말 다 했다.

오해의 동물원 식구들은 영문 모를 수모와 박해를 당해야 하고, 마찬가지로 이유 없이 찬양과 칭송의 대상이 되기도 한다. 그러면서 본능을 잃고 망가진다. 옛날의 과학자는 박쥐가 가진 초능력의 원천을 찾기 위해 박쥐의 눈을 지지고, 안구를 빼내 밀랍을 채우고, 온몸을 니스로 코팅하고, 귀를 자르거나 꿰매버리고, 혀를 뽑았다지만, 오늘날의 과학자들 역시 실험동물에 온갖 물질을 투여하고 유전자를 조작해 신화 속에서나 등장할 법한 기형 동물을 만든다. 판다 복원 센터는 인공수정을 통해 판다답지 않은 판다를 양산한다. 정확도 100퍼센트에 가까운 임신 테스트기로 사용되었던 아프리카발톱개구리가 은퇴할 무렵 선의를 가지고 이들을 야생에 풀어놓은 바람에 이 멸종의 시대에서도 기록할 만한 양서류 멸종이 일어났다. 철새들은 유럽에서 먼 아프리카까지 날아가던 도중에 스페인의 쓰레기처리장에 눌러앉음으로써 철새의 기본 본능을 상실한다. 원래 아프리카에서만 서식하던 하마는 어느 마약왕의 남아메리카에 있는 개인 동물원에 납치되어 왔다가 주인이 떠난 자리에 남아 수를 불리고 정착했다.

동물에 대한 편견과 미신은 오늘날에도 여전히 이어진다. 이는 진실을 밝힐 과학기술이 부족해서가 아니다. 인간이 지극히 인간적인 눈으로 동물을 바라보는 것은 중세 우화집 작가가 살던 시절에서 하나도 달라지지 않았다. 〈동물은 아름다운 사람이다〉라는 지극히 인간적인 제목의 텔레비전 쇼 제작자들은 동물들에게 마취약을 투약한 후 마치 동물들이 술에 취한 것처럼 설정했다. 〈펭귄—위대한 모험〉이라는 영화에서 펭귄은 기독교 교회의 가장 이상적인 가족상을 대표하며 폭발적인 인기를 끌었다. 척추동물 중에서 인간을 제외하면 유일하게 침팬지에서만 알려진 매춘이 펭귄 사회에서 성행하고, 수컷은 자위에서부터 동성애, 집단 강간, 시간, 소아 성애까지 끝없는 타락 행위를 저지른다는 사실이 밝혀진 후에도 이 영화는 올해 속편이 개봉되었다. 이 책에서 소개된 예는 아니지만, 집단 자살을 한다고 알려진 레밍이 벼랑으로 뛰어드는 장면을 포착해 아카데미상까지 받은 디즈니 영화는 사실 제작진이 레밍을 절벽에서 직접 집어 던지면서 촬영했다고 밝혀졌다. 현대판 미신이 탄생하는 과정은 돌무덤을 만들고 돌을 던진 침팬지의 행위가, 자극적인 소재를 찾아 헤매는 언론에 의해 근거도 없이 어느 틈에 종교적 행위로 둔갑하면서 침팬지도 종교를 믿는다는 결론으로 도약한 사건에서 가장 잘 드러난다. 과거나 현재나 많은 이들에게 과학적 팩트는 그다지 중요하지 않다.

하지만 세상에는 동물을 인간의 도구로 보는 사람들만 있는 것은 아니다. 가능한 한 동물을 동물의 눈으로 보고, 동물을 인간과 독립적인 존재로 배워 나가려는 사람들이 이 책의 곳곳에서 소개된다. 나무늘보 협회를 만든 저자를 비롯해 나무늘보, 하이에나, 독수리, 황새, 하마, 침팬지 등 인간에 의해 상처 입은 동물을 돌보고 점차 개체 수가 줄어가는 동물을 보존하고 그들의 환경에서 가장 그들다운 모습을 관찰하고 배우고자 애쓰는 사람들이 있다. 이들이야말로 인간이 오해의 동물원 밖으로 나갈 수 있도록 도와줄 것이다. 그리고 이들은 이 책에 등장하는 엉뚱하고 교활하고 사악하고 골 때리고 정신 나간 멍청이 같은 4차원(그러나 자꾸 읽다 보니 정이 가는) 인간들과 함께 인간 동물원의 다양성을 보장하는 중심축의 하나가 될 것이다.

오해의 동물원은 우리 곁에서 여전히 성업 중이다.

008 나무늘보를 안고 있는 저자. (Author's collection.)

013 대주교처럼 생긴 괴물. Woodcut from 'Nomenclator Aquatilium Animantium. Icones Animalium Aquatilium …' by Konrad von Gesner, Zurich, Switzerland, 1560. (Granger Historical Picture Archive/Alamy Stock Photo.)

026 장어. 아드리안 쿠넌의 수채화. Visboek, Koninklijke Bibliotheek, Jacob Visser collection, f216r, 1577~1581. (Koninklijke Bibliotheek, The Hague, The Netherlands.)

032 '출산 중인 딱정벌레'. 다 자란 뱀장어를 낳고 있다. Frontispiece to *The Origin of the Silver Eel, with Remarks on Bait & Fly Fishing,* by David Cairncross, London, 1862. (ⓒ British Library Board. All Rights Reserved/ Bridgeman Images.)

038 지그문트 프로이트가 에두아르트 질버슈타인에게 보낸 편지에 그린 그림. reproduced in *The Letters of Sigmund Freud to Eduard Silberstein 1871 ~1881* edited by Walter Boehlich, translated by Arnold J. Pomerans,

first published by the Belknap Press of Harvard University Press, Cambridge, Massachusetts, 1990. (By permission of The Marsh Agency Ltd on behalf of Sigmund Freud Copyrights.)

057 목숨을 구하려고 자신의 향낭을 사냥꾼에게 스스로 넘기는 비버. Xylograph illustrating an old edition of Aesop's tales, J. Marius and J. Francus, 1685. *Castorologia.* (Augsburg, Germany : Koppmayer.)

061 비버. Woodcut illustration from *The History of Four-footed Beasts and Serpents* ··· by Edward Topsell, printed by E. Cotes for G. Sawbridge, T. Williams and T. Johnson in London in 1658. (Special Collections, University of Houston Libraries. UH Digital Library.)

073 확대한 '비버 지도'. *(L'Amerique, divisée selon Letendue de ses Principales parties, et dont les points principaux sont placez sur les observations de messieurs de l'Academie Royale des Sciences')* by Nicolas de Fer, 1698. (Image reproduced courtesy of Sanderus Maps : www.sanderusmaps.com.)

078 쓰러지는 나무에 깔린 비버. (ⓒ Beate Strøm Johansen.)

087 '페리코 리게로(나무늘보)'의 그림. from Part One of *La Historia natural y general de las Indias* by Gonzalo Fernández de Oviedo, RAH, Munñoz, A/34, Book 12, chapter 24. Signatura RAH 9/4786. (ⓒ Real Academia de la Historia. España.)

095 길을 건너는 나무늘보. (Scenic Shutterbug/Shutterstock.)

101 나무늘보 판화. by Johann Sebastian Leitner after George Edwards from *Verzameling van Uitlandsche en Zeldzaame Vogelen,* 1772~1781 by George Edwards and Mark Catesby. (Image from the Biodiversity Heritage Library. Digitized by Missouri Botanical Garden, Peter H. Raven Library, www.biodiversitylibrary.org)

107 나무늘보를 들고 있는 윌리엄 비브. (ⓒ Wildlife Conservation Society. Reproduced by permission of the WCS Archives.)

121 파피오 또는 다바라고 불리던 하이에나. Woodcut illustration from *The History of Four-footed Beasts and Serpents* ··· by Edward Topsell, printed by E. Cotes for G. Sawbridge, T. Williams and T. Johnson in London in 1658. (Special Collections, University of Houston Libraries. UH

Digital Library.)

126 교미 중인 점박이하이에나. (ⓒ NHPA/Photoshot.)

131 시체를 먹는 하이에나. Detail from *The Ashmole Bestiary,* England, early thirteenth century. MS Ashmole 1511, folio 17v. (The Bodleian Library, University of Oxford.)

145 칠면조독수리. from *Birds of America* by John James Audubon, 1827~ 1838. (Natural History Museum, London, UK/Bridgeman Images.)

147 '신원 불명' drawn by T. H. Foljambe, engraved on copper (with later tinting) by I. W. Lowry, being the frontispiece to Charles Waterton's *Wanderings in South America,* London, 1825. (Paul D. Stewart/Science Photo Library)

155 칠면조 독수리 셜록과 함께 있는 게르만 알론조. (JOHN MACDOUGALL/AFP/ Getty Images.)

177 '박쥐'. Illustration of bats from *The Fowles of Heaven* by Edward Topsell, c.1613. E L 1142, folio 35 recto, Egerton Family Papers, The Huntington Library, San Marino, California. (The Huntington Library, San Marino, California.)

179 박쥐를 들고 있는 저자. (Author's collection.)

183 햄 주위를 날고 있는 박쥐의 그림. from *Hortus Sanitatis,* published by Jacob Meydenbach, Mainz, Germany, 1491. Cambridge University Library, Inc.3.A.1.8[37], folio 332r. (Reproduced by kind permission of the Syndics of Cambridge University Library.)

204 박쥐와 소이탄. (United States Army Air Forces.)

213 볼리비아, 티티카카호수의 음낭개구리. (Pete Oxford/Nature Picture Library/ Getty Images.)

220 정자 안의 호문쿨루스. Woodcut from 'Essay de dioptrique' by Nicolaas Hartsoeker, Paris, 1694. (Wellcome Library, London.)

223 교미 중인 개구리. by Hélène Dumoustier. Ms. 972, BCMHN. (ⓒ MNHN (Paris) ─ Direction des collections ─ Bibliothèque centrale.)

226 왓포드 병원 가족계획 실험실에서 일하는 오드리 피터. (Reproduced by kind permission of Jesse Olszynko-Gryn, a medical historian based at the University of Cambridge and funded by the Wellcome Trust.)

1959. (William Vanderson/Stringer/Hulton Archive/Getty Images.)

336 2016년에 태어난 23마리 판다 새끼와 함께 청두 번식 센터 직원들. Photograph dated 20 January 2017. (Barcroft Media/Getty Images.)

353 '마젤란 해협을 그린 초기 지도'. Engraving after sixteenth-century Portuguese map, from *The Romance of the River Plate,* Vol. 1, by W. H. Koebel, 1914. (Private Collection/Bridgeman Images.)

356 돼지, 소, 토끼, 인간의 발생 과정 비교. Lithograph after Haeckel from *Anthropogenie, oder, Entwickelungsgeschichte des menschen* ⋯ by Ernst Haeckel. Published by Wilhelm Englemann, Leipzig, 1874. (Wellcome Library, London.)

366 독일 브레머하펜동물원에 사는 게이 펭귄. February 2006. (Ingo Wagner,Epa/REX/Shutterstock.)

369 둥지를 짓는 데 필요한 자갈을 물고 가는 아델리펭귄. (FLPA/REX/Shutterstock.)

386 '안드로모르파'. Engraving from *Amoenitates academicae, seu dissertationes variae physicae, medicae, botanicae* by Carl Von Linnaeus. Published by L. Salvius, Stockholm, 1763. (Wellcome Library, London.)

391 늙은 개에게 이식을 통해 회춘 요법을 시술 중인 세르게이 보로노프와 조수. *Front page of Le Petit Journal Illustré,* 22 October 1922. (Photo by Leemage/UIG via Getty Images.)

399 후버 진공 청소기를 들고 있는 루시. (Photographs taken from *Lucy : Growing Up Human* by Maurice K. Temerlin, reproduced courtesy of Science & Behavior Books, Inc.)

이 책을 쓸 때 참고한 문헌을 모두 적기에는 너무나 많다. 개별 사실에 대한 출처를 일일이 열거하지 못한 것에 대해 사과한다. 대신에 이 책에서 직접 인용한 부분에 대해서는 모두 참고 문헌을 표기했다. 또 중요한 서적과 학술 논문도 따로 정리해놓았다. 전문가와의 인터뷰는 현장에서 또는 이 책을 쓰는 동안 진행되었다.

들어가는 말

007 "세상에서 가장 멍청한 동물" : Gonzalo Fernández de Oviedo y Valdés, *The Natural History of the West Indies,* ed. by Sterling A. Stoudemire (Chapel Hill : University of North Carolina Press, 1959), p. 54.

009 "쇳조각만 주면 안 먹을지도 모르니" : Simon Wilkin (ed.), *The Works of Sir Thomas Browne, Including His Unpublished Correspondence and a Memoir,* vol. 1 (London : Henry G. Bohn, 1846), p. 326.

009 "교회의 출입문 열쇠나" : Sebastien Muenster, *Curious Creatures in Zoology* (London : J. C. Nimmo, 1890), p. 197.

012 "지독한 방귀로 사냥꾼을 혼란에 빠뜨리고 도망친 들소" : Anne Clark, *Beasts and Bawdy* (London : Dent, 1975), p. 92.

012 "어찌나 온화한지" : Edward Topsell, *The History of Four-Footed Beasts and Serpents and Insects* (London : DaCapo, 1967 ; f.p. 1658).

012 "엄청난 적개심" : 같은 책에서 인용, p. 90.

012 "가장 지조 있는": 같은 책에서 인용.

014 "가장 하등한 형태의 존재": Stephen Jay Gould, *Leonardo's Mountain of Clams and the Diet of Worms : Essays on Natural History* (Cambridge, MA : Harvard University Press, 2011), p. 380.

제1장. 뱀장어

020 "그 기원과 존재에 관해 이처럼 그릇된 믿음과": Leopold Jacoby, 재인용, G. Brown Goode, 'The Eel Question', *Transactions of the American Fisheries Society,* vol. 10 (New York : Johnson Reprint Corp, 1881), p. 88.

021 "짝짓기를 통해서 태어난 것도, 알에서 태어난 것도 아니라": D'Arcy Wentworth Thompson (trans.), 'Historia Animalium', *The Works of Aristotle* (Oxford : Clarendon, 1910), p. 288.

024 "일상적인 식인의 현장": 재인용, Tom Fort, *The Book of Eels* (London : HarperCollins, 2002), p. 161.

024 "뱀장어는 밤이면 물 밖으로 나와": Albert Magnus, *De Animalibus*, 재인용, M. C. Marsh, 'Eels and the Eel Questions', *Popular Science Monthly* 61.25 (September 1902), p. 432.

024 "입맛을 다시는 소리": Bengt Fredrik Fries, Carl Ulrik Ekström, and Carl Jacob Sundevall, *A History of Scandinavian Fishes,* vol. 2 (London : Sampson Low, Marston, 1892), p. 1029.

025 "10미터나": Tom Fort, *Book of Eels,* p. 164.

025 "약 160센티미터였다고": Izaak Walton and Charles Cotton, *The Compleat Angler : Or the Contemplative Man's Recreation,* ed. by John Major, (London : D. Bogue, 1844), p. 179.

025 "킹스트리트 웨스트민스터의 커피 전문점": 같은 책, p. 194.

025 "요르겐 닐센 박사가 좀 더 신중한 측정을 시도했다": Fort, *Book of Eels,* pp. 166~167.

027 "오래도록 극진한 사랑을 주었던": Walton and Cotton, *Compleat Angler,* p. 189.

028 "부스러기가 새로운 생명체로 탄생한다는"; "이것이야말로 뱀장어가 번식할 수 있는 유일한 방법이다": Pliny the Elder, *Naturalis Historia,* book 3, trans. by H. Rackham (London : Heinemann, 1940), p. 273.

028 "전기적 혼란": Marsh, 'Eels and the Eel Questions', p. 427.

028 "대주교": 같은 책.

029 "거짓"; "이런 거짓 나부랭이를 처음 퍼트린 사람은 아주 오랫동안 그 대가를 치를 것이다." : Thomas Fuller, *The History of the Worthies of England* (London : Rivington, 1811), p. 152.

030 "은뱀장어의 조상": David Cairncross, *The Origin of the Silver Eel : With Remarks on Bait and Fly Fishing* (London : G. Shield, 1862), p. 2.

031 "제가 다른 자연과학자들이 사용하는 이름과 용어에 익숙하리라고는 기대하지 마십시오." : 같은 책, p. 6.

031 "자기 마음대로 정한 이름과 용어를 사용하는": 같은 책.

031 "머리카락뱀장어": 같은 책, pp. 14~15.

031 "말의 꼬리에서 떨어져": 같은 책, p. 14.

031 "수시로 이 불가사의한 미스터리를 향해 달려갔다": 같은 책, p. 15.

031 "혼란스러워 보였다": 같은 책, p. 17.

032 "출산 중인 딱정벌레": 같은 책, p. 32.

032 "황당무계해 보일지도"; "식물계의 일원": 같은 책, p. 5.

033 "창조적인 위대한 정원사": 같은 책.

033 "그들은 나를 믿었고 … 기뻐했다." : 같은 책, p. 27.

034 "뱀장어 요리에 … 더욱 맛이 있다" : Richard Schweid, *Eel* (London : Reaktion, 2009) p. 77.

034 "말린 박하, 루타 열매, 삶은 노른자": 같은 책에서 인용, p. 77.

035 "지극히 중요한 문제로": Goode, 'Eel Question', p. 91.

036 "울면서 자비를 구할": Marsh, 'Eels and the Eel Questions', p. 430.

037 "뱀장어가 일지를 쓰지 않는다는 것을 확인하는" : Sigmund Freud to Eduard Silberstein, 5 April 1876, *The Letters of Sigmund Freud to Eduard Silberstein, 1871~1881,* ed. by Walter Boehlich, trans. by Arnold J. Pomerans (Cambridge, MA : Harvard University Press, 1990), p. 149.

037 "나 자신을 수없이 고문했으나": 같은 책.

039 "가는 머리, 짧은 코": Fort, *Book of Eels*, p. 85.

041 "병적 야심으로 가득 찬": 같은 책, p. 129.

042 "절호의 기회": Bo Poulsen, *Global Marine Science and Carlsberg : The Golden Connections of Johannes Schmidt (1877~1933)* (Leiden : Brill, 2016), p. 58.

043 "어려움에 대해 생각해본 적이 없었다": Johannes Schmidt, 'The Breeding Places of the Eel', *Philosophical Transactions of the Royal Society of London, Series B* 211.385 (1922), p. 181.

043 "미국에서 이집트로, 아이슬란드에서 카나리아제도로": 같은 책.

043 "충분하다": Fort, *Book of Eels*, p. 95.

043 "여기가 뱀장어의 번식지다!": Schmidt, 'Breeding Places of the Eel', p. 199.

043 "달리 알려진 바가 없다": Johannes Schmidt, 'Breeding Places and Migrations of the Eel', *Nature* 111.2776 (13 January 1923), p. 54.

049 "다소 굴욕적인 일임이 분명하다": Jacoby, 'Eel Question', 재인용, Schweid, *Eel,* p. 15.

제2장. 비버

052 "비버라는 이름의 매우 순한 동물이 있다.": W. B. Clark, *A Medieval Book of Beasts : The Second-Family Bestiary : Commentary, Art, Text and Translation.* (Suffolk : Boydell and Brewer, 2006), p. 130.

054 "이미 거세한 비버가 또다시 사냥개에게 쫓기게 되면": Gerald of Wales, *The Itinerary of Archbishop Baldwin through Wales,* vol. 2, ed. by Sir Richard Colt Hoare (London : William Miller, 1806), p. 51.

055 "비버는 자신의 은밀한 부분을 꼭꼭 숨겨둔다."; "자기의 보물을 지키고": 재인용, Gregory McNamee, *Aelian's on the Nature of Animals* (Dublin : Trinity University Press, 2011), p. 65.

055 "추격을 당하는 비버는 … 글을 읽었다.": Jean Paul Richter (ed.), *The Notebooks of Leonardo da Vinci : Compiled and Edited from the*

Original Manuscripts, vol. 2 (Mineola, NY : Dover Publications, 1967), p. 1222.

055 "자신의 음경을 끊어…" : John Ogilby, *America : Being an Accurate Description of the New World* (London : Printed by the Author, 1671), p. 173.

056 "통속적 오류" : Thomas Browne, *Pseudodoxia Epidemica* (London : Edward Dodd, 1646), p. iv.

056 "진실을 결정하는 세 가지 요소" : 같은 책, p. 147.

056 "신뢰할 수 있는 깨끗한 진실을 구하고 싶다면…" : Reid Barbour and Claire Preston (eds), *Sir Thomas Browne : The World Proposed* (Oxford : Oxford University Press, 2008), p. 23.

056 "자연의 섭리에 맞지 않는다" : Browne, 재인용, *The Adventures of Thomas Browne in the Twenty-First Century,* Hugh Aldersey-Williams (London : Granta, 2015), p. 102.

056 "규칙적으로 가슴에 순응하지 않고" : *Pseudodoxia Epidemica,* p. 162.

057 "매우 역사 깊은 것이므로…" : 같은 책, p. 144.

058 "음낭" : This is Browne's term, 같은 책, p. 145.

058 "eunuchate" ; "소용없는 시도일 뿐 아니라" ; "다른 이에 의해 행해진다면 위험할" : Browne, 같은 책, p. 145.

058 "환각" ; "전기" ; "육식성" ; "오해" ; "거꾸로 소변을 보다" : 재인용, Hugh Aldersey-Williams, *The Adventures of Sir Thomas Browne in the Twenty-First Century,* pp. 10~12.

059 "거세하다는 뜻에서 이름이 지어졌다" : Stephen A. Barney, W. J. Lewis, J. A. Beach and Oliver Berghof (eds), *The Etymologies of Isidore of Seville* (Cambridge : Cambridge University Press, 2006), p. 21.

059 "산스크리트어로 사향을 뜻하는 카스투리" : Rachel Poliquin, *Beaver* (London : Reaktion, 2015), p. 58.

059 1566년에 무화과를 과식한 탓에 세상을 떠난 : 같은 책, p. 57.

059 "고환은 위치나 장소로 결정되는 게 아니라 …" : Browne, *Pseudodoxia Epidemica,* p. 146.

060 "종양의 유사성과 위치가 오해의 근간이 되었다" : 같은 책.

060 무려 30가지나 되는 약 성분에 : John Redman Coxe, *The American Dispensatory* (Philadelphia : Carey & Lea, 1830), p. 172.

060 "이 돌덩어리는 매우 강하고 구린 냄새가 난다." : Edward Topsell, *The History of Four-Footed Beasts and Serpents and Insects* (London : DaCapo, 1967; f.p. 1658), p. 38.

060 고대와 중세의 약전에는 남근성 약재가 … : Poliquin, Beaver, p. 70.

061 "해리향, 나귀의 똥, 돼지 기름으로 만든 향수가…" : Topsell, *History of Four-Footed Beasts,* p. 39.

062 해리향은 히스테리를 다스리는 강장제로… : Poliquin, Beaver, p. 71.

062 "히스테리에서 완전히 자유로운 여성은 없다." : Robert Gordon Latham(ed.), *The Works of Thomas Sydenham, MD,* vol. 2, trans. by Dr Greenhill(London : Sydenham Society, 1848), p. 85.

062 "까다롭고 짜증을 잘 내는" : John Eberle, *A Treatise of the Materia Medica and Therapeutics,* 재인용, Poliquin, *Beaver,* p. 53.

063 비버의 기름진 갈색 항문 분비물은 미니 케이크에서 아이스크림까지 … : G. A. Burdock, 'Safety Assessment of Castoreum Extract as a Food Ingredient', *International Journal of Toxicology,* 26.1 (January~February 2007), https://www.ncbi.nlm.nih.gov/pubmed/17365147, pp. 51~55.

064 "코에서 피를 뽑아내는 것 같은" : Topsell, *History of Four-Footed Beasts,* p. 38.

065 독성물질을 격리하고 : Poliquin, *Beaver,* p. 67.

065 구주소나무에서 온 페놀 : 같은 책, p. 67.

067 "별로 유쾌하지 못한 트림" : William Alexander, *Experimental Essays on the Following Subjects : I. On the External Application of Antiseptics in Putrid Diseases. II. On the Doses and Effects of Medicines. III. On Diuretics and Sudorifics,* 2nd ed (London : Edward and Charles Dilly, 1770), p. 84.

067 "현재 약물 목록에 올리기엔 마땅치 않다" : 같은 책, p. 86.

068 "더는 절반만 이성적인 코끼리에 대해 듣지 않게 해달라." : Frances Thurtle Jamieson, *Popular Voyages and Travels Throughout the Continents and Islands of Asia, Africa and America* (London : Whittaker, 1820), p. 419.

068 "근면성을 치켜세운 모든 동물 중에서"; "유인원을 예외로 하지 않더라도" : Nicolas Denys, *The Description and Natural History of the Coasts of North America (Acadia),* vol. 2 (London : Champlain Society, 1908), p. 363.

069 "석공"; "목수"; "채굴자"; "벽돌공"; "다른 일에 간섭하지 않고"; "사령관"; "설계사"; "꾸짖고 때리고 …" : 같은 책, pp. 363~365.

071 "꼬리를 쓸 수 없게 된 비버"; "위협적인 감독관" : 재인용, Poliquin, *Beaver,* p. 126.

071 "멀리 혼자 떨어진 비버는 건축가처럼 …" : Oliver Goldsmith, *History of the Earth, and Animated Nature,* vol. 2 (1774), in *The Works of Oliver Goldsmith,* vol. 6 (London : J. Johnson, 1806), pp. 160~161.

071 "일종의 이성적인 동물로" : Pierre François Xavier de Charlevoix, *Journal of a Voyage to North America,* 재인용, Horace Tassie Martin, *Castorologia : Or, the History and Traditions of the Canadian Beaver* (London : E. Stanford, 1892), p. 167.

071 "정의는 비버 세계의 전부다" : 재인용, Poliquin, *Beaver,* p. 137.

071 "게으르거나 나태한 비버"; "다른 비버에 의해 축출되어"; "부랑자" : 재인용, Gordon Sayre, 'The Beaver as Native and a Colonist', *Canadian Review of Comparative Literature/Revue canadienne de littérature comparée* 22.34 (September and December 1995), pp. 670~671.

071 프랑스 낭만주의의 대표적 인물인 프랑수와 르네 드 샤토브리앙 자작 : Poliquin, *Beaver,* p. 137.

073 "인간이 자연 그대로의 상태에서 상승하는 만큼", Georges-Louis Leclerc, Comte de Buffon, *Histoire Naturelle,* vol. 6, trans. by William Smellie (London : T. Cadell, 1812), p. 128.

074 "그들의 특별한 재능은 공포로 시들어버려" : 같은 책, p. 144.

074 "유일하게 지속된 야수들의 지능을" : 같은 책, p. 130.

074 "쉽게 우울해지고 의지박약해"; "감옥의 문을" : 같은 책, p. 134.

074 "신선한 공기를 마시고 목욕까지 할 수 있는 발코니" : 같은 책, p. 141.

074 "꼬리와 볼기"; "살의 습성을 물고기의" : 같은 책, p. 142.

075 "네발짐승과 물고기를 연결하는" : 같은 책, p. 135.

075 "이 사회에서는 개체 수가 아무리 많아도 보편적 평화가 유지된다…" : 같은 책,

p. 140.

077 퀴비에는 동물의 지능이 설치류에서 후피동물과⋯ : Poliquin, *Beaver,* p. 148.

080 "비버는 자신의 상황 그리고 자신의 행동이⋯" : Donald R. Griffin, *Animal Minds : Beyond Cognition to Consciousness* (Chicago : University of Chicago Press, 2001), p. 112.

081 "빠르고 간단한 방법" : Frank Rosell, and Lixing Sun, 'Use of Anal Gland Secretion to Distinguish the Two Beaver Species *Castor canadensis and C. fiber* ', *Wildlife Biology* 5.2 (June 1999), http://digitalcommons. cwu.edu/biology/4/,p. 119.

제3장. 나무늘보

084 "나무늘보라는 퇴화한 종은" : Georges-Louis Leclerc, Comte de Buffon, *Natural History, General and Particular,* vol. 9, ed. by William Wood (London : T. Cadell, 1749), p. 9.

086 "먹기 좋다" ; "그 발은 24시간 동안⋯" : Gonzalo Fernández de Oviedo y Valdés, *The Natural History of the West Indies,* pp. 54~55.

086 "세상에서 가장 멍청한 동물" : 같은 책.

086 "움직임이 매우 어색하고 굼떠서" ; "협박하고 때리고 재촉해도 저에게 익숙한 속도 이상으로 빨리 움직이지 않았다." : 같은 책.

086 "나무늘보가 8센티미터 앞으로 나아가는 데 8~9분이 걸렸다" ; "매질로도 이들의 속도를 높일 수 없었다" : William Dampier, *Two Voyages to Campeachy, in A Collection of Voyages,* vol. 2 (London : James and John K. Apton, 1729), p. 61.

088 "나무늘보는 네발짐승이다" ; "그리고 각각의 작은 발에는" ; "물갈퀴 같은 발톱은 고사하고" : Oviedo, *Natural History,* pp. 54~55.

089 "서커스에 나가도 될 만큼 특출한" : Michael Goffart, *Function and Form in the Sloth* (Oxford : Pergamon Press), p. 75.

089 "나는 살면서 이렇게 못나고 쓸모없는 동물은 본 적이 없다" : Oviedo, *Natural History,* pp. 54~55.

089 "매우 기형적인 짐승"; "유인원 곰" : Edward Topsell, *The History of Four-Footed Beasts and Serpents and Insects* (London : DaCapo, 1967 ; f.p. 1658), p. 15.

090 "자연은 유인원 앞에서 활기차고 적극적이고 행복하지만"; "결함이 하나만 더 있었어도" : Buffon, *Natural History,* vol. 9, p. 289.

090 "이것들은 모두 나무늘보가 형편없는 짐승임을 알려준다" : 같은 책, p. 290.

091 절름발이라는 뜻의 콜로 에푸스*Choloepus* 이고 : Richard Coniff, *Every Creeping Thing* (New York : Henry Holt, 1999), p. 47.

096 "가장 수적으로 풍부한 대형 포유류" : John F. Eisenberg and Richard W. Thorington Jr, 'A Preliminary Analysis of a Neotropical Mammal Fauna', *Biotropica* 5.3 (1973), pp. 150~161.

097 "공기를 먹고 산다" : Oviedo, *Natural History,* pp. 54~55.

098 160칼로리 : Jonathan N. Pauli et al, 'Arboreal Folivores Limit their Energetic Output, All the Way to Slothfulness', *American Naturalist* 188 : 2 (2016), pp. 196~204.

100 "모든 동물 중에서 가장 잘못 설계된 생물이"; "죽을 수밖에 없는 상처를 입고도 오랫동안 살아 있다" : Charles Waterton, *Wanderings in South America : The North-West of the United States, and the Antilles, in the Years 1812, 1816, 1820, and 1824* (London : B. Fellowes, 1828), p. 69.

103 실제로 야생에서는 그에 절반도 안 되는 하루 평균 9.6시간을 잔다 : Niels C. Rattenborg, Bryson Voirin, Alexei L. Vyssotski, Roland W. Kays, Kamiel Spoelstra, Franz Kuemmeth, Wolfgang Heidrich and Martin Wikelski, 'Sleeping Outside the Box : Electroencephalographic Measures of Sleep in Sloths Inhabiting a Rainforest', *Biology Letters* 4.4 (23 August 2008), pp. 402~405, http://rsbl.royalsocietypublishing.org/content/4/4/402.

104 "나무늘보에게는 공격용이건 방어용이건 쓸 만한 무기가 없다"; "시든 초본을 닮았다" : Buffon, *Natural History,* vol. 9, p. 290.

106 "파리에 있던 나무늘보는" : William Beebe, 'Three-Toed Sloth', *Zoologica,* 7.1 (25 March 1926), p. 13.

106 "나무늘보의 생활사에서 가장 놀라운 단계를 말하자면" : 같은 책, p. 7.

107 "총을 발사했는데": 같은 책, p. 22.

108 "나무늘보는 올림라, 오직 이 음에만 맞춰졌다": 같은 책, p. 36.

111 2014년에 미국 생태학자들이 : Jonathan N. Pauli, Jorge E. Mendoza, Shawn A. Steffan, Cayelan C. Carey, Paul J. Weimar and M. Zachariah Peery, 'A Syndrome of Mutualism Reinforces the Lifestyle of a Sloth', *Proceedings of the Royal Society B* 281.1778 (7 March 2014), http:// dx.doi.org/10.1098/rspb.2013.3006.

112 "날아다니는 생식기에 불과하다" : Veronique Greenwood, 'The Mystery of Sloth Poop : One More Reason to Love Science', *Time,* 22 January 2014, http://science.time.com/2014/01/22/the-mystery-of-sloth-poop-one-more-reason-to-love-science [accessed 9 July 2017].

113 "이끼정원" : Pauli, Mendoza, Steffan, Carey, Weimar and Peery, 'A Syndrome of Mutualism'.

115 스피드 데이트 (스피드는 빼고) : Henry Nicholls, *The Truth About Sloths,* BBC Earth website, www.bbc.co.uk/earth/story/20140916-the-truth-about-sloths.

제4장. 하이에나

118 "하이에나. 죽은 자를 파먹는 자웅동체" : Ernest Hemingway, *Green Hills of Africa* (New York : Scribner, 2015 ; f.p. 1935), p. 28.

120 "합리적" ; "여러 성질이 섞여 있는 짐승" ; "또 만들 수 있으니" : Sir Walter Raleigh, *The Historie of the World* (London : Thomas Basset, 1687), p. 63.

120 "하이에나가 몸 안에 두 개의 성을 지녀 한 해는 수컷" : John Bostock and H. T. Riley (eds), *The Natural History of Pliny,* vol. 2 (London : George Bell, 1900), p. 296.

122 "너무나 비슷해서 음낭을 직접 만져봐야만 성별을 정확히 결정할 수 있다고" : Paul A. Racey and Jennifer D. Skinner, 'Endocrine Aspects of Sexual Mimicry in Spotted Hyaenas Crocuta crocuta ', *Journal of Zoology* 187.3 (March 1979), http://onlinelibrary. wiley.com/doi/10.1111/

j.1469-7998.1979. tb03372.x/full, p. 317.

125 "덜렁거리는 거대한 남근" ; "정상적인 가짜 음낭" : Christine M. Drea et al, 'Androgens and Masculinization of Genitalia in the Spotted Hyaena (Crocuta crocuta) 2 : Effects of Prenatal Anti-Androgens', *Journal of Reproduction and Fertility* 113.1 (May 1998), p. 121.

128 "더러운 짐승" : T. H. White (ed.), *The Book of Beasts : Being a Translation from a Latin Bestiary of the Twelfth Century* (Madison, WI : Parallel Press, 2002; f.p. 1954), p. 31.

128 "망자의 묘에서 송장을 파먹고" : 같은 책.

128 "산 자에게는 연민을 느끼지 못하고" : Mikita Brottman, *Hyena* (London : Reaktion, 2013) p. 40.

128 "무덤이 있는 곳에서…" : Philip Henry Gosse, *The Romance of Natural History,* ed. by Loren Coleman (New York : Cosimo Classics, 2008; f.p. 1861), p. 42.

128 "가장 불가사의하고 끔찍한 동물" ; "혐오스러운 버릇" ; "죽었건 살았건…" ; "모든 나라에서 토착민들로부터" : Brottman, *Hyena,* p. 54.

130 "작가들이 모두 하이에나가 용기가 부족한 동물이라고 생각한다" : John Fortuné Nott, *Wild Animals Photographed and Described* (London : Sampson Low, Marston, Searle, & Rivington, 1886), p. 106.

130 "심장의 크기가 큰 동물은" : Aristotle, *On the Parts of Animals,* trans. by W. Ogle (London : Kegan Paul, Trench, 1882), p. 70.

130 "토끼, 사슴, 쥐" : 같은 책, p. 71.

130 "누가 봐도 소심한 동물" : 같은 책.

131 "겁이 많아 상대가 방어하면" : E. P. Walker, *Mammals of the World,* 재인용, Brottman, Hyena, p. 57.

134 "구토를 심하게 한 남성의 흐느낌" : Georges-Louis Leclerc, Comte de Buffon, *Natural History* (abridged), (London : printed for C. and G. Kearsley, 1791), p. 182.

140 "수리는 먹잇감을 상대할 때" : Georges-Louis Leclerc, Comte de Buffon, 재인용, Stephen Jay Gould, *Leonardo's Mountain of Clams and the Diet of Worms : Essays on Natural History* (Cambridge, MA : Harvard University Press, 2011), p. 382.

141 "게걸스럽고 비열하고 역겹고 혐오스럽다" : Buffon, 같은 책에 재인용, p. 382.

141 "새들 가운데 혐오스러운" : Bible, Leviticus 11 : 13.

141 "인간의 죽음을 예언하는 데 익숙하다'; '전투 중인 양편이 서로 힘을 겨룰 때" : T. H. White (ed.), *The Book of Beasts : Being a Translation from a Latin Bestiary of the Twelfth Century* (Madison, WI : Parallel Press, 2002; f.p. 1954), pp. 109~110.

143 "냄새를 맡는 이 새의 능력은" : Robert Steele (ed.), *Mediaeval Lore from Bartholomew Anglicus* (London : Chatto and Windus, 1907), p. 132.

143 "잔인하고 불결하고 나태하기 짝이 없지만"; "이러한 목적에서 자연은 독수리에게 두 개의 커다란 콧구멍과" : Oliver Goldsmith, *A History of the Earth, and Animated Nature,* vol. 4 (London : Wingrave and Collingwood, 1816), p. 83.

144 "비록 자연은 놀랄만큼 풍요로울지라도"; "과연 후각이 존재하기는 하는지 증명하기 위해 열심히 실험했다." : John James Audubon, 'An Account of the Habits of the Turkey Buzzard (Vultur aura) Particularly with the View of Exploding the Opinion Generally Entertained of Its Extraordinary Power of Smelling', *Edinburgh New Philosophical Journal* 2 (1826), p. 173.

144 "마음껏 배설한 후"; "건초를 죄다 꺼내놓았다" : John James Audubon to John J. Jameson, 같은 책, p. 174.

147 "기이한 생김새와 특이한 습성"; "전능하신 분의 경이로운 작품" : Charles Waterton, 'Why the Sloth is Slothful', 재인용, *The World of Animals : A Treasury of Lore, Legend and Literature by Great Writers and Naturalists from the Fifth Century bc to the Present* (New York : Simon & Schuster, 1961), p. 221.

148 "독수리의 코가 이렇게 엄청난 공격을"; "산산이 부서진 독수리들의 코를 조

심스럽게 모아": Charles Waterton, *Essays on Natural History* (London : Frederick Warne, 1871), p. 244.

148 "문법도 맞지 않고 작문 역시 형편없으며" : Charles Waterton, *Magazine of Natural History and Journal of Zoology, Botany, Mineralogy, Geology and Meteorology,* vol. 6 (London : Longman, Rees, Orme, Brown and Green, 1833), p. 215.

148 "거대한 미국 청설모를 꼬리부터 집어삼킨 방울뱀에 관한 오듀본 씨의 이야기 가": 같은 책, p. 68.

149 '노사리안'과 '반노사리안' : Charles Waterton, 'Essays on Natural History, Chiefly Ornithology', *Quarterly Review* 62 (1838), p. 85.

149 "가죽이 벗겨진 채 배를 갈라놓은 양" : John Bachman, 'Experiments Made on the Habits of the Vultures', 재인용, Gene Waddell (ed.), *John Bachman : Selected Writings on Science, Race, and Religion* (Athens : University of Georgia Press, 2011), p. 76.

149 "대단히 실망하고 놀란 것 같다고" ; "아주 흥미로워했다" ; "의학계의 신사" : John Bachman, 'Retrospective Criticism : Remarks in Defence of [Mr Audubon] the Author of the *[Biography of the] Birds of America* ', *Magazine of Natural History, and Journal of Zoology, Botany, Mineralogy, Geology and Meteorology,* vol. 7 (London : Longman, Rees, Orme, Brown, and Green, 1834), p. 168.

150 "독수리가 수술로 인한 통증에서 완전히 회복하지 못했을 수도 있다" : Bachman, 'Retrospective Criticism', p. 169.

150 "이웃들이 불쾌해하지 않을까" : 재인용, Waddell (ed.), John Bachman, p. 77.

150 "후각이 아닌 시각을 통해" : 같은 책, p. 77.

150 "진실로 미국 독수리의 운명은 참으로 가련하다!" : Waterton, *Essays on Natural History,* p. 262.

151 "제정신이 아닌 자" : Ruthven Deane and William Swainson, 'William Swainson to John James Audubon (A Hitherto Unpublished Letter)', *The Auk* 22.3 (July 1905), p. 251.

151 "먹이를 찾는 신비한 감각" : Herbert H. Beck, 'The Occult Senses in Birds', *The Auk* 37 (1920), p. 56.

154 "어차피 일어날 일이고 막을 수 없습니다"; "그러나 시체를 전부 먹어치우지는 않을 겁니다": 재인용, David Crossland, 'Police Train Vultures to Find Human Remains', *The National,* 8 January 2010, http://www.thenational.ae./news/world/europe/police-train-vultures-to-find-human-remains (2017년 6월 12일 검색).

155 미스마플과 콜롬보라는 이름의 어린 독수리 두 마리: Michael Fröhlingsdorf, 'Vulture Detective Trail Hits Headwinds', *Der Spiegel,* 28 June 2011, http://www.spiegel.de/international/germany/bird-brained-idea-vulture-detective-training-hits-headwinds-a-770994. html (2017년 7월 9일 검색).

157 "혐오스럽잖아요": 재인용, Darryl Fears, 'Birds of a Feather, Disgusting Together: Vultures are Wintering Locally', *Washington Post,* 16 January 2011, https://www.washingtonpost.com/local/birds-of-a-feather-disgusting-together-vultures-are-wintering-locally/2011/01/15/AB9oNfD_story.html?utm_term=.25c80af9dd9f (2017년 6월 12일 검색).

158 "암모니아나 쓰레기 냄새가 나요"; "놈들은 ××처럼 추하기 짝이 없어요": 재인용, T. Edward Nickens, 'Vultures Take Over Suburbia', *Audubon,* November~December 2008, http://www.audubon.org/magazine/november-december-2008/vultures-take-over-suburbia (2017년 6월 12일 검색).

158 "아들놈에게 토를 하는게": 재인용, Fears, 'Birds of a Feather, Disgusting Together'.

159 "이 새의 나태와 불결, 탐욕은": Georges-Louis Leclerc, Comte de Buffon, *The Natural History of Birds* (Cambridge: Cambridge University Press, 2010; f.p.1793), p.105.

159 "벗어진 주홍색 머리를 하고 썩은 것들 사이에서 뒹구는 역겨운 새": 재인용, Clifford B. Frith, *Charles Darwin's Life with Birds : His Complete Ornithology* (Oxford: Oxford University Press, 2016), p.44.

162 "이유 없는 분노의 쓴맛을 보여준다": Buffon, *Natural History of Birds,* p.105.

163 "이기적인 탐욕의 혐오스러운 광경": M. J. Nicoll, *Handlist of the Birds of*

Egypt (Cairo : Ministry of Public Works, 1919)

168 "우리는 개구리, 거북이, 뱀을 식별했습니다.": 재인용, Jeff Rice, 'Bird Plus Plane Equals Snarge', *Wired,* 23 September 2005, http://archive.wired. com/science/discoveries/news/2005/09/68937 (2017년 6월 12일 검색).

170 "죽은 낙타나 염소에 관심을 덜 보이는 동물로": 재인용, Matthew Kalman, 'Meet Operative PP0277 : A Secret Agent — or Just a Vulture Hungry for Dead Camel?', *Independent,* 8 December 2012, http://www. independent.co.uk/news/world/middle-east/meet-operative-pp0277-a-secret-agent-or-just-a-vulture-hungry-for-dead-camel-8393578.html (2017년 6월 12일 검색).

제6장. 박쥐

172 "한 선원이 악마를 보았노라고 떠들어대면서": Captain James Cook, *Voyages of Discovery, 1768~1771* (Chicago : Chicago Review Press 2001), p. 83.

174 정신적으로 완벽하게 건강한 영국인 5명 중 1명 : Charlotte-Anne Chivers, 'Why Isn't Everyone Batty About Bats?' *Bat News,* winter edition (10) 2015.

174 "가죽 날개 달린 쥐새끼" : Louis C. K, 'So I Called the Batman …', *Live at the Comedy Store,* 17 August 2015, https://www.youtube.com/ watch?v=O4Eyvd TTnWY (2017년 6월 12일).

176 "박쥐는 악마와 피로 연결된 속성을 가졌다" : Divus Basilius, 재인용, Glover M. Allen, *Bats : Biology, Behavior, and Folklore* (Mineola, NY : Dover Publications,2004)

177 "박쥐처럼 절반은 네발짐승" ; "박쥐는 불완전한 네발짐승이다" : Georges-Louis Leclerc, Comte de Buffon, *Barr's Buffon : Buffon's Natural History,* vol. 6 (London : Printed for the Proprietor, 1797; f. p. 1749~1778), p. 239.

178 "박쥐의 음경은 축 늘어져 덜렁거리는 것이" ; "인간이나 원숭이에게 고유한 특

징" : Georges-Louis Leclerc, Comte de Buffon, *A Natural History of Quadrupeds,* 3 vols, vol. 1 (Edinburgh : Thomas Nelson, 1830), p. 368.

181 "숨겨진 기능을 논의하기 위해 수차례 회의를 했다" : Libiao Zhang, 재인용, Charles Q. Choi, *Surprising Sex Behavior Found in Bats* (Live Science, 2009), http://www.livescience.com/9754-surprising-sex-behavior-bats. html (2017년 5월 8일 검색).

181 "수컷의 혀가 암컷이 질 안으로 … 관찰할 필요가 있다" : Jayabalan Maruthupandian and Ganapathy Marimuthu, 'Cunnilingus Apparently Increases Duration of Copulation in the Indian Flying Fox *(Pteropus giganteus)*', PLoS One 8.3 (27 March 2013), p. e59743, https://doi.org/10.1371/journal.pone.0059743.

182 슈페크마우스 : Allen, Bats, p. 8.

184 "엄청난 양의 피를 상처에서 빨아들인다" : Gonzalo Fernández de Oviedo y Valdés, *General and Natural History of the Indies,* 재인용, Michael P. Branch (ed.), *Reading the Roots : American Nature Writing Before Walden* (Athens : University of Georgia Press, 2004; f.p. 1535), pp. 23~24.

184 "역병 같은 박쥐 떼" : Juan Francisco Molina Solis, *Historia del Descubrimiento y Conquista del Yucatán,* vol. 3 (Merida de Yucatan : 1943), p. 38.

184 뱀파이어라는 단어의 의미는 피에 취한다는 뜻으로 : Gary F. McCracken, 'Bats and Vampires', *Bat Conservation International* 11.3 (Fall 1993), http://www.batcon.org/resources/media-education/bats-magazine/bat_article/603 (2017년 6월 12일 검색).

185 "뱀파이어 전염병" : 같은 책.

185 "잠든 이에게서 피를 뽑아 먹는" : Carl Linnaeus, *Systema Naturae,* tenth edition (Stockholm : Salvius, 1758), p. 31.

185 "가장 잔인한 흡혈귀" : Johann Baptist von Spix, *Simiarum et Vespertilionum Brasiliensium Species Novae [New Species of Brazilian Monkeys and Bats]* (Munich : F. S. Huübschmann, 1823). BL General Reference Collection : 1899, p. 22.

186 "긴 혀 뱀파이어" : 재인용, *Blood Suckers Most Cruel,* Kevin Dodd.

186 "유령처럼 떠돌아다니는 것을": Johann Baptist von Spix, *Travels in Brazil in the Years 1817~1820,* vol. 1 (London : Longman, Hurst, Rees, Orme, Brown and Green, 1827), p. 249.

186 "저속하고 거짓된 오류투성이": Félix de Azara, *The Natural History of the Quadrupeds of Paraguay and the River la Plata* (Edinburgh : A. & C. Black, 1838), p. xxv.

187 "뱀피레"; "영국에서 최초로 발견된 살아 있는 표본": J. Timbs (ed.), *The Literary World : A Journal of Popular Information and Entertainment* 18 (27 July 1839), p. 274.

187 "비록 이 동물이 피에 굶주린 특징이 있는 흡혈박쥐이기는 하나"; "온순하고"; "사람들의 시선을 즐기는 것처럼 보인다"; "체리를 걸신들린 듯이": 같은 책.

188 "무시무시한 생물"; "숙련된 솜씨로": Mary Trimmer, *Natural History of the Most Remarkable Quadrupeds, Birds, Fishes, Serpents, Reptiles and Insects,* vol. 1 (Chiswick : Whittingham, 1825), p. 120.

192 "박쥐 무리": Gary McCracken, 'Bats in Magic, Potions, and Medicinal Preparation', *Bat Conservation International* 10.3 (Fall 1992), http://www.batcon.org/resources/media-education/bats-magazine/bat_article/546 (2017년 5월 8일 검색).

192 "박쥐 털": William Shakespeare, *Macbeth,* act 6, sc 1, l. 1560.

192 "하늘을 나는 연고": Clive Harper, 'The Witches' Flying-Ointment', *Folklore* 88.1 (1977), p. 105.

193 "육감": 재인용, Robert Galambos, 'The Avoidance of Obstacles by Flying Bats : Spallanzani's Ideas (1794) and Later Theories', *Isis* 34.2 (1942), p. 138.

194 "박쥐의 눈을 멀게 하는 방법에는 두 가지가 있습니다"; "각막을 태우든지": 재인용, Donald R. Griffin, *Listening in the Dark : The Acoustic Orientation of Bats and Men* (New Haven, CT : Yale University Press, 1958), p. 59.

195 "나는 가위로 박쥐의 안구를 완전히 제거했다…": 재인용, Sven Dijkgraaf, 'Spallanzani's Unpublished Experiments on the Sensory Basis of Object Perception in Bats', *Isis* 51.1 (1960), p. 13.

195 "피부 변화를 감지하여 도시의 거리에서도 문제없이 길을 찾아간다는":

Galambos, 'The Avoidance of Obstacles', p. 133.

196 "박쥐의 온몸을 코팅했다"; "이내 활력을 되찾고"; "도료를 두 번 세 번 칠해도": 같은 책, p. 134.

196 "박쥐의 콧구멍을 막았습니다"; "작은 스펀지 조각에"; "더할 나위 없이 자유롭게 날았다"; "혀를 뽑았지만 별다른 결과는 없었다": 재인용, Carter Beard, 'Some South American Animals', *Frank Leslie's Popular Monthly* (1892), pp. 378~379.

196 "빨갛게 달궈진 구두 못으로"; "수직으로 추락했다": Lazzaro Spallanzani, 'Observations on the Organs of Vision in Bats', *Tillich's Philosophical Magazine* 1 (1798), p. 135.

197 "주님, 당신이 나를 사랑하신다면 도대체 이걸 어떻게 설명하면, 아니 상상이라도 하면 좋겠습니까?": 재인용, Griffin, *Listening in the Dark,* p. 61.

197 "소리의 음질로 거리를 판단한다고": 재인용, Dijkgraaf, 'Spallanzani's Unpublished Experiments', pp. 9~20.

198 "촉각이야말로 박쥐가 장애물을 피하는 현상을": 재인용, Griffin, *Listening in the Dark,* p. 63.

198 "극도로 정밀한 청각을"; "박쥐가 귀로 볼 수 있다니": Galambos, 'Avoidance of Obstacles', p. 137.

199 "타이태닉호의 침몰"; "과학이 한계에 도달했는가?"; "4시간을 숙고한 끝에": 'A Sixth Sense for Vessels', http://chroniclingamerica.loc.gov/lccn/sn88064176/1912-09-28/ed-1/seq-10.pdf (2017년 6월 12일 검색).

202 "이 사람은 미치광이가 아니오": Jack Couffer, *Bat Bomb : World War II's Secret Weapon* (Austin : University of Texas Press, 1992), p. 5.

202 "일본 제국 시민을 겁주고 사기를 떨어뜨리고 초조하게 만들겠다"; "동물계에서 가장 하등한 형태가 바로 박쥐로": 같은 책.

202 "이 제안이 판타지라고 생각하겠지만"; "벌레 같은 일본인을 쳐부수기 위한 현실적이고 경제적인"; "아군에게 매우 불리하게": 같은 책, p. 6.

206 "투하할 때마다 지금 60킬로미터의 원을 그리며"; "일본에 엄청난 타격을 주면서": Jared Eglan, *Beasts of War : The ilitarization of Animals* (n.p. : Lulu.com, 2015), p. 14.

208 "대체로 단일체로 존재하지만" : John Bostock and H. T. Riley (eds), *The Natural History of Pliny,* vol. 2 (London : Henry G. Bohn, 1855), pp. 462~463.

211 "수십억" : 재인용, Pete Oxford and Renée Bish, 'In the Land of Giant Frogs : Scientists Strive to Keep the World's Largest Aquatic Frog Off a Growing Global List of Fleeting Amphibians', 1 October 2003, https://www.nwf.org/News-and-Magazines/National-Wildlife/Animals/Archives/2003/In-the-Land-of-Giant-Frogs.aspx (2017년 5월 20일).

215 "애초에 동물의 몸에서 태어나지 않고" : Aristotle, Historia Animalium, 재인용, Jan Bondeson, *The Feejee Mermaid : And Other Essays in Natural and Unnatural History* (Ithaca, NY : Cornell University Press, 1999), p. 194.

216 "오래된 왁스" ; "식초에 생긴 점액질" ; "축축한 먼지" ; "책" : Eugene S. McCartney, 'Spontaneous Generation and Kindred Notions in Antiquity', *Transactions and Proceedings of the American Philological Association,* 51 (1920), p. 105.

217 "바질이 발효제로 작용하여 가스가 발생하면 식물성 재료가 변질 되면서" ; "진짜 전갈" : *Les Oeuvres de Jean-Baptiste Van Helmont,* vol. 66, trans. by Jean Le Conte (Lyon : Chez Jean Antoine Huguetan, 1670), pp. 103~109.

217 "부정한 여인" : Bondeson, *Feejee Mermaid,* p. 199.

217 "생쥐가 부패한 물질에서 생겨난다는 사실을 의심하다니!" : 같은 책에서 재인용, p. 200.

218 "두꺼비는 똥 더미에 올려진 썩은 오리로부터 생겨난다" ; "그렇지 않으면 가장 재미있고 심오한 작가였을" : Francesco Redi, *Experiments on the Generation of Insects* (Chicago : Open Court Publishing Company, 1909), p. 64.

218 "살을 날것으로도, 익혀서도 실험했다" : 같은 책, p. 32.

219 "이것들을 고려했을 때" : 같은 책, p. 33.

219 "나는 뱀과 물고기 몇 마리, 아르노의 뱀장어 몇 마리" : 같은 책.

221 "자연계에 살아 있는 어떤 몸에서도" : 재인용, John Waller, *Leaps in the Dark*

: *The Making of Scientific Reputations* (Oxford : Oxford University Press, 2004), p. 42.

221 "역겨운 썩은 덩어리" : 같은 책에서 재인용, p. 42.

222 "3월 21일, 우리는 방광으로 만든 바지를 입혔다" : 재인용, Mary Terrall, 'Frogs on the Mantelpiece : The Practice of Observation in Daily Life', in Lorraine Daston and Elizabeth Lunbeck (eds), *Histories of Scientific Observation*(Chicago : University of Chicago Press, 2011), p. 189.

222 "너무 부드럽고 헐렁해져" : 같은 책에서 재인용.

222 "옷이 개구리를 제대로 감싸고 있는지" : 같은 책에서 재인용, p. 189.

222 "팬티를 만들어 입혔더니" : 같은 책에서 재인용.

223 "반바지를 입힌다는 발상에" : Waller, *Leaps in the Dark*, p. 43.

227 "하늘이 내려준" : Lancelot Thomas Hogben, *Lancelot Hogben, Scientific Humanist : An Unauthorised Autobiography* (London : Merlin Press, 1998), p. 101.

229 "척추동물에서 기록된 최악의 감염성 질병" : Claude Gascon, James P. Collins, Robin D. Moore, Don R. Church, Jeanne E. McKay and Joseph R. Mendelson III (eds), *Amphibian Conservation Action Plan* (Cambridge : IUCN/SSC Amphibian Specialist Group, 2007), http://www.amphibianark.org/pdf/ACAP.pdf (2017년 6월 12일 검색).

235 "나는 너의 온 땅에 개구리가 들끓게 하리라" : Bible, Exodus 8 : 1~4.

제8장 황새

238 "새들이 사라질 때" : Charles Morton, 'An Essay into the Probable Solution of this Question : Whence Comes the Stork', 재인용, Thomas Park (ed.), *The Harleian Miscellany : A Collection of Scarce, Curious, and Entertaining Pamphlets and Tracts,* vol. 5 (London : John White and John Murray, 1810), p. 506.

239 "아프리카인의 손" : Ragnar K. Kinzelbach, *Das Buch Vom Pfeilstorch* (Berlin : Basilisken-Presse, 2005), p. 12.

242 "내 생각에 이건 동화가 아니다" : 재인용, Gregory McNamee, *Aelian's on the Nature of Animals* (Dublin : Trinity University Press, 2011), p. 40.

242 "혐오하며" : 같은 책에서 재인용, p. 44.

243 "자연은 가장 독특한 방식으로 자연을 거슬러 이 동물을 만들어낸다" ; "그 후에 마치 나무에 들러붙은 해초처럼 부리를 늘어뜨리고" : Gerald of Wales, *Topographia Hibernica,* 재인용, Patrick Armstrong, *The English Parson-Naturalist : A Companionship Between Science and Religion* (Leominster : Gracewing Publishing, 2000), p. 31.

243 "벌거벗은 생물이 발견되었다" ; "부드러운 솜털로 뒤덮이고" : John Gerard, *Lancashire Folk-Lore : Illustrative of the Superstitious Beliefs and Practices, Local Customs and Usages of the People of the County Palatine* (London : Frederick Warne, 1867), p. 118.

244 "살에서 나온 것이 아니므로" ; "주교와 사제들이" : Gerald of Wales, *The Historical Works of Giraldus Cambrensis* (London : Bohn, 1863), p. 36.

245 "숨어버린다" ; "휴면" : Aristotle, *History of Animals in Ten Books,* vol. 8, trans. by Richard Cresswell (London : George Bell, 1878), p. 213.

246 "잠자는 것" : 'Guide to North American Birds : Common Poorwill *(Phalaenoptilus nuttallii)*', National Audubon Society, http://www.audubon.org/field-guide/bird/common-poorwill (2017년 5월 23일 검색).

246 "깃털을 상당히 벗은 채" : Aristotle, *History of Animals,* vol. 8, p. 213.

246 "겨울이 되면 제비가 무기력해지면서" : Georges Cuvier, *The Animal Kingdom,* ed. by H. M'Murtrie (New York : Carvill, 1831), p. 396.

247 "소중한 친구" ; "두 마리 작은 죄수가" ; "불안과 경기를 나타내며" ; "휴면 상태나 잠시 생기가 멈춘 게 아니라" : Charles Caldwell, *Medical & Physical Memoirs : Containing, Among Other Subjects, a Particular Enquiry Into the Origin and Nature of the Late Pestilential Epidemics of the United States* (Philadelphia : Thomas and William Bradford, 1801), p. 262~263.

247 "제비가 겨울이 오면 거주지를 옮겨" ; "yet, in the northern waters", Olaus Magnus, *The History of Northern Peoples,* 재인용, *Historia de Gentibus Septentrionalibus,* trans. P. Fisher and H. Higgins (London, 1998), p. 980.

247 "가을이 시작할 무렵이면 갈대숲에 모두 모여": 같은 책, p. 980.

249 "제비를 건져내 불 가까이에 두면 되살아난다는 속설이": J. Hevelius, 'Promiscuous Inquiries, Chiefly about Cold', *Philosophical Transactions* 1 (1665), p. 345.

249 "가을이 될 무렵 제비가 스스로 호수 바닥으로 가라앉는 것이 확실하다": 같은 책, p. 350.

249 "진흙 덩어리 환경에서 제비가 누워 지낸다": anon. ['A Person of Learning and piety'], *An Essay Towards the Probable Solution to this Question : Whence Come the Stork, and the Turtle, and the Crane, and the Swallow When They Know and Observe the Appointed Time of Their Coming* (London : E. Symon, 1739), p. 20.

249 "황새는 번식 후 새끼가 완전히 날 수 있게 되면": Charles Morton, 'An Enquiry into the Physical and Literal Sense of That Scripture', in Thomas Park (ed.), *The Harleian Miscellany,* p. 506.

250 "새들의 쾌활한 모습은 다른 새들이 갈 수 없는": 같은 책, p. 506.

250 "발견되지 않은 어떤 위성으로": Cotton Mather, *The Philosophical Transactions and Collections : Abridged and Disposed Under General Heads,* vol. 5 (London : Thomas Bennet, 1721), p. 161.

251 "여행을 시작할 때 보았던 방향으로": Morton, 'An Enquiry', p. 510.

252 "네덜란드에서 사라졌을 시기에": Nicholaas Witsen, Emily O'Gorman and Edward Mellilo (eds), *Beattie's Eco-Cultural Networks and the British Empire : New Views on Environmental History* (London : Bloomsbury, 2016), p. 95.

252 "새들은 사실 언제나 피곤에 찌들어 있으므로": Daines Barrington, *Miscellanies* (London : Nichols, 1781), p. 199.

253 "너무나 위험하다는": 같은 책, p. 219.

253 "눈에 보이는 증거가 부족하다는": 같은 책, p. 176.

254 "실험 대상이 될 숙명을 타고난 새": 재인용, Richard Vaughan, *Wings and Rings : A History of Bird Migration Studies in Europe* (Penryn : Isabelline Books, 2009), p. 108.

255 "허황된 과학 사기"; "황새의 대량 학살": 재인용, Raf de Bont, *Stations in the*

Field : A History of Place-Based Animal Research, 1870~1930 (Chicago : University of Chicago Press, 2015), p. 159.

255 "하늘에서 내려온" : 재인용, Witsen et al. (eds), *Beattie's Eco-Cultural Networks and the British Empire,* p. 103.

257 "여성의 장갑, 남성의 벙어리장갑, 말똥" : 재인용, Vaughan, Wings and Rings, p. 109.

261 "이 현명한 새들은" ; "기독교인의 지붕에는 절대 짓지 않음으로써" : 재인용, Charles MacFarlane, *Constantinople in 1828 : A Residence of Sixteen Months in the Turkish Capital,* vol. 1 (London : Saunders and Otley, 1829) p. 284.

261 "한낱 자만심" : Thomas Browne, 재인용, Aldersey-Williams, *The Adventures of Sir Thomas Browne in the Twenty-First Century,* p. 104.

제9장. 하마

270 "어떤 이들은 이 동물이 키가 2미터 30센티나 되고" : Edward Topsell, *The History of Four-Footed Beasts and Serpents and Insects* (London : DaCapo, 1967; f.p.1658), p. 61.

271 "강의 말" : 같은 책, p. 61.

271 "불을 토하고" : 같은 책, p. 61.

271 "마치 입에 불이라도 난 것처럼 콧구멍을 넓게 열어 붉은 연기가 나는" : 재인 용, David J. A. Clines, *Job 38~42 : World Bible Commentary,* vol. 18B (Thomas Nelson, 2011), p. 1196.

271 "무성한 연꽃잎 밑에 의젓하게 엎드리고" ; "뱃가죽에서 뻗치는 저 힘을 보아라" : Bible, Job 40 : 21.

272 "계속된 과식으로 몸이 지나치게 커지면" : John Bostock and Henry T. Riley (eds), *The Natural History of Pliny,* vol. 2 (London : Henry G. Bohn, 1855), p. 291.

272 "하마가 방혈 요법의 최초 개발자" : 같은 책.

276 "너무 충격적이라 여전히 믿고 싶진 않지만 그래도 믿어야 할 것 같다" : Richard

Dawkins, *The Ancestor's Tale : A Pilgrimage to the Dawn of Life* (London : Weidenfeld & Nicolson, 2010), p. 203.

281 "비록 이 동물은 아주 옛날부터 유명했으나" : Georges-Louis Leclerc, Comte de Buffon, *Barr's Buffon : Buffon's Natural History*, vol. 6 (London : Printed for the Proprietor, 1797 ; f.p. 1749~1788), p. 60.

282 "하마가 헤엄을 잘 치고 물고기를 먹는다고" : 같은 책, p. 62.

282 "하마의 이빨은 아주 강하고 단단한" : 같은 책, p. 61.

282 "따라서 강력하게 무장한 이 동물은" : 같은 책, p. 62.

284 "하마가 아프리카의 강에만 서식한다" : 같은 책, p. 63.

287 "우리 아빠는 하마를 세 마리나 잡았어요" : William Kremer, 'Pablo Escobar's Hippo's : A Growing Problem', BBC News, 26 June 2014, http://www.bbc.co.uk/news/magazine-27905743 (2017년 5월 28일 검색).

290 "움직임이 매우 자유롭다" : Chris Walzer, 재인용, 'Moving testicles frustrate effort to calm hippos by castration', Michael Parker, *The Conversation,* 2 January 2014, https://theconversation.com/moving-testicles-frustrate-effort-to-calmhippos-by-castration-21710.

제10장. 말코손바닥사슴

294 "독일인들은 이 짐승을 엘렌드라고 부른다" : Edward Topsell, *The History of Four-Footed Beasts and Serpents and Insects* (London : DaCapo, 1967; f.p. 1658), p. 167.

295 "우울한 야수" ; "말코손바닥사슴의 살점은 우울한 기운을 불러들인다" : 같은 책, p. 113.

296 "참으로 비참하고도 참혹한 예가 아닐 수 없다" : 같은 책, p. 167.

296 "다리를 구부릴 수 있는 관절" ; "일단 땅에 드러누으면" : 같은 책, p. 167.

296 "이 짐승의 다리에는 관절과 인대가 없다" : Hans-Friedrich Mueller (ed.), *Caesar : Selections from His Commentarii de Bello Gallico — Texts, Notes, Vocabulary* (Mundelein, IL : Bolchazy-Carducci, 2012), p. 242.

299 "묻지 마 살인범이라고 생각하시오": 재인용, 'Caution Warned After Alaska Moose Attacks', Associated Press, 7 May 2011, http://www.cbsnews.com/news/caution-warned-after-alaska-moose-attacks/ (2017년 6월 24일 검색).

300 "술에 취한 것처럼": Andrew Haynes, 'The Animal World Has Its Junkies Too', *Pharmaceutical Journal,* 17 December 2010, http://www.pharmaceutical-journal.com/opinion/comment/the-animal-world-has-its-junkies-too/11052360.article (2017년 6월 24일 검색).

301 "사과를 먹더니": 재인용, David Landes, 'Swede Shocked by Backyard Elk "Threesome"', *The Local,* 27 October 2011, ttps://www.thelocal.se/20111027/36994 (2017년 6월 24일 검색).

301 "극히 드문" ; 'Usually there are several males'; 'It's quite normal' : 같은 책에서 재인용.

302 "영양" ; "비할 데 없는 날렵함" ; "매우 큰 나무를 잘라 땅에 쓰러뜨릴 수 있다고" : T. H. White (ed.), *The Book of Beasts : Being a Translation from a Latin Bestiary of the Twelfth Century* (Madison, WI : Parallel Press, 2002 ; f.p. 1954), p. 18.

303 "육체가 저지르는 모든 죄악" ; "음주와 정욕" ; "나무가 주는 술" : 같은 책, p. 19.

305 "무지하게 취한 나머지" : William Drummond, *The Large Game and Natural History of South and South-East Africa* (Edinburgh : Edmonston and Douglas, 1875), p. 214.

306 "LSD에 취한 상태에서 무엇을 보았는지 말하도록" : 재인용, Ronald K. Siegel in *Intoxication : the Universal Drive for Mind-Altering Substances* (Park Street Press, 1989), p. 13.

306 "술을 마셔본 적이 없는" ; "부적절한 행동" : Ronald K. Siegel and Mark Brodie, 'Alcohol Self-Administration by Elephants', *Bulletin of the Psychonomic Society* 22.1 (July 1984), https://link.springer.com/article/10.3758/BF03333758, p. 50.

306 "일직선으로 똑바로 걸어보라고 할 때 보이는 행동의 훈련된 코끼리 판" : Siegel, Intoxication, p. 120.

307 "목숨이 걸린 충돌이 임박했다" ; "잘 알아봤어야 했는데" : 같은 책, p. 122.

307 "환경적 스트레스": Siegel and Brodie, 'Alcohol Self-Administration by Elephants', p. 52.

307 "이 수학 모형은 코끼리가 마룰라 열매를 먹고 취한다는": Steve Morris, David Humphreys and Dan Reynolds, 'Myth, Marula, and Elephant : An Assessment of Voluntary Ethanol Intoxication of the African Elephant (*Loxodonta africana*) Following Feeding on the Fruit of the Marula Tree (*Sclerocarya birrea*)', *Physiological and Biochemical Zoology* 79.2 (March/April 2006), https://www.ncbi.nlm.nih.gov/pubmed/16555195.

308 "사람들은 술에 취한 코끼리를 믿고 싶었던 겁니다": 재인용, Nicholas Bakalar, 'Elephants Drunk in the Wild? Scientists Put the Myth to the Test', *National Geographic News,* 19 December 2005, http://news.nationalgeographic.com/news/2005/12/1219_051219_drunk_elephant.html (2017년 6월 25일 검색).

308 동공이 확장되고 일어나려고 버둥대고 심한 우울증을 포함하는 증상 : Deer Industry Association of Australia, 'Fact Sheet', https://www.deerfarming.com.au/diaa-fact-sheets (2017년 6월 24일 검색).

309 "흥겹게 여기저기 뛰어다니고 춤추고": 재인용, Adam Mosley, *Bearing the Heavens : Tycho Brahe and the Astronomical Community of the Late Sixteenth Century* (Cambridge : Cambridge University Press, 2007), p. 109.

310 "미국의 자연은 약하고 소극적이다" ; "모든 동물이 구대륙보다 훨씬 작다" : Georges-Louis Leclerc, Comte de Buffon, *The Natural History of Quadrupeds,* 3 vols, vol. 2 (Edinburgh : Thomas Nelson and Peter Brown, 1830), p. 31.

310 "퇴화했다" : 같은 책, p. 51.

310 "미국 동물 중에 … 견줄 만한 동물이 없다" : 같은 책, p. 31.

310 "도덕적 확신" : 재인용, Lee Alan Dugatkin, *Mr Jefferson and the Giant Moose : Natural History in Early America* (Chicago : University of Chicago Press, 2009), p. 35.

311 "진창에서 뒹굴고 피가 묽고" : Buffon, *Natural History of Quadrupeds,* p. 43.

311 "완전히 멍청하다" ; "육즙까지 덜하다" : 재인용, Dugatkin, *Mr Jefferson and*

the Giant Moose, p. 23.

311 "정열" ; "작고 힘이 없다" : Buffon, *Natural History of Quadrupeds,* p. 39.

311 "쪼그라들고 작아지기" : 같은 책.

312 "항문과 외음부 사이의 길이" : James Madison to Thomas Jefferson, 19 June 1786, in *The Writings of James Madison,* ed. by Gaillard Hunt (New York : Putnam, 1900~1910), https://cdn.loc.gov/service/mss/mjm/02/02_0677_0679.pdf (2017년 6월 24일 검색).

312 "두 대륙에 동시에 사는 동물은 … 확실히 모순이 있다" : 같은 책.

314 "제퍼슨 씨가 이걸 다 읽고 나면" : 재인용, Paul Ford (ed.), *The Works of Thomas Jefferson : Correspondence and Papers, 1816~1826,* vol. 7, (New York : Cosimo Books, 2009), p. 393.

314 "전혀 아는 바가 없다고" ; "순록은 미국 말코손바닥사슴의 배 밑으로 걸어갈 수" : 같은 책에서 재인용, p. 393.

314 "뿔 길이가 30센티미터짜리" : 같은 책에서 재인용, p. 393.

314 "달릴 때 달가닥거리는 소리가 들리는가" : 재인용, Dugatkin, *Mr Jefferson and the Giant Moose,* p. 107.

314 "키가 2~3미터 정도" ; "대단히 큰 뿔을 가진 개체" : 같은 책에서 재인용, p. 91.

314 "장군이 내게 말코손바닥사슴의 가죽, 뼈, 뿔을 보내려는" : Thomas Jefferson to John Sullivan, 7 January 1786, Founders Archive, https://founders.archives.gov/documents/Jefferson/01-09-02-0145 (2017년 6월 24일 검색).

315 "머리뼈 가죽에 뿔이 달린 채로 놔두어야 하고" ; "목과 배의 가죽을 꿰매어 이 동물의 실제 크기와 형태를" : 같은 책.

315 "사체는 이미 부패한 상태였고" : John Sullivan to Jefferson, 16 April 1787, Founders Archive, https://founders.archives.gov/documents/Jefferson/01-11-02-0285 (2017년 6월 24일 검색).

315 "이 뿔은 이 사슴의 것이 아닙니다" : 같은 책.

315 "놀랄 만큼 작은 뿔" ; "대여섯 배는 더 무게가 나가는 놈" : Thomas Jefferson to Georges-Louis Leclerc, Comte de Buffon, 1 October 1787, American History, http://www.let.rug.nl/usa/presidents/thomas-jefferson/letters-of-thomas-jefferson/jefl63.php (2017년 6월 24일 검색).

315 "다음 책에서 이것을 바로잡겠다고 약속했다": 재인용, Ford (ed.), *Works of Thomas Jefferson*, p. 394.

제11장. 판다

318 "판다는 짝짓기에 서툴고": 'Pandanomics', *The Economist*, 18 January 2014, http://www.economist.com/news/united-states/21594315-costly-bumbling-washington-has-perfect-mascot-pandanomics (2017년 5월 11일 검색).

319 "판다는 강한 종이 아니다": Chris Packham, 'Let Pandas Die', *Radio Times*, 22 November 2009, http://www.radiotimes.com/news/2009-09-22/chris-packham-let-pandas-die (2017년 7월 7일 검색).

319 세상에는 두 종류의 판다가 있다 : Henry Nicholls, 'The Truth About Giant Pandas', BBC website, www.bbc.co.uk/earth/story/20150310-the-truthabout-giant-pandas.

320 "믿을 수 없다" : 재인용, Richard Conniff, *The Species Seekers : Heroes, Fools, and the Mad Pursuit of Life on Earth* (New York : W. W. Norton, 2010), p. 317.

320 "개처럼 짖는 개구리": 같은 책에서 재인용, p. 307.

321 "검고 하얀 곰의 모피" ; "학계에 전혀 알려진 바 없는 대단한 발견" : 재인용, Henry Nicholls, *Way of the Panda : The Curious History of China's Political Animal* (London : Profile Books, 2011), p. 9.

321 "별로 사나워 보이지 않고" ; "뱃속에는 나뭇잎이 가득한" : 재인용, Conniff, *Species Seekers*, p. 315.

321 "대왕판다가 곰과 가장 비슷하긴 하지만" : George Schaller, *The Last Panda* (Chicago : University of Chicago Press, 1994), p. 266.

322 "판다는 판다다" ; "세상에 예티가 존재하길 바라지만" : 같은 책, p. 262.

322 "특정한 형태나 구분이 없는 무정형의 덩어리를 낳는다" : 재인용, Gregory McNamee, *Aelian's on the Nature of Animals* (Dublin : Trinity University Press, 2011), p. 26.

322 "제구실을 하게 하다": 같은 책, p. 59.

323 "탈수 및 위축"; "개미 떼를 먹고": 같은 책, p. 60.

326 보티 맥보트페이스: Hannah Ellis-Petersen, 'Boaty McBoatface Wins Poll to Name Polar Research Vessel', *Guardian,* 17 April 2016, https://www.theguardian.com/environment/2016/apr/17/boaty-mcboatface-wins-poll-to-name-polar-research-vessel (2017년 7월 8일 검색).

327 "브롱크스 직원들이 조사한 판다의 외형적 차이": Ramona Morris and Desmond Morris, *Men and Pandas* (London : Hutchinson and Co,1966), p. 92.

328 "꼬리와 둔부를 들어 올려 성적 반응을 보였다"; "매우 강한 수치심"; "치치의 성적 성향이 다소 어그러진 것 같았다"; "생전 처음 보는 사람": Oliver Graham-Jones, *Zoo Doctor* (Fontana Books, 1973), p. 140.

328 "치치는 다른 판다에게서 오래 격리되어": 같은 책, p. 141.

330 조지 샐러는 이 고독한 생물이 성관계에 관한 한 외톨이를 좋아하는 것은 아니라는: George B. Schaller, Hu Jinchu, Pan Wenshi and Zhu Jing, *The Giant Pandas of Wolong* (Chicago : University of Chicago Press, 1985).

331 "고품질의 정충을 다량": Susie Ellis, Anju Zhang, Hemin Zhang, Jinguo Zhang, Zhihe Zhang, Mabel Lam, Mark Edwards, JoGayle Howard, Donald Janssen, Eric Miller and David Wildt, 'Biomedical Survey of Captive Giant Pandas : A Catalyst for Conservation Partnerships in China', in Donald Lindburg and Karen Baragona (eds), *Giant Pandas : Biology and Conservation* (Berkeley : University of California Press, 2004), p. 258, http://www.jstor.org/stable/10.1525/j.ctt1ppskn.

331 "스쿼트", "한쪽 다리 들어 올리기", "물구나무서기": Angela M. White, Ronald R. Swaisgood, Hemin Zhang, 'The Highs and Lows of Chemical Communication in Giant Pandas *(Ailuropoda melanoleuca)* : Effect of Scent Deposition Height on Signal Discrimination', *Behavioural Ecology Sociobiology* 51.6 (May 2002), pp. 519~29, https://link.springer.com/article/10.1007/s00265-002-0473-3 (2017년 6월 22일 검색).

334 "조지의 여자친구": Henry Nicholls, *Lonesome George : The Life and*

Loves of a Conservation Icon (New York : Palgrave, 2007), p. 30.

338 "방귀 뀌려고 바지를 벗는 것처럼 무의미한": 재인용, Lijia Zhang, 'Edinburgh Zoo's Pandas Are a Big Cuddly Waste of Money', *Guardian*, 7 December 2011, ttps://www.theguardian.com/commentisfree/2011/dec/07/edinburgh-zoo-pandas-big-waste-money (2017년 5월 11일 검색).

340 26억 파운드에 상당하는 계약이었다 : Kathleen C. Buckingham, Jonathan Neil, William David and Paul R. Jepson, 'Diplomats and Refugees : Panda Diplomacy, Soft "Cuddly" Power, and the New Trajectory in Panda Conservation', *Environmental Practice* 15.3 (2013), pp.262~270, https://www.researchgate.net/publication/255981642.

340 "판다는 거래를 체결하고"; "소프트파워의 영향력을 발휘" : 재인용 Melissa Hogenboom, 'China's New Phase of Panda Diplomacy', BBC News, 25 September 2013, http://www.bbc.co.uk/news/science-environment-24161385 (2017년 6월 22일 검색).

341 "판다 대소동" : Brynn Holland, 'Panda Diplomacy : The World's Cutest Ambassadors', History Channel, 16 March 2017. www.history.com/news/panda-diplomacy-the-worlds-cutest-ambassadors.

341 "쓸모없지만 그렇다고 버릴 수도 없는 물건을 두고" : 재인용, Christopher Klein, 'When "Panda-Monium" Swept America', History Channel, 9 January 2014, http://www.history.com/news/when-panda-monium-swept-america (2017년 6월 22일 검색).

341 "기린이 몰고 온 강렬한 유행에 휘말렸다" : Eric Ringmar, 'Audience for a Giraffe : European Exceptionalism and the Quest for the Exotic', *Journal of World History* 17.4 (December 2006), http://www.jstor.org/stable/20079397, p. 385.

341 "대왕판다는 자연계의 독보적 존재로"; 'While it is, of course, debatable' : Falk Hartig, 'Panda Diplomacy : The Cutest Part of China's Public Diplomacy', *Hague Journal of Diplomacy* 8.1 (2013), https://eprints.qut.edu.au/59568.

343 "머리를 너무 열정적으로 쓰다듬어주는 잘못을 저질렀다" : When Pandas

Attack! (blog), https://whenpandasattack.wordpress.com (2017년 5월 11일 검색).

344 "판다는 귀엽고 대나무나 먹는 줄 알았지요": 같은 곳.

제12장. 펭귄

348 "온 세상이 펭귄을 사랑한다": Apsley Cherry-Garrard, *The Worst Journey in the World : Antarctic 1910~1913*, vol. 2 (New York : George H. Doran, 1922), p. 560.

352 "날지 못하는 가금류" ; "거위의 대형 판": *Sir Francis Drake's Famous Voyage Round the World* (1577), 재인용, Tui de Roy, Mark Jones and Julie Cornthwaite, *Penguins : The Ultimate Guide* (Princeton, NJ : Princeton University Press, 2014), p. 151.

352 "주전자를 가져가": Errol Fuller, *The Great Auk : The Extinction of the Original Penguin* (Piermont, NH : Bunker Hill, 2003), p. 34.

354 '엉덩이발' : 재인용, Oliver Goldsmith, *A History of the Earth, and Animated Nature*, vol. 4 (Philadelphia : T. T. Ash, 1824), p. 83.

355 "만나기 힘든 수준의 기이함": Edward A. Wilson, *Report on the Mammals and Birds, National Antarctic Expedition 1901~1904*, vol. 2 (London : Aves, 1907), p. 11.

357 "황제펭귄 안에는 비단 펭귄뿐 아니라": 같은 책, p. 38.

357 "최초의 새, 시조새" ; "진짜 이빨을 찾길": Edward A. Wilson and T. G. Taylor, *With Scott : The Silver Lining* (New York : Dodd, Mead and Company, 1916), p. 244.

358 "그저 통증 없이 죽을 수만 있다면 상관없을 정도로": Cherry-Garrard, *Worst Journey*, p. 237.

359 "심기가 불편해진 황제 펭귄들이": 같은 책, p. 268.

359 "갑자기 기름이 끓어 넘치며" ; "고통 속에 신음을 억누르지": 같은 책, p. 273.

359 "난 항상 그 난로가 마음에 들지 않았다": 같은 책, p. 274.

359 "마치 세상이 히스테리로 정신이 나간 것처럼": 같은 책, p. 276.

360 "진정한 죽음과 얼굴을 마주한 채": 같은 책, p. 281.

360 "빼앗겼던 목숨을": 같은 책, p. 284.

360 "신성한 알의 수호자로서": 같은 책, p. 299.

361 "누구시죠? 무슨 일로 오셨어요?": 같은 책, p. 299.

361 "나는 케이프 크로지어 황제펭귄의 배아를": Sara Wheeler, *Cherry : A Life of Apsley Cherry-Garrard* (London : Vintage, 2007), p. 186.

361 "펭귄 발생학에 아무런 이해도 더하지 못했다": C. W. Parsons, 'Penguin Embryos : British Antarctic Terra Nova Expedition 1910 — Natural History Reports', *Zoology* 4.7 (1934), p. 253.

362 "아델리펭귄은 힘들게 생명을 이어가고": Cherry-Garrard, *Worst Journey*, vol. 1, p. 269.

362 "놀랄 만큼 아이들과 비슷하다"; "자기만의 중요한 일로 머릿속이 가득 차 있고": 같은 책, p. 50.

362 "처음 보았을 때 턱받이와 앞치마를 한 어린아이처럼": William Clayton, 'An Account of Falkland Islands', *Philosophical Transactions of the Royal Society of London* 66 (1 January 1776), p. 103.

362 "작은 아이처럼 서 있는": John Narborough, Abel Tasman, John Wood and Friderich Martens, *An Account of Several Late Voyages and Discoveries to the South and North* (Cambridge : Cambridge University Press, 2014; f.p. 1711), p. 59.

363 "진지하기 때문에 더 우스꽝스러운": 'The Zoological Gardens Regents Park', *The Times,* 18 April 1865, p. 10.

363 "이 이야기는 세상에 새로운 생명을 데려오는": Luc Jacquet and Bonne Pioche (dirs), *March of the Penguins* (National Geographic Films, 2005).

364 "일부일처제, 희생, 양육과 같은 전통적 규범을 가장 열정적으로 지지하는": 재인용, Jonathan Miller, 'March of the Conservatives : Penguin Film as Political Fodder', *New York Times,* 13 September 2005, http://www.nytimes.com/2005/09/13/science/march-of-the-conservatives-penguinfilm-as-political-fodder.html (2017년 6월 26일 검색).

365 "성적 행위라기보다 영양적 측면에서 동기 부여를 받은 것": Bruce Bagemihl, *Biological Exuberance : Animal Homosexuality and Natural Diversity*

(New York : St Martin's Press, 1999), p. 115.

366 "게이 사회를 뒤흔들어놓았다" : Andrew Sullivan, 재인용, Miller, 'New Love Breaks Up Six-Year Relationship at Zoo', *New York Times*, 24 September 2005.

371 "불량배 수컷 패거리" ; "욕정은 통제를 벗어난" : Douglas G. D. Russell, William J. L. Sladen and David G. Ainley, 'Dr George Murray Levick (1876~1956) : Unpublished Notes on the Sexual Habits of the Adélie Penguin', *Polar Record* 48.4 (October 2012), https://doi.org/10.1017/S0032247412000216, p. 388.

371 "끝없는 타락 행위" : 같은 책, p. 392.

371 "소아 성애까지 총체적 난국이었다" : 같은 책.

371 "부모의 눈앞에서" : 같은 책.

371 "모욕당하고" : 같은 책.

372 "책에는 싣지 않고" : 같은 책, p. 388.

372 "충격적인 타락 행위" : 같은 책, p. 389.

372 "실제로 같은 종에 속한 펭귄과 남색에 연루되었다" : 같은 책.

373 "저지르지 못할 범죄는 없는" : 같은 책.

373 "거부할 수 없는" : 같은 책, p. 390.

373 "원형의 흰색 눈두덩을 가진" : 같은 책.

373 "여전히 수컷 펭귄에게 성적 자극을 주어" : 같은 책, p. 389.

374 "죽음의 비둘기" ; "죽은 흰털발제비" ; "흰털발제비의 몸집이 훨씬 작았다" : username Zheljko, 'Avian Necrophilia' discussion board, *Birdforum*, 6 May 2014 18 :43 http://www.birdforum.net/showthread.php?t=282175 (2017년 5월 23일 검색).

374 "마치 수컷에게 보이려는 듯" ; "몸이 으스러진 상태" : username Farnboro John, 'Avian Necrophilia' discussion board, *Birdforum*, 6 May 2014 17 : 20, http://www.birdforum.net/showthread.php?t=282175 (2017년 5월 23일 검색).

374 "끔찍하긴 한데 관심 있으면 사진도" : username Capercaillie71, 'Avian Necrophilia' discussion board, *Birdforum*, 6 May 2014 21 : 34, http://www.birdforum.net/showthread.php?t=282175 (2017년 5월 23일 검색).

378 "한낱 짐승에 불과하나": Georges-Louis Leclerc, Comte de Buffon, *History of Quadrupeds,* vol. 3 (Edinburgh : Thomas Nelson, 1830), p. 248.

382 "유인원의 체질은 뜨겁다": Hildegard of Bingen, 재인용, H. W. Janson, *Apes and Ape Lore in the Middle Ages and the Renaissance* (London : Warburg Institute, 1952), p. 77.

382 "동시에 유인원은 짐승의 습관을 공유한다": 같은 책.

383 "두 종류의 괴물이": Andrew Battel, *Purchas, His Pilgrimage,* 재인용, Robert Yerkes and Ada Yerkes, *The Great Apes : A Study of Authropoid Life* (New Haven, CT : Yale University Press, 1929), pp. 42~43.

383 "퐁고와 엔게코": 같은 책, pp. 42~43.

383 "별로 좋아하지 않는": Willem Bosman, *A New and Accurate Description of the Coast of Guinea* (London : Alfred Jones, 1705), p. 254.

383 "끔찍히 해로운 짐승이며": 같은 책, p. 254.

384 "아주 놀랍고 흉측한 동물": Jonathan Marks, *What It Means to Be 98% Chimpanzee : Apes, People, and Their Genes* (Berkeley : University of California Press, 2002), p. 19.

384 "자신의 대변에서 먹이를 구했다": 같은 책, p. 19.

384 "사회 통념에 어긋나는 성적 교접": Marks, 같은 책, p. 19.

384 "사람과 짐승의 영혼이 가지는 엄청난 차이 때문에": Edward Tyson, 재인용, John M. Batcherlder, 'Letters to the Editor : Dr. Edward Tyson and the Doctrine of Descent', *Science* 11.270 (1888), pp. 169~170.

385 "동굴에 사는 인간": 재인용, Marks, *What It Means to Be 98% Chimpanzee,* p. 21.

385 "우리 인간 종에도 비슷한 변종이 있지 않은가?": Georges-Louis Leclerc, Comte de Buffon, *Barr's Buffon : Buffon's Natural History,* vol. 9 (London : Symonds, 1797), p. 157.

385 "살집이 많은 엉덩이": 같은 책, p.175.

385 "사고와 언어 능력": 같은 책, p. 138.

385 "우월한 원리에 따라 생명을 부여 받은": 같은 책, p. 167.

387 "절대적 지배자의 운명" : Richard Owen, 'On the Characters, Principles of Division, and Primary Groups of the Class Mammalia', *Journal of the Proceedings of the Linnean Society I : Zoology* (London : Longman, 1857), p. 34.

387 "지배하는 뇌" : Richard Owen, 재인용, Carl Zimmer, 'Searching for Your Inner Chimp', *Natural History,* Dec. 2002~Jan. 2003.

387 "침팬지가 보면 뭐라고 할까?" : Charles Darwin to J. D. Hooker, 5 July 1857, Darwin Correspondence Project, http://www.darwinproject. ac.uk/DCP-LETT-2117 (2017년 5월 5일 검색).

388 "원숭이를 조상으로 둔 것이 부끄러운 게 아니라" : J. R. Lucas, 'Wilberforce and Huxley : A Legendary Encounter', *Historical Journal* 22.2 (1979), pp. 313~330.

388 "광문에 걸린 연처럼 … 허위를 퍼트리는 사기꾼을" : Thomas Henry Huxley, 재인용, Stephen Jay Gould, *Leonardo's Mountain of Clams and the Diet of Worms* (Cambridge, MA : Harvard University Press, 2011), p. 129.

388 "소똥 위에 지어진 코린트식 포르티코" : Thomas Henry Huxley to Joseph Dalton Hooker, 5 September 1858, in G. W. Beccaloni (ed.), Wallace Letters Online, http://www.nhm.ac.uk/research-curation/ scientific-resources/collections/library-collections/wallace-letters-online/3758/3670/T/details. html (2017년 6월 25일 검색).

390 "대단히 흥미로운 증거" : Kirill Rossiianov, 'Beyond Species : Il'ya Ivanov and His Experiments on Cross-Breeding Humans with Anthropoid Apes', *Science in Context* 15.2 (2002), p. 279.

390 "종교적 가르침에 결정타를 날리며" ; "가능하고 또 바람직할" : 같은 책.

390 "회춘 요법"과 "원숭이 분비샘" : Serge Voronoff, *The Conquest of Life* (New York : Brentano, 1928), p. 130.

390 "이식이 결코 정력 증강제가 될 수는 없다" : 같은 책, p. 150.

392 "정자가 그다지 신선하지 않아" : Rossiianov, 'Beyond Species', p. 289.

393 "마른하늘에 날벼락" : 같은 책, p. 289.

396 "나는 심리치료사다. 내 딸 루시는 침팬지다" : Maurice K. Temerlin, *Lucy : Growing up Human — a Chimpanzee Daughter in a Psychotherapist's*

Family (Palo Alto, CA : Science & Behavior Books, 1975), p. 1.

396 "출산과 동일한 행위를 상징한다" : 같은 책, p. 8.

396 "유대인 마마보이" : 같은 책, p. 130.

397 "칵테일을 한두 잔씩" : 같은 책, p. 49.

397 "이제 우리는 도구의 의미를 재정의해야 합니다" : Louis Leakey, 재인용, David Quammen, 'Fifty Years at Gombe', *National Geographic*, October 2010, http://ngm. nationalgeographic.com/print/2010/10/jane-goodall/quammen-text (2017년 5월 27일 검색).

398 "무슨 일이 일어나는지 보려고" : Temerlin, *Lucy : Growing Up Human*, p. 109.

400 "모든 것에 관심이 있었다" : 같은 책, p. 19.

408 "성스러운 나무에 성소를 지을 수 있는지" : Simon Barnes, 'Is This Proof Chimps Believe in God?', *Daily Mail*, 4 March 2006, http://www.dailymail.co.uk/sciencetech/article-3475816/Is-proof-chimps-believe-God-Scientists-baffled-footage-primates-throwing-rocks-building-shrines-sacred-tree-no-reason. html (2017년 5월 27일 검색).

410 "경외와 경이의 감정에 의해 유발된" : Jane Goodall, 'Waterfall Displays', Vimeo, 3 January 2011, https://vimeo.com/18404370 (2017년 6월 27일 검색).

411 "이들은 사람이 아니다" : Edward Topsell, *The History of Four-Footed Beasts and Serpents and Insects,* vol. 1 (London : DaCapo, 1967 ; f.p. 1658), p. 3.

| 찾아보기 |

굵은 글씨로 된 쪽 번호는 삽화를 나타낸다.